# 新型电力系统
## 规划与运行

刘泽洪 等 编著

中国电力出版社
CHINA ELECTRIC POWER PRESS

**图书在版编目（CIP）数据**

新型电力系统规划与运行 / 刘泽洪等编著. —北京：中国电力出版社，2024.6（2025.5重印）
ISBN 978-7-5198-8871-8

Ⅰ．①新⋯　Ⅱ．①刘⋯　Ⅲ．①电力系统规划②电力系统运行　Ⅳ．①TM715②TM732

中国国家版本馆 CIP 数据核字（2024）第 086834 号

出版发行：中国电力出版社
地　　址：北京市东城区北京站西街 19 号（邮政编码 100005）
网　　址：http://www.cepp.sgcc.com.cn
责任编辑：孙世通（010-63412326）　柳　璐
责任校对：黄　蓓　郝军燕
装帧设计：郝晓燕
责任印制：钱兴根

印　　刷：三河市万龙印装有限公司
版　　次：2024 年 6 月第一版
印　　次：2025 年 5 月北京第二次印刷
开　　本：787 毫米×1060 毫米　16 开本
印　　张：25.75
字　　数：416 千字
定　　价：168.00 元

# 前　言

　　电力是现代社会的命脉，是经济发展的重要动力。中国从一个电力匮乏的国家发展成为一个电力强国，创造了举世瞩目的电力奇迹。进入中国特色社会主义建设的新时代后，电力系统如何发展成为事关国家能源安全保障和社会可持续发展的重要议题。党的十八大以来，习近平总书记站在中华民族伟大复兴和建设中国式现代化的高度，提出了碳达峰碳中和战略目标以及"四个革命、一个合作"能源安全新战略，做出了加快构建新型电力系统、建设新型能源体系的重大决策，为中国能源电力高质量发展指明了方向。

　　2021 年 3 月，中央财经委员会第九次会议对碳达峰碳中和做出重要部署，强调要构建新型电力系统，明确了我国能源电力转型发展方向。2022 年 10 月，党的二十大报告中明确指出"深入推进能源革命"，"加快规划建设新型能源体系"。2023 年 7 月，中央全面深化改革委员会第二次会议提出"深化电力体制改革，加快构建清洁低碳、安全充裕、经济高效、供需协同、灵活智能的新型电力系统，更好推动能源生产和消费革命，保障国家能源安全"。

　　为深入学习贯彻党的二十大精神，落实党中央关于构建新型电力系统的指示批示，全球能源互联网发展合作组织发起成立新型电力系统专业委员会，充分发挥平台作用，汇聚各方力量，以保障能源安全为根本，以推进低碳转型为导向，立足我国区域发展格局和能源资源禀赋,聚焦电力系统业务流程,着力回答新型电力系统"为什么建、建成什么样、怎样构建、如何运行、怎样分析"等问题,开展了新型电力系统规划构建、运行控制、仿真分析等关键技术系列研究,尝试为我国新型电力系统构建提出战略性、全局性、系统性、创新性的解决思路。

本书共分 6 章,由刘泽洪总体策划、组织编写及统稿。第 1 章介绍电力系统的起源和发展历程,分析传统电力系统向新型电力系统转型的发展趋势,由刘泽洪、侯金鸣等编写。第 2 章研究了应对气候变化、实现"双碳"目标和构建新型电力系统的辩证关系,分析构建新型电力系统的必要性和可行性,提出新型电力系统的内涵特征、发展趋势以及面临的挑战,由杨方、马志远等编写。第 3 章结合我国电能替代和清洁替代的现状和潜力,研究电源、电网、负荷的转型路径,展望未来我国新型电力系统发展总体格局,由汪洋子、龚乃玮等编写。第 4 章结合电力系统规划构建的总体工作流程,分析新型电力系统规划方法的演变趋势、研究应对措施,由刘泽洪、陈晨、丁涛等编写。第 5 章结合电力系统规划运行控制工作流程,分析面临的问题与挑战,提出关键技术需求,由刘泽洪、江涵、李海波等编写。第 6 章从电力电量平衡、潮流计算、稳定分析三个层面,提出新型电力系统仿真计算分析体系的发展趋势和关键技术,并以典型算例进行验证,由高仕林、孙海顺等编写。

本书在成稿过程中,得到了全球能源互联网发展合作组织伍萱、李宝森、周原冰、李隽、肖晋宇,华北电力调控分中心邓立,北京交通大学陈奇芳,华中科技大学文劲宇,清华大学鲁宗相等行业内专家学者的大力支持,在此一并表示感谢。受数据资料和研究编写时间所限,内容难免存在不足,欢迎读者批评指正。

# 目　录

# 1

电力系统的起源与
发展

# 1.1  电力系统起源

## 1.1.1  电磁基础理论

电是人类最伟大的发明之一，电力产业的蓬勃发展温暖了千家万户，更照亮了工业文明、社会文明前行的征程。电力系统是由发电、输电、变电和配电等组成的复杂工业系统，是现代社会不可或缺的基础设施。电力系统的起源可以追溯到 19 世纪初期，安培、法拉第、奥斯特等科学家在电力系统的发展进程上作出了卓越贡献。他们的研究成果奠定了电力系统的基础，为现代社会的发展提供了巨大的动力。

### 1.1.1.1  发展历程

电磁学的发展可以追溯到古希腊时期。公元前 600 年，哲学家泰勒斯提出"万物皆有灵，磁吸铁，故磁有灵"的论述，用以解释希腊人摩擦琥珀吸引羽毛、用磁矿石吸引铁片的神奇现象。在此后的 1000 多年间，人类对电磁现象的研究仅停留在"观察+描述"的初级层次。直至 18 世纪，法国物理学家查利·奥古斯丁·库仑（Charles–Augustin de Coulomb）提出电荷的概念，用库仑定律定量描述两个带电体之间的相互作用力，电磁学定量研究的大门被正式打开。

19 世纪初期，随着科学技术的发展，科学家着手研究电流和磁场之间的关系。1820 年，电磁学创始人之一——安德烈·安培（André–Marie Ampère）发现了电流和磁场的相互作用关系，提出著名的安培定律，初步揭示了电和磁的内在联系。

1831 年，迈克尔·法拉第（Michael Faraday）实验发现了电磁感应现象，进一步证实电现象与磁现象的统一。这一技术突破开启了人类文明的新征程，全世界第一台发电机和电动机应运而生。

在此基础上，詹姆斯·克拉克·麦克斯韦（James Clerk Maxwell）集前人之大成，创立了一套完整且宏观的电磁场理论，实现了物理史上第三次大综合，开辟了电和磁应用的广阔前景。

可见，电磁学的研究与发展既有偶发的机遇，也有科学家的不懈探索。人类对电磁学的不懈探索，是世代人的智慧接力结晶，也是物理探索史上的伟大征程。

### 1.1.1.2　基础理论

#### 1. 电场和电势

电场是电荷相互作用形成的空间状态，也是能量在空间进行传递的一种方式。电荷在电场中获得电势能，场场强弱是电势能差异的决定因素。在电力系统中，常用电势差表示电力设备之间的电场强弱。

#### 2. 磁场和磁通量

磁场是磁体相互作用的媒介，是运动电荷或电流相互作用的物理场。磁通量指穿过某一区域的磁场线总数，用以定量描述磁场在一定面积的分布。在电力系统中，通常用磁场描述电流的磁效应，用磁通量描述某一区域的磁场强度。

#### 3. 法拉第电磁感应定律

法拉第电磁感应定律是描述电磁感应现象的基本定律之一，也是电磁学的重要基础。法拉第电磁感应定律指出，当区域磁通量发生变化时，会在环绕该区域的电路中产生感应电动势。闭合电路的一部分导体在磁场里做切割磁力线的运动时，导体中就会产生电流。这个定律在电力系统中常用于电动机、发电机、变压器等设备的设计和分析。

#### 4. 欧姆定律和基尔霍夫定律

欧姆定律是描述电阻性质的基本定律之一，它指出电流与电势差之间的关系是线性的，即 $I = U/R$。基尔霍夫定律是描述电路中节点电流和回路电势差之间的关系的基本定律之一。这两个定律在电力系统中常用于电路分析和计算，可以用来优化电力设备的设计和运行。

### 1.1.1.3　主要的电力设备

电力系统是由发电、变电、输电、配电和用电等环节组成的电能生产与消费系统，其主体结构包括电动机、发电机、变压器、开关等关键设备，各环节的运行过程均与电磁原理密切相关。

发电机是电磁感应原理的重要应用。当发电机内部转子电枢相对定子磁极旋转时，电枢内部磁通量发生变化，进而产生感应电动势。电动势以电流形态对外输出，实现机械能与电能的转换。

电动机是将电能转换为机械能的设备，工作原理基于电流的磁效应。当电流通过电动机的线圈时，会在周围产生磁场，在电动机内部磁场的相互作用下产生旋转力矩，推动电动机旋转。

变压器是利用电磁感应原理变换交流电压的电力设备，主要由一次侧线圈、二次侧线圈、铁芯构成。当电流通过变压器一次侧线圈时，会在铁芯内部产生交变磁场，该磁场作用于二次侧线圈产生感应电动势。通过改变变压器的线圈数比，可以实现电压的升降变换。

由此可见，电磁学原理贯穿于电力系统运行全程，是现代社会发展不可或缺的基础理论。随着科技的进步，电磁学的应用场景更丰富，为电力系统的运行和发展提供更有力的支撑。

## 1.1.2　初期的直流电系统

电力系统建立之初，传输距离较短、系统规模较小。基于设备简单、输电损耗小等特点，直流体系成为电力输配的最佳方式。随着社会发展，直流系统由于发电容量小、不易长距离输电、电压调节和稳定性不足等问题，面临规模化发展的瓶颈。

### 1.1.2.1　直流发电机

直流发电机是将机械能转化为电能的设备，是初期直流电力系统的重要组成部分。直流发电机主要由转子、电枢、定子、磁极和换相器等部件组成。其中，转子和定子是主要的核心部件，电枢直接与负载相连，磁极用来产生磁场。

在直流发电机的运行过程中，通过输入机械能使转子旋转，带动电枢在定子电流产生的磁场中旋转，产生大小和方向变化的电动势。当直流发电机转子上电枢的多个线圈通过换向器调整输出方向，则产生直流电势和电流。由于直流电具有单向性，可以很容易为特定负载供电。

1832 年，皮克西（Pixii）依靠电磁感应定律制造了第一台原始型旋转磁极式直流发电机，揭开了电力应用的新篇章，地球从此被点亮。随后的几十年中，直流发电机的设计和制造日趋完善，具备现代直流电机的主要特性，但其原理上的缺陷制约了进一步发展，逐渐落后于交流发电机。1895 年，在尼亚加拉瀑布 Adams 电站水轮发电机国际招标中，直流发电机在与交流发电机的竞争中败北，从此，进入了交流发电机和交流系统时代。如今，直流发电机不再是主流电源，但在某些领域仍有一定的应用优势。

## 1.1.2.2 电池

电池是将化学能转化为电能的装置，是直流系统的基本组成部分。直流电池由正极、负极和电解液组成，当外部电路接通时，阴、阳离子通过电解液向电池正极、负极定向聚集并释放电能。

在初期的直流系统中，直流电池通常用于为照明设备、电话和电报机等小型负载供电。直流电池体积小、质量小、功率密度高，能在较短时间内释放大量电能，同时存在容量有限、维护成本高等不足。

## 1.1.2.3 初期直流输电

直流输电距今已有百余年的发展历史。

1882 年，法国物理学家多普勒用装在斯巴赫煤矿中的直流发电机，以 1.5～2kV 直流电压，沿 57km 的电报线路，将 1.5kW 电力送到在慕尼黑举办的国际展览会上，开启了远距离直流输电的先河。随着输电距离的增加，直流输电高损耗的特点愈加明显，人们不得不提升输电电压以提升输送容量。到 1885 年，直流输电最高电压已提升至 6kV。

受制于当时的科学技术水平，适用于高压直流输电的设备还未成熟，输电距离和输电容量成为直流输电发展的瓶颈。同期，交流输电以长输电距离和低成本优势得以快速发展，逐渐替代直流输电。

#### 1.1.2.4　直流配电

除输电外，早期的配电也采用直流技术将电能从用电站输送到用户端。直流配电系统包括直流变电站、直流配电网和直流负载等。在直流配电系统中，需要考虑电压和电流的稳定性、负载均衡和故障保护等因素。直流配电的主要优点是输电和分配效率高、电力质量稳定，但也存在电压调节不够精确、配电系统成本高等问题。

#### 1.1.2.5　应用与局限

在电力工业诞生初期，直流体系——如托马斯·爱迪生（Thomas Edison）建立的美国纽约直流系统被广泛应用于城市照明、电动机驱动、电力传输和电信等领域，直流体系的发展和应用促进了电力工业的发展和成熟。随着电力需求和输电距离的提升，直流体系的局限性凸显，逐渐被交流输电体系取代。

其一，直流发电机的容量有限。由于直流发电机的电枢在转子上，电压和电流的提升都很困难，因此单机容量普遍较小，难以满足电力需求的增长。

其二，直流输电的距离有限。在电力系统发展的早期直流系统无法升降电压，发电、输电和用电采用同一电压，输电的距离受到极大限制。一方面，输电距离增加会增大线路电阻，产生电能损失；另一方面，采用加大电缆直径的方式降低电阻又将增加成本和施工难度，因而直流输电的距离非常有限。

其三，直流电压的调节困难和稳定性不够。直流电压的调节和稳定性主要依靠直流变压器和自动电压调节器。直流变压器的结构复杂，造价昂贵；自动电压调节器的精度和可靠性也不够高；由于直流电压和电流不能进行精细调节和控制，直流配电的效率比较低。此外，由于直流配电需要在用户终端进行转换，增加了直流配电的成本。这些局限性成为直流体系被替代的主要原因。

### 1.1.3　交流电系统的建立

在交流电系统中，变压器、电动机和发电机是不可或缺的重要组成部分，被称为交流"三大件"，它们的发明和改进对交流电系统的发展具有重要作用。

### 1.1.3.1　交流变压器

变压器是通过电磁感应原理改变电压和电流的装置。它可以实现高压电能转换为低压电能或其逆过程。在电力系统中，变压器被应用于电能传输和电力调节。

1831 年 10 月 17 日，法拉第首次发现电磁感应现象，他的实验装置是世界上第一台变压器雏形。在之后的几十年里，人们开始对电磁感应现象进行研究和应用，发明了许多不同类型的变压器。

最早的变压器用于升压或降压电信电路，主要用于长距离通信传输，但这种变压器效率低，体积大，质量大。随着电力系统的出现，人们开始将变压器用于电力传输。1885年，法国物理学家高纳德（Gaulard）和吉伯斯（Gibbs）发明了一种用于将交流电升压或降压的电力变压器，是当时最常用的变压设备。

20 世纪初期，电力变压器得到了进一步的应用。1913 年，美国工程师小威廉·斯坦利（William Stanley Jr.）发明了一种改进版的电力变压器，使变压器的效率得到大幅提高，同时变压器的体积和质量也得到优化。随着电力系统的发展，变压器的类型也在不断演进，从家用变压器到大型电力变压器，应用范围不断扩大。

### 1.1.3.2　交流电动机

电动机是将电能转化为机械能的装置，是交流电系统中的重要负载，被广泛应用于鼓风、抽水、加工、制冷等工业设备中。

电动机的起源可以追溯到 19 世纪 20 年代。当时，丹麦物理学家汉斯·奥斯特（Hans Christian Oersted）发现，当电流通过一根导线时，会在附近产生磁场。不久之后，法国物理学家安培发明了一种将电流转化为旋转动能的电动机。最早的电动机主要用于实验室研究和机械制造，随着电力系统的发展，开始广泛应用于工业和家庭领域。最初的电动机采用直流电，但由于直流电动机效率较低、噪声大、维护成本高，人们开始研究交流电动机。

1889 年，尼古拉·特斯拉（Nikola Tesla）发明了一种基于旋转磁场原理的交流电动机，这种电动机具有效率高、噪声小、维护成本低等优点，很快就被广泛应用于工业和家庭领域。20世纪初期，交流电动机的应用不断扩大，成为电力系统中不可或缺的设备之一。20世纪后半期，随着科技进步和电力系统发展，电动机已成为电力系统中不可或缺的设备，应用范围广泛，种类和规格日渐多样化。

当前，常见的电动机有交流异步电动机、交流同步电动机等。交流异步电动机是最常见的电动机之一，其构造简单、使用可靠、应用广泛。交流同步电动机的效率更高，但需要配合电子调速器才能调节转速，使用起来相对复杂。步进电动机主要用于控制领域，可以精确地控制转动角度和转速。

### 1.1.3.3　交流发电机

发电机是将机械能转化为电能的装置，是交流电系统中的核心设备。随着技术的不断发展，发电机不断改进，容量、效率和可靠性不断提高，成为现代电力系统中的最重要组成部分。

随着电力系统的发展，人们开始寻找一种可靠的发电机来产生电力。1887年，著名发明家特斯拉发明了一种基于旋转磁场原理的交流发电机，可以通过旋转磁场来产生交流电，具有效率更高、体积更小、运转更平稳等优点，成为当时最先进的发电机之一。

20世纪初期，发电机领域技术革新不断出现。1903年，西门子公司在美国纽约建立了第一座交流发电厂，利用特斯拉发明的交流发电机原理，可为1万户家庭供电，这是交流电力系统建立的重要标志。1925年，美国工程师斯泰因梅茨（Steinmetz Charles Proteus）发明了一种高效率的交流发电机，发电机的效率得到了大幅提高，同时还能适应不同的电力需求。

随着电力系统的不断发展，交流发电机成为电力系统的主要发电设备。基于交流发电机技术，配合不同类型的能源类型，交流发电机成为传统交流电力系统的基石。

#### 1. 火电

火力发电是指利用燃煤、燃油、天然气等可燃物燃烧产生的高温高压气体和/或高压蒸汽驱动涡轮机旋转，带动交流同步发电机并将机械能转化为电能的一种发电方式。

19世纪末至20世纪初期，蒸汽动力是工业生产的主要动力源。随着电力需求的增加，燃煤锅炉和蒸汽涡轮机技术开始应用于发电。1895年，美国诺福克发电厂采用以燃煤锅炉和蒸汽涡轮机为核心的发电机组,成为世界上第一座商业化火力发电厂。1911 年,美国工程师查尔斯·柏灵(Charles Parlin)发明了以燃煤锅炉和蒸汽涡轮机为核心的火力发电机组,实现了大规模电力供应。这种发电机组以其高效、稳定的特点,迅速成为世界范围内的主流技术。20 世纪 30 年代,火力发电进入大发展时期,燃气轮机也开始应用于火力发电。1951 年,日本三菱重工成功开发了第一台商用燃气轮机,标志着燃气轮机开始走向商业化应用。

20 世纪 50 年代,随着汽轮机和锅炉技术的发展,火电厂开始向大型化和高参数化方向发展直至超超临界。超超临界火电机组采用高温高压技术,可以大幅度提高发电效率,减少能源消耗和碳排放。1967 年,美国的阿奇里斯反应堆(ACHILLES Reactor)首次采用蒸汽发生器和核反应堆的耦合,实现了核能和火力能的联合发电。20 世纪 70 年代,电子计算技术和自动化技术的发展推动了火力发电控制系统的升级。数字化控制系统、故障诊断系统、智能化监控系统等相继应用,提高了火力发电厂的安全性、可靠性和自动化水平。

21 世纪以来,随着全球各国环保意识的增强和新能源技术的发展,火力发电的地位逐渐下降。但在一些国家和地区,火力发电仍是主要的电力供应方式之一,设计、制造、建设和运行水平也不断提高。如通过锅炉低负荷稳定燃烧、宽负荷脱硫脱硝、供热机组热电解耦等技术的应用,实现火电运行灵活性的提升;采用燃烧优化技术,超低排放技术,碳捕集及封存利用(CCUS)技术,掺烧氨、生物质或垃圾等,以减少二氧化碳排放等。这些新技术的应用,为火力发电的可持续发展提供了新的机遇和挑战。

### 2. 水电

水电是指利用水流驱动水轮机,带动同步发电机发电的一种清洁能源发电技术。水能利用的发展可以追溯到公元前 200 年前后。19 世纪末期,现代水轮机的使用逐渐普及,水力发电开始逐步应用于工业生产和公共供电领域。位于美国威斯康星州的火神街水电站是世界上首次完整运用爱迪生电力系统原理发电的水电站,掀开了人类利用水能的新篇章。

20 世纪初期,随着水轮机和发电机技术的进步,水力发电逐渐成为一种可靠的清洁能源,被广泛应用于工业生产和民用电力供应。20 世纪 20 ~ 30 年代,世界各地开始兴建大型水电站,如美国胡佛水坝和苏联第聂伯水电站等。20 世纪 50 ~ 70 年代,水电站的规模和数量快速增长,水力发电成为世界上最主要的可再生能源之一。在这一时期,大型水电站项目的开发和建设成为许多国家的重要战略。同时，水电站的技术不断创新，如混流式水轮机和可调叶片水轮机等的研发，进一步提高了水电站的效率。

21 世纪以来，受生态保护影响，水力发电的开发进程受到影响。一些水电站为了提高效率和可靠性，开始采用新的技术，如沙漏式水轮机、潜流式水轮机和气体涡轮机等。此外，一些小型水电站和微型水电站的开发和应用也得到了越来越多的关注和支持。

水电机组是常温设备，便于频繁启停，水电还可以通过调整导叶开度控制进入水轮机的水流量，从而达到改变输出功率的目的，相比火电机组调节方式更简单、速度更快。但由于河道流量和水库库容等条件限制，水电机组在一定时间段内的电量调节能力受水文控制的影响。

### 3. 核电

第一代核电（20 世纪 50 年代中期~60 年代中期）。核能在军事上展示出巨大的威慑力后，其应用开始向发电领域拓展。1954 年，苏联建成了世界上第一座商用核电厂——奥布灵斯克核电厂，开启了核能应用于能源、工业、航天等领域的先河。第一代核电技术多为早期原型机，使用天然铀燃料和石墨慢化剂。设计上比较粗糙，结构松散，体积较大，系统规范性不强。因缺乏科学的安全标准作为指导和准则，发电过程存在许多安全隐患。

第二代核电（20 世纪 60~90 年代）。20 世纪 60 年代后期，在试验性和原型核电机组基础上，全球各国 30 万 kW 以上的压水堆、沸水堆、重水堆等核电机组陆续建成，进入二代核电技术时期。相比一代核电技术，二代核电技术利用较为成熟的商业化反应堆，使用浓缩铀燃料，以水作为冷却剂和慢化剂，堆芯熔化概率和大规模释放放射性物质概率分别为 $10^{-4}$ 量级和 $10^{-5}$ 量级，反应堆寿命约为 40 年，核电技术经济性也得以验证。

第三代核电（20 世纪 90 年代至今）。20 世纪 90 年代，在 1979 年三里岛、1986 年切尔诺贝利核电厂事故后，美国和欧洲先后出台《先进轻水堆用户要求文件》（URD 文件）和《欧洲用户对轻水堆核电厂的要求》（EUR 文件）。国际上通常把满足这两份文件之一的核电机组称为第三代核电机组。相较二代核电技术，三代核电厂具有更高的安全性和更高的功率。其堆芯熔化概率和大规模放射性物质释放概率分别为 $10^{-7}$ 量级和 $10^{-8}$ 量级，反应堆寿命约 60 年。中国自主产权的"华龙一号""国和一号"和"玲龙一号"属于三代核电技术中的杰出代表，已成为国际闻名的中国名片。

第四代核电（20 世纪末至今）。1999 年 6 月，美国克林顿政府能源部首先提出第四代核电技术概念，得到中国、英国和日本等一些国家的支持。第四代核电技术是指待开发的先进核电技术，拥有更好的经济性，安全性高和废物产生量少，无需场外应急，并具有防止核扩散能力。第四代核电堆型代表有钠冷快堆、极高温气冷堆、铅冷快堆、气冷快堆、熔盐堆和超临界水堆等❶。

由于核电安全性问题非常敏感，社会公众对核电运行安全性问题极为关注，因此核电机组一般尽量避免长期、快速、频繁、深度地参加系统调节。核电机组进行出力调节主要受以下因素影响：一是频繁的升降功率必然伴随着频繁的稀释和硼化操作，在这个过程中会产生大量的废水，增加三废系统的负担；二是频繁的升降功率会增加设备的损耗，甚至引发控制棒落棒等事故；三是长期低功率运行可能导致燃料包壳破损。

## 1.1.3.4　交流体系的建立

交流体系的建立过程可以追溯到 19 世纪末期。当时交流发电技术已经成熟，在这个时期，欧洲、北美的电力需求急剧增加，电力输送范围不断扩大，交流体系的优势愈发明显。交流体系的建立和发展，标志着电力系统进入了一个新的阶段。

1888 年，塞巴斯蒂安·费朗蒂（Sebastian Ziani de Ferranti）设计的伦敦泰晤士河畔的大型交流电站开始输电。该电站使用钢皮电缆将 10000V 的交流电送往相距 10km 外的市区变电站，电压降至 2500V 后，再分送到各街区的二级变压器，降至 100V 为用户照明。由此，现代电力系统的雏形显现，人类社会也迎来了电气化的新时代。

1891 年，瑞典发明家约翰·玛格努斯·埃里克松（John Magnus Ericsson）首先提出使用交流电进行长距离输电的想法，并建议在瑞典的卢勒奥市（Luleå）和斯德哥尔摩之间建立一条交流输电线路。随后，他设计了一台用于发电和输电的交流变压器，并提出使用高压低电流的输电方式，以降低能量损耗和线路成本。

1895 年，特斯拉在美国成功地建立了一条交流输电线路，将电力从尼亚加拉大瀑布输送到了纽约市，这标志着交流电技术开始真正进入实用阶段。

1901 年，位于美国缅因州的布鲁克林-爱迪生电力公司（Brooklyn-Edison Electric Company）建成全球第一座交流电力站。这座电力站的发电机使用由特斯拉设计的交流

❶ 高宇, 圣国龙, 曹光辉. 核电机组负荷调节制约因素分析[J]. 科技创新导报, 2012( 34): 2-3. DOI: 10.3969/j.issn. 1674-098X.2012.34.002.

发电机，通过升压后以高压低电流的方式输送电能，使电力损耗大大降低，线路成本也随之减少。

20世纪初期，随着电力需求增长和技术进步，交流发电机、变压器和电动机等关键设备逐渐进入成熟阶段。20世纪50、60年代，交流电技术逐渐成熟并成为电力系统的主流技术。

总体来看，交流体系的建立极大地推动了电力系统的发展和应用，使电能的传输和控制变得更加精确和高效，电力系统的可靠性和稳定性大幅提高，为电力系统的未来发展奠定了坚实的基础。

随着电力系统的规模不断扩大，交流系统也展现出一定的局限性，如长距离输电的稳定问题、电容电流损耗、交流高压线线路走廊宽、对通信干扰大、不同频率电网无法直接互联等。随着大功率电力电子器件的研发，以及现代直流输电技术的进步，高压直流输电技术的经济性、稳定性和灵活性特点日渐明显，作为现代交流输电的重要补充，高压直流输电的应用正在逐步扩大。

## 1.1.4    电力电子技术的应用

近几十年来，在半导体技术快速发展的带动下，电力电子技术不断取得重大突破并广泛应用。电力电子器件已成为电力系统的重要组成部分，并成为构建新型电力系统的关键基础。

20世纪50~60年代，电子元器件的技术发展和价格下降推动电力电子技术在电力系统中的应用。最早被广泛应用的电力电子设备是直流输电调节器，主要是用于控制直流输电中的电压和功率。

20世纪70年代后期，随着半导体技术的进一步发展，电力电子技术在交流输电中的应用范围逐渐扩大。交流输电的控制和保护装置开始采用电力电子器件，如交流输电线路的静止无功补偿装置和柔性交流输电装置等，这些设备利用电力电子技术对电力系统进行了有效的控制和调节。

20世纪80~90年代，随着高功率半导体器件的发展，电力电子器件的功率和可靠性得到了大幅提升，电力电子技术开始应用于输电工程，包括直流输电（HVDC）系统、交流输电静止无功补偿装置（SVC）、交流输电动态无功补偿装置（DSTATCOM）等。

进入 21 世纪以来，电力电子技术得到了进一步的提升和发展，新兴的电力电子器件和拓扑结构得到了广泛应用。高压直流输电工程不断增加，柔性直流输电技术也逐渐取得突破；柔性交流输电（FACTS）装置的应用也越来越普遍。高可靠性电力电子器件的应用，使得电力系统更加灵活、安全和高效。

# 1.2  电 力 系 统 发 展

## 1.2.1  系统规模不断增长

电力系统是由发电厂、送变电线路、供配电所和用电等环节组成的电能生产与消费系统，功能是将一次能源通过发电装置转化成电能，再经输电、变电和配电将电能供应到用户端。为实现这一功能，电力系统在各个环节和不同层次具有相应的通信与控制系统，对电能的生产过程进行测量、调节、控制、保护和调度，以保证用户获得安全、优质的电能。

在电能应用的初期，电力通常通过小容量发电机单独向灯塔、轮船、车间等供电，是一种简单的住户式供电系统。直到白炽灯发明后，才出现了中心电站式供电系统，如1882 年爱迪生在纽约主持建造的珍珠街电站，装有 6 台发电机（总容量约 670kW），用110V 电压供 1300 盏电灯照明。19 世纪 90 年代，三相交流供电系统研制成功，很快取代了直流输电，成为电力系统大发展的里程碑。随着用电需求的增长和技术水平的提高，电力系统的规模越来越大，输送距离越来越远，从街区范围逐渐扩大到市县、省、国家，乃至跨国互联。世界上覆盖面积最大的电力系统是苏联的统一电力系统，东西横越7000km，南北纵贯 3000km 覆盖约 1000 万 km$^2$ 的土地。

中国电力系统的发展历史已超过 140 年，1882 年 7 月 26 日，英国商人开办的上海电光公司所属乍浦路电灯厂开始发电，这是中国正式发电的第一座电厂。该电厂装机容量 12kW，供南京路至外滩沿街弧光灯用电。到 1936 年抗日战争爆发前夕，全国共有 461个发电厂，发电装机总容量为 630MW，年发电量为 17 亿 kWh，初步形成北京、天津、上海、南京、武汉、广州、南通等大、中城市的发配电系统。中国发电机组装机容量变化如图 1.1 所示。

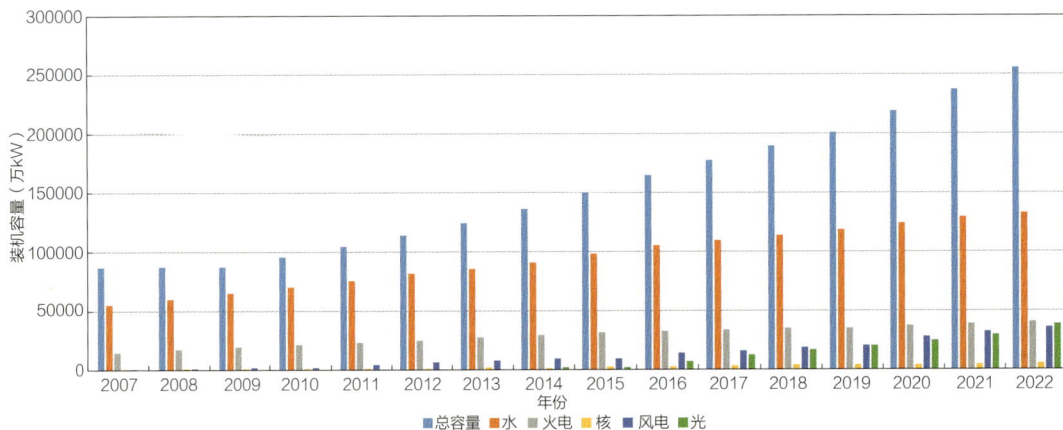

图 1.1　中国发电机组装机容量变化

新中国成立后，电力系统的发展得到高度重视，系统规模快速提升，逐渐从省级电网向跨省互联电网升级。1954 年 1 月，中国第一项自主设计的 220kV 松东李输变电工程投运，将丰满电厂的电力输送至沈阳、鞍山、抚顺等重工业地区。1960 年 4 月，华东第一条 220kV 新安江（杭州）—上海输变电工程投运，将新安江水电站的电力输送到上海。1972 年 6 月，第一条 330kV 刘家峡—天水—关中输电工程正式投运，实现西北地区的跨省互联。1981 年 12 月，第一条 500kV 平顶山—武昌输变电工程投运，线路全长 586km，将姚孟电厂电力输送至武汉，满足武钢大型轧钢机投产后冲击负荷的需求。2005 年，第一条 750kV 官亭—兰州东输变电工程投运，线路全长 140km，是当时中国自主设计、自主建设、自主制造、自主调试、自主运行管理的具有世界先进水平的超高压输变电工程，对引领和推动西北 750kV 骨干网架建设发挥了重要作用，也为国内特高压电网工程建设积累了经验。2008 年 12 月，1000kV 晋东南—南阳—荆门特高压交流试验示范工程竣工投运，华北和华中两大区域电网实现同步互联。三峡电站送出工程和特高压交直流工程的建设，促进中国除台湾以外形成覆盖全国的统一互联电网。截至 2022 年底，全国电力装机容量约 26 亿 kW，全社会用电量 8.6 万亿 kWh，均居世界第一位❶。输电线路以

---

❶ 中国电力企业联合会。

500kV、750kV 和特高压线路为网络骨干，形成 7 个区域电力系统。

中国总用电量变化如图 1.2 所示，中国总用电量增长率如图 1.3 所示。

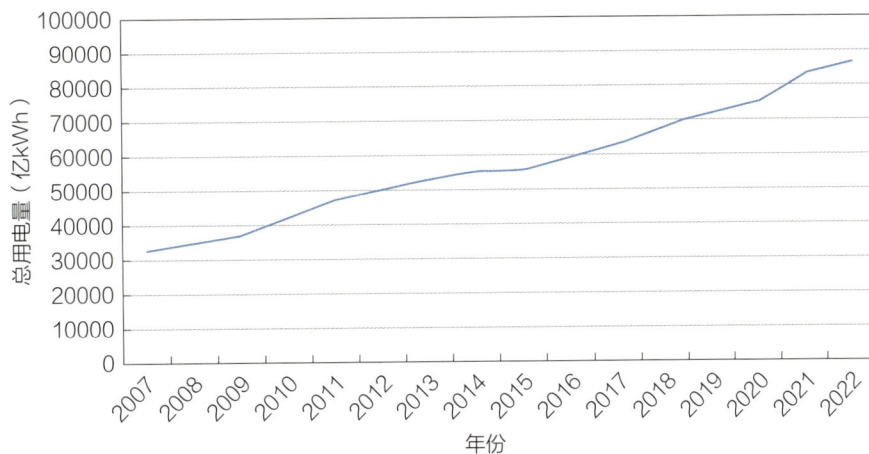

图 1.2　中国总用电量变化

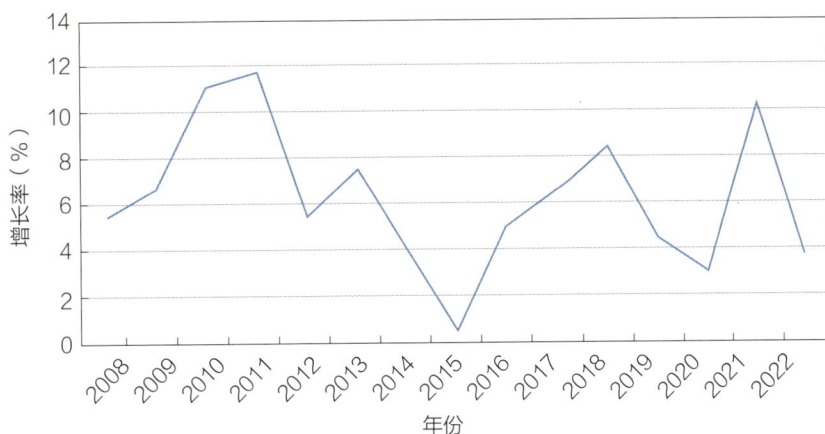

图 1.3　中国总用电量增长率

## 1.2.2　输电距离不断增加

19 世纪末到 20 世纪初期，电力系统的发展刚刚起步，主要采用自然直流输电的方式，这种方式简单可靠，但限制了电力系统的规模和范围，1882 年，爱迪生的首个发电站仅能向几千米外的用户供电。

20 世纪 40 ~ 70 年代，随着交流输电技术的发展和应用，高压交流输电线路逐渐取代直流输电线路，随着电压等级的提高，输电距离也不断增大。20 世纪 70 年代至今是超、特高压交流输电的快速发展阶段，交流线路的输电距离远超以往，可达数百千米。在交流输电能力快速提升的同时，21 世纪初至今，采用大功率晶闸管电力电子器件的现代高压直流输电技术取得突破，同样的输送距离在成本和可靠性上相对交流输电有明显优势，在大容量、超远距离、跨国输送等方面的应用越来越广泛。

### 1.2.2.1　特高压交流输电

随着输电规模的扩大和输电距离的增长，交流电网的电压等级越来越复杂，通常电压可以划分为低压、中压、高压、超高压和特高压 5 种。特高压交流是 1000kV 及以上的交流输电，与传统超高压（500kV）输电线路相比，特高压在输电距离和输送容量方面，最高可提高 3 倍，电力损耗可降低 45%，还可以节省 60% 的土地资源，被形象地称为电力领域超级高速公路。

从 20 世纪 60 年代后期开始，苏联、日本和美国等国家开始研究特高压交流输电技术。苏联在 1985 年建成一条 900km 的特高压线路，后来降压至 500kV 运行；第二次世界大战后日本经济快速发展，用电需求猛增，1973 年日本开始研究特高压，后中途放弃；相比苏联和日本，美国行动更早最早，从 1967 年就开始，但一直处于实验室阶段。

中国能源资源与负荷中心呈逆向分布，煤炭资源和水风光等清洁能源资源主要集中在西部，而用电负荷中心在中东部。大型能源基地与负荷中心之间的送电距离达到 1000 ~ 3000km，超出传统超高压输电线路经济输送距离，面临大规模、远距离、高效率电力输送的挑战，迫切需要更高电压等级的输电技术实现能源经济高效大规模送出和大范围消纳。

中国从 1986 年开始立项研究特高压输电技术，2008 年 12 月，首条特高压工程晋东南—南阳—荆门特高压试验示范工程正式投运，并于 2011 年 12 月完成扩建工程，单回线最大输送功率达到 5720MW。在特高压交流工程的建设中，通过开展系统分析、过电压与外绝缘、电磁环境等关键技术研究，中国攻克和突破了系统安全稳定控制、复杂环境外绝缘特性、过电压深度抑制、电磁环境指标控制等关键技术难题，确定了工程的关键技术参数和技术条件，形成了系列标准、规范和规程，研制了特高压交流全套系统设备，全面掌握了特高压交流输电系统集成技术，确定了主设备参数，引领全球交流电网发展方向。截至 2022 年，全球投运的特高压交流工程已达 17 回。

## 1.2.2.2 高压直流输电

随着现代电力电子技术的发展，尤其是晶闸管等设备的广泛应用，高压直流输电得以迅速发展。高压直流输电的功率和能量损耗比高压交流输电更小，输电效率更高，对通信干扰小，线路造价低。1954 年，ABB 公司建成世界上第一个真正意义上的现代化 HVDC 工程（基于汞弧阀），该项目是由瑞典本土到 Gotland 岛海底直流输电电缆工程，输电容量 20MW，全长 98km，电压等级 100kV。

经过多年发展，基于晶闸管的电流源型直流输电技术已经成熟，并达到了特高压电压等级，主要用于远距离大容量输电、海底电缆输电和交流电网的互联等领域。目前，全球电压等级最高、输送容量最大的直流输电工程是中国昌吉—古泉±1100kV 特高压直流输电线路工程，起于新疆准东（昌吉）换流站，止于安徽宣城（古泉）换流站，途经新疆、甘肃、宁夏、陕西、河南、安徽六省区，线路路径总长度约 3324km，输送容量达到 12000MW。中国 2020 年已建成或在建的特高压线路见表 1.1。

表 1.1　　　　中国 2020 年已建成或在建的特高压线路

| 名称 | 类型 | 电压（kV） | 长度（km） | 额定功率（GW） | 竣工时间 |
|---|---|---|---|---|---|
| 晋东南—南阳—荆门 Jindongnan—Nanyang—Jingmen | AC | 1000 | 654 | 5.0 | 2009 年 1 月 |
| 云南—广东 Yunnan—Guangdong | HVDC | ±800 | 1438 | 5 | 2010 年 6 月 |
| 向家坝—上海 Xiangjiaba—Shanghai | HVDC | ±800 | 1907 | 6.4 | 2010 年 7 月 |
| 锦屏—苏南 Jinping—Southern Jiangsu | HVDC | ±800 | 2059 | 7.2 | 2012 年 12 月 |
| 淮南—浙北—上海 Huainan—Zhejiang North—Shanghai | AC | 1000 | 2×649 | 8.0 | 2013 年 9 月 |
| 糯扎渡—广东 Nuozadu—Guangdong | HVDC | ±800 | 1413 | 5 | 2015 年 5 月 |
| 哈密—郑州 Hami—Zhengzhou | HVDC | ±800 | 2210 | 8 | 2014 年 1 月 |
| 溪洛渡—浙西 Xiluodu—Zhejiang West | HVDC | ±800 | 1680 | 8 | 2014 年 7 月 |

续表

| 名称 | 类型 | 电压（kV） | 长度（km） | 额定功率（GW） | 竣工时间 |
|---|---|---|---|---|---|
| 浙北—福州 Zhejiang North—Fuzhou | AC | 1000 | 2×603 | 6.8 | 2014 年 12 月 |
| 淮南—南京—上海 Huainan—Nanjing—Shanghai | AC | 1000 | 2×780 | | 2016 年 11 月 |
| 锡盟—山东 Xilingol League—Shandong | AC | 1000 | 2×730 | 9 | 2016 年 7 月 |
| 灵州—绍兴 Lingzhou—Shaoxing | HVDC | ±800 | 1720 | 8 | 2016 年 9 月 |
| 蒙西—天津南 Inner Mongolia West—Tianjin | AC | 1000 | 2×608 | 5 | 2016 年 12 月 |
| 酒泉—湖南 Jiuquan—Hunan | HVDC | ±800 | 2383 | 8 | 2017 年 6 月 |
| 晋北—江苏 Shanxi North—Jiangsu | HVDC | ±800 | 1119 | 8 | 2017 年 7 月 |
| 锡盟—胜利 Xilingol League—Shengli | AC | 1000 | 2×236.8 | | 2017 年 8 月 |
| 榆横—潍坊 Yuheng—Weifang | AC | 1000 | 2×1050 | | 2017 年 8 月 |
| 锡盟—江苏 Xilingol League—Jiangsu | HVDC | ±800 | 1620 | 10 | 2017 年 10 月 |
| 扎鲁特—青州 Zhalute—Qingzhou | HVDC | ±800 | 1234 | 10 | 2017 年 12 月 |
| 上海庙—临沂 Shanghaimiao—Linyi | HVDC | ±800 | 1238 | 10 | 2017 年 12 月 |
| 滇西—广东 Dianxi—Guangdong | HVDC | ±800 | 1959 | 5 | 2017 年 12 月 |
| 准东—皖南 Zhundong—Wannan | HVDC | ±1100 | 3324 | 12 | 2019 年 9 月 |
| 石家庄—雄安 Shijiazhuang—Xiong'an | AC | 1000 | 2×222.6 | | 2019 年 6 月 |
| 潍坊—临沂—枣庄—菏泽—石家庄 Weifang—Linyi—Zaozhuang—Heze—Shijiazhuang | AC | 1000 | 2×823.6 | | 2020 年 1 月 |
| 蒙西—晋中 Mengxi—Jinzhong | AC | 1000 | 2×304 | | 2020 年 10 月 |
| 青海—河南 Qinghai—Henan | HVDC | ±800 | 1587 | 8 | 2020 年 12 月 |
| 昆柳龙直流工程 Wudongde—Guangxi—Guangdong | HVDC | ±800 | 1489 | 8 | 2020 年 12 月 |

## 1.2.3　从点对点到广泛互联

　　在电力系统发展初期，发电厂与用户之间通常是点对点供电方式，即由一个电厂向一些距离较近的用户供电。随着电力系统规模的不断扩大，由于电厂到用户之间的距离变得越来越远，点对点供电方式变得不太可行。为了解决这一问题，人们开始研究使用大型输电系统，以系统互联的方式增加电能输送的距离、容量以及系统的可靠性。1965年，美国首次实现大范围电力系统的互联，使电力系统可以更好地平衡负荷和调节电压。此后，各国纷纷开始建设大规模电力系统，并将它们连接起来。为了实现电力系统互联，在20世纪70年代和80年代数字化控制和通信技术开始应用于电力系统，电力系统的互联更加可靠和高效。

电网从孤立系统走向互联互通、从小规模系统向大规模系统、从国内互联向跨国互联发展。从技术方面，电网互联互通具有以下优势：一是电网互联互通后，互联电网可以共享部分备用容量提高电网运行的可靠性，降低备用容量的建设成本；二是电力系统互联互通可以实现火电、水电、新能源等更为多样性的发电组合和多能互补，提高应对极端天气的能力；三是电网互联可以增加负荷多样性，使总负荷变化更为平滑，从而提高负荷利用率。从经济方面看，不同电网之间的互联互通不仅可以实现规模经济，而且可以统一调度系统内的发电资源，优化资源配置和环境改善。

当前，电网互联主要采用交流互联方式。采用交流互联，特别是超/特高压交流互联具有电压等级变换灵活、输送容量大、抗风险能力强等优点。但随着系统规模和覆盖范围的增大，不同系统进一步同步互联可能降低效率并增加控制运行的难度，特别是同步互联的初期。因此，大型电力系统之间采用直流互联成为越来越常见的技术选择，其主要优势包括：

（1）直流联网方式输送容量大，输送距离远，输送容量和输送距离不受同步运行稳定性的限制，对于架空线路，直流互联输送的功率远大于交流输电功率，输送相同容量的电能时，所需要的输电线路数目减少，杆塔以及占地面积均减少。

（2）直流联网方式功率和能量损耗小，功率损耗比交流线路小1/3，由电晕引起的无线电干扰也比交流线路小得多。

（3）通过直流输电系统连接两个交流输电系统时，交流系统不必同步运行，因此可以实现不同频率或相同频率不同步运行的两个交流系统的连接。

（4）通过直流互相联系的交流系统各自的短路容量不会因互联而显著增大。

（5）双极运行的直流互联系统的可靠性可以与两回交流互联系统相当、交流互联线路故障意味着100%的功率损失，但对于双极运行的直流输电而言，线路故障意味着50%的功率损失。

（6）直流线路在正常运行时，由于电压、电流恒定不变，不需要并联电抗补偿和串联电容补偿。

（7）便于控制调度，可以按设定输送曲线输送功率以及按预设策略相互支援。

# 1.3　新型电力系统萌芽

电力系统经过百余年的演变，已经成为人类生存及发展不可或缺的基础设施，在技术进步、能源清洁转型和高效利用的驱动下，传统电力系统呈现出新的发展动力和发展趋势。

## 1.3.1　新能源发电的出现

### 1.3.1.1　风电技术

风能的利用最早出现在古埃及，五千年前人们就开始利用风帆航行。风力机出现在三千年前，主要用于碾米和提水。1888 年，美国出现了第一台自动运行且用于发电的风力机，尽管这台发电机的功率仅为 12kW。1951 年，35kW 的交流异步发电机开始取代直流发电机，交流发电风力机问世。1956 年，丹麦南部建成一台 200kW 的风力发电机，是当时世界上最大的风电机组。

1973 年第一次石油危机后，部分国家重新开始风能的开发研究。丹麦、德国、瑞典、英国和美国等国家重新开始对大型风力发电机的研发。1980 年丹麦在 Horns Rev 建成了第一座风力发电场，该风力发电场由 11 台 45 kW 的风机组成，总装机容量为 500 kW。此后，风力发电迅速发展，成为一种重要的清洁能源发电形式。截至 2022 年底，全球累计风力发电装机容量已经超过 9 亿 kW，其中中国风力发电装机容量约 3.7 亿 kW，位居世界首位[1]。

---

[1] IRENA，中国电力企业联合会。

## 1.3.1.2　太阳能发电

太阳能发电是指利用太阳辐射能转化为电能的一种方式。1839 年法国科学家贝克勒尔（Alexandre Becquerel）通过实验发现了光电效应，即在金属片表面照射光线时，金属片会产生电荷，这为后来太阳能电池的发明奠定了理论基础。1954 年，贝尔实验室的三位科学家查宾（Daryl Chapin）、福勒（Calvin Fuller）和佩尔森（Gerald Pearson）发明了第一块太阳能电池，该电池使用硅材料制成，实现了将太阳能转化为电能的实验。这项发明开启了现代太阳能电池的发展历程。1970 年，太阳能电池开始商业化应用，主要用于小型电子产品，如遥控器、计算器等。这是因为太阳能电池的效率较低，且成本较高，只能用于少量的低功率电子设备。

自 1990 年开始，太阳能电池技术不断进步，效率逐渐提高，成本也逐渐降低。太阳能光伏发电逐渐成为一种重要的清洁能源，被广泛应用于家庭、工业和公共设施等领域。同时，政府的支持和投资也推动了太阳能产业的发展，越来越多的国家和地区开始推广太阳能发电，并出台了相关的政策和法规来鼓励和支持太阳能产业的发展。

目前，光伏发电已成为世界发展最快的新能源发电技术，截至 2022 年底，全球太阳能发电累计装机容量已经达到 10.6 亿 kW 左右，其中中国装机容量接近 4 亿 kW，是全球最大的太阳能发电市场，其次是美国、印度、日本、德国等国家❶。

## 1.3.2　柔性直流输电技术

电流源型高压直流输电技术已在电力系统中广泛应用，但由于晶闸管阀关断不可控，存在一些难以克服的问题，包括：只能工作在有源逆变状态，且受端系统必须有足够大的短路容量，否则难以维持交直流系统稳定运行；换流器产生的谐波次数低、容量大；换流器需吸收大量的无功功率，需要大量的滤波和无功补偿装置；换流站占地面积大、投资大等。

随着绝缘栅双极型晶体管（IGBT）、集成门极换流晶闸管（IGCT）等全控型电力电

---

❶ IRENA，中国电力企业联合会。

子器件和控制技术的发展成熟，采用电压源型换流器（voltage source converter，VSC）进行直流输电成为可能。与基于自然换相技术的电流源型换流器的传统直流输电不同，VSC-HVDC 是一种以电压源换流器、可控关断器件和脉宽调制（PWM）和/或多级模块（MMC）技术为基础的新型直流输电技术，也被称为柔性直流输电技术。这种输电技术能够瞬时实现有功和无功的独立解耦控制，能向无源网络供电，换流站间无需通信，且易于构成多端直流系统。另外，该输电技术能同时向系统提供有功功率和无功功率的平稳控制和紧急支援，在提高系统的稳定性和输电能力等方面具有优势。

1997 年 3 月，ABB 公司进行首次 VSC-HVDC 的工业试验，该工程位于瑞典中部的赫尔斯扬（Hellsjon），额定容量为 3MW，直流电流 150A，直流电压±10kV。

2020 年 6 月，中国张北可再生能源柔性直流电网试验示范工程（简称张北柔直工程）正式竣工投产。张北柔直工程是世界首个具有网络特性的直流电网工程，电压等级为±500kV，新建张北、康保、丰宁、北京 4 座换流站及直流输电线路 666km，将张北新能源基地、丰宁储能基地与北京负荷中心相连。该工程突破了柔性直流组网、容量提升与可靠性提升等三大技术难题，创造了 12 项世界第一，为破解新能源大规模开发和消纳的世界级难题提供了"解决方案"。

### 1.3.3　用电需求的多样化

电能是人类最重要的终端能源形式，对于电能的认识、掌握和使用是人类社会由工业文明向电气化文明转变的重要标志。经过百余年的发展，用电技术已经取得长足进步，电灯、家用电器、电动机等传统用电设备实现规模化应用。

为推动能源清洁转型，终端能源消费环节将逐渐实现用电能替代散烧煤、燃油等一次能源，各类新型用电负荷不断涌现，如电采暖、电热泵、电动汽车、工业电锅炉（窑炉）、电制氢（氨）、数据中心等。未来，随着用电技术发展进步，电的应用将突破传统用电领域限制，逐渐实现电能替代、深度电能替代（即电制燃料）和电的"非能"利用（即电制原材料），形成以电为中心，清洁、高效的能源服务体系，架起人与自然良性互动的桥梁，保障人类可持续发展。

除了用电形式的多样化外，新型用电负荷具备较好的灵活性。例如电动汽车平均行驶时间仅占全寿命的 4%左右，合理选择充电时段，实现有序充电可以有效发挥为系统削峰填谷的作用，如能双向车网互动（V2G），还可以在负荷高峰时段为系统提供支撑；电制氢设备可实现大范围的功率调节，配合储氢设备能够充分实现电制氢负荷的灵活可调。这些新型负荷可以在不影响用户需求的前提下，充分发挥可调节能力，为电力系统提供灵活性。

## 1.3.4　需求侧管理与负荷控制

随着清洁能源占比不断提升和终端能源消费电能替代的不断深入，电力系统运行模式逐渐从"源随荷动"向"源网荷储协同互动"转变。负荷侧提供的调节能力将逐渐成为系统灵活性的重要组成部分，电力系统由"源随荷动"模式向"源荷互动"模式转变。以中国为例，按照《电力需求侧管理办法》《电力负荷管理办法》要求，到2025年，各省需求响应能力达到最大用电负荷的 3%～5%，其中年度最大用电负荷峰谷差率超过40%的省份达到 5%或以上；到 2030 年，形成规模化的实时需求响应能力，结合辅助服务市场、电能量市场交易可实现电网区域内可调节资源共享互济。

根据用户行业类别的不同，其负荷特性与调节方式差异较大。总体来说，工业用户用能存在以下显著特点：一是用电容量大；二是用能集中；三是能量管理水平高，企业出于盈利目的会主动管理其各环节的用能。此外，工业用能设备自动化水平高、可控性强，客观上有利于参与需求响应以及进行用能调节。商业楼宇用户可调节资源主要包括制冷、采暖等温控负荷。居民用户主要可调节资源包括制冷、制热设备。除此之外，电动汽车、电制氢等新兴负荷具有较好的负荷调节潜力。

传统的电力需求侧管理通过分时电价、尖峰电价等市场化响应方式，合理引导大工业、一般工商业和居民用户的电力消费行为，避免高峰时段扎堆用电，助推电力系统削峰填谷，缓解电力供需缺口，提高电力系统运行效率，保障电网安全稳定运行。随着峰谷电价或电力现货价格差的拉大，出台相关配套激励以及相关技术的成熟，需求侧响应有望发挥越来越大的作用。如借助车网互动技术，引导电动汽车作为灵活性用电负荷有序充电或参与用户侧与电网间的能量双向互动。通过虚拟电厂等负荷聚合控制技术可将大量、多元、分散的灵活性电力资源化零为整，通过数字化手段形成一个非实体电厂进行统一管理和调度，共同参与系统调节，提升电网系统灵活性的高性价比之选。

# 1.4 小 结

电力工业的建立至今已有一个多世纪的历史。今天，电与人们的生产、生活、科学技术研究和社会文明建设息息相关，对社会的各个方面产生巨大作用和影响，已成为现代文明社会的重要物质基础。

19世纪初，安培、法拉第、麦克斯韦等科学家在电磁理论的发展进程上做出了卓越贡献，奠定了电力系统的基础。电力系统建立初期，设备简单、输电损耗小的直流体系成为系统构建的最佳方式。但由于变压困难，难以构建高电压等级电网，无法实现长距离大规模输电，规模化发展遇到明显瓶颈。随着交流发、输、变技术的成熟，电力系统进入了交流时代，使电能的传输和控制变得更加精确和高效，电力系统的可靠性和稳定性大幅提高，为电力工业的大发展奠定了坚实的基础。如今，电力系统最高电压等级已达到1000kV，同步互联规模已达亿千瓦级。

电力系统经过百余年的演变，在技术进步、能源清洁转型和高效利用的驱动下，已呈现出新的发展动力和趋势。以风电和光伏为代表的新能源发电技术日趋成熟，相比传统化石能源发电已具备经济性优势；基于电力电子技术进步，现代直流输电技术作为电力远距离大规模传输的先进手段，已成为电力系统重要组成部分，新兴的柔性直流输电技术为新形态的电网构建提供新的可能；电动汽车、电制氢为代表的可控新型用电负荷也为需求侧调节响应构建了物理基础；储能逐渐在系统中发挥重要作用。从源网荷储各个环节来看，新型电力系统的构建已经开始。

# 2

# 新型电力系统的提出

# 2.1　发　展　背　景

## 2.1.1　气候变化与碳中和

工业革命以来，大气温室气体浓度持续上升，地球碳循环失衡，引发全球气候变化，威胁人类生存。尽早减排，尽早实现碳中和，就能将全球温升控制在较低水平，从根本上防止气候变化带来的灾难性影响。自 20 世纪 90 年代《联合国气候变化框架公约》( 简称《公约》) 签订以来，各国高度重视气候变化，欧盟、中国等缔约方主动提出碳中和承诺，为全球在 21 世纪中叶实现碳中和、落实《巴黎协定》温控目标奠定重要基础。碳源和碳汇平衡示意如图 2.1 所示。

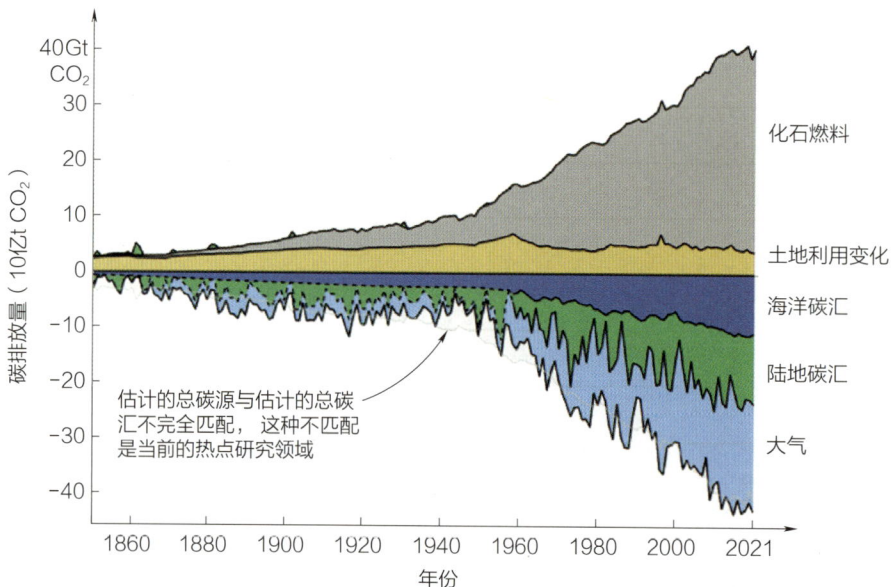

图 2.1　碳源和碳汇平衡示意图❶

---

❶ Global Carbon Project，Global Carbon Budget 2022，2022。人类活动导致越来越多的二氧化碳排放，无法被森林碳汇和海洋碳汇吸收，滞留在大气中，大气二氧化碳浓度已由工业革命前的 $280 \times 10^{-6}$ 上升到超过 $400 \times 10^{-6}$，导致温室效应加剧。

全球气候变暖态势严峻。由碳循环失衡引发的全球气候变化是当前全球面临的最致命"灰犀牛"。地球系统各圈层中的碳通过海 - 陆 - 气相互作用与生物、物理和化学过程不断交换，形成碳循环。地球系统碳循环本应"自平衡"，却因受到人为影响而发生改变。过度的人类活动碳排放使得碳的释放量大大超出碳的吸收量，引起大气成分发生变化，影响地球系统碳循环过程，打破系统稳定性，温室效应加剧，引发全球气候变化。

温室气体排放总量不断升高，化石能源燃烧是主要来源。20 世纪中叶以来，随着全球经济和人口的快速增长，全球温室气体排放量加速增长。全球温室气体排放量由 1990 年的 390 亿 t 二氧化碳当量增长到 2018 年的 587 亿 t 二氧化碳当量。人为排放尤其是化石能源燃烧排放是导致大气温室气体浓度上升和全球变暖的主要原因，对气候变化具有决定性作用[1]。2022 年，化石能源利用相关的二氧化碳排放量占二氧化碳总排放量的90%。科学研究指出，如果要将全球温度[2]升高控制在 1.5℃以内，2030 年全球人为二氧化碳排放要较 2010 年下降 45%，并且要在 2050 年左右达到"净零排放"[3]。

各国不断完善全球气候治理体系，共同应对气候变化。为应对气候变化，各国以"公约"为平台开展全球气候治理，形成《京都议定书》和《巴黎协定》两阶段气候治理进程。如图 2.2 所示，全球应对气候变化进程大致可分为三个阶段：第一阶段以 1992 年《公约》签署为标志；第二阶段从 1997 年《京都议定书》签署到 2020 年履约期完成；第三阶段以 2015 年《巴黎协定》签署为标志，构建了"自下而上"自主贡献减排机制，强化了发展中国家减排的责任和义务，为 2020 年后全球气候治理树立了新的治理框架，自此全球气候治理模式和格局进入新阶段。

---

[1] IPCC, Climate Change 2022: Mitigation of Climate Change.Contribution of Working Group III to the Sixth Assessment Report of the Intergovernmental Panel on Climate Change［P.R.Shukla, J.Skea, R.Slade, A.Al Khourdajie, R.van Diemen, D.McCollum, M.Pathak, S.Some, P.Vyas, R.Fradera, M.Belkacemi, A.Hasija, G.Lisboa, S.Luz, J.Malley, （eds.）］.Cambridge University Press, Cambridge, UK and New York, NY, USA.doi: 10.1017/9781009157926.

[2] 全球温度是指全球平均地表温度，即陆地和海冰上近表面气温的全球平均估算值，以及无冰海洋区域的海表温度。

[3] IPCC, Global Warming of 1.5"C, an IPCC Special Report on the Impacts of Global Warming of 1.5° C above Pre-industrial Levels and Related Global Greenhouse Gas Emission Pathways, in the Context of Strengthening the Global Response to the Threat of Climate Change, Sustainable Development, and Efforts to Eradicate Poverty, Cambridge, UK; New York, USA: Cambridge University Press, 2018.

图 2.2　全球气候治理进程示意图

**全球碳中和是各国政治共识。**根据《巴黎协定》，缔约方❶必须向《公约》提交国家自主贡献，并制定和实施旨在实现减排目标的政策。截至 2023 年 8 月，已有 176 个国家向《公约》提交了更新的国家自主贡献目标，覆盖全球二氧化碳排放量的 93%❷。欧盟在 2020 年更新的国家自主贡献中将 2030 年减排目标从相比 1990 年减排 40%提高到 55%，并计划在 2050 年实现温室气体净零排放。美国制定的国家自主贡献目标是 2030 年比 2005 年排放水平降低 50%～52%。中国最新的国家自主贡献目标提出二氧化碳排放力争于 2030 年前达到峰值，并争取在 2060 年前实现碳中和。巴西的目标是到 2025 年在 2005 年的基础上减少 37%的温室气体排放，到 2030 年减少 43%的温室气体排放。印度的目标是 2030 年将碳强度在 2005 年的基础上降低 33%～35%，并通过加强造林增加 25 亿～30 亿 t 的碳汇。南非承诺在 2030 年前实现排放达峰并下降，在 2025—2030 年间将排放控制在 4 亿～6.1 亿 t 的范围内。

## 2.1.2　"双碳"目标与新型电力系统

应对全球气候变化是各国共同的挑战和责任，中国作为发展中大国，宣布碳达峰碳中和目标愿景，并将其纳入国家建设整体布局和发展规划，彰显了中国应对气候变化的

---

❶ 缔约方是指《联合国气候变化框架公约》197 个成员国，包括联合国所有成员国、联合国大会观察员国（巴勒斯坦国）、联合国非成员国（纽埃和库克群岛及欧盟）。

❷ https：//www.climatewatchdata.org/2020-ndc-tracker.

决心。实现碳达峰碳中和目标（简称"双碳"目标），能源是主战场，电力是主力军，构建新型电力系统是实现"双碳"目标的关键。

**中国提出实现碳达峰碳中和目标。** 2020 年 9 月，中国提出将提高国家自主贡献力度，采取更加有力的政策和措施，二氧化碳排放力争于 2030 年前达峰，努力争取 2060 年前实现碳中和。2020 年 12 月，中国在气候雄心峰会上郑重承诺，到 2030 年，单位国内生产总值二氧化碳排放将比 2005 年下降 65% 以上，非化石能源占一次能源消费比重将达到 25% 左右，森林蓄积量将比 2005 年增加 60 亿 $m^3$，风电、太阳能发电总装机容量将达到 12 亿 kW 以上。"双碳"目标是中国政府做出的重大战略决策，是中国统筹推进经济社会发展和生态文明建设的重要抓手，中国"双碳"目标提出发展脉络如图 2.3 所示。

**实现"双碳"目标时间紧、任务重，需要系统科学评估。** 中国实现全社会碳中和总体按照尽早达峰、快速减排、全面中和三个阶段统筹部署和有序实施。尽早达峰阶段（2030 年前），以化石能源总量控制为核心，能够实现 2030 年前全社会碳达峰。2030 年前碳强度相比 2005 年下降 70%，提前完成及超额兑现自主减排承诺。**快速减排阶段**（2030—2050 年），以全面建成中国能源互联网为关键，2050 年全社会碳排放相比碳排放峰值下降约 90%，人均碳排放降至 1.0t。**全面中和阶段**（2050—2060 年），以深度脱碳和碳捕集、增加林业碳汇为重点，能源和电力生产进入负碳阶段。2060 年后通过保持适度规模负排放，控制和减少累积碳排放量。全社会、能源活动与电力生产减排路径如图 2.4 所示。

**实现"双碳"目标，能源是主战场。** 当前，中国能源结构以化石能源为主，化石燃烧是主要的二氧化碳排放源，占全部二氧化碳排放的 87% 以上，其中，电力、钢铁、建材、交通等行业排放占化石燃烧二氧化碳排放的比重分别为 41%、18%、11%、9%，是未来碳减排的主要领域。由此可见，抓住能源领域二氧化碳排放，尤其是化石能源燃烧排放，就抓住了碳中和的"命脉"。

**实现"双碳"目标，电力是主力军。** 构建新型电力系统是实现碳达峰碳中和目标的关键所在。2021 年，中央财经委员会第九次会议对碳达峰碳中和作出重要部署，强调要构建新型电力系统，明确了新型电力系统在实现"双碳"目标中的基础地位，为能源电力发展指明了科学方向、提供了根本遵循。

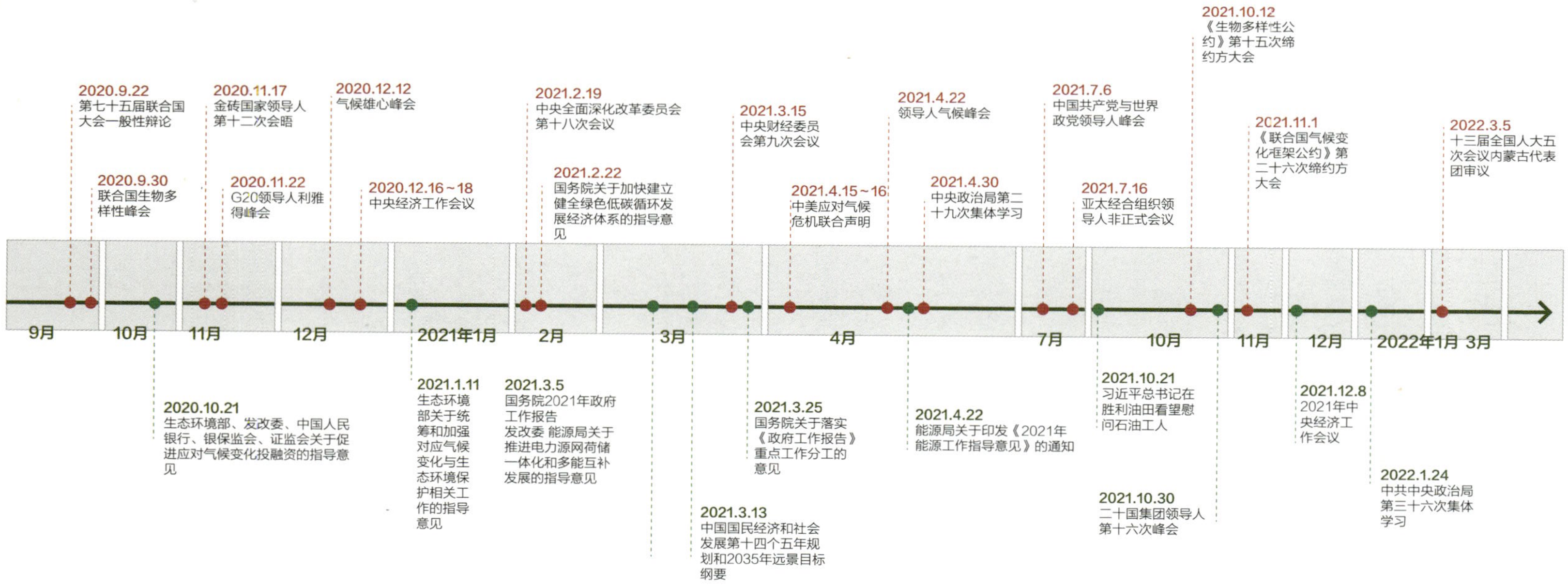

图 2.3　中国"双碳"目标提出发展脉络

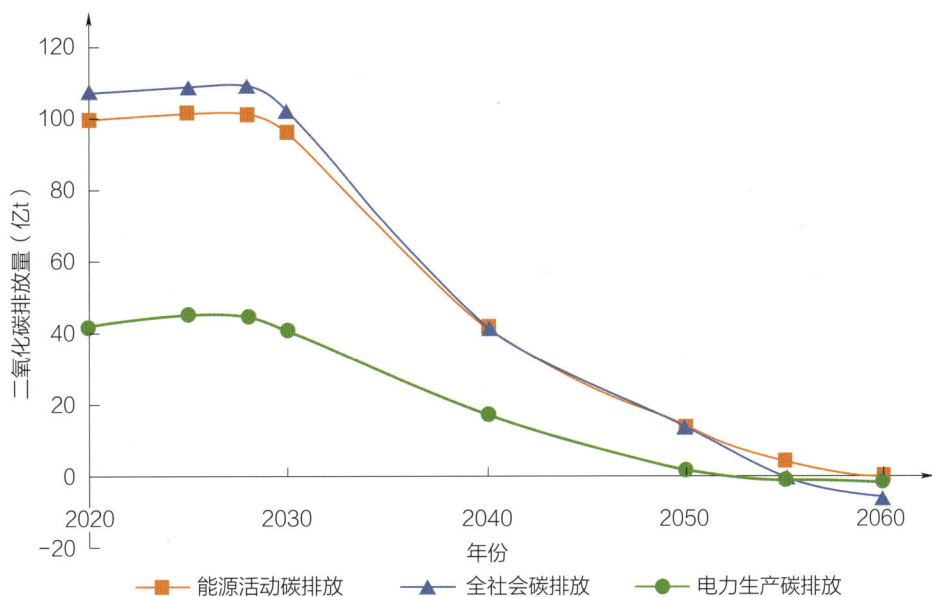

图 2.4　全社会、能源活动与电力生产减排路径❶

# 2.2　构建新型电力系统的必要性

构建新型电力系统是中国能源安全新战略在新发展阶段的进一步深化和发展，也是中国能源电力行业实现碳达峰碳中和目标的根本途径。新型电力系统是保障国家能源安全的必然选择，对于做好电力安全保供、推动能源绿色低碳发展、实现"双碳"目标具有重大意义，是实现能源高质量发展的重要载体。

## 2.2.1　保障能源安全

**构建新型电力系统是保障国家能源安全的必然选择**。中国石油、天然气对外依存度长期超过 70%、40%。世界百年未有之大变局下，俄乌冲突等"灰犀牛"事件频发，全

---

❶ 全球能源互联网发展合作组织. 中国碳中和之路［M］. 北京：中国电力出版社，2021.

球能源供需形势已进入高度不确定的动荡时期,提升国家能源自给水平、保障国家能源安全意义重大。相比较而言,中国煤炭资源相对丰富,可以满足国内电煤需求,可再生能源开发潜力巨大,电力供应具备自主可控的基本条件,因此构建新型电力系统是基于中国资源禀赋、提升国家能源安全保障水平的必然选择,也适应了未来能源安全重心向电力系统转移的大趋势。在新型能源体系中,电力系统处于中心位置,紧密连接着一次能源和二次能源,能够实现多种能源间的灵活高效转换,是供给侧和消费侧的中心枢纽。考虑能源安全保障压力向电力行业转移集聚,加快规划建设新型能源体系、纵深推进能源安全新战略的关键在于加快建设新型电力系统。中国石油与天然气对外依存度趋势变化如图 2.5 所示。

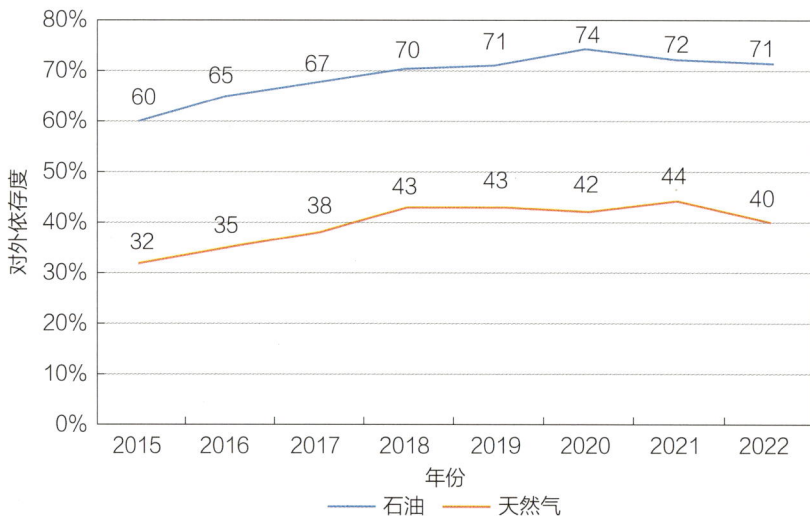

图 2.5    中国石油与天然气对外依存度趋势变化

**构建新型电力系统是保障电力可靠供应的必由之路。**中国是人口大国,能源需求特别是电力需求总量大且持续稳定增长。电力行业是关系国计民生的基础产业,电力的安全、稳定、高效供应对人民生活改善和社会长治久安至关重要。当前,中国全社会年用电量约 8.6 万亿 kWh,电能在终端能源消费中的占比约 27%。预计到 2060 年碳中和目标实现时,中国全社会年用电量将达到 17 万亿 kWh 左右,是目前的两倍,电气化率将提升至 66% 左右。全社会 2/3 的能源使用均由电能提供,电力将成为最主要的能源载体。因此,保障电力的安全稳定供应,维持电力价格在合理稳定的区间内对于经济社会和各行各业发展起到压舱石作用。此外，随着间歇性、波动性新能源发电接入电网规模的快速扩大，新型电力电子设备应用比例的大幅提升，电力保供难度显著增加。因此，应进一步加快构建新型电力系统，实现电力安全稳定供应，保障国家能源安全。

## 2.2.2　推动实现"双碳"目标

**构建新型电力系统是推动能源绿色低碳发展的核心所在**。当前，中国能源结构以化石能源为主，能源行业是碳排放的主要来源。2020 年，中国能源燃烧二氧化碳排放量102 亿 t，约占全社会二氧化碳排放总量的 87%，其中电力行业二氧化碳排放量约为 42亿 t，占能源活动二氧化碳排放总量的 41%。电力行业是碳减排的重要领域，同时通过电力行业的清洁化、电气化、网络化能够带动终端能源使用行业（包括工业、交通、建筑等）实现减排，促进经济社会方方面面实现绿色转型。新型电力系统是实现能源生产与消费绿色化、低碳化转型的核心平台，是推动能源绿色低碳发展的关键一招，对中国坚定不移走生态优先、绿色低碳的高质量发展道路具有决定性意义。

**构建新型电力系统是推进碳达峰碳中和的支撑平台**。实现"双碳"目标，**能源生产**由化石能源主导向清洁能源主导转变，重点是通过清洁能源大规模开发、大范围配置和高效率使用，摆脱化石能源依赖，加快化石能源退出和零碳能源供应，建立清洁主导的能源体系。**能源消费**由煤、油、气等向电为中心转变，电力成为终端能源消费的核心载体，加速推动工业、建筑、交通等主要领域电能替代，终端电气化水平提升，能源使用效率提高，终端各领域化石能源排放大幅降低。**能源配置**持续完善特高压及各级电网网架，确保能源电力资源大规模广域优化配置，是助力加强能源产供储销体系建设的关键支撑。新型电力系统是适应新能源占比逐渐提高的能源系统，是能源生产清洁化、能源消费电气化、能源配置高效化的关键支撑平台。

## 2.2.3　实现能源高质量发展

**构建新型电力系统是服务构建新发展格局的重要动力**。构建以国内大循环为主体、国内国际双循环相互促进的新发展格局，是党中央根据中国发展阶段，特别是基于中国比较优势变化做出的重大决策。从根本上讲，构建新发展格局是适应中国发展新阶段、塑造国际合作和竞争新优势的必然选择。构建新发展格局对能源、电力发展转型提出了新要求。实际上，全球主要经济体大力推动低碳经济发展。依托新一轮能源科技革命，新型电力系统构建将促进新模式新业态不断涌现，将为经济升级提供新动力，带来巨大增量发展空间和全球价值链体系的重新洗牌。

**构建新型电力系统是实现能源高质量发展的有机载体。**高质量发展是中国全面建设社会主义现代化国家的首要任务，能源高质量发展是中国高质量发展的重要内容。实现能源高质量发展，重点是不断持续在能源安全保障、清洁低碳转型、科技自立自强、体制机制创新、加强国际合作等全面推进。随中国现代化经济体系转型升级，新型电力系统中先进输电、新型储能、电碳协同、绿氢等重大创新技术不断突破，带动新材料产业、高端装备制造产业、高端芯片等战略新兴产业蓬勃发展，在能源高质量发展和可持续发展中发挥重要作用。

# 2.3　构建新型电力系统的可行性

## 2.3.1　资源可行性

中国清洁能源资源丰富，特别是西部北部地区❶，具有开发便利、互补性强、经济性好等多重优势，适宜大规模基地化开发。西部北部清洁能源的大规模开发，除能满足本地经济社会发展需要外，还可大规模、远距离送电至东中部地区，为实现"双碳"目标、构建新型能源体系、建设新型电力系统提供重要战略支撑。

**资源总量方面，**中国风电、太阳能、水能技术可开发总量分别达到 70 亿、1170 亿、5.5 亿 kW。西部北部地区平均风速高、光照条件好，适宜集中式开发的风电、光伏装机规模分别为 60 亿、1100 亿 kW，占全国风、光待开发资源总量的 95% 以上，年发电量可达 16 亿、190 万亿 kWh，是风光无限的"能源宝藏"。西南地区河流流量丰富、落差

❶ 本书将陕西、甘肃、青海、宁夏、新疆 5 个西北省区，黑龙江、吉林、辽宁 3 个东北省份，四川、贵州、云南、西藏 4 个西南省区，河北、内蒙古、山西 3 个华北省区，总计 15 个省级行政区作为中国西部北部地区。

集中，水电技术可开发量达 4.1 亿 kW，占全国水电技术可开发量的 75%，主要集中在金沙江、雅砻江、大渡河等八大流域干流，是中国水电开发的"主战场"。

**开发条件方面**，西部北部地区土地广袤、人口稀少，且多沙漠、戈壁、荒漠等难以常规利用地区，非常适合开发大型清洁能源基地。考虑海拔、坡度、保护区、地面覆盖物等因素，西部北部地区适宜集中式开发风电、光伏土地面积分别为 176 万、312 万 km²，分别相当于东中部地区总面积的 3/4、1.3 倍。西部北部地区新能源资源品质好，年平均风功率密度、太阳能年平均辐照强度分别相当于东中部地区的 4 倍和 1.5 倍，光伏发电利用小时数可达到东中部分布式光伏的 1.6 倍。西南水电集中度高、巨型电站多、调节性能好，配套外送输电网络较发达，可为新能源集中式大规模开发利用提供灵活支撑。

**多能互补方面**，清洁能源存在资源差、时间差、空间差，具有较强的跨时空出力互补特性。从时间尺度看，通常夏秋季为西南水电丰水期，此时风电处于小风期，水电与风电具有较强季节互补特性。水电由于水库的调蓄作用，能够实现电站日内出力灵活调整，风电和光伏日内波动较大，水风光可实现日内互补运行。从空间尺度看，我国幅员辽阔，风电、光伏具备较强的互补性。以西北、西南风电为例，联合运行可实现平均最大出力降低 20%~30%，平均小时级波动减少 36%~49%，平均日峰谷差减少 39%~49%，显著平滑整体出力波动，降低调峰压力。

**开发成本方面**，我国已进入光伏、风电平价上网时代，预计 2030 年前后，西部北部风电、光伏、光热发电成本将分别降至 0.15、0.14、0.6 元/kWh；通过特高压输电送至东中部地区，输电价约 0.1 元/kWh，可显著降低全社会用能成本。未来，西南水电本体开发成本将不断上升，但采用水风光协同开发、联合外送，相比单纯送水电，综合上网电价和输电价均可有效下降，经济效益显著。

## 2.3.2　技术可行性

### 2.3.2.1　新型电气化技术应用前景广泛

电能可方便地转化为光能、机械能、热能等人类直接利用的其他形式能量。电能是清洁的能源载体，随着各类用电技术的进步，推动用能侧电能替代，提升电气化水平，是大幅促进全行业减排，实现全社会节能提效和碳中和的关键。

### 1. 电动汽车

电动汽车包括纯电动汽车（battery electric vehicle，BEV）和插电式混合动力汽车（plug - in hybrid electric vehicle，PHEV），是交通领域实现电能替代的主要方式。自 2010 年以来，电动汽车的核心——动力电池价格已下降 80%，电池能量密度提升超过 3 倍。预计未来动力电池价格还将持续快速下降，能量密度等指标和安全性能将随着技术进步不断提高。从中国的发展情况看，纯电动汽车已基本与燃油汽车实现购置平价，电动汽车将加速替代燃油汽车并成为主导车型。

未来电动汽车的发展重点在于突破动力电池关键核心技术，进一步降低电池成本。预计到 2050 年，全固态锂离子电池、钠离子电池、金属空气电池等不同技术路线的动力电池可满足不同电动汽车消费者的差异化需求，整车安全性大幅提升，续航里程超过 1000km，自动驾驶、共享出行、车网智能互动等技术广泛应用。

### 2. 氢燃料电池汽车

目前，车用氢燃料电池功率密度、寿命、冷启动等关键技术与成本瓶颈已逐步取得突破，国际先进水平电堆功率已达到 3.1kW/L，乘用车系统使用寿命普遍达到 5000h，商用车达到 2 万 h，车用燃料电池系统的发动机成本相比于 21 世纪初下降 80%～95%。

提高核心技术水平，降低成本和加强基础设施建设是氢燃料电池汽车发展的重点。预计到 2050 年，燃料电池系统的体积功率密度将达到 6.5kW/L，乘用车系统寿命将超过 1 万 h，商用车将达到 3 万 h。低温启动温度将降到 −40℃，系统成本降至 300 元/kW[1]。主要应用领域在续航里程要求高、频繁往来于固定站点的大型客车和高载重货车。此外，氢燃料汽车低温适应性好，在极寒地区发展空间大。

### 3. 电制热（冷）

制热（冷）是全球最大的能源消费领域，能耗约占终端能源需求的 50%，二氧化碳排放量占总排放的 40%。全球制热市场仍以化石燃料供热和传统电制热为主导。截至 2019 年，化石燃料供热设备和效率较低的传统电加热设备合计接近全球供热设备总销量的 80%[2]。近年来电热泵和可再生能源供热占比有所增长。2021 年，全球电热泵保有量达到约 1.8 亿台，总功率接近 10 亿 kW，热泵年销量增长近 15%，是过去十年平均增长

---

[1] 中国氢能联盟，中国氢能源及燃料电池产业白皮书，2019。

[2] IEA，Heating［R］，https：//www.iea.org/reports/heating.

率的两倍❶。

电热泵本质上是一种基于压缩机技术的热力循环系统，通过电能做功将较低温热源（空气、水、土壤等）中的热量转移到较高温环境的设备，工作原理（见图 2.6）与空调相同。热泵一般包括蒸发器、冷凝器、压缩机、膨胀阀和循环系统等主要部件，工质（制冷制热剂）在系统中进行热力学逆循环，实现热量在不同空间的转移。如果按相反的热量传递过程运行，热泵也可实现制冷。在热源与供热端温差不大的情况下，电热泵能效比通常可达到 200% 以上，适用于满足新增供热需求（如新建小区）和替代分散式供热。

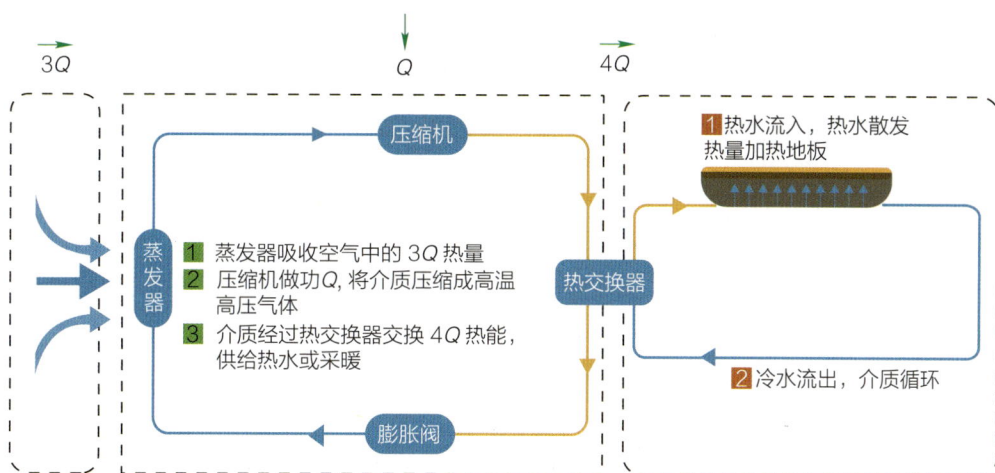

图 2.6　热泵工作原理示意图

未来，电热泵技术的大规模应用可提升供热领域电气化水平、加速供热系统清洁低碳发展，是供热领域最为现实的节能降耗和减碳路径。**提升多级压缩机热泵系统的能效水平，提高空气源热泵在低温环境的适应性是热泵技术发展的重点**。预计到 2050 年，居民及商业热泵普及率超过 40%，−10℃ 以下低温适应性大幅提高；工业制热领域广泛采用 150℃ 供热能力的超高温热泵。

### 4. 电制氢及其他燃料

随着能源系统清洁转型的不断深入，供暖、交通等能源消费领域电能替代进程逐渐加快，而航空、航海、工业高品质热、化工、冶金等领域难以直接应用电能实现脱碳。通过清洁电力制取氢、甲烷、甲醇以及氨等燃料原材料再利用，为这些领域间接实现电

---

❶ IEA，The future of heat pumps［R］，https：//www.iea.org/reports/the-future-of-heat-pumps.

气化提供了可行的技术路线。

**电制氢**。氢是质量能量密度最高的物质，具有广阔的应用前景。电制氢主要包括三种技术路线，**碱性电解槽**技术发展成熟、设备结构简单，是当前主流的电解水制氢方法（原理见图 2.7），缺点是效率较低（60%～70%）。**质子交换膜**技术能有效减小电解槽的体积和电阻，电解效率可提高到 70%～80%，功率调节更灵活，但设备成本相对昂贵。**高温固体氧化物电解槽**技术利用固体氧化物作为电解质，在高温（800℃）环境下电解反应的热力学和化学动力学特性得以改善，电解效率可达到 90%左右，目前还处于示范应用阶段。**提高各类电解槽的转化效率改善可调节特性，降低设备成本是电制氢技术发展的重点**。预计到 2050 年，高温固体氧化物电解槽有望成为主流，电制氢效率达到 90%以上，随着清洁能源发电成本进一步下降，资源较好地区电解水制氢成本将降至 7～9元/kg，成为最具竞争力和主流的制氢方式。

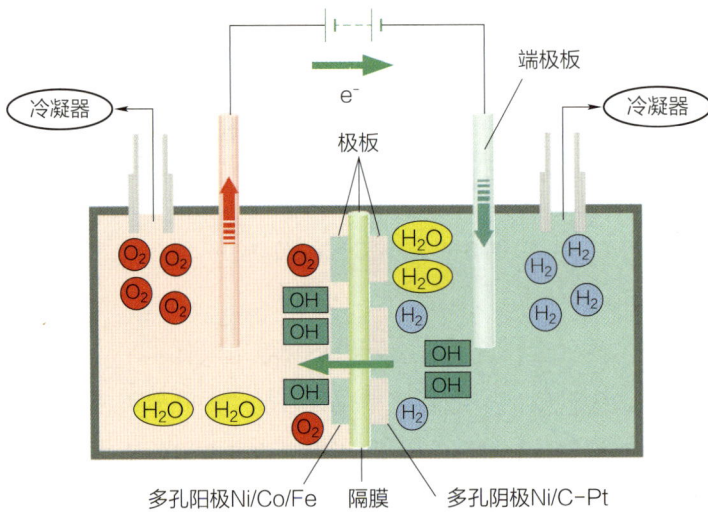

图 2.7　电解水原理示意图

**电制氨**。以电解水制氢代替煤、天然气制氢合成氨，是电制氨最为成熟和现实可行的技术路径，日本、德国已建成可再生能源电制氨示范项目。当前，电制氨的能量转化效率在 40%～44%[1]。以光伏项目最低中标电价计算，电制氨的成本可降至 4 元/kg，

---

[1] Muhammad Aziz，Takuya Oda，Atsushi Morihara，et al.，Combined nitrogen production，ammonia synthesis，and power generation for efficient hydrogen storage，Energy Procedia，2017，143，674-679.

已接近氨的市场价格（近 3 元/kg）。**提高反应的选择性、能量转化效率，降低设备成本是电制氨技术发展的重点**。研发新型高效、低成本催化剂，设计适应性更高的反应器是重点攻关方向。预计到 2050 年，优化电解水和哈伯法反应器两套系统的集成和配合，电制氨综合能效可提高到 55%，成本降至 1.5～2 元/kg，成为最具竞争力的合成氨方式。

**电制甲烷**。电制甲烷技术路线主要为电解水制氢后通过二氧化碳加氢合成甲烷，选择性可达 90%以上，德国、西班牙等欧洲国家已建立多项示范工程。在当前的技术和电价水平下，电制甲烷的综合能效在 50%左右，成本为 9.7～11 元/m³。二氧化碳直接电还原制甲烷也是一条可行的技术路径，主要受制于选择性差、能量转化效率低、反应速率慢等缺陷，尚处于实验室研究阶段。**提高全过程的能量转化效率，降低设备成本是电制甲烷技术发展的重点**。预计到 2050 年，电制甲烷综合能效提高到 70%，成本将降至约 2.5 元/m³，在远离天然气产地的用能终端得到广泛应用。

**电制甲醇**。目前，较成熟的电制甲醇技术路线为电解水制氢后通过二氧化碳加氢合成甲醇，该工艺尚存在单程转化率低、催化剂易失活、能量转化效率不高等缺陷，电制甲醇成本为 5.8～7.8 元/kg，高于煤、天然气制甲醇的成本（1.6～2.3 元/kg）。**提高全过程能量转化效率，降低设备成本是电制甲醇发展的重点**。研发高效反应器和催化剂、提高副产热量利用效率、研究二氧化碳直接电还原制甲醇技术是重点攻关方向。预计到 2050 年，二氧化碳甲醇化反应的单程转化率、选择性有显著提升，电解槽、辅机等设备成本显著下降，同时二氧化碳直接电还原制甲醇技术取得突破，在原料需求终端得到广泛应用，预计电制甲醇成本将降至 1.5～2 元/kg，初步构建以电制甲醇为核心的电制液体燃料和原材料产业链，以清洁能源为驱动力，水和二氧化碳为"粮食"的电制原材料开始走进千家万户。

## 2.3.2.2　清洁发电技术快速进步

清洁能源发电技术是实施清洁替代、实现清洁发展的关键。清洁能源发电技术进步和成本下降是加快推动能源清洁转型、构建新型电力系统的重要动力。经过多年发展，清洁能源发电技术取得长足进步，光伏/光热发电、风力发电、水力发电、核能发电等技术已实现规模化应用，未来具有更大的发展潜力。

### 1. 光伏发电

光伏发电是目前进步最快、发展潜力最大的清洁能源发电技术,主要可分为晶硅电池和薄膜电池两大类。当前,晶硅电池的转换效率最高达到 26.81%[1],已经接近单结电池的理论极限;薄膜电池组件的转换效率达到 19.2%[2]。光伏发电系统示意如图 2.8 所示。目前,全球光伏发电平均度电成本约为 0.36 元/kWh[3],中国资源条件较好地区光伏度电成本已下降至 0.2 元/kWh 以下。

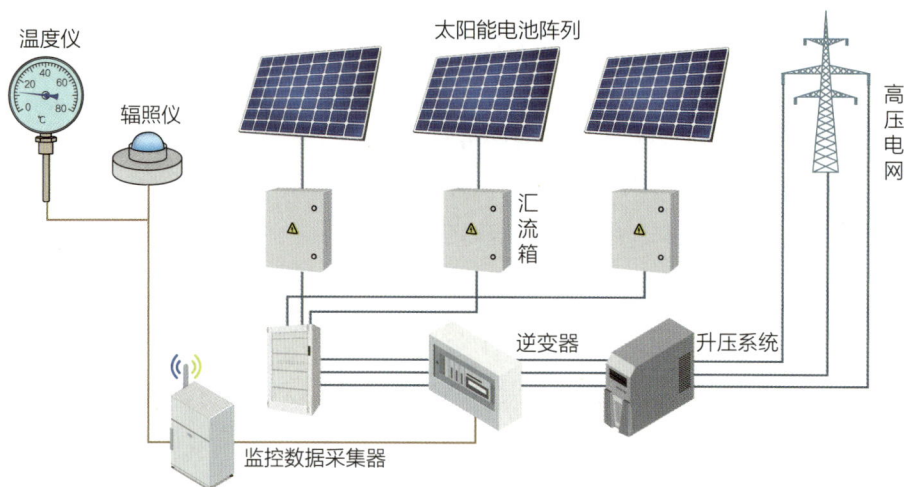

图 2.8  光伏发电系统示意图

**提高电池转换效率是光伏发电技术发展的重点。** 其中,降低光损失、载流子复合损失和串并联电阻损失是提高电池转换效率的重要攻关方向,研究制造新型多 PN 结层叠电池,是突破单结电池效率极限的关键。**预计到 2050 年,多 PN 结层叠电池有望取代单结电池,突破效率极限,组件转换效率达到 35%。**全球平均度电成本降至 0.08～0.1 元/kWh。

### 2. 光热发电

光热发电技术通过反射太阳光到集热器进行太阳能采集,再通过换热装置产生高压

---

[1] https://www.longi.com/cn/news/propelling-the-transformation/.

[2] Green M A, Ewan D. Dunlop, Dean H. Levi, et al. Solar cell efficiency tables(version 55)[J]. Progress in Photovoltaics Research & Applications, 2019, 21(5): 565-576.

[3] IRENA, Renewable Power Generation Cost in 2022.

过热蒸汽来驱动汽轮机进行发电，实现"光-热-电"的转化。目前，塔式和槽式集热成为光热发电主流，全球平均度电成本仍较高，约 0.9 元/kWh[1]。塔式光热系统示意如图 2.9 所示。

**提高运行温度、发电效率和降低成本是光热发电技术发展的重点。** 改进和创新集热场的反射镜排布和跟踪方式，研发新型硅油、液态金属、固体颗粒、热空气等新型传热介质，研发超临界二氧化碳布雷顿循环等新型发电技术是重要攻关方向。**预计到 2050年**，光热电站传热及发电环节工作温度达到 800℃，储热效率提高到 95%以上，发电环节采用超临界二氧化碳布雷顿循环发电技术，发电效率约 65%；全球平均度电成本降至0.4 元/kWh。

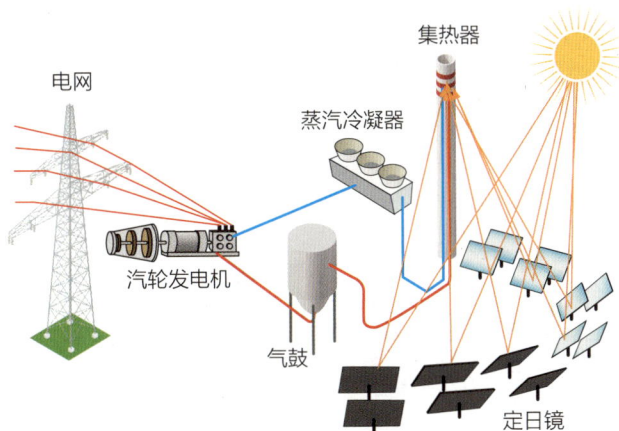

图 2.9 塔式光热系统示意图

### 3. 风力发电

风力发电技术经历了数十年的发展，技术和装备日趋成熟，发电成本迅速下降。2022年，全球陆上风电平均度电成本为 0.25 元/kWh；海上风电平均度电成本为 0.6 元/kWh[1]。中国在机组迅速大型化趋势的带动下，风电成本下降更快，陆上风电度电成本已降至 0.2元/kWh 以下，海上风电度电成本已降至接近 0.4 元/kWh。

**提升单机容量、效率、低风速适应性，提高海上环境适应性，提升电网友好性是风电技术发展的重点。** 叶片结构设计、新型叶片材料研发、海上风机基础结构选择和结构

[1] IRENA，Renewable Power Generation Cost in 2022.

模态分析、载荷计算和疲劳分析、风机抗低温运行技术、叶片除冰技术等是重要攻关方向。预计到 2050 年，全球陆上风电平均度电成本降至 0.1～0.15 元/kWh，海上风电降至 0.25～0.3 元/kWh。

### 4. 水力发电

水力发电经历超过百年的发展和应用，水电已成为最成熟的可再生能源发电技术。2022 年，全球水电平均度电成本约为 0.45 元/kWh[1]，受开发条件影响，不同项目度电成本区别较大。

未来，提高大型混流式水轮机和高水头冲击式水轮机的设计制造水平是水电技术发展的重点。水力设计、稳定性研究、电磁设计和结构优化、推力轴承制造和水电机组控制等方面是重要的攻关方向。坝式水电站和引水式水电站原理示意如图 2.10 所示。预计到 2050 年，大型混流式水轮发电机组单机容量达到 150 万 kW；充分开发冲击式水轮发电机组的应用场景。考虑到技术进步装备成本下降、水电资源开发条件日趋复杂的多重因素作用，预计新开发水电度电成本小幅上涨至 0.5～0.6 元/kWh。

（a）坝式水电站　　　　　　　　（b）引水式水电站

图 2.10　坝式水电站和引水式水电站原理示意图

### 5. 核能发电

目前基于可控自持链式裂变的核电技术不断发展成熟，已实现大规模商业应用。国际上核电已形成"三代为主、四代为辅"的发展格局，以压水堆和沸水堆为最常见的核

---

[1] IRENA，Renewable Power Generation Cost in 2022.

反应堆类型，度电成本为 0.26～0.4 元/kWh。**在保障安全的前提下，提高核裂变发电效率和运行灵活性是当前核电技术发展的重点。**研发快堆配套的燃料循环技术，解决核燃料增殖与高水平放射性废物嬗变问题；模块化小堆方面，积极发展小型模块化压水堆、高温气冷堆、铅冷快堆等堆型是重要攻关方向。

除技术因素外，国家能源政策、对能源自主和安全性等方面的考虑也是影响核电发展的基础性支撑因素。**预计到 2050 年**，实现核能高效、灵活应用，并建立起较完整的核燃料循环体系；核聚变发电方面，突破聚变能利用的关键材料、燃料循环等诸多技术挑战。全面掌握聚变实验堆技术，积极推进聚变工程试验堆设计与研发，逐步实现聚变能的安全可控利用。

### 6. 氢能发电

氢能发电可分为燃料电池和氢燃气轮机两条技术路线，在未来以新能源为主体的新型电力系统中是重要的可调节电力来源。氢燃料电池容量较小、配置灵活，适用于分散式发电场景；氢燃气轮机单机容量大、转动惯量大，适合作为电网的调节和支撑电源❶。

**燃料电池**（fuel cell，FC）是把氢燃料中的化学能通过电化学反应直接转换为电能的发电装置。单个燃料电池的电压有限，为提高燃料电池的输出电压和功率，需要根据实际工况需求将不同数量的单电池串并联并且模块化。燃料电池不受热机卡诺循环极限的限制，理论上具有更高的能量转化效率（最高可达 85%），但受制于技术水平和工作环境，常见的燃料电池系统实际效率通常为 40%左右。

**氢燃气轮机**技术来源于天然气发电，但氢的物理性能、燃烧特性与天然气相差较大，相比现有的天然气燃气轮机需要进行相应的技术改造。目前，已有高比例掺氢燃气轮机实现示范应用。富氢、纯氢燃气轮机的技术难点包括三方面，一是解决回火和火焰震荡问题以增加透平的安全和可操作性；二是高温高压下富氢、纯氢的自动点火问题；三是燃烧系统的设计需要考虑减少 $NO_x$ 排放。

**提高氢燃料电池发电效率，实现氢燃机 100%纯氢发电是氢发电技术发展的重点。**预计到 2050 年，氢燃料电池发电效率提升至 60%，纯氢燃气轮机大规模应用，联合循环发电效率接近 60%。

---

❶ 全球能源互联网发展合作组织. 绿氢发展与展望［M］. 北京：中国电力出版社，2022.

### 2.3.2.3　储能技术实现规模化应用

随着风电、光伏等波动新能源发电装机容量占比不断提高，常规调节能力逐步减少，需要引入储能作为调节能力来源。如图 2.11 所示，储能技术类型众多，技术经济特性各异，应用场景也有明显区别。随着储能技术成熟和成本下降，储能将广泛应用于电力系统各个环节。

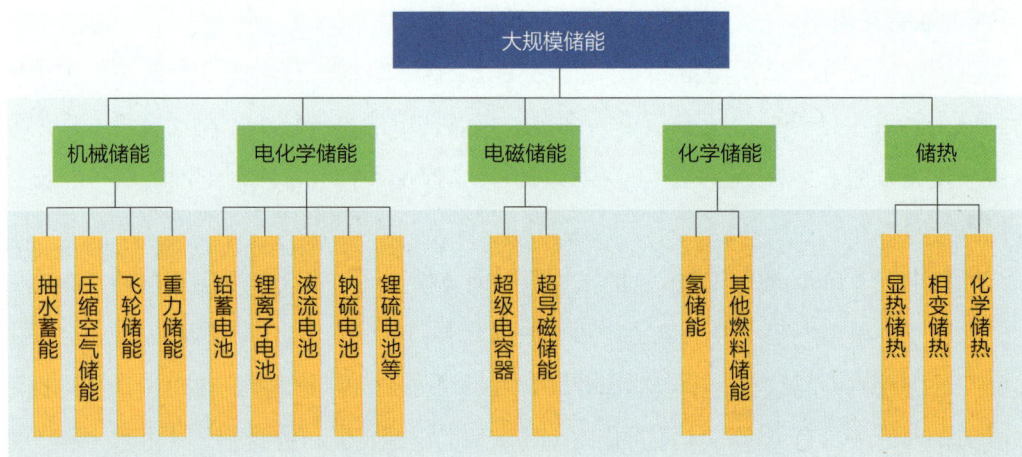

图 2.11　储能技术分类示意图

### 1. 抽水蓄能

抽水蓄能技术成熟可靠，具有使用寿命长、单机容量大、能够为系统提供惯量支撑等优点，是最为成熟的大规模储能技术，主要用于电力系统调峰、调频、紧急事故备用、黑启动和为系统提供备用容量等场景。抽水蓄能示意如图 2.12 所示。截至 2022 年底，全球抽水蓄能装机容量约 1.7 亿 kW，其中中国约 4700 万 kW，平均建设成本约 5500 元/kW❶。

---

❶ 水电水利规划设计总院，抽水蓄能产业发展报告 2022。

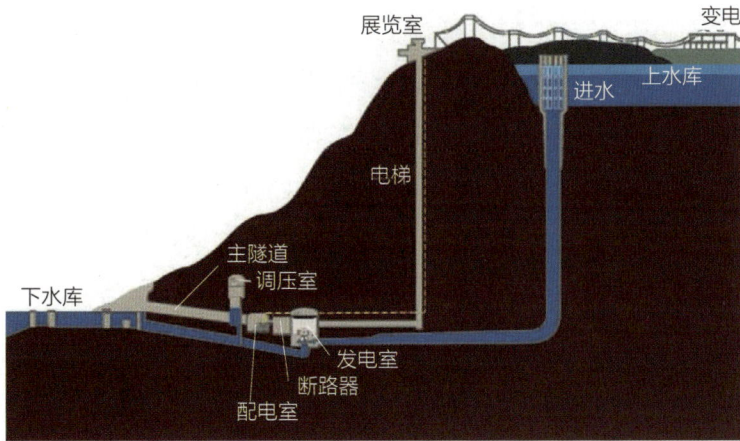

图 2.12　抽水蓄能示意图

统筹考虑为电力系统提供调节能力与水资源优化配置，发展新型抽水蓄能，是抽水蓄能发展的新方向。新型抽水蓄能是以新能源为主要动力，在流域间建设一系列调蓄水库、不同高程的短距离引水道、可逆式水泵水轮机组和水轮发电机组，实现跨流域调水和电能存储的一种综合性水利水电工程，其示意如图 2.13 所示。新型抽水蓄能，具有风光赋能、电水协同、抽发分离、运行灵活的特点，根据取水流域丰枯变化、新能源随机波动等情况，灵活采用异地抽发和就地抽发两种不同运行方式，在完成调水任务的前提下，为电力系统提供灵活调节能力。

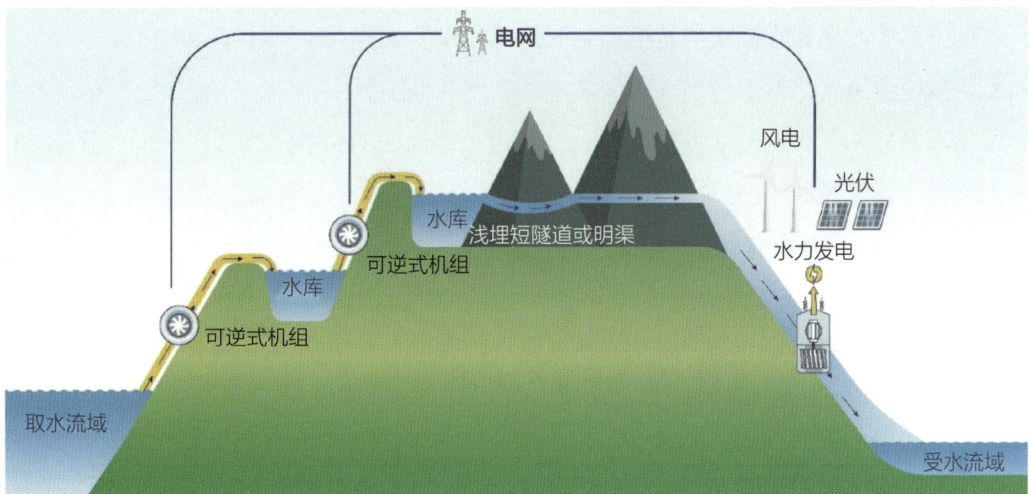

图 2.13　新型抽水蓄能示意图

## 2. 压缩空气储能

压缩空气储能具有循环次数多，使用寿命长等优点，可作为主流储能技术的有效补充，具有一定发展潜力。压缩空气储能原理示意如图 2.14 所示。压缩空气储能装机容量可达 10 万千瓦级，使用寿命 30 年左右，循环次数约上万次，能量转换效率约 60%[1]。受空气压缩机、透平机、储气罐等关键设备成本的制约，成本为 7000～9000 元/kW。

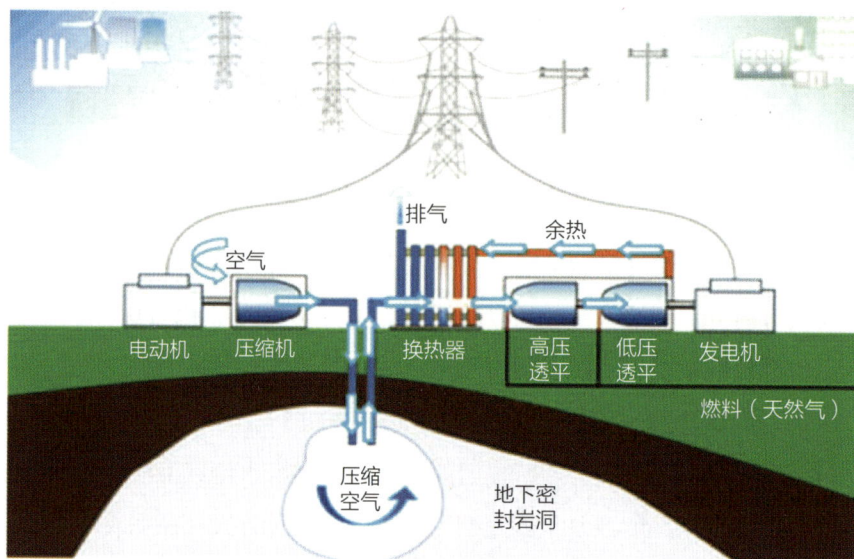

图 2.14    压缩空气储能原理示意图

提升系统效率和降低成本是压缩空气储能技术发展重点。预计到 2050 年，等温压缩和等压压缩等新体系下的空气储能技术、利用其他工质（如二氧化碳）的气体压缩储能技术不断成熟，系统效率提升至 70%，利用地下洞穴的储能持续放电时间达到 100h，成本降至 4000～6000 元/kW。

## 3. 锂（钠）电池储能

锂离子电池储能综合性能好，技术进步快，在新型储能技术中占据主流；钠离子电池材料来源广泛，未来在电力系统储能领域具有广阔应用潜力。锂离子电池原理示意如图 2.15 所示。目前，储能用磷酸铁锂电池循环次数为 6000～7000 次，能量密度达 160Wh/kg。受

---

[1] 陈来军，梅生伟，王俊杰，等.面向智能电网的大规模压缩空气储能技术［J］.电工电能新技术，2014，33（6）：1-6.

正负极材料、电解液、系统组件等成本的制约，系统建设总成本为 1200~1500 元/kWh。

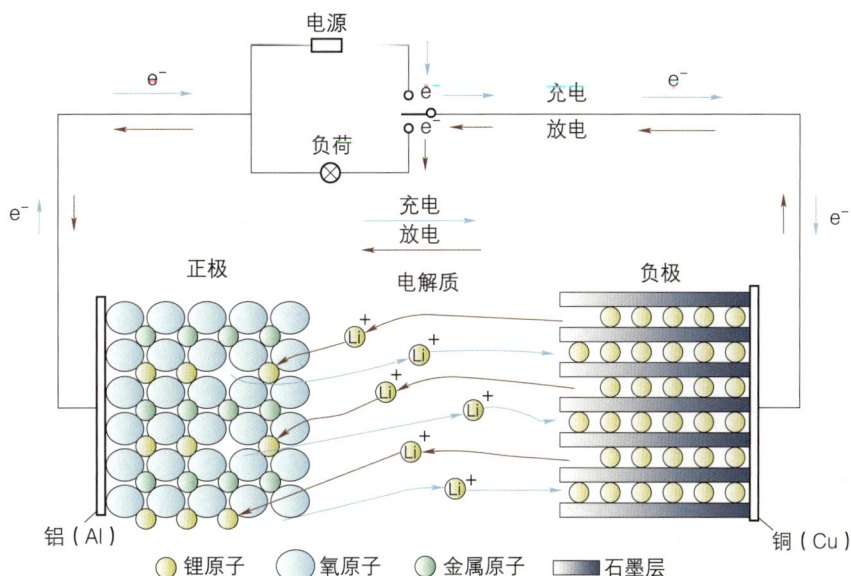

图 2.15　锂离子电池原理示意图

**提高电池的安全性和循环次数，降低成本是锂（钠）电池储能发展的重点。**预计到 2050 年，材料来源更广泛的钠电池有望成为电化学储能的主流；锂离子电池实现全固态，安全问题得到有效解决；更高能量密度的金属空气电池实现大规模应用。储能电池的循环次数提升至 1.2 万~1.4 万次，能量密度提升至 350Wh/kg，系统建设成本降至 500 元/kWh 以下。

### 4. 氢储能

氢气是具有实体的物质，相对于电能更容易实现大规模存储。由电制氢、储氢容器、氢发电设备联合构成的氢储能是未来发展前景最好的长期储能技术。氢储能系统示意如图 2.16 所示。当前技术水平下，氢储能的整体转换效率为 30%~40%[1]。经济性方面，受设备造价、储氢方式、设备利用率等因素的制约，氢储能系统成本约 10000 元/kW。

**提高转化效率、储氢密度并降低成本是氢储能的发展重点。**预计到 2050 年，氢储能系统效率提高至 55%~60%，储氢密度超过 30~35mol/L，持续放电时间达到两周以上，系统成本降至 5000~6000 元/kW。

[1]　华志刚.储能关键技术及商业运营模式［M］.北京：中国电力出版社，2019.

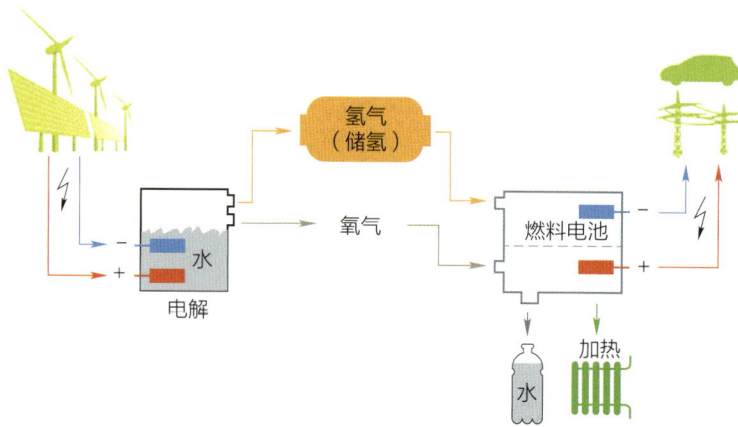

图 2.16   氢储能系统示意图

### 5. 储热

储热技术一般分为显热储热、相变储热和化学储热，具有成本低廉，容量易扩展，可实现大规模存储，但热-电转化过程效率较低。槽式太阳能电站熔融盐储热系统示意如图 2.17 所示。目前，熔融盐储热已在光热发电领域得到了较好应用，熔盐作为储热介质，工作状态稳定，储热密度高，储热时间长，适合大规模中高温储热，单机可实现 10 万 kWh 以上的储热容量，系统成本为 200~250 元/kWh。

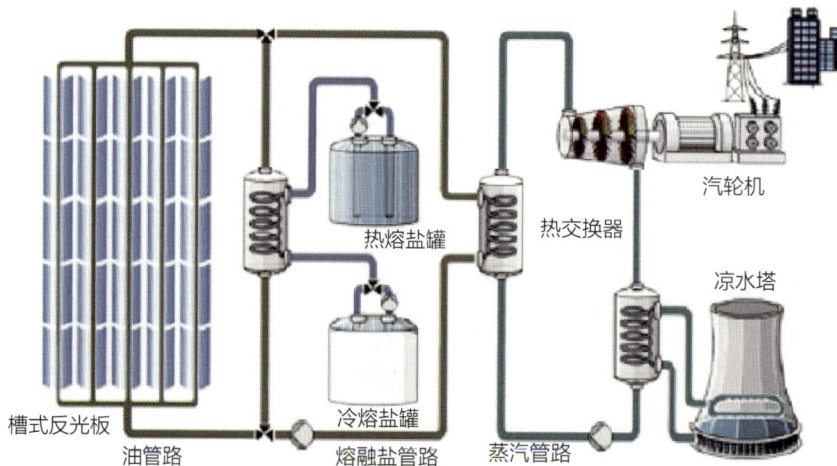

图 2.17   槽式太阳能电站熔融盐储热系统示意图

提高电－热－电转化效率和储热密度，降低成本以及开拓新的应用场景是储热技术的发展重点。预计到 2050 年，相变储热、化学储热获得广泛应用，百万千瓦级电－热－电高温储热在电力系统中获得规模化应用。储热密度提高 50%，电－热－电转化效率达到60%以上，成本有望降至 60~70 元/kWh。

## 2.3.2.4　数字智能技术蓬勃发展

数字智能技术成为推动能源系统清洁发展的重要创新动力，为能源生产与消费的数字化、智能化创造了变革空间。数字智能技术将助力全球能源互联网实现从能量流、信息流到业务流、资金流和价值链的全面优化配置，成为支撑高质量低碳转型发展的新型基础设施平台。电力数字智能发展是发电清洁化和终端电气化新形势下电力行业发展的必然要求，高度发达的信息技术、通信技术和智能技术将成为构建新型电力系统的重要基础。电力数字智能技术的功能定位如图 2.18 所示。

### 1. 传感技术

传感器是实现物理世界中电、光、振动等状态信息提取的设备。传感技术对物理世界的精准感知是数字智能转型的重要基础，而传感器是物联网的重要组成部分，是实现系统可观测、可分析、可预测、可控制的前提。

电力系统发、输、变、配、用各环节已广泛应用各类传感器，实现了对设备健康状态的实时检测。按被测对象的特征，传感器可分为电气量、状态量以及环境量传感器。电气量传感器主要包括电流互感器、电压互感器、快速暂态过电压传感器、脉冲电流传感器和特高频传感器，状态量传感器主要包括力学、气敏、超声波、振动传感器，环境量传感器主要包括温度传感器、温湿度传感器、红外热成像传感器、紫外成像传感器。GIS 特快速暂态过电压感知示意如图 2.19 所示。电力系统应用传感器的目的是有效感知运行状态、及时排除系统故障。

传感技术未来向低成本集成化、抗干扰内置化、多节点自组网、低功耗等方向发展。传感技术的研发方向包括多参量融合 MEMS 传感技术、嵌入式 MEMS 传感器、分布式光纤感知中多方面的基础理论研究、电力能源装备内部光学状态检测方法、电力能源装备内部缺陷信息特征研究、基于温差、振动等环境能量收集为传感器供电的传感器自取能技术等。

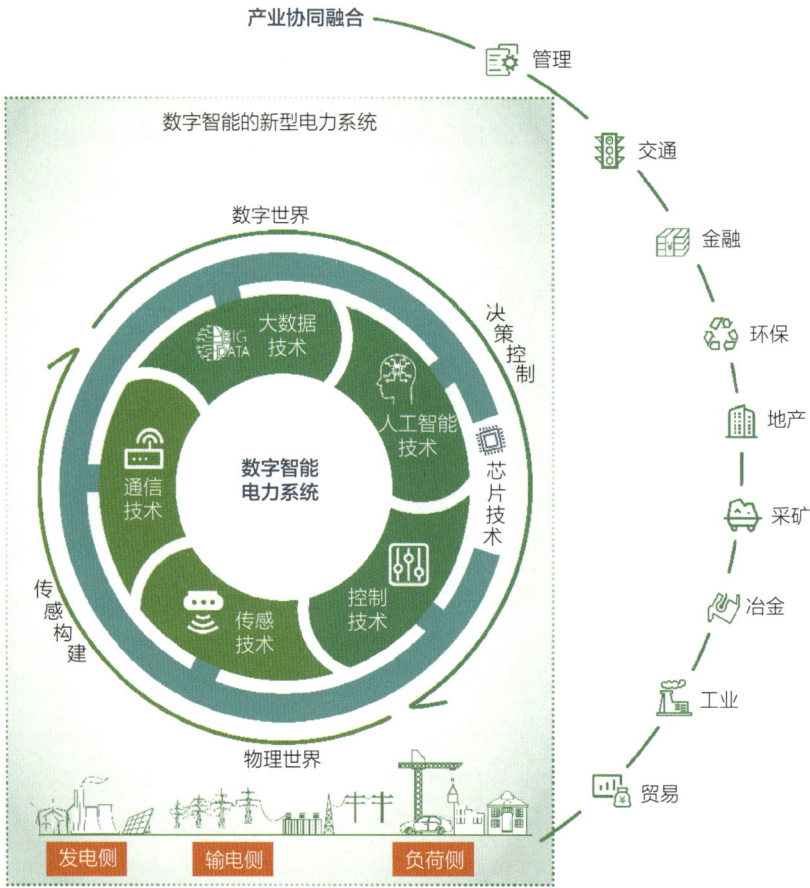

图 2.18    电力数字智能技术的功能定位

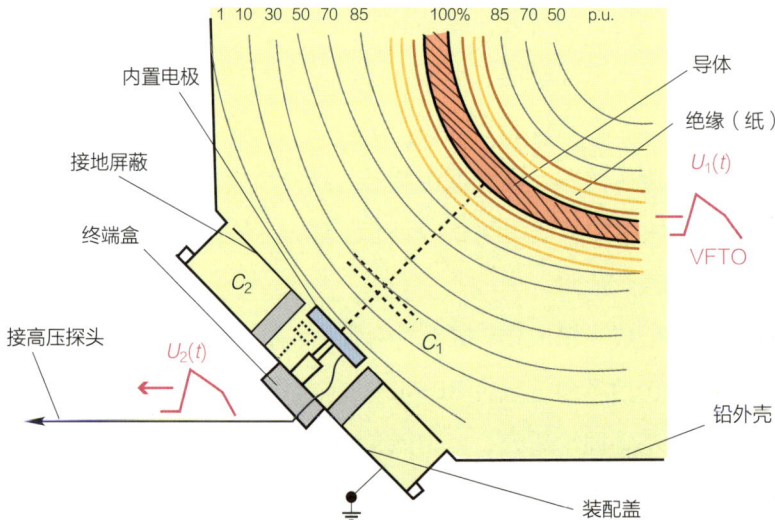

图 2.19    GIS 特快速暂态过电压感知示意图

### 2. 通信技术

通信技术实现了数据、信息、指令的快速传输，为社会高效化发展提供可靠保障。电力通信是电网调度自动化、网络运营市场化的基础，电力系统对通信安全、速度有严格要求，因此电力系统需要先进通信技术的融合应用。

**通信技术是电力系统、企业中基础信息传递的保障，为电力调度、生产、经营与管理提供了不可或缺的服务。**通信方式应从单一通信电缆、电力线载波向 5G、光纤、微波、卫星通信等方式转变，通过 5G 专域、切片和专网等多方面发展支撑电力信息通信需求，实现电力系统网络基础设施宽带化，发展电力配电线路传输数据相关技术，探索公用与专用融合的电力卫星通信体系。电力传输网已发展成为以光纤通信为主，微波、载波、卫星通信作为应急备用，多种传输技术并存的传输网络。

**更大容量、更广覆盖、更低时延、更高安全性是电力通信未来的发展方向。**通信技术的研发与应用发展方向包括大容量骨干光通信网建设、宽带无线专网建设、空天地海一体化通信网络构建、实用化无中继超长站距光传输技术、确定性延时关键技术研究等。随着电力系统规模的扩大，建设覆盖发、输、变、调、配、用全程全网的电力通信网络，增大通信网络延伸，是支撑电力系统建设，实现各环节智能化的战略需求。为实现更广的覆盖，电力通信网未来将会是骨干通信以光纤为主，终端接入多种通信方式融合的空天一体化网络，如图 2.20 所示。

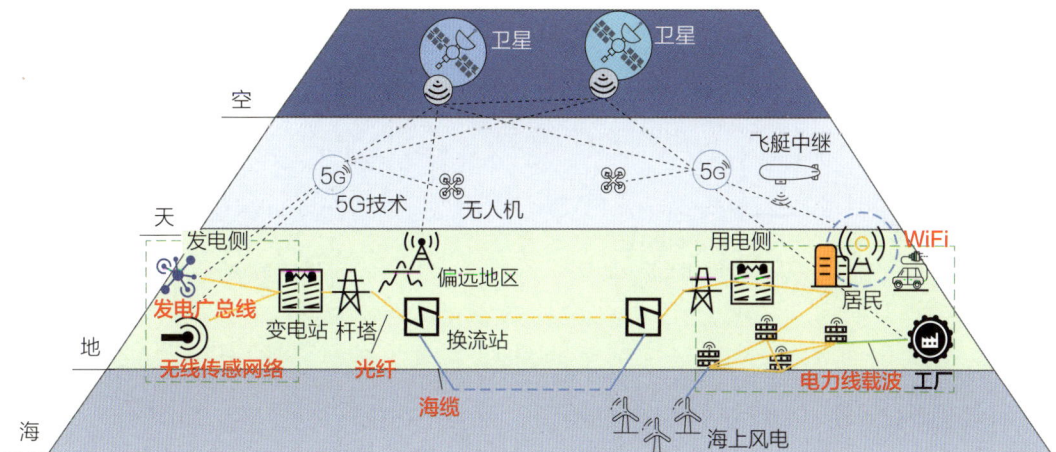

图 2.20 空天地海一体化通信网络示意图

### 3. 大数据技术

大数据技术是依托云计算等方法的支持对海量、高增长率和多样化的信息资产进行分析管理的技术，具有大量、高速、多样、低价值密度、真实等特点。电力系统中存在大量非结构化数据，需要从单一读取、展示电力信息转变为深入处理、挖掘数据。为提升数据价值挖掘能力，大数据和云计算技术等信息支撑平台关键技术在电力系统中的研究与设计至关重要。典型负荷预测模型数据结构示意如图 2.21 所示。

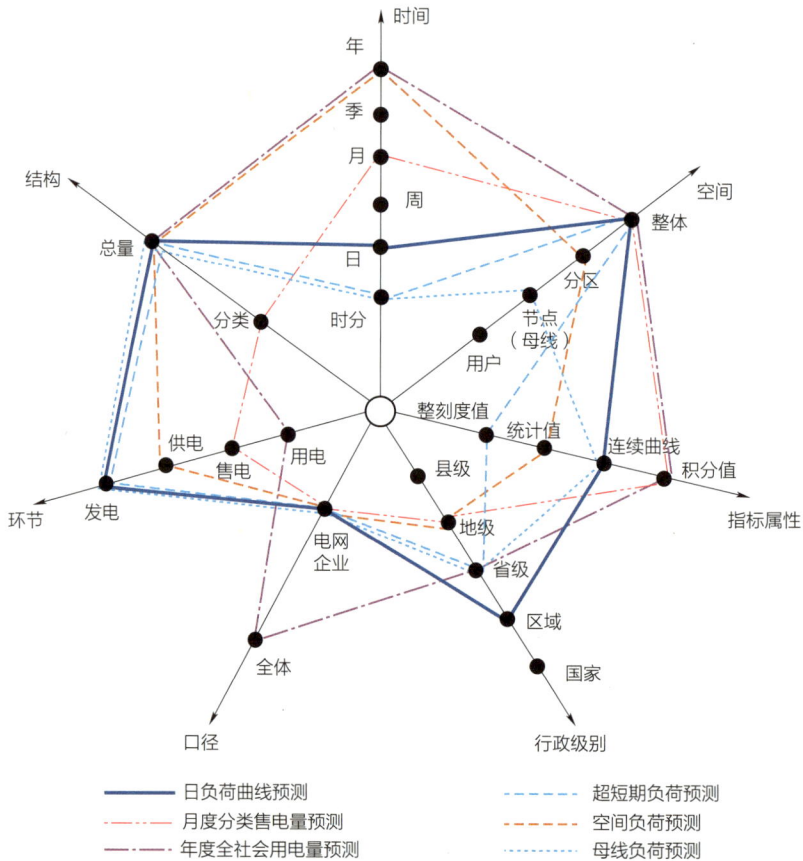

图 2.21　典型负荷预测模型数据结构示意图

**大数据技术在电力行业中实现初步应用，涵盖电力生产运行、电力市场分析、电力交易、运维检修等多个方面。**电力行业的运营过程涉及发电、输电、配变电、用电以及售电和调度等众多环节，每一个环节都包含着大量电力数据。在新技术的推动下，电力行业正在向信息化、数字化方向发展。电力大数据通常由结构化、非结构化数据两类组合而成，具备数据量大、数据类型多、处理速度快、精确性高和价值大的"5V"特征，其关键技术包括多源数据整合、异构数据存储、混合计算、分析挖掘、分布式存储、并行计算、可视化、虚拟化等。

**大数据技术随电力系统上下游终端增多、交互更加多元、电力数据爆发增长将逐渐在电力领域深入应用。**大数据技术可用于电力行业的生产经营、市场开发、客户管理、投融资管理决策等多个方面，以应对信息准确搜集、数据实时处理、系统快速决策等实际需求。大数据技术的具体发展方向包括大数据软采与硬采方式优化、大数据存储技术的可用性提升与成本降低、庞大结构化与半结构化数据的深度分析挖掘、非结构化数据的分析以及大数据安全与隐私保护系统的建立。

### 4. 人工智能技术

人工智能（artificial intelligence，AI）是利用机器学习和数据分析方法赋予机器模拟、延伸和拓展类人的智能的能力，本质上是对人类思维过程的模拟。人工智能技术具有应对高维、时变、非线性问题的强优化处理能力和强大的学习能力，在应对电力系统发展新形势带来的新挑战中，具有广阔的应用前景。

**人工智能技术在电力行业的应用主要处于研究阶段，涉及电力系统发、输、变、配、用全环节，重点包括电网调度、设备运维和用电营销等应用领域。**人工智能的研究包括机器人、语言识别、图像识别、自然语言处理和专家系统等，可赋予机器模拟、拓展类人智能的能力。数字智能化时代下，电力系统迅速、准确的决策有赖于人工智能技术在能源电力领域的融合应用。基于深度学习、生物识别的人工智能技术在电力系统的发电、输电、配电等各个环节能够识别规律，具备改善优化、做出决策的能力。人工智能技术在电力系统中的应用如图 2.22 所示。

**人工智能技术将在电力优化控制、设备运行管理、电力预测分析、安全管控、网络攻击识别等多方面技术成熟，实现能源电力系统的赋智赋能。**人工智能具有赋予机器模拟、拓展类人智能的能力，在电力系统的结构更加复杂、不确定性提升、安全稳定风险加大形势下，未来在能源电力领域有广泛应用的可能，具体发展方向包括群体智能、混合增强智能、认知智能、无人智能等。人工智能的具体研究应用方向包括蚁群优化算法、粒子群优化算法、复杂人机问题泛在协作、无人智能中多功能多媒体监控系统建设、高安全风险领域的替代应用。

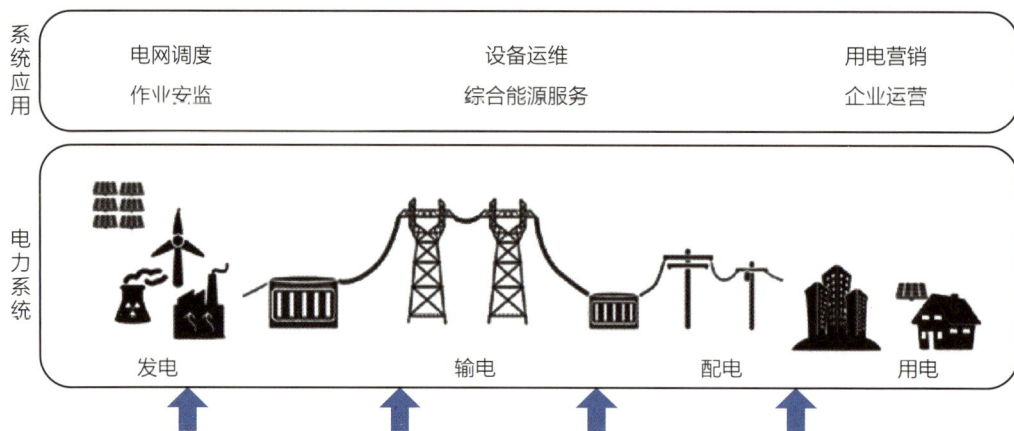

图 2.22    人工智能技术在电力系统中的应用

# 2.4    新型电力系统的内涵与特征

## 2.4.1    核心内涵

2021 年 3 月 15 日,中央财经委员会第九次会议对能源电力发展作出了系统阐述,提出"要构建清洁低碳安全高效的能源体系,控制化石能源总量,着力提高利用效能,实施可再生能源替代行动,深化电力体制改革,构建以新能源为主体的新型电力系统"❶,新型电力系统的概念首次提出。党的二十大报告提出,积极稳妥推进碳达峰碳中和、加快规划建设新型能源体系,为中国能源电力高质量发展提出了更高要求。

2023 年 7 月 11 日,中央全面深化改革委员会第二次会议审议通过《关于深化电力体制改革加快构建新型电力系统的指导意见》,强调要"深化电力体制改革,加快构建清洁低碳、安全充裕、经济高效、供需协同、灵活智能的新型电力系统,更好推动能源

---

❶ 中国政府网,https：//www.gov.cn/xinwen/2021-03/15/content_5593154.htm.

生产和消费革命，保障国家能源安全"❶。在新能源装机不断提高、供需形势变化的背景下，新型电力系统的内涵也在演进和完善，反映了电力系统的转型升级需要不断探索如何兼顾清洁、安全、经济、低碳这四大诉求。

**新型电力系统**是以交流同步运行机制为基础，以大规模高比例新能源发电为依托，以常规能源发电为重要组成，以坚强智能电网为平台，源网荷储协同互动和多能互补为重要支撑手段，深度融合低碳能源技术、先进信息通信与控制技术，实现电源侧高比例可再生能源广泛接入、电网侧资源安全高效灵活配置、负荷侧多元负荷需求充分满足、储能侧提供充足调节能力，适应未来能源体系变革、经济社会发展，与自然环境相协调的电力系统❷，是新型能源体系的重要组成和实现"双碳"目标的关键载体。

新型电力系统具备**清洁低碳**、**安全充裕**、**经济高效**、**供需协同**、**灵活智能**五大重要特征（见图 2.23），其中清洁低碳是核心目标，安全充裕是基本前提，经济高效是必然要求，供需协同是基础保障，灵活智能是重要支撑。

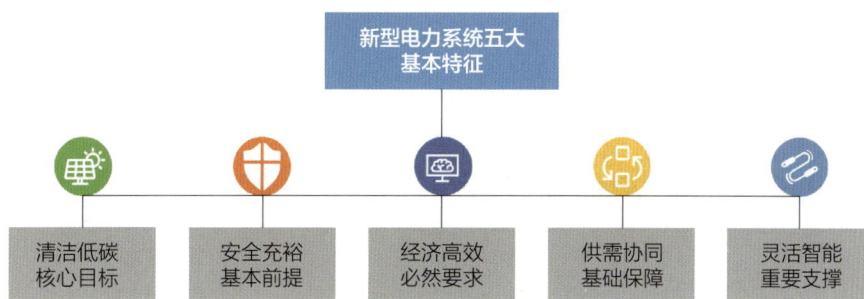

图 2.23　新型电力系统五大基本特征

## 2.4.2　主要特征

**清洁低碳**是构建新型电力系统的核心目标。新型电力系统中，电源侧实现清洁替代，包括风、光等新能源在内的非化石能源发电占比将不断提高，逐步成为装机主体和电量主体；火电特别是煤电逐渐向调节型、灾备型机组转变，装机容量及发电量下降的同时，

❶ 中国政府网，https://www.gov.cn/yaowen/liebiao/202307/content_6891167.htm.
❷ 辛保安，新型电力系统构建方法论研究，https://www.cpnn.com.cn/news/xwtt/202307/t20230711_1616604.html.

通过 CCUS 等技术实现低碳、零碳排放，电力系统碳排放总量逐步下降至净零水平。用电侧实现电能替代，各行业先进用电技术及装备发展水平取得突破，在工业、交通、建筑等领域实现充分电气化。电能逐步成为终端能源消费的主体，助力终端能源消费的低碳化转型。

**安全充裕是构建新型电力系统的基本前提**。新能源不断提高出力精准预测水平，提升自身可靠支撑能力，成为系统主体电源的同时，在保障系统安全方面也逐步承担主体责任。煤电在一段时期内仍将是电力安全保障的"压舱石"，与气电、水电、核电等传统电源共同承担基础保障的重担。除调节电源外，多时间尺度的储能协同运行，支撑电力系统实现动态平衡。"大电源基地"与"分布式"兼容并举，同步大电网、直流电网、智能微网等多种电网形态并存，共同支撑系统安全稳定运行。

**经济高效是构建新型电力系统的必然要求**。通过深化改革健全适应新型电力系统的体制机制，推动电力技术创新、市场机制创新、商业模式创新。不断完善统一电力市场建设，推动有效市场同有为政府更好结合，做好电力基本公共服务供给。目前，新能源发电成本已经低于传统化石能源发电，随着技术进步有望实现进一步降低。通过电源多能互补、合理安排储能应用、发挥电网资源优化配置作用，不断降低系统投资成本，提高系统运行效率和经济性

**供需协同是构建新型电力系统的基础保障**。随着新能源渗透率的不断提高，新型电力系统在源荷双侧都呈现高度的不确定性，仅靠火电等传统电源的调节和储能设备的应用难以完全满足系统的供需平衡要求，需要在负荷侧同步挖掘灵活调节潜力。电制氢、电动汽车、电制热（冷）等灵活负荷的占比将不断提高，需求侧响应能力大幅增强。随着中长期交易、现货交易、辅助服务、容量市场等多类型电力市场持续完善和有效融合，系统灵活性的市场价值通过价格信号准确传导给各个主体，传统"源随荷动"模式向灵活的"源网荷储互动"模式转变，实现供需协同，保障新型电力系统的灵活可靠运行。

**灵活智能是构建新型电力系统的重要支撑**。柔性交直流输电、直流组网等新型输电技术广泛应用，主网架向柔性化方向发展，支撑高比例新能源接入系统和外送消纳。随着多元负荷和分布式电源、用户侧储能的快速发展，终端负荷特性由传统的刚性、纯消费型，向柔性、生产与消费兼具型转变。不同技术特性、时间尺度和装机规模的储能设备的广泛应用，成为系统中重要的灵活调节资源。新型电力系统以数据为核心驱动，"云大物移智链边"等先进数字智能技术在各环节广泛应用，呈现数字与物理系统深度融合

特点，有效支撑源网荷储海量分散对象的广泛接入、密集交互、统筹调度和协同运行。

## 2.4.3  构建思路

构建新型电力系统以服务国家"双碳"目标为根本遵循，统筹发展和安全，按照"开发大基地、建设大电网、融入大市场"总体思路，重点在电源构成、电网形态、负荷特性、技术基础、运行特性等领域积极稳妥推进转型。

**电源构成以新能源发电装机为主导。电源结构**方面，从常规电源占主导逐步演进为以风光为代表的新能源发电装机占主导，最终实现新能源电量占主导；推进煤炭消费替代和转型升级，继续发挥煤电兜底保障和系统调节作用。**电源布局**方面，集中式开发和分布式开发并存；靠近负荷中心的本地化开发和远距离开发大范围配置并举。**电源特性方面**，由稳定可控转变为具有随机性、波动性、季节不平衡和地区不平衡等特征；由高惯性、连续控制型电压源主导转变为低惯性、非连续控制型电流源与电压源相协调。新型电力系统电源构成如图 2.24 所示。

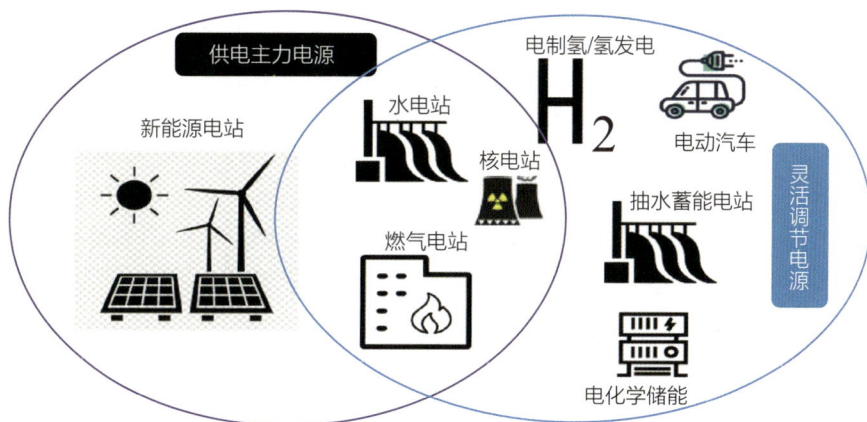

图 2.24  新型电力系统电源构成

**电网形态为多元双向混合层次结构网络。物理形态**方面，从"输配用"单向逐级多层次结构网络过渡到"输配用+微"的多元双向混合层次结构网络。**功能形态**方面，从电力资源优化配置平台逐步演进为能源转换中枢。新型电力系统输电网从交直流远距离输电、区域交流电网互联为主，逐步演进到交直流互联电网和局部直流电网并存；新能源汇集组网从工频交流汇集组网逐步演进为与低频交流汇集组网和直流汇集组网并存。

**负荷特性为柔性、产消型**。除电照明、电拖动、信息用电外，电采暖、电动汽车、电制燃料和电制原材料等技术快速普及，终端用能领域的化石能源不断被电或电的衍生品替代，电能替代深度广度不断拓展。新型电力系统终端负荷特性逐步从以社会生产生活为主要驱动的"被动型"向具有灵活互动能力的"主动型"转变，随着需求侧价格型、激励型响应机制不断完善，引导终端用户能源消费从刚性需求向具有高弹性的柔性需求转变，网荷互动能力持续提升。

**技术基础为支撑机电/半导体混合系统**。能源转型背景下新型电力系统的"三高双峰"特征凸显，传统电力系统的理论框架和控制方法已不完全适用。**物理形态方面**，从以同步发电机为主导的机械电磁系统，转变为由电力电子设备与同步机共同主导的功率半导体/铁磁元件混合系统。**动态特性方面**，机电暂态和电磁暂态过程由弱耦合向强耦合转变。**稳定特性方面**，从工频稳定性为主导向工频和非工频稳定性并存转变。

**运行特性为"源网荷储"多元协同互动**。"源网荷储"多元协同互动是促进电力系统高质量发展，推动构建新型电力系统的内在要求。电力系统平衡模式将从源随荷动的源荷实时平衡模式，转变为由规模化储能、可调负荷以及多能转换等共同参与缓冲的，更大时间和空间尺度的非完全源荷实时平衡（日内平衡、长周期平衡）模式，发电与负荷从强耦合逐步转变为弱耦合。

新型电力系统是新型能源体系的重要组成和实现"双碳"目标的关键载体。新型电力系统是传统电力系统的继承和发展，在现有系统基础上进行升级和变革创新，很多方面将延续电力系统的特质；同时，构建新型电力系统也是一场全方位的变革，在电源构成、电网形态、负荷特性、技术基础、运行特性等领域呈现全新的特性。具体来说，电源构成由以化石能源发电为主导，向大规模可再生能源发电转变；电网形态由"输配用"单向逐级输电网络向多元双向混合层次结构网络转变；负荷特性由刚性、消费型向柔性、产消型转变；技术基础由支撑机械电磁系统向支撑机电/半导体混合系统转变；运行特性由"源随荷动"单向计划调控向"源网荷储"多元协同互动转变[1]。

---

[1] 辛保安，新型电力系统构建方法论研究，https://www.cpnn.com.cn/news/xwtt/202307/t20230711_1616604.html.

# 2.5  发展趋势与挑战

## 2.5.1  "变"与"不变"

电力系统的网络型基础设施特性不变，但要求资源优化配置能力更加强大、灵活、高效。风能、太阳能等新能源可以高效的转化为电力，电能可以无限分割、光速传输、精准控制、高效转换为光、热和机械能等各种能源利用形式。中国能源资源自然禀赋和消费需求空间分布特征，决定了新能源占比不断提高的新型电力系统必然要支撑新能源电力的远距离大规模输送。未来随着新能源富集地区深度开发和经济发达地区用电需求持续增长，以特高压交直流输电为骨干网架的跨区互联电网电力优化配置作用愈加突出，需要充分发挥各区域电力生产和消费的互补特性，实现电力在更大范围空间、时间互济。此外，随着负荷中心大规模分布式新能源的开发利用和用能方式转变，电网形态将形成大电网与微网、分布式能源系统、直流电网等多种新形态电网并存格局，负荷侧不再是单纯的电力消费者，也可以是电力生产者或储存者，需要通过以大电网为枢纽平台的多种形态电网协同互动，实现电力需求、电力生产的灵活转换和新能源的高效消纳。

电力电量平衡的基本要求和优化任务不变，但"源随荷动"模式将向"源网荷储互动"模式转变。传统电力系统一次能源主要由稳定可控的煤、水等常规能源提供，超短期、短期、中长期负荷变化也在可预测范围内，可以采用确定性优化的方法进行电力电量平衡优化决策。但新型电力系统中源荷双侧不确定性强，基于确定性进行电力电量平衡优化制定调度计划，造成的计划与实际的偏差难以通过实时控制进行平衡，需要考虑源荷不确定性进行电力电量平衡优化决策。随着低碳转型的深入，仅依靠水电、火电等传统电源将无法满足系统调节需求，需要从源网荷储多渠道共同挖掘灵活性提升潜力，提供瞬时（秒级）的安全性支撑、短时（小时级）的功率调节、长期（月级）的能量调节。

电网运行的同步机制主导不变，但电力电子设备占比大幅提高，运行机理和特性发生重大改变。新型电力系统中，水电、核电、气电、氢电等同步机组仍然是系统安全稳定运行的基石，风光新能源发电将从跟随型向构网型电力电子设备转变，形成拟同步电压源，系统总体上仍将保持交流同步运行机制。随着电力系统设备构成比的变化，电力系统的安全稳定特性将发生深刻变化。源侧低惯量、低短路比特征突出，安全稳定支撑能力不断被削弱，荷侧动态特性越来越复杂，网侧交直流、多直流间耦合更加紧密，电力系统受扰后的稳定特性由传统机电模式主导向机电-电磁多模式耦合交互影响演化。为了提升新型电力系统抗扰水平，保障电网安全高效运行，不仅要充分发挥新能源发电主动支撑和负荷参与灵活互动的能力，而且要构建规模化电力电子设备广域协调控制系统。

**保障供电安全可靠性的要求不变，但安全防御的思路和方法需要更加适应强不确定性。**传统电力系统运行状态的过渡相对比较平滑，基于对各类故障发生的统计概率和演化规律的认识，定性地进行各类故障防御等级划分，通过预防控制、紧急控制和校正控制，实现不同等级故障的时空协调综合防御。新型电力系统中运行场景的演化随内外部环境变化而具有强不确定性，同时由于交直流、高占比电力电子设备间动态交互影响的增强，故障的演化规律更加复杂，高维不确定性极有可能引发小概率高风险事件的发生。新形势下，电力系统的安全防御依然需要对故障进行快速识别和隔离，并且基于综合考虑概率和后果的风险准则进行防御等级划分和防御措施协调制定，实时决策和控制方式也将由基于当前运行状态的实时校正控制向兼顾未来运行状态的预测超前控制转变。同时，不仅在电源和电网侧采取安全防御措施，需求侧的应对能力也应纳入系统整体防御体系。

## 2.5.2  发展趋势

统筹国家能源安全、绿色低碳转型和经济社会高质量发展，需要新型电力系统全环节发力，重点在电源构成、电网形态、负荷特性、技术基础、运行特性等领域主动实现转变。

**终端电气化水平提高空间大，用电负荷特性将有明显变化。**据合作组织预测，2050年中国全社会用电量将达到 16.5 万亿 kWh，相比 2020 年增长 120%。在实现"双碳"目标的大背景下，工业、交通、建筑等行业减碳需求迫切，终端用能的电气化水平将显著提高，电力增量和增速都有可能高于预期。电能替代带来的新增用电负荷在特性上可能受气候、环境等外界因素影响更强，与传统负荷有较大差异，如电制热（冷）负荷对温度敏感、电动汽车充电负荷与车主行为密切相关等。与此同时，虚拟电厂、微网、综合能源系统、电动车等，以及"大云物移智链"等新技术新业态的出现，为负荷的聚合、时空迁移和可控提供了可能，为电力系统各时间尺度电力平衡提供支撑，也为政策法规和市场机制设计提供了空间。

**电力供应更加安全可靠、清洁低碳、灵活可控、经济高效。**以同步机为基础的常规电源（含光热和生物质）与负荷占比决定了系统"兜底"程度，如果其发展低于预期，电力安全将面临更大挑战。通过火电灵活性改造，水电扩容和加水泵，核电参调等措施扩大常规电源运行灵活性，促进新能源消纳。煤电仍将是重要的电源，通过掺烧（氢、氨生物质）、提高效率（提高参数、超临界 $CO_2$，循环发电）和 CCUS 等技术实现清洁低碳发电，利用小时数将呈下降趋势，从电量型向调节型、灾备型转变。新能源发电的占比将快速提高，逐渐成为新型电力系统的主体电源。随着渗透率提高，必须为系统可控性作贡献，将逐渐自带储能或共享储能，向构网型逆变输出转变，在支撑系统安全稳定运行方面同样发挥主体作用。各类电源的作用、成本构成等方面的差异需通过市场机制设计加以解决。

**以特高压交直流为骨干的输电网仍将持续加强，配电网由被动型变为主动型。**通过电网互联，利用新能源时空尺度平滑和互济效应促进"保供应、保安全、促消纳"。为满足电源基地建设、直流输电以及跨省跨区电力交换的需求输电线路密集加剧了短路电流超标和通道压力。随着新能源的大量接入，电网潮流变化大、故障演化复杂，安全性风险增加，输变电设备的利用率也将下降。需优化电网结构，研发提高电网灵活性、可控性和韧性的技术与装备。配电网从被动配送网络向主动平衡地区电力供需、支撑能源综合利用的资源配置平台转变，向上作为参与主网调控和交易的主体，向下作为虚拟电厂、分布式电源和综合能源系统、用电负荷和储能等利益主体的交易和调控平台，实现自治、平衡与安全。

### 2.5.3　面临的挑战

新型电力系统构建过程中将长期面临如何协调安全、经济、环境"矛盾三角形"的挑战。新能源发电出力具有随机性、波动性，电力电量时空分布极度不均衡，过剩与短缺交织，带来供需平衡的挑战；新能源发电设备具有弱支撑性、低抗扰，新能源发电大规模替代常规机组带来安全性挑战；新能源发电低边际运行成本、高系统成本，对系统灵活调节和安全稳定支撑能力都提出了更高要求，需要多技术、多行业、多系统协调实现，带来经济性和体制机制挑战。

### 2.5.3.1　安全保供挑战

**新能源在电力平衡中有效保障容量远低于常规电源，供应保障能力偏低。**风电出力间歇性、波动性特点明显，不确定性强；光伏出力较为稳定，但仅能在白天提供电力支撑，无法为晚高峰提供保障。新能源出力的波动性与不确定性导致其参与系统平衡的有效保障容量❶远低于常规电源，供应保障能力偏低且不稳定。截至2022年，中国新能源装机虽然"量比齐升"，装机容量已接近8亿kW，装机占比已接近1/3，但其可靠出力仅为装机容量的20%左右❷。2021年1月华北某省极端低温天气下的新能源出力如图2.25所示，2021年11月华北某省大范围降雪天气下的光伏出力如图2.26所示。

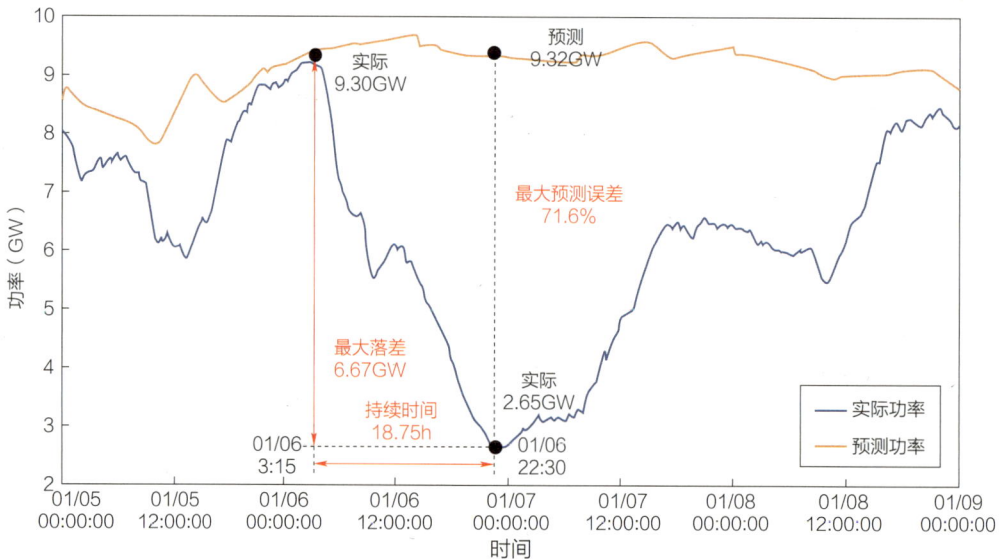

图2.25　2021年1月华北某省极端低温天气下的新能源出力

❶ 新能源有效容量是指在系统平衡或者容量充裕性分析中所考虑的能够等效替代的常规电源发电容量。
❷ 中国电力企业联合会。

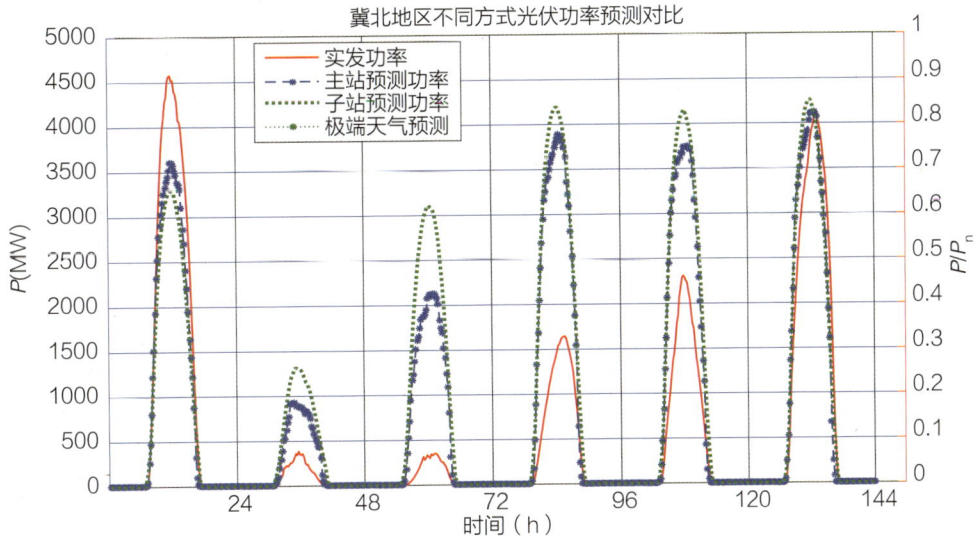

图 2.26    2021 年 11 月华北某省大范围降雪天气下的光伏出力

　　**新能源出力不确定性叠加对系统的弱支撑能力，加重了极端天气下新能源高占比电力系统的脆弱性。** 新能源发电受气象条件驱动，大规模并网引起发电功率大范围波动，极端天气下可能带来较长时间的电力供应不足，特殊气象条件下可能引起新能源出力快速下降与负荷协同困难，电力安全保供风险增大。近年来，国际上新能源相关电力供应安全事故频发。在这些事故中，新能源受极端天气影响，出力显著下降，加剧了电力平衡压力。根据 IEA 研究报告❶，当新能源发电量占比超过 40%，新能源对电力供应的影响将成为电力系统面临的最主要问题。如 2021 年 1 月，华北某省发生大面积风机低温脱网，最大停机容量超过 580 万 kW，导致电力平衡紧张；2021 年 11 月，发生大范围降雪，光伏同时率不足 5%，主站功率预测精度降低到 70%以下。

## 2.5.3.2    调节能力挑战

　　虽然近年来中国在确保电力供应的基础上，新能源消纳率总体保持较高水平，但高速增长的新能源快速消耗了电力系统调节资源。建设新型电力系统的过程中，需要进一步提升电力系统调节能力。

---

❶ IEA，Secure energy transitions in the power sector，2021.

从日内来看，新能源短时间尺度的波动性对新型电力系统的电力调节能力提出了极高要求。新能源成为新型电力系统主力电源后，为满足用电需求必须超量装机，其瞬时电力波动规模将攀升至接近甚至超过负荷水平，需要匹配足够的灵活可控调节能力。但是，现有具备灵活调节能力的大型火电、水电、抽蓄和各种形式储能的规模远不满足新型电力系统中新能源短时间尺度调节需求。

从季节来看，新能源季节分布与负荷呈现"反调节"特性，新型电力系统需要足够的电量调节能力。在新能源高占比情景下，春秋季新能源大发，而用电量处于低谷；冬夏季新能源小发，但用电量处于高峰，如图 2.27 所示。新型电力系统需要足够的季节性电量调节能力，将春秋季富裕的新能源电量"储存"起来，满足冬夏季用电需求。当前技术条件下，电网中具备季节性电量调节能力的电源主要为大型火电、水电，受一次能源供应、装机容量"天花板"等制约，难以满足新型电力系统中新能源季节调节需求。

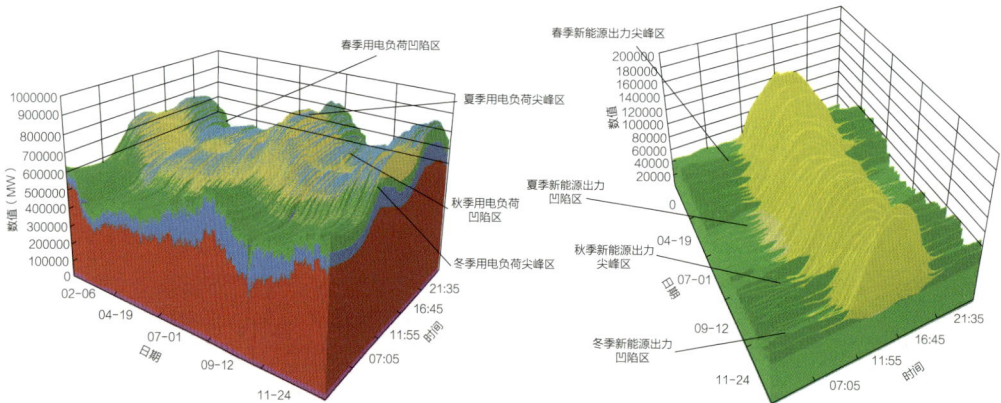

图 2.27　新能源季节分布与负荷呈现"反调节"特性

### 2.5.3.3　系统稳定挑战

新型电力系统中，电网形态由单向逐级输电为主的传统电网，向"主配微"等多种电网形态相融并存、协同控制的能源互联网转变。在此背景下，系统安全稳定运行难度将进一步提升。

新型电力系统的建设，将使得单一故障产生的影响不断扩大，连锁故障风险持续累积。为了实现清洁能源的大规模远距离消纳，必须建设涵盖分布式电源、新型储能、灵活负荷等多元可控对象的特高压交直流混联大电网，送受端、交直流、各电压等级的耦合将越来越紧密，电力系统形态极端复杂。同时，受制于土地资源，多回线路需要共用同一输电走廊，单一输电通道输送的电力潮流将大幅增加，加之中东部地区多回直流集中馈入，单一故障可能引发的电力波动越来越大、影响范围越来越广、防御难度越来越高，极易产生联锁反应引发大面积停电。

随着新能源接入和交直流混联电网建设，电力系统"双高"（高比例新能源、高比例电力电子设备）特性凸显，新旧稳定问题交织。新型电力系统中，由于新能源等静止发电设备大量替代旋转发电设备，降低了系统惯量、弱化了电压支撑，频率稳定、电压稳定等传统稳定问题进一步恶化。同时，大量电力电子设备接入新型电力系统，增加了电网发生宽频振荡的风险，电力系统将呈现多失稳模式耦合的复杂特性，转动惯量下降问题和宽频振荡问题如图 2.28 所示。

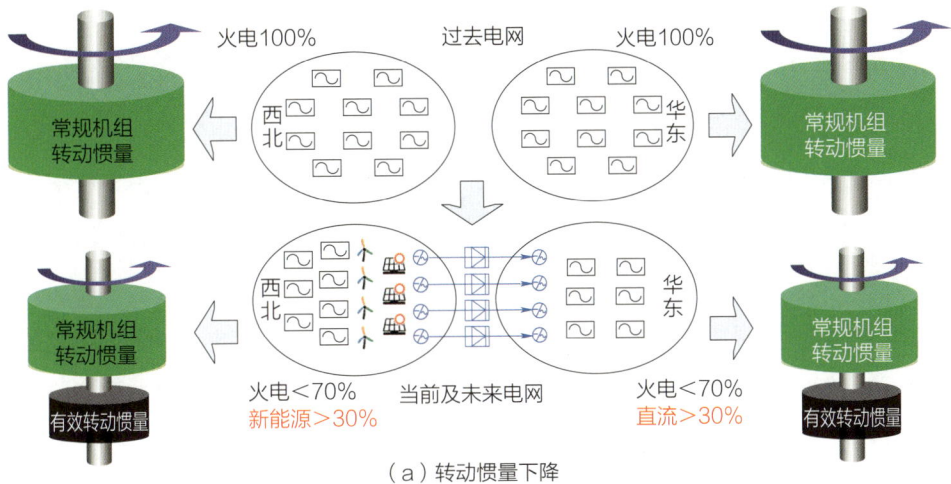

（a）转动惯量下降

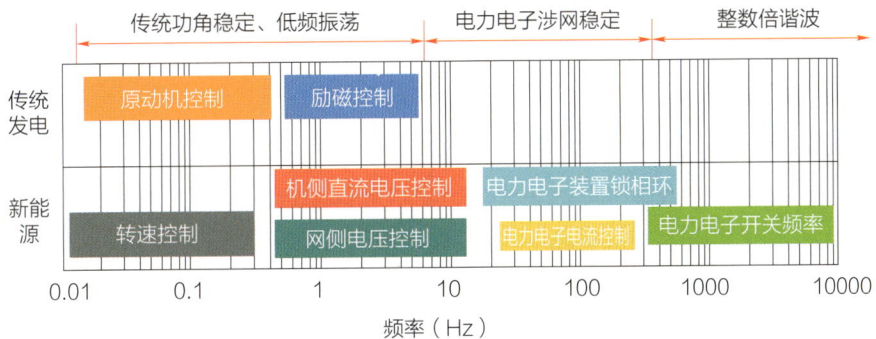

（b）宽频振荡问题

图 2.28  新旧稳定问题交织

电力系统稳定控制的目标、对象和约束数量大幅增加，控制复杂性指数级增长，对信息感知、高速通信、大数据处理提出更高要求。新型电力系统涵盖柔性负荷、多种形式储能、安全自动装置、故障主动防御装置等多元控制对象，运行约束需要综合考虑经济性、安全性、合规性、外力性（如天气剧烈变化）等多元因素，控制目标除了保证电力系统本身安全外，还需兼顾经济、社会、环境等多元目标。电力系统现有的信息感知能力、控制技术手段和管理体系不能满足新型电力系统发展要求，需要进一步创新提升。

### 2.5.3.4　运行维护挑战

建设新型电力系统要求电力设备的运行维护更加安全和高效，其基本特征主要包括3 个方面❶：

一是新型电力系统的复杂运行条件对传统电力设备的状态感知和运行维护提出了更高的要求。电力设备的运行安全是整个电网可靠运行的基础。电力设备状态全面、及时、精准感知和自适应调整是保障设备安全的前提条件，也是实现电力设备智能化的技术瓶颈。高比例新能源接入下新型电力系统的强不确定性、波动性以及大量谐波引入会导致电力设备承受更加极端、变化剧烈的运行条件，对电力设备的安全、可靠运行提出了更高的要求。需要解决复杂变化条件下设备状态实时感知、精准评估和故障隐患及时预警的问题，研究极端条件下电力设备的失效机理、规律以及长效服役维护的策略，实现电力设备的精益化管理和高效维护，保障新型电力系统复杂运行条件下电力设备长期运行的安全性和可靠性。

二是新型电力设备的大量应用给设备运行维护带来了新的挑战。新型电力设备是指为支撑新型电力系统建设和发展而广泛应用的关键设备，如以电力电子技术为基础的电能变换与控制装置、大规模储能设备、环境友好型绿色环保电力设备、远海风电接入相关装备等。这些新型电力设备在传统电网中运行时间较短、应用范围相对较小，缺乏经过大量实践检验的、行之有效的状态评估方法，设备的运行和维护技术尚不成熟，设备

❶ 盛戈皞，钱勇，罗林根，等. 面向新型电力系统的电力设备运行维护关键技术及其应用展望［J］. 高电压技术，2021，47（09）：3072-3084. DOI：10.13336/j.1003-6520.hve.20211258.

故障产生、发展的机理和演变规律等基础科学问题还有待深入研究。如何准确掌握新型电力设备的健康状态，提高设备安全稳定运行水平受到广泛的关注。

**三是对电力设备绿色高效运行提出了新的要求**。绿色高效是新型电力系统的主要特征之一。电力系统在大力支持新能源接入消纳的同时，应该进一步降低自身运行过程中的碳排放水平，实现规划设计、建设运行、运维检修各环节的低碳化转型。考虑到电力设备的数量巨大、增长迅速，在减少碳排放的需求下，提高现有电力设备的利用效率、延长老旧设备使用寿命、降低设备的运行损耗是新型电力系统高效运行的重要目标。

## 2.5.3.5 成本上升挑战

新能源发电边际成本低、系统成本高，随未来新能源大规模发展，系统成本将进一步提升，加大市场体制机制设计难度。

**新能源大规模高比例接网消纳带来系统整体成本上升**。随着规模效应的逐步显现，新能源发电已基本实现平价上网，但平价上网不等于平价利用。新能源利用成本除场站本体成本外，还包括灵活性电源等投资、系统调节运行成本、大电网扩展及补强投资、接网及配网投资等系统成本，如图 2.29 所示。未来新能源持续大规模发展，进一步推高系统成本，若无法得到有效疏导，将推升电力系统的度电成本，进而影响全社会供电成本。

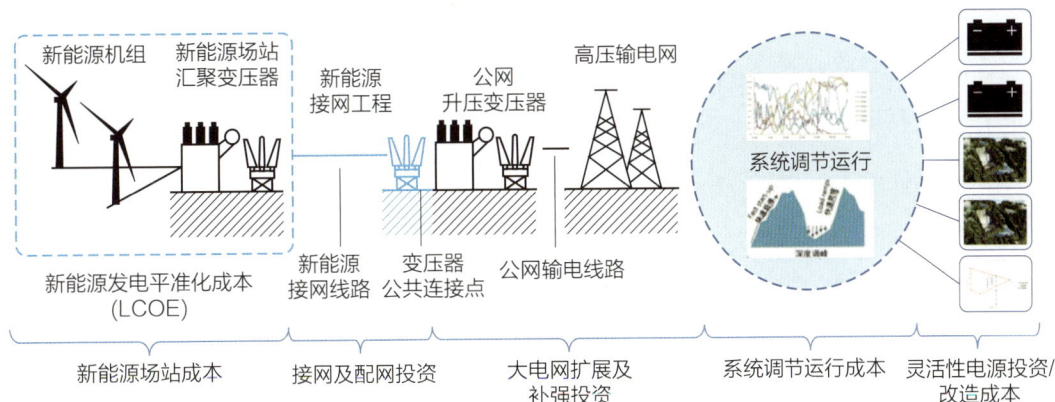

图 2.29 新能源利用成本构成

随新能源占比持续提高，对市场设计和价格机制提出更高要求。当前中国电力市场交易以电能量为主、以辅助服务等为补充。随新能源占比大幅提升，电力保供压力增大，当前市场设计和价格机制越来越难以适应新形势新变化。在电源侧，电量价格难以完全体现新能源消纳中调峰、顶峰等容量价值，辅助服务市场体量较小且未向用户传导，常规煤电机组参与灵活调节的成本未能有效回收。在电网侧，各类输配成本打包核定但难以区分电量、容量途径准确计价与充分疏导。

利益主体庞杂交织和多目标协同，进一步加大市场机制体制设计难度。目标的多样性、基础能源稳定性需求与新能源不确定性的矛盾，以及利益主体交织耦合，政府和市场"两双手"的关系及协同，都增大了制度设计对目标可控性的难度。实现电力安全供应是涉及全社会的系统性问题，靠单一主体难以有效完成，社会公众仍缺乏主动参与系统调节的意识和机制。新型电力系统的电源结构、用电结构和系统生态将发生重大而深刻的变化。电力保供很难再单一依靠电网企业，需要统筹发挥各级政府、电力企业、电网企业、电力用户等多方利益主体的作用。例如，目前需求侧灵活性资源在电力系统的调节作用还十分有限，社会公众对于主动参与需求响应的意识仍有待提高，相关市场机制、价格激励机制还需完善。

# 2.6  小  结

气候变化是世界各国共同面临的重大挑战，中国作为发展中大国，宣布碳达峰碳中和目标愿景，并将其纳入国家建设整体布局和发展规划，彰显了中国主动承担应对气候变化国际责任的大国担当。构建新型电力系统是实现双碳目标的关键，本章结合中国能源电力发展面临的实际问题，提出新型电力系统构建的方法论，明确了新型电力系统"是什么""怎么建"等关键难点，并深入剖析新型电力系统的发展趋势及面临挑战。

构建新型电力系统是保障国家能源安全、达成"双碳"目标和实现可持续发展的必然选择。中国煤炭资源相对丰富，可再生能源开发潜力巨大，电力供应具备自主可控的基本条件，构建新型电力系统是提升国家能源安全保障水平的重要方式。通过电力行业的清洁化、电气化、网络化带动终端能源使用行业减排，促进经济社会方方面面实现绿色转型，是推动能源绿色低碳发展的关键手段。新型电力系统中各类重大创新技术不断突破，带动新材料产业、高端装备制造产业、高端芯片等战略性新兴产业蓬勃发展，促进能源高质量发展和全社会可持续发展。

**新型电力系统具有清洁低碳、安全充裕、经济高效、供需协同、灵活智能五大重要特征。**其中清洁低碳是核心目标，安全充裕是基本前提，经济高效是必然要求，供需协同是基础保障，灵活智能是重要支撑。构建新型电力系统既不是墨守成规，也不是推倒重来，需要结合不同发展阶段统筹平衡安全、低碳和经济之间的关系，通过全环节发力，重点在电源构成、电网形态、负荷特性、技术基础、运行特性等领域主动实现转变。

**丰富的资源禀赋和相关技术的发展进步使构建新型电力系统具备现实可行性。**资源方面，中国清洁能源资源丰富，特别是西部、北部地区，具有开发便利、互补性强、经济性好等多重优势，适宜大规模基地化开发，除能满足本地经济社会发展需要外，还可大规模、远距离送电至东中部地区，为构建新型电力系统提供重要战略支撑。技术方面，电动汽车、氢燃料电池车等新型电气化技术应用广泛，水风光等清洁发电技术快速进步，抽水蓄能等储能技术实现规模化应用，大数据技术、人工智能技术等数字智能技术蓬勃发展，为构建新型电力系统奠定重要技术基础。

**新型电力系统的构建还面临着新的挑战。**新能源发电出力具有随机性、波动性，电力电量时空分布极度不均衡，过剩与短缺交织，带来安全保供的挑战；高速增长的新能源快速消耗了电力系统调节资源，带来调节能力挑战；新能源发电设备具有弱支撑性、低抗扰，新能源发电大规模替代常规机组，带来系统稳定挑战；新型电力设备的大量运用要求运行维护更加安全和高效，带来运行维护挑战；新能源发电边际成本低、系统成本高，随未来新能源大规模发展，系统成本将进一步提升，带来经济性挑战。

# 3

# 中国新型电力系统
# 发展路径

　　新型电力系统是新型能源体系的重要组成和实现"双碳"目标的关键载体。要实现"清洁低碳、安全充裕、经济高效、供需协同、灵活智能"的任务和目标，需要科学合理设计新型电力系统建设路径，在新能源安全可靠替代的基础上，有计划分步骤逐步降低传统能源比重，做好电力基本公共服务供给，实现能源清洁转型。本章围绕实现"双碳"目标，根据关键技术进步趋势，从经济社会、电力需求、电源供应、电网互联、等不同方面，研究预测未来我国电力需求发展，电源发展定位，在此基础上研判新型电力系统的演化路径特征和电网互联趋势。

# 3.1 经济社会发展趋势

改革开放以来，我国经济保持高速增长，城市化、工业化取得举世瞩目成就，圆满完成全面建成小康社会的第一个百年目标，全面统筹推进"五位一体"总体布局，历史性地解决了绝对贫困问题。在新发展理念的引领下，积极构建新发展格局，稳步转向高质量发展阶段，开启全面建设社会主义现代化国家新征程，向第二个百年目标奋力迈进。进入新发展阶段，我国贯彻"创新、协调、绿色、开放、共享"新发展理念，构建"以国内大循环为主体、国内国际双循环相互促进的新发展格局"，以推动经济社会高质量发展为主题，促进实现"双碳"目标。

## 3.1.1 经济发展

2022 年，我国国内生产总值（GDP）达到 121.0 万亿元，同比增长 3.0%，稳居全球第二水平，占全球经济的比重超过 18%，人均 GDP 达 1.27 万美元，高世界人均 GDP 水平约 3%。2000—2022 年我国 GDP 及增速如图 3.1 所示。经济总量和人均水平持续提高，意味着我国的综合国力、社会生产力、国际影响力、人民生活水平进一步提升，意味着我国发展基础更牢、发展质量更优、发展动力更为充沛，意味着我国经济韧性强、潜力大、空间广且长期向好的基本面持续巩固。

至 2030 年，我国经济增长加速实现质量变革、效率变革、动力变革。供给侧经济增长由要素驱动向创新驱动过渡，需求侧新发展格局加快构建，消费逐步成为经济增长的第一拉动力，新型基础设施将成为重点投资领域。预计 GDP 年均增速 5.2%，2030 年GDP 总量达到 170 万亿元，有望成为全球第一大经济体。

2030—2050 年，我国将建成现代化经济体系。经济稳定可持续增长，规模领先全球。关键核心技术自强自立，成为全球领先的创新型国家。预计 GDP 年均增速 3.5%，到 2035年实现经济总量和人均收入较 2020 年翻一番目标。建成富强民主文明和谐美丽的社会主义现代化强国，人均收入位居中等发达国家前列。2050 年 GDP 总量达到 340 万亿元。2022—2060 年我国经济增速预测见表 3.1。

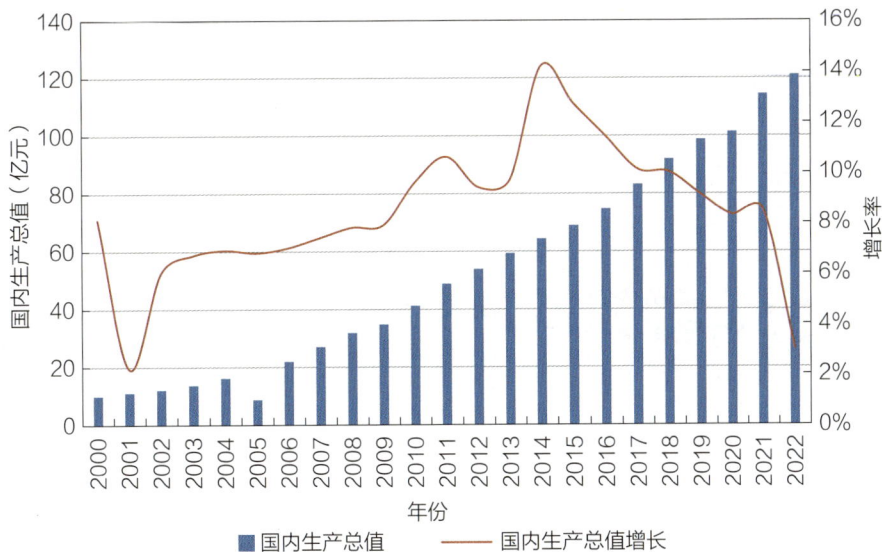

图 3.1    2000—2022 年我国 GDP 及增速

表 3.1                    2022—2060 年我国经济增速预测

| 年份 | 2022—2030 | 2030—2040 | 2040—2050 |
|---|---|---|---|
| GDP 平均增速（%） | 5.1 | 4.0 | 3.0 |

## 3.1.2  产业发展

我国产业结构优化调整，协调性、均衡性不断增强。农业基础作用不断加强，工业主导地位迅速提升，服务业对经济社会的支撑效应日益突出，三次产业发展速度趋于均衡。2022 年第一、二、三产业比重分别为 7.3%、39.9%、52.8%。目前，我国是全球唯一拥有联合国产业分类中所列全部工业门类的国家，200 多种工业品产量居世界第一。2022 年，我国工业增加值达 48.3 万亿元，占全球比重近 30%，连续 13 年成为世界第一制造大国。二产结构逐步优化，高技术制造业、装备制造业占规模以上工业增加值比重增至 15.5%和 31.8%。服务业发展进入快车道，2013 年以来年均增速超过 7%，高国内生产总值年均增速 0.8 个百分点，2020—2021 年由于新冠疫情影响有所下降，但产业增加值占比仍然维持在一半以上。2022 年，网络零售、在线教育、远程办公等线上服务需求旺盛，信息传输、软件和信息技术服务业同比增长 11.2%。2000—2022 年我国三次产业增加值占比如图 3.2 所示。

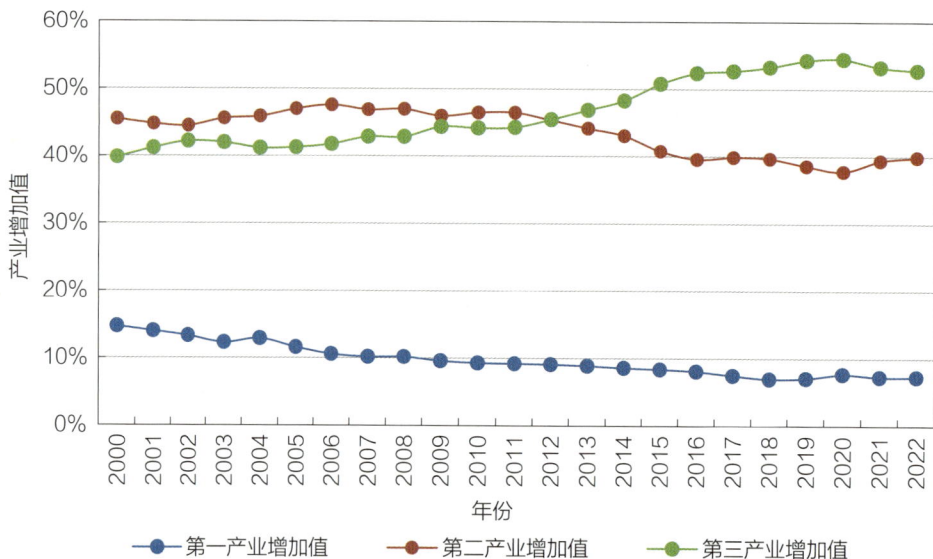

图 3.2    2000—2022 年我国三次产业增加值占比

　　至 2030 年，我国产业结构不断优化。第三产业在国民经济中的比重和对经济增长的贡献率增加，第二产业比重稳步下降，保持门类齐全和产业体系完备。传统制造业向高端化、智能化、绿色化转型发展，高技术制造业和战略性新兴产业保持快速增长。预计该阶段三次产业增加值占比为 5.9%、37%、57.1%。2022—2050 年我国三次产业结构预测如图 3.3 所示。

　　2030—2050 年，先进制造业和现代服务业双轮驱动发展。服务业在产业结构中占据主导地位，高端服务产业规模和竞争力居全球第一梯队。传统制造产业高端化、绿色化、智能化水平持续提升，跻身制造强国行列。预计该阶段三次产业增加值占比为 4.2%、32.6%、63.2%。

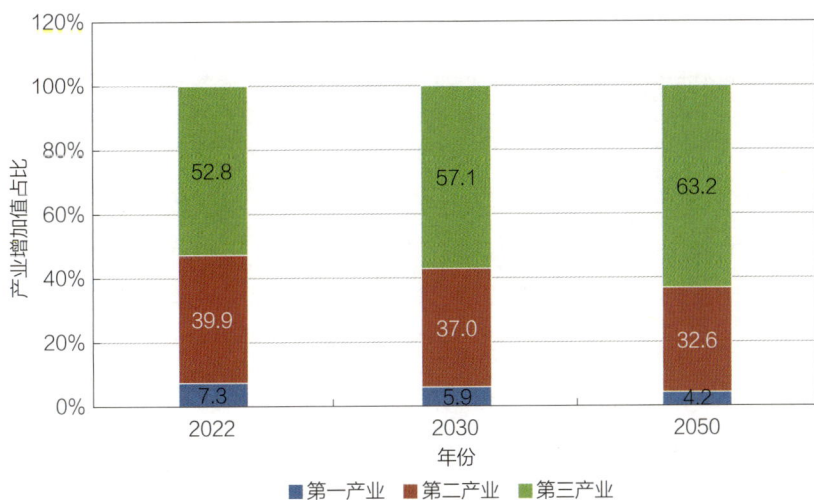

图 3.3 2022—2050 年我国三次产业结构预测

## 3.1.3 人口发展

我国人口总量稳步增长，劳动年龄人口已达峰值。改革开放以来，我国内地总人口由 9.6 亿人增长至 2022 年的 14.1 亿，16～59 岁劳动年龄人口总量从 80 年代初的 6.3 亿增长到 2011 年峰值的 9.4 亿人，人口红利充分释放，有力支撑了我国经济高速增长。人口自然增长率放缓，老龄化问题显现。自 1990 年以来，我国人口自然增长率持续下降，2022 年达到 −0.6‰。60 周岁及以上人口 2.1 亿人，占总人口的 14.9%，总抚养比为 46.6%。人力资本红利逐步取代人口红利成为我国经济增长的重要"引擎"。2021 年，我国适龄劳动人口规模为 8.8 亿人，劳动人口平均受教育年限达 10.9 年，仍然具备极大的提升空间。随着人口素质提升和代际更替，人才红利将成为推动我国经济发展的重要基础。

至 2030 年，人口发展进入关键转折期，人口总规模增长惯性减弱，劳动力老化程度加重，少儿比重呈下降趋势。根据联合国 2022 年发布的《世界人口展望》，中方案情景下我国人口将于 2025 年前达到峰值，峰值约 14.26 亿，高方案情景下我国人口将于 2035 年达到峰值，峰值约 14.40 亿。

2030—2050 年，人口教育和健康素质将继续提升。根据联合国 2022 年发布的《世界人口展望》，中方案和高方案情景下，预计我国人口 2050 年分别为 13.12 亿和 14.11 亿，65 岁及以上老年人口将达 4 亿左右，占比近 30%。教育水平将显著提升，2050 年劳动年龄人口平均受教育年限提高至 14 年。

## 3.1.4　城镇化发展

改革开放以来，城市人口快速增多。2022 年，城镇常住人口 9.2 亿人，城镇化率达到 65.2%，但明显低于高收入经济体水平，城镇化率具有较大增长空间。城市群辐射效应明显，大中小城市协调均衡发展。以京津冀、长三角、珠三角城市群为代表的超大城市群，以长株潭与中原城市群为代表的中部城市群和以成渝与关中平原城市群为代表的西部城市群，构成我国经济发展的重要基础和增长动力。中小城市整合空间、资源、劳动力等比较优势，与大城市形成紧密联系的产业分工体系。

到 2030 年，随着我国城镇化率提高，城市群、都市圈将成为促进大中小城市和小城镇协调联动和特色化发展的重要载体。城市群和都市圈将发展壮大，形成疏密有致、分工协作、功能完善的城镇化空间格局。预计 2030 年城镇化率达 68%。2030—2050 年，城乡和区域实现高度协调发展。预计 2050 年城镇化率达 80%，城市空间结构优化，形成多中心、多层级、多节点的网络型城市群格局。超大特大城市国际竞争力提升，大中城市宜居宜业功能完善，农业农村完成现代化升级。

# 3.2　新型电气化及电力需求预测

## 3.2.1　新型电气化潜力

### 3.2.1.1　工业领域

#### 1. 用能现状

（1）钢铁。

2020 年，全国生铁、粗钢、钢材产量分别为 8.88 亿、10.53 亿、13.25 亿 t，用能 7.3

亿 t 标准煤，占终端能源消费总量的 20.5%，钢铁产量及能耗逐步进入平台期。

从炼钢工艺来看，我国钢铁生产仍以长流程为主。2020 年，在 10.53 亿 t 粗钢产量中，长流程钢铁产量为 9.54 亿 t，占比为 89.6%；短流程电炉法产量仅为 1.11 亿 t，占比为 10.4%。分能源品种来看，在长流程炼钢工艺主导下，煤炭仍是钢铁行业第一大能源。如图 3.4 所示，2020 年，我国钢铁行业煤炭消费达 6.2 亿 t 标准煤，占钢铁行业终端能源消费比重的 85%；石油、天然气、电力消费分别为 105 万、1835 万、8339 万 t 标准煤，电气化率仅为 11%，远低于国际平均水平的 21%。

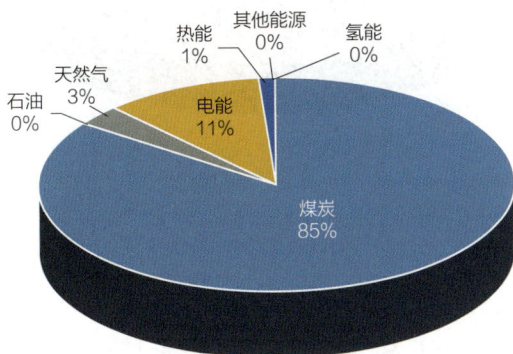

图 3.4  钢铁行业能源消费结构

（2）化工。

化工行业是我国主要高耗能行业之一。2020 年，我国化工行业能源消费 6.4 亿 t 标准煤（化工行业所有能源消费均包括非能利用），占工业终端能源消费总量的 31%，占全社会终端能源总量的 21%，产值高达 16 万亿元。

分能源品种看，化工行业用能以化石能源为主。如图 3.5 所示，2020 年，化工行业终端化石能源消费总量达 5.4 亿 t 标准煤，占化工行业终端能源比重为 72%，其中煤炭、石油、天然气占化工行业终端能源比重分别为 24%、38%、10%。分化工产品种类来看，甲醇、合成氨、烧碱、电石、纯碱等前十大产品耗能总和占全行业能源消费量的 63%。其中，2020 年甲醇、合成氨产量分别为 6357 万、5117 万 t，其能耗共占化工行业总能耗的 30% 以上。

（3）建材。

2020 年，我国建材行业用能 2.9 亿 t 标准煤，占终端能源消费总量的 8%。近 5 年来，建材行业用能年均增速约为 − 0.7%。随着我国基础设施逐渐完善，房地产对建材需求的拉动力减弱，我国建材行业用能需求将持续减少。

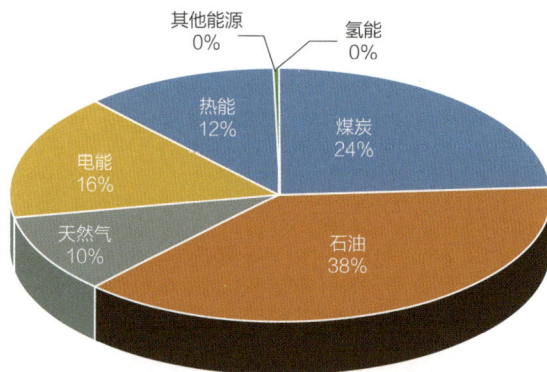

图 3.5　化工行业能源消费结构

建材行业主要包括水泥、玻璃、陶瓷，能源消耗主要在加热环节。水泥生产包括"两磨一烧"环节，即生料粉磨、熟料煅烧、水泥粉磨环节，其中熟料煅烧主要以煤炭为燃料，能耗占整个工艺流程总能耗的 70% ~ 80%。玻璃生产包括原料破碎与混合、原料熔融、玻璃成型、退火四个工艺环节，能源消耗主要在原料熔融环节，能耗占全部工艺的75%，如图 3.6 所示。我国玻璃生产主要以石油焦和煤气为燃料，占比分别达 21% 和 16%。陶瓷生产包括原料配置与粉碎、泥浆制备、成型、干燥、施釉、烧成等，能源消耗集中在干燥与烧成两个环节，共占陶瓷生产总耗能的 75% 以上。

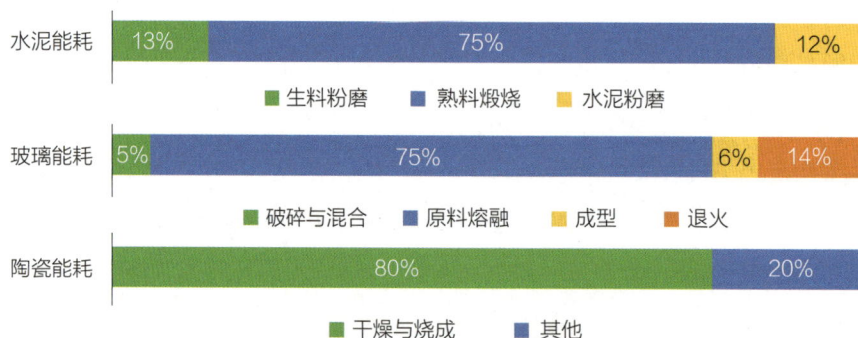

图 3.6　建材工艺环节的能耗

分能源品种看，建材行业能源消费以煤炭为主。煤炭、石油、天然气、电能消费分别达 1.8 亿、0.4 亿、0.3 亿、0.5 亿 t 标准煤，**电气化率达 16%，**如图 3.7 所示。

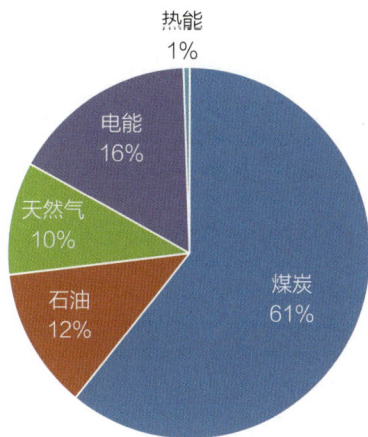

图 3.7　2020 年建材行业分品种能源结构

## 2. 电气化技术经济可行性

（1）钢铁。

要实现碳达峰、碳中和目标，需要加快发展钢铁行业电气化，探索生物质炼钢等清洁能源炼钢技术，逐步建立电为中心，生物质能等多能互补的现代冶炼用能体系；加快推动产业结构优化调整，提升产业集聚度，打造高端产业体系和国际一流钢铁企业；形成低能耗、低排放、高产值、高质量的钢铁行业发展格局。其中，钢铁行业电气化发展主要包括电炉炼钢与氢冶金两个方面。

**电炉炼钢工艺技术已经成熟。**电炉炼钢的原材料主要是废钢，电弧炉是主要设备。废钢经简单加工破碎或剪切、打包后装入电弧炉中，利用石墨电极与废钢之间产生电弧所发生的热量来熔炼废钢，完成脱气、调成分、调温度、去夹杂等一系列工序后得到合格钢水。这些技术在国内外已经实现广泛验证和应用，后续轧制工序与长流程基本相同，不存在技术障碍。

**随着废钢价格下降，电炉炼钢经济性有望在近期赶超长流程炼钢。**电炉炼钢成本取决于废钢价格。当前我国人均钢铁存量已达到 8t，接近发达国家水平，电炉炼钢已经迎来高速发展时期，废钢价格逐步下降，电炉炼钢经济性逐渐超越长流程炼钢。2023 年 9

月，江苏地区钢厂铁水平均成本为 2713 元/t，张家港重废价格为 2600 元/t，废钢价格低于铁水。预计到 2030 年，我国废钢资源量将达到 4.5 亿 t，电炉炼钢经济性将优于长流程炼钢。到 2050 年后，我国废钢资源量将稳定在 5 亿 t 以上，支撑钢铁行业形成电为中心冶炼能源体系。

**氢冶金技术仍处于起步阶段，但发展较快。** 氢冶金技术路线主要分为高炉富氢冶炼、氢基直接还原、氢基熔融还原 3 种模式。高炉富氢是将含氢介质注入高炉中，从而减少煤与焦炭的使用。氢基直接还原是以全氢还原气为能源和还原剂，在温度还未达到铁矿石软化温度时，将铁矿石直接还原成固态海绵铁。氢基熔融还原是以富氢或纯氢气体作为还原剂，在高温熔融状态下进行铁氧化物还原、渣铁分离，生产铁水。目前在国内，高炉富氢冶炼已经实现原理验证，氢基直接还原与氢基熔融还原已经示范投产，随着示范工程运行经验积累和技术装备更迭，氢冶金技术将逐步成为主流炼钢技术。

**氢能炼钢预计在 2050 年前具备经济性优势。** 目前电制氢成本高昂导致氢能炼钢缺乏经济性，氢能炼钢吨钢耗氢成本达 1200 元以上，是高炉炼钢消耗煤炭价值的 2~3 倍。预计 2025 年，随着清洁能源发电成本快速下降，电解水制氢降至 18 元/kg 以下，氢能炼钢的市场竞争力得以提升。到 2040 年后，电解水制氢降至 8~10 元/kg，经济性优于煤炭，氢能炼钢将实现规模发展。

（2）化工。

化工行业实现碳达峰、碳中和目标，关键是积极提升生产能效，推动工艺设备电气化，大力发展生物基绿色化工原料，降低化工企业能源资源消耗，减少碳及污染物排放，实现绿色循环发展。其中，化工工艺设备电气化主要包括加热环节电气化和电制燃料原材料。

1）加热环节电气化。

**电加热环节，合成阶段加热以及公用供热锅炉可实现电能替代。** 在合成阶段，加热炉型设备可以通过电加热设备进行替代，目前小型电锅炉技术已经成熟，大型电锅炉有望在 2025 年左右逐步成熟，具备推广应用条件；红外加热器、电磁加热炉、等离子体技术等新型技术目前还处于早期研究论证阶段，未来有望在化工行业特殊领域实现应用。公用供热中，废热可以通过热泵进行余热利用替代；此外，化工厂电气化发展将降低余热蒸汽发电需求，因此这部分高品位余热蒸汽也可以通过热泵进行回收再利用。目前工业热泵技术水平已经达到回收低温蒸汽的要求，可以作为汽轮机余热发电的补充利用技术。

**电加热经济性随设备成本及电价下降逐步提升。**电加热初始投资成本低、运行成本高。以 2021 年燃料成本与电价进行全生命周期分析，当锅炉参数低于 300kW，电锅炉总体更加经济；当锅炉超过 300kW 容量，化石能源成本优势开始抵消高昂的初始成本。随着电价成本下降，大型电锅炉有望在 2030 年左右具备市场竞争力，满足 1000℃以下的常规生产用热。热泵技术与化石燃料锅炉相比，运行成本降低约 60%，但一次投资成本较高。

2）电制燃料。

**电制氢在技术层面已具备商业化条件。**根据电解槽结构和工艺的不同，目前主流电解水制氢技术包括碱性电解槽制氢（AEC）、质子交换膜电解槽（PEM）、高温固体氧化物电解槽（SOEC）等。其中，AEC 技术最为成熟，已实现大规模商业化应用，国产化率达 95%；PEM 技术随着近几年的快速进步，也已具备商业化条件。**氢与二氧化碳的甲烷化反应制取甲烷较为成熟，**二氧化碳来源可以是沼气，也可以是火电厂碳捕捉等。二氧化碳直接电还原制甲烷是另一条可行的技术路径，但目前受制于能量转化效率低、反应速率慢等缺陷，尚处于实验室研究阶段。

**电制氢、电制甲烷目前经济性仍较差。**电制氢技术路线较多，在当前电价 0.35～0.4 元/kWh 的情况下，较为成熟的碱性电解槽制氢成本也在 21～25 元/kg。相比于煤制氢成本 6～10 元/kg，天然气制氢成本 13～15 元/kg，电解水制氢不具备经济竞争力。在当前的技术和电价水平下，氢与二氧化碳甲烷化制甲烷的综合能效在 50%左右，成本为 10～11 元/m³，远高于我国进口管道气或进口液化天然气在用户终端的平均价格（4～5 元/m³）以及石脑油裂解制乙烯的成本（6 元/kg）。**随着电价降低，电制氢经济性将快速提升。**若电价降至 0.25 元/kWh，电解水制氢成本将降至 15 元/kg 左右，接近目前化石能源制氢成本。随着清洁能源发电成本进一步下降，电解水制氢将逐渐具备经济性，预计 2025 年后新增的氢产能将主要是电解水制氢，2030 年电解水制氢成本将低于 13 元/kg，成为具有竞争力的制氢方式，到 2050 年，电制甲烷综合能效提高到 70%，成本降至 2.4 元/m³ 左右。

3）电制原材料。

**电制甲醇与电制合成氨部分技术路线趋于成熟。**氢气是合成氨的重要原料，电制合成氨关键是实现电解水制氢，并利用电能提供反应所需热源（350～500℃）。电制甲醇中，较为成熟的技术路线是电解水制氢后与 $CO_2$ 反应生成甲醇，目前许多企业已经实现该技术，不同企业使用的催化剂不尽相同，但反应条件基本一致（温度 200 ~ 300℃、压力 5 ~ 10MPa）。然而，目前相关技术装备规模相对较小，已研发成功的设备功率仅为 10 万 kW，只能实现日产甲醇 225t，与传统技术路线下日产甲醇 2500t 的产能规模仍有距离。

**2050 年电制原材料经济性全面赶超化石能源。**随着清洁能源大规模发展、电价大幅下降与技术进步，电制原材料拥有广阔的应用前景。当清洁能源发电成本降至 0.2 元/kWh，电制氨成本将降至 2.9 元/kg，电制甲醇成本降至 3.5 元/kg，与现有产品相比具备一定竞争力。预计到 2030 年，电制氨有望作为代表性电制原材料产品得到推广；到 2050 年，电制原材料的经济性将全面赶超化石能源。

（3）建材。

建材行业低碳、减碳技术包括低碳水泥技术、燃料替代技术、提升能源利用效率技术、富/全氧燃烧技术、陶瓷原料干法制粉技术、陶瓷产品薄型化技术、低温玻璃技术等。在燃料替代技术中，电加热炉能够利用电能加热，替代化石能源、废料等传统燃料，是建材行业最主要的电气化技术，主要包括电窑炉和电熔炉。

1）电窑炉。

电窑炉目前技术尚未成熟，已有小型电窑炉的实践应用，但由于一次性投资和运行成本远高于传统窑炉，电能成本较高，电窑炉在水泥熟料煅烧环节尚未实现商业应用，在小型陶瓷烧制环节应用比较普遍，主要用于陶瓷制品的干燥和烧成。预计未来电窑炉在结构设计、技术研发、耐火材料、大容量装备制造上取得进一步突破，提高电加热炉能源利用效率，提升水泥、陶瓷电窑炉经济性，突破电窑炉技术瓶颈，到 2030 年，实现大容量电窑炉的示范应用，到 2050 年实现大规模商业应用。

2）电熔炉。

电熔炉目前技术趋于成熟，已实现商业应用，但经济性较差，主要应用于深加工玻璃制造，较少应用在平板玻璃等大型生产上。预计未来电熔炉在全电熔技术、耐火材料上取得进一步突破，提高电熔炉加热效率和经济性，到 2030 年，实现平板玻璃大容量电熔炉的技术突破，到 2050 年实现玻璃全行业大规模商业应用。

**3. 电气化发展路径**

（1）钢铁。

近期钢铁产量仍将继续保持高位，总体稳定在 10 亿 ~ 12 亿 t；2030 年，钢铁产量进入下降拐点，2060 年降至 7.5 亿 t。考虑钢铁电气化进程不确定性因素，设定低速、中速、高速三种电气化发展情景。

1）低速发展情景（政策延续情景）。

考虑废钢产量快速提升、氢能成本缓慢下降等因素，预计到 2030 年，长流程炼钢、电炉炼钢、氢能炼钢产量分别达到 9.4 亿、2 亿、470 万 t；煤炭、电能、氢能消费分别达到 5.4 亿、1 亿、120 万 t 标准煤，电气化率为 14%；到 2050 年，长流程炼钢、电炉炼钢、氢能炼钢产量分别达到 3.7 亿、2.9 亿、7700 万 t；煤炭、电能、氢能消费分别达到 2 亿、8000 万、1900 万 t 标准煤，**电能与氢能分别占钢铁行业能源消费的 21%、5%**。

2）中速发展情景（碳中和情景）。

逐步建立电为中心，氢能、生物质能多能互补的现代冶炼用能体系，形成低能耗、低排放、高产值、高质量的钢铁行业发展格局。

**电能替代路径。**废钢资源释放，电炉炼钢已经进入快速发展期；氢能炼钢当前规模较小，随着经济性逐步提升，将在 2030 年后逐步实现规模化应用。到 2030 年、2050 年，**电炉炼钢产量分别快速增至 2 亿、4.1 亿 t**，占当年全国钢产量的比重分别达到 17%、52%；氢能炼钢产量分别增至 1.1 亿、2.6 亿 t，占当年全国钢产量的比重分别达到 10%、33%。到 2030 年，钢铁行业电能、氢能消费分别达到 1 亿、2700 万 t 标准煤，占钢铁行业终端能源消费比重分别为 15%、4%；到 2050 年达到 9700 万、6400 万 t 标准煤，占比分别达到 39%、26%，**相比政策延续情景分别提高 18 个、21 个百分点。**

**能源消费总量。**钢铁能源消费结构优化与电气化发展带动能效快速提升，终端能源消费总量逐步降低，到 2030 年、2050 年，能源消费总量将分别降至 6.7 亿、2.5 亿 t 标准煤，较政策延续情景下降 0.2 亿、1.2 亿 t 标准煤。**化石能源消费。**煤炭消费持续下降，到 2030 年、2050 年分别达到 5 亿、0.3 亿 t 标准煤，比政策延续情景下降 0.4 亿、1.7 亿 t 标准煤。

3）高速发展情景。

进一步加大氢能炼钢与废钢产业链资金投入，电炉炼钢与氢能炼钢较中速情景更快发展。到 2030 年，长流程炼钢、电炉炼钢、氢能炼钢产量分别达到 7.2 亿、3 亿、1.4 亿 t；煤炭、电能、氢能消费分别达到 4.4 亿、1.1 亿、3400 万 t 标准煤，电气化率为 26%；到 2050 年，电炉炼钢、氢能炼钢产量分别达到 4.2 亿、3.1 亿 t；钢铁行业煤炭退出，电能、氢能消费分别达到 1 亿、8000 万 t 标准煤，**占钢铁行业能源消费的 47%、37%**。钢铁行业三种情景下的能源消费结构如图 3.8 所示。

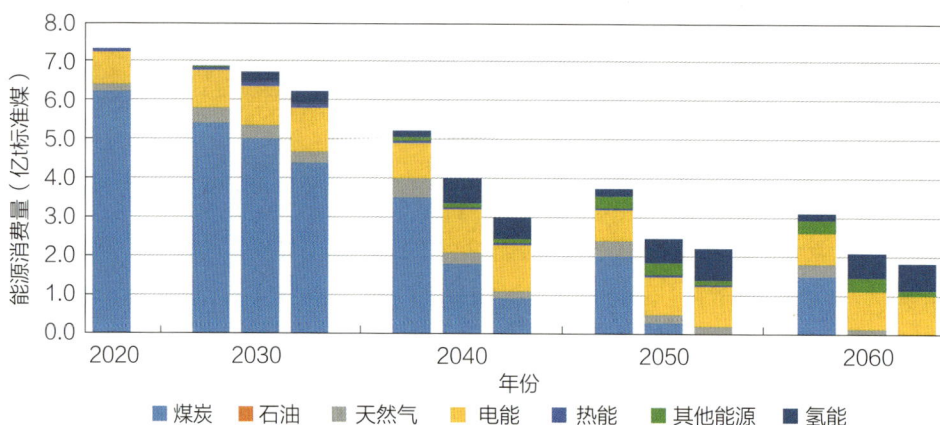

图 3.8    钢铁行业三种情景下的能源消费结构

（2）化工。

预计未来 10 年，我国化工行业产值年均增速将保持在 5% 左右，2030 年产值达到 26 万亿元；到 2060 年，化工行业产值将达到 45 万亿元以上。考虑化工电气化进程各类不确定性因素，设定低速、中速、高速三种电气化发展情景。

1）低速发展情景（政策延续情景）。

考虑电加热、电化学工艺、电制原材料商业应用规模逐步扩大，预计到 2030 年，电制合成氨产量达到 300 万 t；化石能源、电能、氢能消费分别达到 7.1 亿、1.6 亿、600 万 t 标准煤，电气化率达 17%；到 2050 年，电制甲醇、电制合成氨产量分别达到 500 万、1300 万 t；化石能源、电能、氢能消费分别达到 5 亿、1.4 亿、6000 万 t 标准煤，电能与氢能分别占化工行业能源消费的 17%、7%。

2）中速发展情景（碳中和情景）。

**电能替代路径。**加热环节电能替代规模将逐步扩大，电制原材料经济性也将逐步提升，逐步实现商业推广。到 2030 年，电制原材料初步实现示范应用，**电制氨年产 1000 万 t，**电能、氢能消费量分别达到 1.6 亿、1000 万 t 标准煤，占化工行业终端能源消费比重为 18%、1%；2050 年，电制原材料实现广泛商业应用，**电制氨、电制甲醇产量分别达到 1600 万、3900 万 t，**电能、氢能消费量达到 1.6 亿、8500 万 t 标准煤，占比 21%、11%，较政策延续情景高 4、4 个百分点。

**能源消费总量。**化工能源消费随化工产值增加而持续增长，2030 年后随着电能氢能替代持续推进，**能源消费总量开始下降、能效水平持续提升，**到 2030 年、2050 年，能源消费总量将分别为 8.8 亿、7.8 亿 t 标准煤，较政策延续情景分别下降 0.6 亿、0.6 亿 t 标准煤。**化石能源先增后降**，到 2030 年、2050 年分别达到 6.5 亿、3.9 亿 t 标准煤，比政策延续情景下降 0.6 亿、1.1 亿 t 标准煤。

　　3）高速发展情景。

　　进一步加大电加热设备和电制原材料技术资金投入，加快氢能产业布局，化工行业电能氢能替代将更快发展。预计到 2030 年，电制合成氨产量达到 1000 万 t；化石能源、电能、氢能消费分别为 5.9 亿、1.9 亿、1100 万 t 标准煤，电气化率达 22%；到 2050 年，电制合成氨、电制甲醇产量分别达到 2600 万、6200 万 t；化石能源、电能、氢能消费分别为 3.1 亿、1.7 亿、9000 亿 t 标准煤，**电能与氢能分别占化工行业能源消费的 25%、13%**。化工行业三种情景下的能源消费结构如图 3.9 所示。

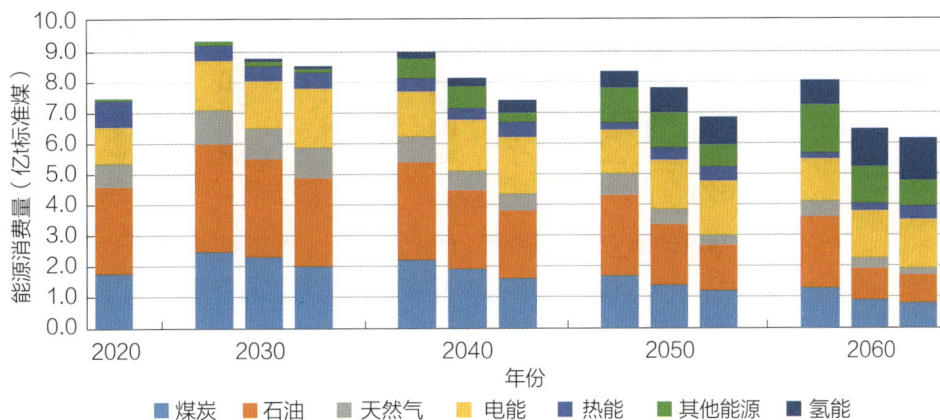

图 3.9　化工行业三种情景下的能源消费结构

**（3）建材。**

　　**我国建材需求将逐步下降**。当前我国建材需求已超过发达国家峰值，2020 年，我国人均水泥产量已经达到 1.7t，是发达国家的 3～5 倍，是金砖国家的 6～7 倍。我国平板玻璃产量已达 4800 万 t，约占世界平板玻璃总产量的 48%，人均年产量已达 34.5kg，是世界平均水平的 3 倍。"十三五"以来，随着供给侧结构性改革加速推进，水泥产销量逐步下降，年均下降 1%。随着我国基础设施逐渐完善，建材未来需求将逐渐下降，到 2030 年、2050 年，水泥需求将分别降至 18 亿、15 亿 t 左右。

　　未来建材行业电气化进程因电加热炉等核心技术发展等存在不确定性，设定低速、中速、高速三种电气化发展情景。低速情景为政策延续情景，中速情景为碳中和情景，高速情景高度依赖政策扶持，电能替代速度更快、规模更大。三种情景下的能源消费结构如图 3.10 所示。

1）**低速发展情景（政策延续情景）**。

考虑经济、人口、城镇化发展等因素，建材行业电气化发展平稳增长，到 2030 年、2050 年，电加热炉生产线水泥产量分别达 0.2 亿、2.3 亿 t，占水泥总产量比重分别达 1%、15%，电能消费分别达 0.4 亿、0.5 亿 t 标准煤。**电气化率分别达 17%、29%**。

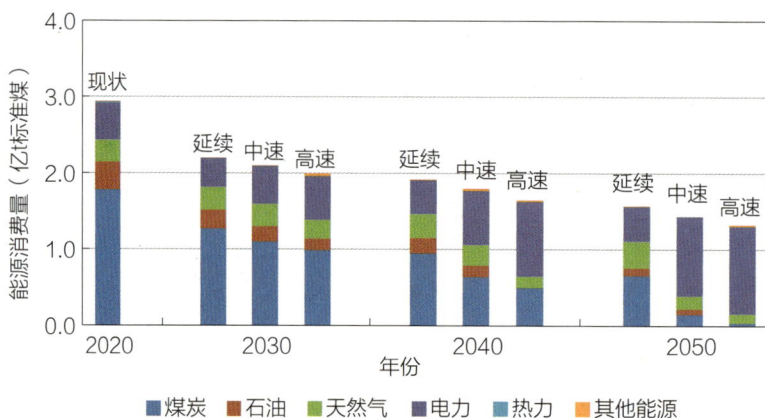

图 3.10    三种情景下的能源消费结构

2）**中速发展情景（碳中和情景）**。

**电能替代路径**。电加热炉实现技术突破，新增生产线主要由电能满足加热需求，电力消费逐渐取代煤炭成为建材用能主体。预计到 2030 年、2050 年，电加热炉生产线水泥产量分别达 1.8 亿、10.5 亿 t，占水泥总产量比重分别达 10%、70%，电能消费分别达 0.5 亿、1 亿 t 标准煤。**电气化率分别达 24%、73%**。

**能源消费总量**。随着建材需求逐步下降和用能结构的不断优化，建材行业能源消费总量持续下降，到 2030 年、2050 年，能源消费总量将分别降至 2.1 亿、1.4 亿 t 标准煤，较政策延续情景分别下降 5 个、13 个百分点。**化石能源消费**大幅降低，到 2030 年、2050 年分别降至 1.6 亿、0.4 亿 t 标准煤，比政策延续情景下降 12 个、64 个百分点。

3）**高速发展情景**。

电加热炉在新增生产线完全替代传统窑炉和熔炉，满足加热环节用能需求。到 2030

年、2050 年，电加热炉生产线水泥产量分别达 2.9 亿、12.8 亿 t，占水泥总产量比重分别达 16%、85%，电能消费分别达 0.6 亿、1.1 亿 t 标准煤。**电气化率分别达 29%、86%。**

### 3.2.1.2　交通领域

#### 1. 用能现状

交通是我国第二大终端能源消费领域和最主要的石油消费领域，电能消费占比较低。2020 年，我国交通领域用能近 4.8 亿 t 标准煤，占终端能源消费总量的 13%。近 5 年来，交通用能年均增速达 5%。由于持续增长的居民出行及货运需求，交通用能需求短期内将保持较快增长。2020 年交通领域分品种、分行业能源结构如图 3.11 所示。

分能源品种看，煤炭、石油、天然气消费分别达到 0.02 亿、4 亿、0.4 亿 t 标准煤，其中，**石油消费占交通能源消费比重高达 83%，占全国石油消费总量比重高达 44%。**电能消费达到 0.2 亿 t 标准煤，**电气化率约 4%。**

分领域看，公路、航空、航运、铁路的能源消费分别占交通领域比重为 74%、9%、7%、4%。公路领域电气化率仅为 1%，航空与航运 100% 以石油为燃料，铁路电气化率约为 70%。

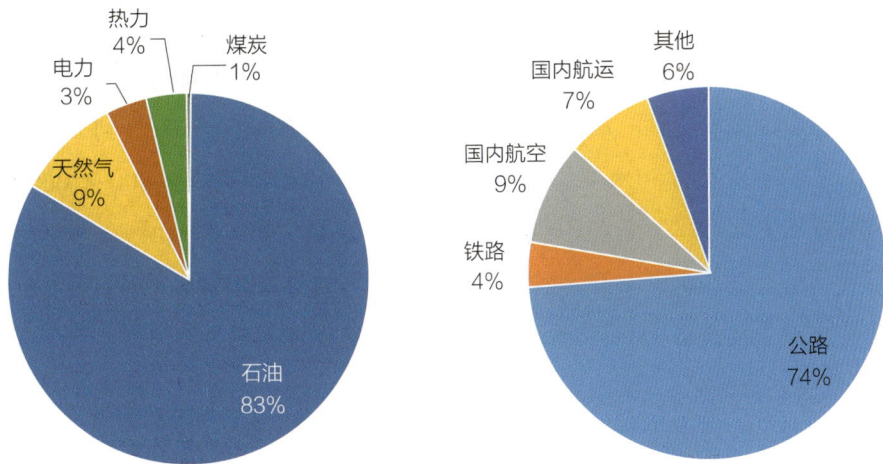

图 3.11　2020 年交通领域分品种、分行业能源结构

#### 2. 电气化技术经济可行性

交通领域脱碳的根本出路是加快"以电代油"，推动交通领域电气化，形成电为中

心，氢能、生物质能等多能互补的现代交通用能格局。此外，还需要优化交通运输结构，提升水运、铁路等绿色运输方式比重，促进城市公共交通发展，打造集约高效的交通运输结构，同时加快实现自动驾驶和车路协同关键技术突破，推广智慧共享交通方式。

**电动汽车续航里程、充电速度等取得重大突破，经济性优势凸显。** 纯电动乘用车平均续航里程已达 400～450km，快速充电时间缩短到 0.5～1.5h。动力电池成本快速下降，磷酸铁锂电芯价格已达 0.6 元/Wh，电动汽车运行成本仅为燃油汽车的 15%左右。2022 年电动汽车新车销量占汽车总销量比重约为 25%。预计锂金属固态电池、石墨烯固态电池等新型电池技术迎来历史性突破，电池体系将逐步过渡到半固态、固态电池，到 2030 年能量密度提升至 0.5kWh/kg，续航里程超过 1000km，平均充电时间缩短至 0.5h 以内，电池成本下降至 0.4 元/Wh。到 2050 年电动汽车最快充电时间将缩短至 5min。

**电动船舶** 电池能量密度为 0.12～0.18kWh/kg，千吨级船舶所需电池容量约为电动车的 50 倍左右，续航里程在 100km 之内，仅适用于内河航运。2022 年，我国电动船舶占内河船舶总量不足 0.3%。**电动飞机** 尚在研发阶段，电池能量密度不到 0.5kWh/kg，远低于燃油飞机的能量密度的 12.7kWh/kg；功重比低于 2.5kW/kg，低于涡轮发动机的 3～8kW/kg。

**氢能交通。** 氢燃料电池以电制氢能代替化石能源为燃料，载能量大、续航里程长、低温性能好，是交通领域电气化发展的重要方向。目前燃料电池车的造价约为锂离子电动车的 1.5～2 倍、燃油车的 3～4 倍；清洁能源制氢成本超过 20 元/kg，燃料成本也远高于汽柴油和电动汽车。预计未来新型复合材料双极板和催化剂材料升级、廉价、高效催化剂及长寿命、高稳定性高温固体氧化物电堆等关键技术取得突破。到 2030 年，氢燃料电池成本降至目前的 50%。到 2050 年，氢燃料电池成本下降至 800～1000 元/kW。

电动汽车当前已基本具备技术可行性。在"十四五" 末，电动汽车可实现与燃油车平价。受限于电池能量密度低等因素，电动船舶与电动飞机难以大规模发展。航运、航空未来主要由生物质燃料、氢能、氨能等高能量密度清洁燃料替代燃油驱动。

### 3. 电气化发展路径

未来交通部门电气化进程因政策机制、动力电池及氢燃料电池等核心技术发展等存在不确定性，设定低速、中速、高速三种电气化发展情景。低速情景为政策延续情景，中速情景为碳中和情景，高速情景高度依赖政策扶持，电能替代速度更快、规模更大。交通领域电气化潜力评估模型如图 3.12 所示。三种情景下的能源消费结构如图 3.13 所示，三种情景下的电动汽车发展规模如图 3.14 所示。

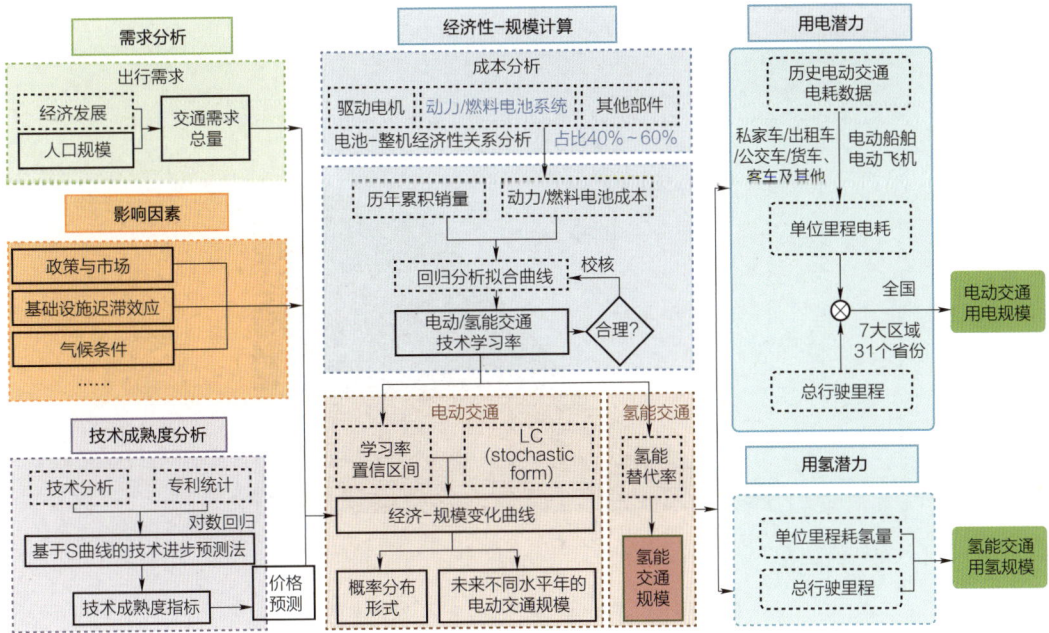

图 3.12 交通领域电气化潜力评估模型

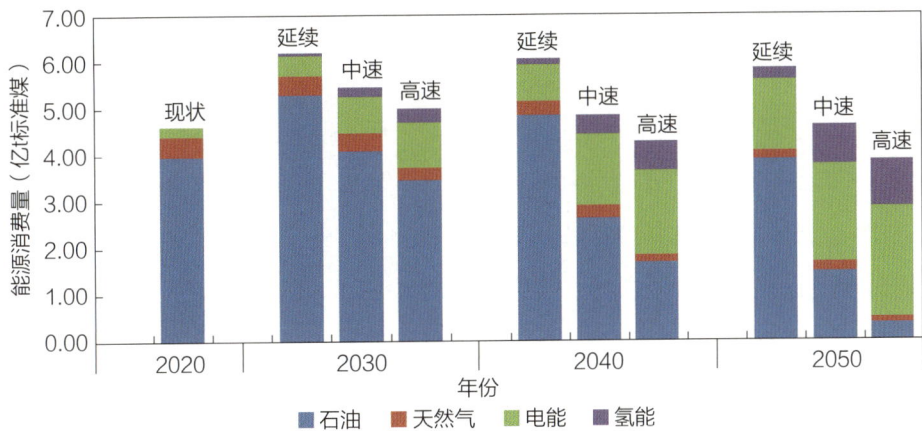

图 3.13 三种情景下的能源消费结构

**（1）低速发展情景（政策延续情景）。**

考虑经济、人口发展等因素，采用千人保有量法，预计到 2030 年、2050 年，全国汽车总量分别达到 3.8 亿、4.6 亿辆。电动交通自然增长，到 2030 年、2050 年，电动汽车保有量占全国汽车保有量的比重分别达到 8%、48%。电气化率分别达到 6%、24%。

电能与氢能共占交通能源消费的 7%、28%。

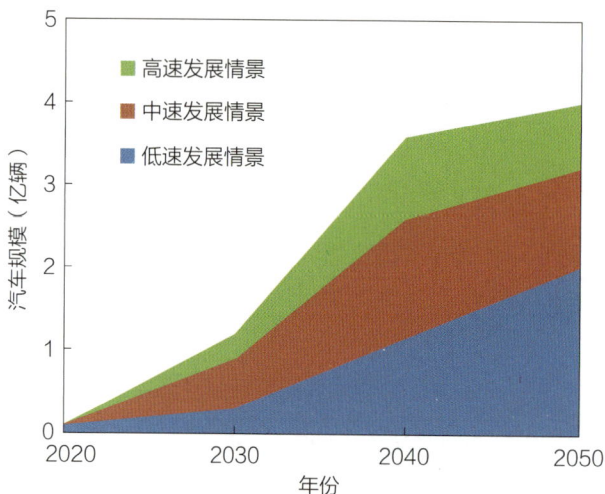

图 3.14　三种情景下的电动汽车发展规模

（2）中速发展情景（碳中和情景）。

新增交通运输需求完全由零碳交通方式满足，电力消费逐渐取代石油成为交通用能主体。

**电能替代路径**。采用随机学习曲线与基于专利分析的技术成熟度方法，预计到 2030 年、2050 年，电动汽车保有量分别快速增至 9400 万、3.2 亿辆，占全国汽车保有量的比重分别达到 25%、70%，交通总用电量达到 0.6 万、1.6 万亿 kWh，约占全社会用电量的 5.7%、9.2%。**交通电气化率分别达到 14%、42%。**

**氢能替代路径**。在政策大力支持与加速减排要求下，到 2030 年、2050 年，氢燃料电池汽车规模分别达到 465 万、2858 万辆，主要集中于公交车、大型客车等商用车领域，占全国汽车保有量的比重分别达到 1%、6%，交通用氢总规模分别达到 200 万、1500 万 t，占交通能源消费比重达到 4%、18%，相比政策延续情景提高 3、14 个百分点。

**能源消费总量**。交通运输结构优化与电气化发展带动能效快速提升，交通能源消费总量于 2030 年达峰，到 2030 年、2050 年，能源消费总量将分别达到 5.7 亿、4.9 亿 t 标准煤，较政策延续情景分别下降 11 个、21 个百分点。**化石能源消费**。石油消费于 2030 年达峰，到 2030 年、2050 年分别达到 4.1 亿、1.5 亿 t 标准煤，比政策延续情景下降 23、62 个百分点，车用汽、柴油消费量均将比峰值下降 82%，极大降低石油对外依存度。

（3）高速发展情景。

陆路交通几乎全部电动化，飞机和远距离航运等特殊领域采用氢能或甲醇等清洁燃料替代。到 2030 年、2050 年，全国电动汽车占全国汽车保有量的比重分别达到 34%、87%，交通用电量占全社会用电量比重提高至 7%、11%。电气化率分别达到 18%、58%，电能与氢能共占交通能源消费的 24%、83%。

## 3.2.1.3　建筑领域

### 1. 用能现状

建筑是我国第三大终端能源消费领域，电能消费占比较高。2020 年，我国建筑领域用能近 4.8 亿 t 标准煤，占终端能源消费总量的 13%。近 5 年来，建筑用能年均增速达 4.2%。随着我国城镇化发展和人民生活水平提升，我国建筑领域用能需求还将不断增长。2020 年建筑领域分品种、分子领域能源结构如图 3.15 所示。

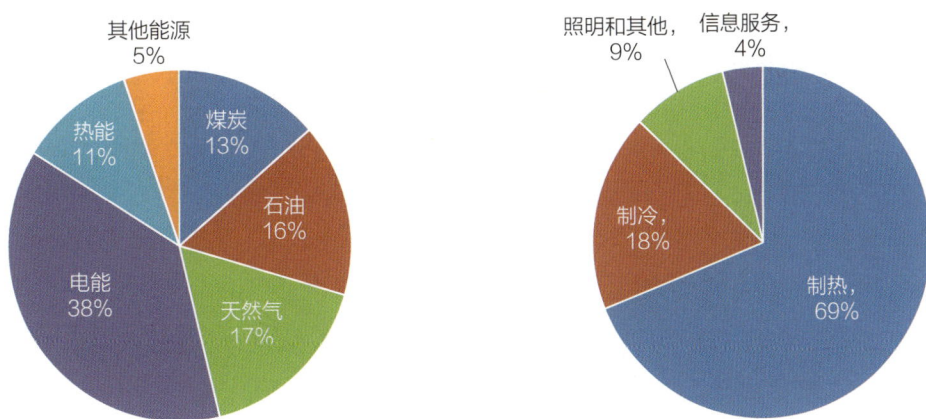

图 3.15　2020 年建筑领域分品种、分子领域能源结构

**分能源品种看**，建筑领域能源消费以电能为主。煤炭、石油、天然气、电能消费分别达 0.6 亿、0.8 亿、0.8 亿、1.8 亿 t 标准煤，**电气化率达 38%**。

**分领域看**，建筑领域能源消费以制热为主。制热、制冷、照明和其他、信息服务的能源消费分别占建筑领域比重为 69%、18%、9%、4%。其中，制冷、照明、信息服务均 100%采用电能。

## 2. 电气化技术经济可行性

建筑领域电气化技术主要包括电制热、电制冷、电照明、信息用电四大类。其中电制冷、电照明、信息用电技术均已成熟，且 100%采用电能。电制热技术中，电炊具、电热水器、电暖气技术较为成熟，仅热泵技术尚未成熟，蓄热式电锅炉采用的储热材料有待进一步突破。不同采暖方式经济性对比如图 3.16 所示。

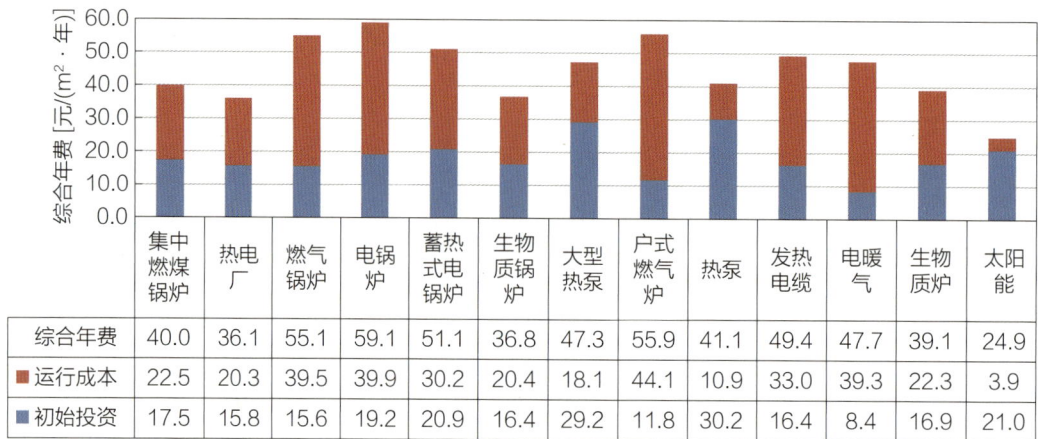

图 3.16 不同采暖方式经济性对比

| | 集中燃煤锅炉 | 热电厂 | 燃气锅炉 | 电锅炉 | 蓄热式电锅炉 | 生物质锅炉 | 大型热泵 | 户式燃气炉 | 热泵 | 发热电缆 | 电暖气 | 生物质炉 | 太阳能 |
|---|---|---|---|---|---|---|---|---|---|---|---|---|---|
| 综合年费 | 40.0 | 36.1 | 55.1 | 59.1 | 51.1 | 36.8 | 47.3 | 55.9 | 41.1 | 49.4 | 47.7 | 39.1 | 24.9 |
| 运行成本 | 22.5 | 20.3 | 39.5 | 39.9 | 30.2 | 20.4 | 18.1 | 44.1 | 10.9 | 33.0 | 39.3 | 22.3 | 3.9 |
| 初始投资 | 17.5 | 15.8 | 15.6 | 19.2 | 20.9 | 16.4 | 29.2 | 11.8 | 30.2 | 16.4 | 8.4 | 16.9 | 21.0 |

图 3.16 不同采暖方式经济性对比

**电采暖技术方面**。热泵工作效率高，但在低温下的工作稳定性和效率均会大幅下降。预计热泵将在 5～10 年内实现技术突破，能够实现低温高效运行和规模化应用，到 2030 年，热泵能够在 -10～0℃稳定运行，能效比提高至 300%。到 2050 年，热泵进一步突破低温运行限度，可在 -20～0℃稳定运行，仍能够达到较高能效比。**蓄热式电锅炉**绝大部分储热系统采用水和固体储热，储热密度不高，占地面积较大。预计未来储热材料实现新突破，大幅提高储热密度，节约系统占地面积。到 2030 年，研发新型材料使储热密度提高 30%以上。到 2050 年，新型材料储热密度提高 70%以上，大幅提高蓄热式电锅炉运行效率。

**电采暖经济性方面**。目前，根据对不同采暖方式的经济性测算，电采暖经济性低于燃煤采暖，但已优于燃气采暖。以电价为 0.5 元/kWh 计算，电采暖的综合年费普遍高于40 元/（m²·年）。其中，电锅炉的综合年费最高，电锅炉、蓄热式电锅炉综合年费均超过 50 元/（m²·年）。热泵运行成本最低、经济性最好，综合年费为 40～48 元/（m²·年）。

我国现行电采暖优惠电价政策主要有峰谷时段计价方式、阶梯电价计价方式、统一电价计价方式三种。其中峰谷时段计价方式的低谷电价、阶梯电价计价方式的第一档电量电价，基本在 0.17～0.3 元/kWh，显著提升电采暖经济性。

**电炊具、电热水器方面。**电炊具技术较为成熟，产品功能丰富，经济性优势明显，目前主要受烹饪习惯、电力功率等因素制约，预计到 2030 年，大功率、快速加热的产品大规模应用满足高品位加热炊事需求。不同炊具经济性对比见表 3.2。电热水器技术较为成熟，储水式电热水器占地大，加热速度慢，即热式电热水器无法满足大容量热水需求，预计到 2030 年，实现大功率即热式电热水器广泛应用，经济性优于燃气热水器。不同热水器经济性对比见表 3.3。

表 3.2　　　　　　　　　不同炊具经济性对比

| 项目 | 电磁灶 | 天然气灶 | 石油气灶 |
| --- | --- | --- | --- |
| 设备费用 | 1700 元 | 1000 元 | 1000 元 |
| 运行成本 | 3300 元 | 4500 元 | 7800 元 |
| 使用年限 | 6 年 | 6 年 | 6 年 |
| 综合年费 | 890 元 | 950 元 | 1500 元 |

表 3.3　　　　　　　　　不同热水器经济性对比

| 项目 | 电热水器 | 燃气热水器 |
| --- | --- | --- |
| 设备费用 | 2000 元 | 3000 元 |
| 运行成本 | 1.2 元/次 | 0.7 元/次 |
| 使用年限 | 8～10 年 | 10～15 年 |
| 综合年费 | 380 元 | 305 元 |

**电制冷、电照明和信息用电方面。**电制冷、电照明和信息用电技术目前已发展较为成熟、应用广泛。

### 3. 电气化发展路径

2020 年，我国城镇化率已达 64%，但相比发达国家城镇化率 74% 的平均水平仍有差距。我国建筑领域人均用能约 0.34t 标准煤，而经合组织国家、美国、日本十年前人均用能已经达到 0.84、1.26、0.55t 标准煤。预计 2030 年我国城镇化水平将达到 70%，2050 年将达到 80%。随着我国经济稳步发展，居民生活消费不断升级，同时随着新型城镇化建设、区域协同等不断推进，未来我国建筑面积还将持续增加，带动用能需求不断增加。

未来建筑领域电气化进程因热泵、储热材料等核心技术发展，用户使用意愿等存在不确定性，设定低速、中速、高速三种电气化发展情景。低速情景为政策延续情景，中速情景为碳中和情景，高速情景高度依赖政策扶持，电能替代速度更快、规模更大。三种情景下的能源消费结构如图 3.17 所示，三种情景下的热泵发展规模如图 3.18 所示。

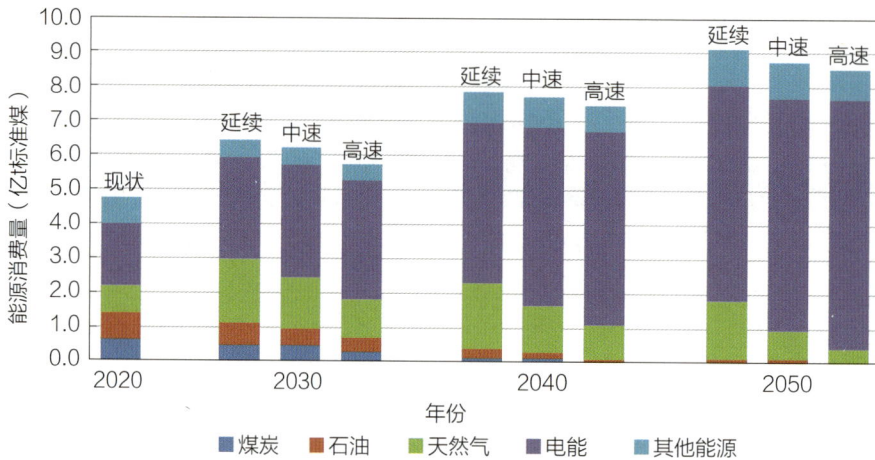

图 3.17    三种情景下的能源消费结构

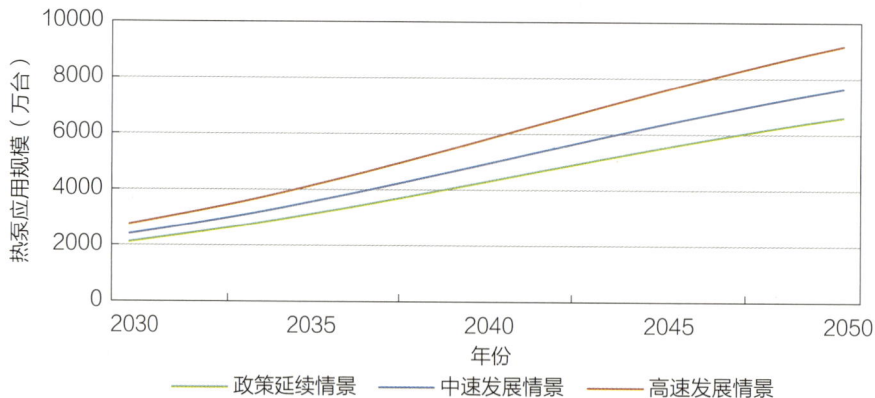

图 3.18    三种情景下的热泵发展规模

（1）低速发展情景（政策延续情景）。

考虑经济、人口、城镇化发展等因素，热泵在秦岭淮河沿线地区逐步应用，电锅炉在北方地区稳步发展，到 2030 年、2050 年，电能将分别满足采暖用能需求的 13%、50%，热泵保有量分别达到 2100 万、6600 万台，电能将分别满足炊事用能需求的 40%、80%，分别满足生活热水用能需求的 45%、70%，建筑领域总用电量达 2.3 万亿、4.7 万亿 kWh。建筑电气化率分别达 43%、66%。

（2）中速发展情景（碳中和情景）。

**电能替代路径。**热泵实现技术突破，快速发展，新增采暖需求基本由热泵满足，远期电锅炉在北方地区逐步取代集中燃煤取暖，电暖气在南方大规模应用，电能成为建筑采暖用能主体。采用随机学习曲线与基于专利分析的技术成熟度方法，预计到 2030 年、2050 年，电能将分别满足采暖用能需求的 17%、68%，热泵保有量分别增至 2400 万、7600 万台，电能将分别满足炊事用能需求的 60%、90%，分别满足生活热水用能需求的 65%、75%，建筑领域总用电量达 2.6 万亿、5.5 万亿 kWh。**建筑电气化率分别达 51%、81%。**

**能源消费总量。**随着居民生活水平的持续提升，建筑领域用能不断增长，到 2030 年、2050 年，能源消费总量将分别达到 6.4 亿、8.4 亿 t 标准煤，较政策延续情景分别下降 3、4 个百分点。**化石能源消费。**采暖、炊事、生活热水方面大幅降低对天然气的需求。天然气消费于 2030 年达峰，到 2030 年、2050 年分别达到 1.5 亿、1.1 亿 t 标准煤，煤炭和石油消费持续下降，到 2030 年、2050 年，煤炭和石油消费总量分别降至 0.9 亿、0.1 亿 t 标准煤，化石能源消费总量比政策延续情景下降 19 个、42 个百分点，主要用于偏远地区制热。

（3）高速发展情景。

城镇化进程快速推进，城镇建筑用能需求基本由电能满足，热泵、电锅炉、电暖气在新增和存量建筑中大规模应用。到 2030 年、2050 年，电能将分别满足采暖用能需求的 22%、89%，全国热泵保有量分别达 2800 万、9100 万台，电能将分别满足炊事用能需求的 65%、95%，分别满足生活热水用能需求的 70%、80%，建筑领域总用电量达 2.9 万亿、6.1 万亿 kWh。**建筑电气化率分别达 58%、91%。**

## 3.2.2　全社会用电量预测

### 3.2.2.1　用电总量

综合考虑我国人口增长轨迹和生育率水平，碳达峰碳中和、新时代两步走等战略目标下经济社会发展，包括产业结构调整、新型城镇化建设情况等，能源电力发展与技术进步，包括能源结构调整、电气化水平、新能源发电和用能技术进步，电力市场化进程等，提出高、中、低三种发展情景，对未来我国电力需求发展进行分析研判。

（1）高情景。

考虑世界经济快速复苏，俄乌危机后全球能源供需形势加快好转，能源电力消费快速回升。产业结构调整稳步推进，高载能行业总体处于峰值平台期，高新技术产业发展较快。战略性新兴产业、现代服务业成长更快，传统用能产业增长缓慢，新旧动能转换时间相对较短。新型用电技术持续突破并大规模普及，推动电气化水平快速提升，电能替代力度加大。我国全社会用电量到 2030 年、2040 年和 2050 年，我国电力需求分别增长至 11.8 万亿、15.5 万亿、17.3 万亿 kWh，分别是 2022 年水平的 1.4、1.8、2 倍，2022—2030 年年均增速 3.94%，2030—2050 年年均增速 1.96%。

（2）中情景。

考虑世界经济逐步恢复，俄乌危机后全球能源供需形势稳步好转，能源电力消费较快恢复。我国经济结构调整力度加大，高载能行业发展放缓。新型用电技术逐步推广，推动电气化水平持续提升，电能替代稳步推进。到 2030 年、2040 年和 2050 年，我国电力需求分别增长至 11.5 万亿、14.9 万亿、16.5 万亿 kWh，分别是 2022 年水平的 1.3、1.7、1.9 倍，2022—2030 年年均增速 3.65%，2030—2050 年年均增速 1.83%。

（3）低情景。

考虑世界经济缓慢复苏，俄乌危机后全球能源供需形势受到长期影响，能源电力消费增长较慢。我国经济结构调整加速，高载能行业发展进一步放缓，电能替代推进减缓。到 2030 年、2040 年和 2050 年，我国电力需求分别增长至 11.3 万亿、14.3 万亿、15.8 万亿 kWh，分别是 2022 年水平的 1.3、1.7、1.8 倍，2022—2030 年年均增速 3.37%，

2030—2050 年年均增速 1.7%。

全社会用电量分情景预测结果见表 3.4。

综合考虑全球其他国家相同发展阶段电力弹性系数与人均用电量发展规律水平，推荐电力需求**中情景**，下文按此情景进行分析论述。

表 3.4　　　　　　　　　全社会用电量分情景预测结果

| 情景 | 全社会用电量（亿 kWh） | | | | 年均增速 | | |
|---|---|---|---|---|---|---|---|
| | 2022 年 | 2030 年 | 2040 年 | 2050 年 | 2022—2030 年 | 2030—2040 年 | 2040—2050 年 |
| 高情景 | 86372 | 117672 | 154710 | 173451 | 3.9% | 2.8% | 1.2% |
| 中情景 | 86372 | 115092 | 148646 | 165382 | 3.7% | 2.6% | 1.1% |
| 低情景 | 86372 | 112561 | 142806 | 157671 | 3.4% | 2.4% | 1.0% |

**电力需求总量持续增长，增速逐渐放缓。** 2030 年前，我国产业结构持续优化升级，高载能产业发展趋缓，电能替代稳步推进、城镇化人口稳定增长，我国用电需求总量保持较快增长。电力需求总量从 2022 年的 8.6 万亿 kWh 分别增长至 2025 年和 2030 年的 9.8 万亿、11.5 万亿 kWh，"十四五"前和"十五五"年均增长率在 4.3%、3.3%。2030 年后，我国人口逐步达到饱和，城市化率增速逐渐放缓，用电效率不断提升，电力消费逐步进入平台期。到 2040 年和 2050 年，我国用电需求总量将分别增至 14.9 万亿、16.5 万亿 kWh，年均增速逐渐放缓并逐步趋于饱和，分别降至 2.6% 和 1.1%。全社会用电量及增长率预测如图 3.19 所示。

**人均用电量水平显著提高。** 2022 年，我国年人均用电量 6116kWh，2025 年达到 6700kWh，2030 年达到 7800kWh，约为德国、法国、日本 2016 年水平和 2016 年美国的二分之一，与发达国家仍有差距。预计到 2040 年后，我国人均用电量将超过目前经合组织（OECD）国家平均水平（8600kWh）；到 2050，我国人均用电量将增至 11500kWh。

**新型负荷中电制氢和电动汽车用电量涨幅巨大，用电量占比逐年升高。** 随着清洁电力制氢技术经济性不断提升，电制燃料产业实现规模化发展，进一步大幅提升电能替代水平；2040 年、2050 年分别达到 1.9 万亿、2.7 万亿 kWh，占总用电量比重为 12.8%、16.6%。随着终端用能电气化率不断提升，电动汽车产业大规模发展，2040 年、2050 年电动汽车用电量达到约 5000 亿、8000 亿 kWh，占总用电量比重 3.1%、4.8%。电制氢、电动汽车用电量占比如图 3.20 所示。

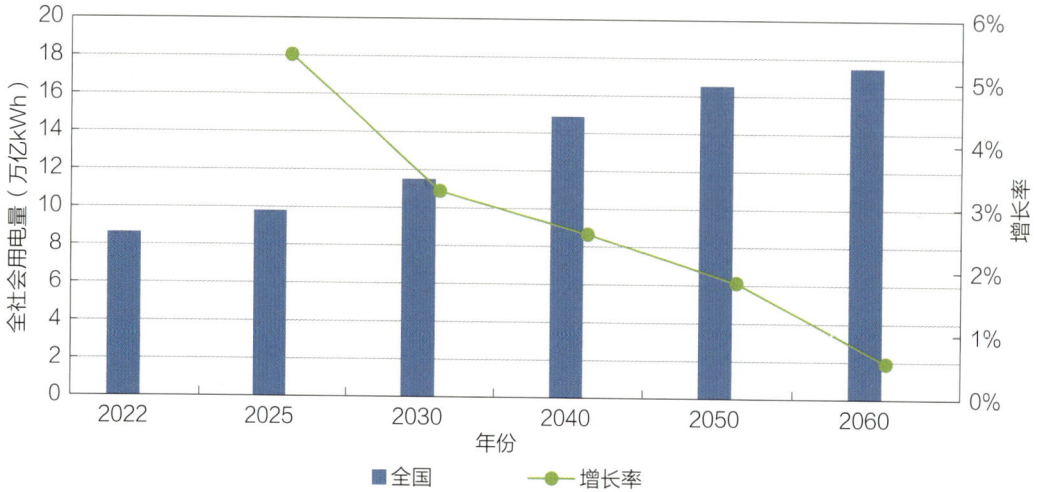

图 3.19 全社会用电量及增长率预测

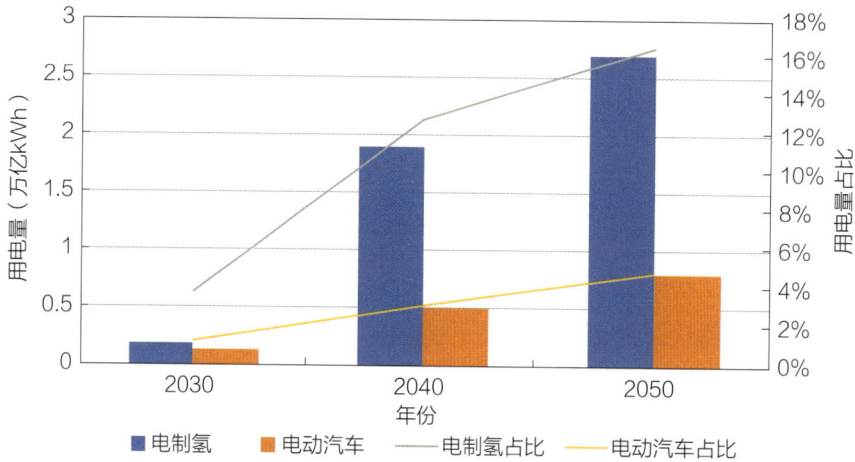

图 3.20 电制氢、电动汽车用电量占比

## 3.2.2.2 用电结构

从用电总量看，二产用电量最大，到 2030 年达到 6.6 万亿 kWh，2050 年达到 7 万亿 kWh；三产和居民生活用电量增幅较大，2030 年分别约为 2.3 万亿和 2.2 万亿 kWh，到 2050 年分别增长至 3.4 万亿和 3.7 万亿 kWh。电制氢用电量增长迅猛，呈现跨越式增长，从 2030 年的 2000 亿 kWh 迅猛发展到 2050 年的 2.7 万亿 kWh。

　　从用电量增速看，三个产业和居民生活用电增速均呈下降趋势。分产业看，居民生活、三产用电量增速较高，2022—2030 年年均增速分别为 7.3% 和 6.8%，2030—2050 年年均增速分别放缓至 2.6% 和 2%。电制氢 2025—2030 年年均增速 31%，2030—2050 年年均增速放缓至 14%。

　　从用电量占比看❶，二产用电量占比下降，由 2022 年的 66%，降至 2030 年的 58.7% 和 2050 年 51.4%，但仍将长期维持较高水平。三产和居民生活用电量比重上升，由 2022 年的 17.2%、15.5%，分别上升至 2030 年的 20.7%、19.5%，和 2050 年的 25%、22.5%。

　　2022—2050 年分产业电力需求结构如图 3.21 所示。

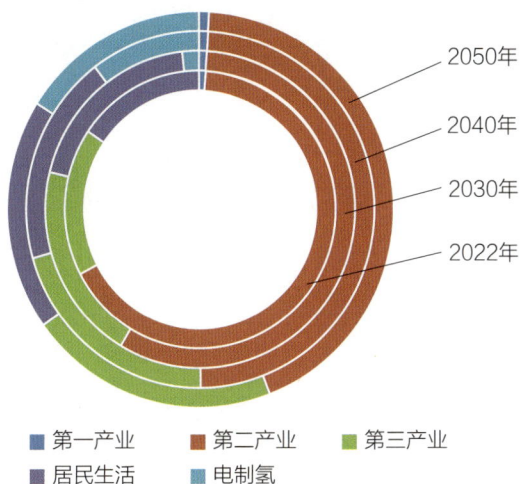

图 3.21　2022—2050 年分产业电力需求结构

### 3.2.2.3　用电分布

　　东中部地区人口比重高、经济基数大，未来仍将长期是我国主要电力负荷中心❷。随着产业转移和西部大开发，东中部用电量占比逐年降低，但仍占据主导地位。2022 年的用电量 5.6 万亿 kWh，占比 65.2%，2050 年用电量 9.6 万亿 kWh，占比 58%。东中部

❶ 占比：不考虑电制氢用电量，仅对三产和居民生活的分行业用电量进行分析。
❷ 东中部 16 省市：北京、天津、河北、山东、上海、江苏、浙江、安徽、福建、河南、湖北、湖南、江西、广东、广西、海南。

的华北、华东、南方用电量规模较大，2050 年用电量分别为 3.7 万亿、3.4 万亿、2.7 万亿 kWh，是最主要的负荷中心。

西北、西南地区用电量在 2030 年前高速增长，2030 年后逐步放缓但仍高于全国平均增速。预计到 2050 年，西北地区将成为全国用电量第三大地区，总用电量达到 2.9 万亿 kWh，仅次于华北和华东地区。东北地区全社会用电量增长较慢，各个阶段的年均增速均低于全国平均水平。

各区域全社会用电量及增速见表 3.5。

表 3.5 　　　　　　　　　 各区域全社会用电量及增速

| 区域 | 用电量（亿 kWh） | | | | 年均增长率 | | |
|---|---|---|---|---|---|---|---|
| | 2022 年 | 2030 年 | 2040 年 | 2050 年 | 2022—2030 年 | 2030—2040 年 | 2040—2050 年 |
| 全国 | 86372 | 115092 | 148646 | 165382 | 3.7% | 2.6% | 1.1% |
| 华北地区 | 20169 | 26895 | 34271 | 36812 | 3.7% | 2.45% | 0.72% |
| 华东地区 | 20837 | 26260 | 31800 | 34161 | 2.9% | 1.93% | 0.72% |
| 华中地区 | 10775 | 14009 | 17110 | 19032 | 3.3% | 2.02% | 1.07% |
| 东北地区 | 5468 | 6635 | 7560 | 8712 | 2.4% | 1.31% | 1.43% |
| 西北地区 | 9516 | 14693 | 23870 | 29424 | 5.6% | 4.97% | 2.11% |
| 西南地区 | 4970 | 6638 | 8612 | 10147 | 3.7% | 2.64% | 1.65% |
| 南方地区 | 14637 | 19962 | 25423 | 27094 | 4.0% | 2.45% | 0.64% |

## 3.2.3　最大负荷及负荷特性

### 3.2.3.1　负荷特性影响因素

未来，随着各部门电气化水平的提升、电采暖/制冷的推进，以及电制氢、电动汽车等众多新型负荷发展，电力负荷特性会产生较大变化，其中电制氢和电动汽车尤其将会对电力负荷特性产生较大影响。

## 1. 电制氢

电制氢负荷是可控负荷，具备较强的可中断性与可时移性，可根据实时电力供需形势变化进行快速调节，兼具平抑电力负荷与新能源出力短期波动与长期变化的能力，未来将成为保障新型电力系统电力电量供需平衡的重要灵活调节资源。

**电制氢负荷的运行方式将从自然生产方式逐步向追随本地风光发电出力特性转变。**随着新能源装机规模的快速上升和绿氢制备产业的逐渐成熟，光伏发电占比高的地区，电制氢负荷呈明显的午高峰特性，以风电为主的地区电制氢负荷日峰谷差小，负荷曲线较为平缓。以华北、东北为例，华北地区风光发电资源相当，光伏发电占比较高，因此在新能源出力大的午间，电制氢负荷以大方式运行，电制氢负荷呈明显的午高峰特性；在新能源出力小的晚间，电制氢负荷也随之以小方式运行，电制氢负荷日峰谷差可达 0.8。东北地区新能源发电以风电为主，因为电制氢负荷追随风电出力运行，最大负荷出现的傍晚，负荷的峰谷差也较小。华北和东北地区电制氢负荷典型日运行曲线如图 3.22 所示。

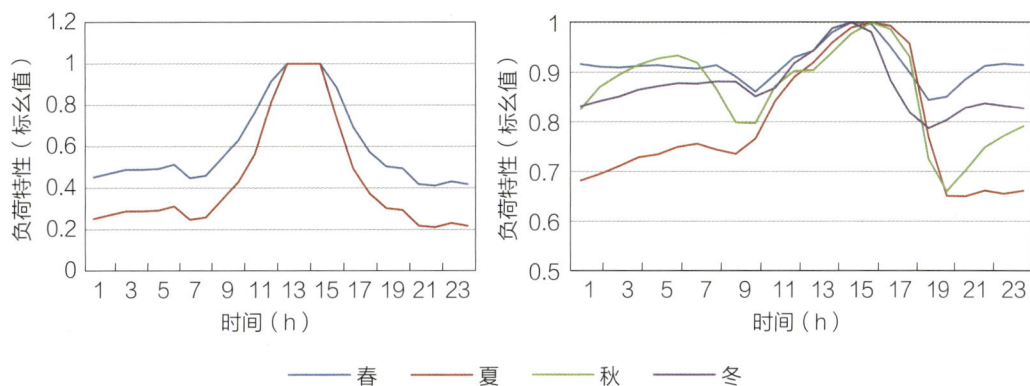

图 3.22　华北和东北地区电制氢负荷典型日运行曲线

## 2. 电动汽车

电动汽车负荷是可调负荷，随着政策、市场的完善，未来电动汽车用电将由无序向可控转变。电动汽车负荷也将成为保障电力供需平衡的新的灵活性电力资源。同时电动汽车电量也是储能，可作为灵活的短时电量资源使用。

**电动汽车充电负荷的运行方式将从追随本地负荷特性逐步向追随本地净负荷特性转变。**目前，电动汽车最大充电负荷普遍出现在晚间，响应实时电价后向后夜负荷低谷转移，呈现"晚间削峰、后夜填谷"的整体特征。未来，随着风光新能源发电装机快速增长，系统净负荷低谷时刻将向午间转移，电动汽车的充电负荷将在实时电价机制的影响下从晚间向午间集聚，充分发挥填谷作用，呈现"晚间削峰、午间填谷"的整体特征。目前与远期电动汽车负荷参与需求响应示意如图 3.23 所示。

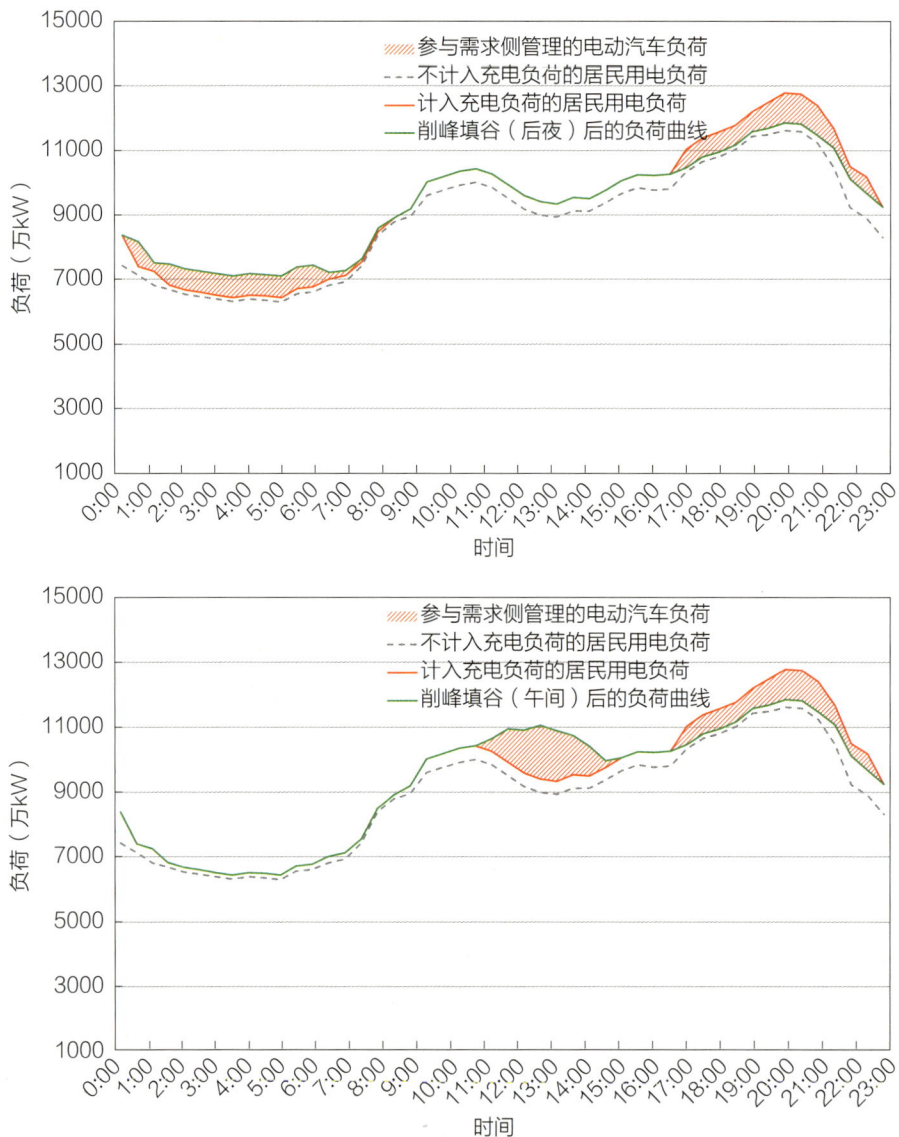

图 3.23　目前与远期电动汽车负荷参与需求响应示意图

### 3.2.3.2 负荷特性变化趋势

**最大负荷逐步提升,增速逐年下降❶**。到 2030 年,我国最大负荷将从 2022 年的 13.8 亿 kW 增长至 18.3 亿 kW,年均增速 4.3%,略低于全社会用电量增速;2030 年后,年均增速逐步超越全社会用电量增速且逐步下降,到 2050 年我国最大负荷将达到 27 亿 kW,2030—2050 年年均增速 1.97%。2022—2050 年最大负荷及增长率预测如图 3.24 所示。

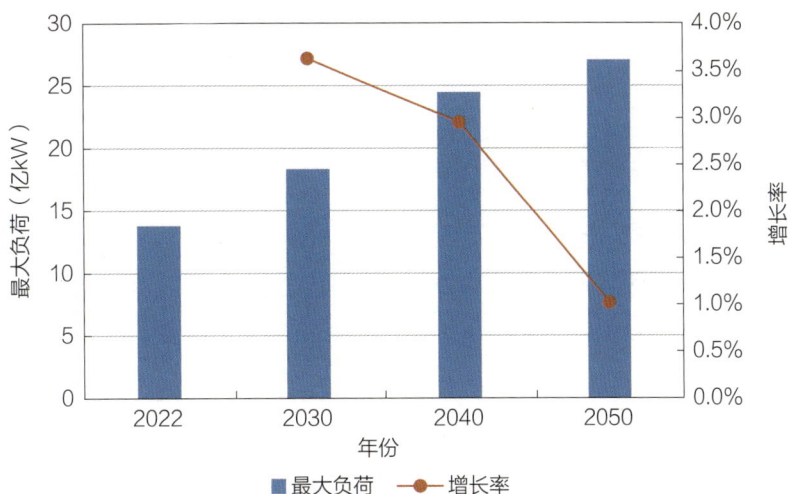

图 3.24  2022—2050 年最大负荷及增长率预测

**最大负荷年利用小时数逐年下降**。随着我国产业结构优化调整、第三产业和居民生活用电需求的逐步增长,以及电制氢、电动汽车等新型负荷比重的快速上升,全国最大负荷利用小时数将缓慢降低,从 2022 年的约 6273h 逐步升高,达峰后逐步下降,并最终达到 2050 年的 6100h 左右。

**负荷特性冬夏双高峰特征日趋凸显,日内由午晚双高峰逐渐向午高峰转变**。我国夏季、冬季电力负荷明显高于春季和秋季,随着居民生活水平不断提高,夏季空调负荷和冬季取暖负荷占比将越来越高,导致负荷特性年内夏、冬季双高峰特征不断凸显。日内方面,2030 年前电力负荷日特性呈午晚双高峰特征,最大负荷时刻出现在晚上 19:00—20:00;远期随着电制氢负荷的快速增长,日内最大电力负荷时刻逐渐由晚间向正午转移。

---

❶ 最大负荷不含基地式电制氢负荷。

# 3.3    电源发展定位及路径

## 3.3.1    传统电源与新能源发展定位

### 3.3.1.1    煤电

我国电源结构以火电为主,"富煤缺油少气"的化石能源禀赋决定了煤电长期以来是我国的主导电源,在保障电力供应中发挥了"顶梁柱"和"压舱石"的关键作用。

综合考虑"双碳"目标背景下电力系统的电力电量平衡、电力供应安全、能源转型任务与电力供应成本等各种因素,我国煤电发展无法做到"急刹车","十四五"和"十五五"期间还将有一定增长空间。从电力平衡角度看,若我国煤电装机容量维持当前约11亿 kW 水平不再新增,则 2030 年冬季晚高峰各情景下电力缺口均接近 3 亿 kW,且极端天气情况下仅靠"新能源+储能"难以满足长周期电力安全可靠供应需求。系统安全方面,煤电可以为系统提供转动惯量,可作为应急电源,提供高峰容量支撑和安全备用。系统调节能力建设方面,我国电源结构以煤电为主,大部分未完成灵活性改造,灵活调节潜力巨大。通过全面推进"三改联动",我国煤电将逐渐从主体电源向支撑型和调节型电源转型,发挥高峰电力平衡支撑应急保障和系统调节作用。"十五五"后,我国煤电机组将逐步进入退役高峰期,装机容量呈快速下降趋势,整体定位加速向支撑型和调节型电源转型。对于存在电力缺口或缺少灵活性调节资源的地区,可将部分已达退役年限但运行状态较好、调节能力强的机组进行延寿改造。为应对用电负荷尖峰时期或极端天气下的电力缺口,部分退役的煤电机组"关而不拆",转为应急备用电源,提升系统气候韧性。存量先进煤电机组通过加装 CCUS 设施、生物质掺烧改造、燃氢与燃气改建等,成为零排放或负排放电源,继续发挥电力供应与安全支撑作用。

### 3.3.1.2　水电

水电是技术成熟、可靠的可再生能源，长期占据我国第二大电源地位。待开发水电资源大多位于西南地区，主要集中在西南各大流域水电基地的干流梯级。

近期，考虑到西南地区水电装机规模庞大而区域内负荷规模相对较小，西南的电力供给能力大于本地消纳能力。除满足本地负荷需求外，富余电能主要输送至东中部消纳。由于电源结构中水电占比高，无论是本地消纳还是外送，水电主要发挥电量支撑作用，辅以容量调节。

远期，随着流域中上游水电开发完毕，西南水电开发将进入尾声。同时，西南新能源开发规模将逐步提高，并承接部分西北新能源电力，新能源渗透率不断上升，水电定位将从传统的"电量供应为主、容量调节为辅"向"电量供应与灵活调节并重"转变。

### 3.3.1.3　核电

核电是高效稳定的清洁电源。与煤电、气电等化石能源发电相比，核电生产不排放二氧化硫、氮氧化物等大气污染物和二氧化碳等温室气体。与风电、光伏等新能源发电相比，核电单机容量大、出力稳定、利用小时数高，多靠近负荷中心，可实现大功率稳定发电，且具备转动惯量大、电压支撑能力强的优势，不仅适合作为基荷电源承担系统基荷，还可以为受端电网提供惯量和电压支撑。

未来，在我国能源资源相对缺乏、分布式新能源渗透率较高、系统调峰需求较大的东中部地区，充分利用好区域内较为丰富的沿海核电站址资源，积极开发核能发电，既是维持我国核电技术全球领先地位的战略需要，也是保障本地能源电力安全供应、推动实现碳中和愿景的有力举措。

### 3.3.1.4　风电、太阳能

我国新能源发电资源潜力丰富、产业链完整、成本处于下降通道，在对化石能源替代过程中将发挥决定性作用，是实现"双碳"目标的主要依托。

近期，我国新能源装机规模快速上升，于"十五五"阶段超越化石能源，成为我国电力系统电源装机主体。由于我国新能源发电装机规模的快速上升，仅依靠存量传统电源逐渐无法满足系统的调节需求，新能源消纳利用难度不断增加，整体压力不断扩大，尤其是新能源集中大规模开发的三北地区、中东部分布式光伏大规模开发地区和海上风电密集开发地区，部分时段弃风弃光将会反复发生。随着煤电灵活性改造的加速推进，以及抽水蓄能电站、调峰气电的规划建设，系统调节能力将不断上升，新能源利用水平逐步改善，有望在"十五五"末期成为电力系统第二大发电量主体，总体发电量占比仍低于化石能源机组。远期，新能源装机容量年均增速放缓，但年均新增装机规模持续上升，在2040年前后装机占比超过我国电源装机的一半。

### 3.3.1.5　储能

#### 1. 抽水蓄能

抽水蓄能技术相对成熟，单位投资成本低，寿命长，相对新型储能更易于大规模、集中式能量储存，是近中期我国电源侧灵活调节资源发展重点，但建设周期长，通常需要6~8年，新开工项目短期内不能发挥作用，且站址资源有限，分布不均。

近期，抽水蓄能电站将重点发挥削峰填谷功能，缓解负荷中心系统的运行压力，在调峰困难时期按"低谷抽水、以抽定发"的定位运行，同时承担紧急事故备用功能，部分电站也发挥配合主网断面调控的作用。

远期，送端电网抽水蓄能电站将充分发挥电力电量的调节能力，平抑新能源发电的短时出力波动，同时支撑清洁电力的大规模外送；受端电网抽水蓄能电站将持续发挥削峰填谷功能，同时提供调频、调压、事故备用和黑启动等多种辅助服务，提升系统安全稳定水平，保障电力充足可靠供应。

#### 2. 新型储能

新型储能尤其是电化学储能具有快速响应和双向调节、环境适应性强、建设周期短等优势，可灵活部署在电源、电网和用户侧各类应用场景，是构建新型电力系统的重要基础技术，并将在远期逐渐发展为电力系统灵活性资源供应主体。

近期，新型储能仍不具备经济优势，是火电灵活性改造、抽水蓄能等更经济的灵活调节资源的有益补充。应用场景主要集中在电源侧，通过在新能源场站配套建设储能电站，实现优化新能源发电机组涉网性能，提高清洁电力外送能力的作用；电网侧和负荷侧也存在部分应用，主要发挥服务系统调节的作用。

远期，新型储能相关技术的持续突破带来经济成本的大幅下降，随着全国统一市场的健全与辅助服务市场的完善，新型储能的应用场景、商业模式和盈利模式将大为丰富，新型储能步入爆发式高速发展期，在电源、电网和负荷侧等电力系统全环节得到广泛应用。

## 3.3.2　电源发展情景及路径方案

### 3.3.2.1　电源发展情景拟定

#### 1. 常规水电

目前，全国在运常规水电装机总规模约 3.7 亿 kW，占全国电源装机总容量的 14%。装机主要分布在西南和华中地区，其中四川、云南和湖北三省合计水电装机占全国水电总装机的近 60%。

**我国水力资源西多东少，可开发潜力主要集中在西南地区**。中国水力资源技术可开发量 6.87 亿 kW，年可发电量约 3 万亿 kWh，居世界首位，从地域分布看总体呈西多东少分布格局，大部分集中于西南、西北、华中等中西部地区。全国已建、在建水电总装机规模 3.95 亿 kW，技术开发程度约 57.5%。从流域分布看，长江上游、金沙江、雅砻江、大渡河、乌江、澜沧江、黄河上游、怒江、南盘江红水河和雅鲁藏布江十大水电基地规划总装机容量约 3.9 亿 kW，占全国技术可开发量的 57%。目前，这十大水电基地已建装机容量约 1.7 亿 kW，其中长江上游、金沙江、大渡河、乌江和南盘江红水河开发程度达 80% 以上；澜沧江、黄河上游和雅砻江开发程度在 70% 左右，尚有一定的开发存量；怒江水电仍处于开发前期工作阶段；雅鲁藏布江仅开发 2.2%。我国水电具备大规模梯级开发条件的仅剩金沙江上游、澜沧江上游、雅鲁藏布江干支流等西藏自治区河流，总规模约为 1.5 亿 kW。中国水力资源开发利用分区情况如图 3.25 所示。

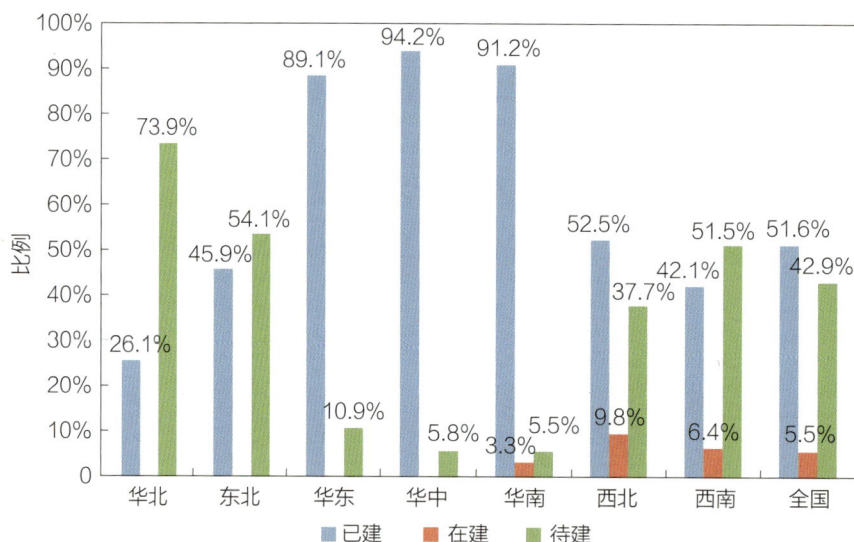

图 3.25    中国水力资源开发利用分区情况

### 2. 煤电

目前，全国在运煤电装机总规模约 11.2 亿 kW，占全国电源装机总容量的 44%。在运煤电机组平均机龄 14.2 年，装机分布与全国负荷中心分布基本一致，"三华"地区在运煤电装机总容量超过 6.7 亿 kW，占全国总容量比重超过 60%。

2021 年以来，面临极端天气引发的电力保供压力，煤电发挥顶峰保供和电力调峰关键作用的定位越发突出。2022 年，国家发改委提出了煤电建设"3 个 8000 万"工作（即 2022 年开工 8000 万 kW、2023 年开工 8000 万 kW、2023 年投产 8000 万 kW），同时考虑目前各地区已在建的煤电项目，全国煤电装机峰值将有所上升。综合考虑不同的机组退役年限，以及远期各地区对大幅增长的最大负荷顶峰需求，全国煤电装机规模预计将呈以下三种发展趋势（见图 3.26）：

（1）加速退出，考虑煤电机组运行 20 年退役。全国煤电机组装机容量于 2025 年达峰，峰值 11.3 亿 kW；2030 年煤电装机容量 8.4 亿 kW，2050 年煤电全部退役。

（2）按期退出，考虑煤电机组运行 30 年退役。全国煤电机组装机容量于 2025 年达峰，峰值 14 亿 kW；2030 年煤电装机容量 13 亿 kW，2050 年煤电装机容量 4 亿 kW，2060 年全部退役。

（3）延寿退出，考虑煤电机组运行 40 年退役。全国煤电机组装机容量于 2025 年达峰，峰值 14.3 亿 kW；2030 年煤电装机容量 14 亿 kW，2050 年煤电装机容量 9 亿 kW，2060 年煤电装机容量 2.3 亿 kW。

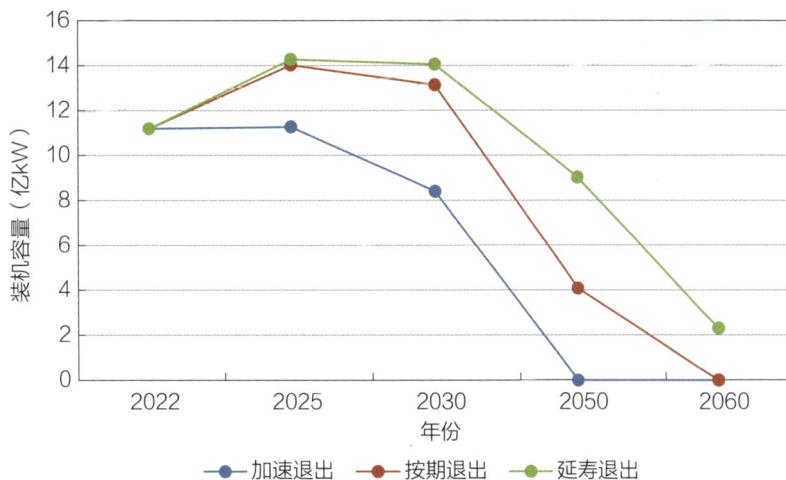

图 3.26 全国煤电装机规模发展趋势

"十五五"后，我国煤电机组将逐步步入退役高峰期，实际留存规模将在上述三种情景的基础上，结合生产模拟分析结果反映的电力系统实际运行需求，根据 CCUS 技术和碳排放实测结果进行调整，也有可能新增部分运行灵活的调节机组。

### 3. 核电

目前，全国在运核电机组 55 台，总装机容量 5699 万 kW，占全国电源装机容量的 2%。从核电站址资源分布来看，目前全国在运在建核电站以沿海核电为主，对内陆核电站的可行性研究正在逐步开展，湖北咸宁、湖南桃花江、江西彭泽已开展前期投资。

随着高比例可再生能源接入电力系统，未来将在确保安全前提下稳步推动沿海核电发展，逐步探索内陆核电建设可行性。综合考虑我国"双碳"目标、电力可靠供应、系统安全稳定，我国核电站址资源分布，以及内陆核电开发进展，全国核电装机规模预计将呈以下两种发展趋势：

**仅开发沿海核电站址。**按照每个站址容纳 4～8 台百万千瓦级别发电机组测算，到 2030、2050、2060 年，我国核电装机规模将分别达到 1.1 亿、1.8 亿、1.8 亿 kW。

**在开发全部沿海核电站址的基础上，开发部分内陆站址。**考虑内陆核电安全等因素，按照沿海核电每个站址容纳 4~8 台百万级机组，内陆核电每个站址容纳 2~4 台百万级机组测算，到 2030、2050、2060 年，我国核电装机规模将分别达到 1.2 亿、2.7 亿、2.7 亿 kW。

### 4. 抽水蓄能

截至 2022 年底，中国抽水蓄能装机容量约 4700 万 kW，占全国电源总装机容量的 2%。其中，一半以上在运抽水蓄能装机分布在华东和南方地区，华东地区装机规模最大，约 1700 万 kW，占全国总装机规模的 37%，其次是南方和华北地区，西北地区尚无投产抽水蓄能机组。

综合考虑我国历次抽水蓄能选点规划和 2021 年国家能源局发布的《抽水蓄能中长期发展规划（2021—2035 年）》，规划重点实施项目和储备项目总装机容量 7.26 亿 kW，其中已建、在建装机规模 1.67 亿 kW，中长期规划重点实施项目共计 4.21 亿 kW，储备项目 3.05 亿 kW。电源发展情景拟定中将以我国在运在建抽水蓄能项目，以及中长期规划中"十四五""十五五"和"十六五"重点实施项目为基础，结合各区域新能源开发消纳与系统运行实际需求对抽水蓄能装机进行安排，见表 3.6。

表 3.6　　　　　中长期规划重点实施项目分布　　　　单位：万 kW

| 规划项目 | 华北 | 东北 | 华东 | 西北 | 华中 | 南方 | 西南 |
|---|---|---|---|---|---|---|---|
| "十四五"重点实施项目 | 1780 | 2950 | 4169.5 | 6715 | 5186 | 4710 | 1655 |
| "十五五"重点实施项目 | 260 | 260 | 480 | 2060 | 1170 | 2820 | 3240 |
| "十六五"重点实施项目 | 0 | 100 | 300 | 1000 | 840 | 1080 | 1320 |
| 合计 | 2040 | 3310 | 4949.5 | 9775 | 7196 | 8610 | 6215 |

结合新型能源体系和新型电力系统建设要求，研究情景设计将锚定"双碳"目标，以能源安全为底线，以统筹好"安全、经济、绿色"三角动态平衡为转型路径各阶段的重要遵循，坚持"先立后破，以立为先"的原则，科学部署、有序推进传统能源转型与新能源稳妥替代的发展路径布局。统筹考虑我国清洁能源资源禀赋与开发布局，新能源产能与并网规模，在运煤电机组类型、服役年限，常规水电、核电、抽水蓄能等电源的发展

潜力，研究拟定了三种电源协同发展情景，并自下而上逐级开展省市、区域和全国电力电量 8760 生产模拟仿真分析，形成三种情景的电源发展方案（见图 3.27）。

**情景一：新能源装机增速先慢后快**；煤电装机按照延寿情景，按照服役 40 年期满后退役考虑；核电按照高情景，考虑开发部分内陆核电站址。

**情景二：新能源装机增速居中**；煤电装机按照延寿情景，按照服役 40 年期满后退役考虑；核电装机按照高情景，考虑开发部分内陆核电站址。

**情景三：新能源装机增速先快后慢**；煤电按照延寿情景，按照服役 40 年期满后退役考虑；核电装机按照低情景，考虑仅开发沿海核电站址。

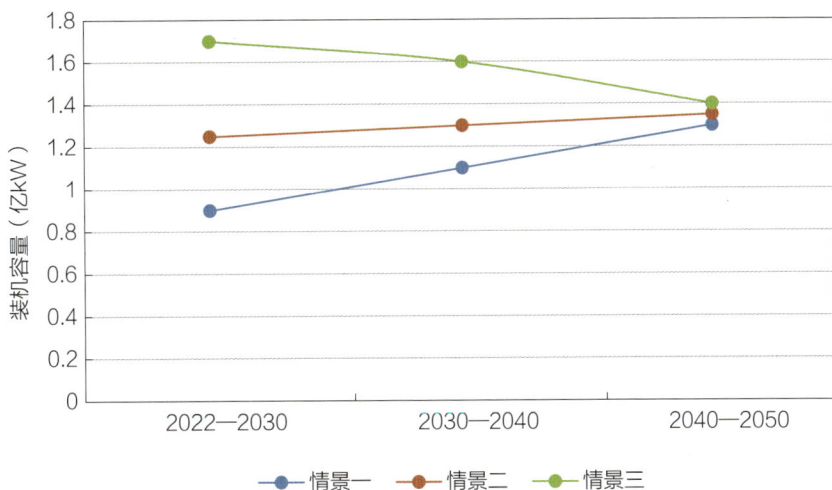

图 3.27　各情景分阶段新能源发电装机年均增量

化石能源与清洁能源协同发展情景边界条件见表 3.7。

表 3.7　　　　　**化石能源与清洁能源协同发展情景边界条件**

| | |
|---|---|
| 经济发展 | 到 2035 年实现经济总量和人均收入较 2020 年翻一番目标，2022—2030、2030—2040、2040—2050 年期间，GDP 年均增长 5.2%、4% 和 3% |
| 能源消费总量 | 一次能源消费 2030 年左右达峰，峰值控制在 60 亿 t 标煤以下 |
| 能源结构 | 2030 年非化石能源消费占一次能源消费比重达到 25% 以上 |
| 碳减排目标 | 2030 年碳排放达峰，2060 年碳中和；<br>2030 年单位 GDP 二氧化碳排放比 2005 年下降 65% 以上 |

续表

| | | |
|---|---|---|
| 非化石能源开发潜力 | 常规水电 | 常规水电技术可开发量约 6 亿 kW |
| | 核电 | 技术可开发量 1.8 亿（仅考虑沿海站址）～2.7 亿（考虑陆地站址）kW |
| | 抽水蓄能 | 抽水蓄能技术可开发量约 7 亿 kW |
| | 生物质 | 生物质约 6.2 亿 t |
| 新能源发展目标 | | 2030 年新能源发电装机规模 12 亿 kW 以上 |

### 3.3.2.2　电源发展趋势特征

（1）新能源逐步成为我国电力系统主体电源。

新能源装机占比将在 2040 年前超过 50%，成为我国电源装机主体。到 2040 年，三种情景下新能源装机容量分别为 31 亿、35 亿、40 亿 kW，占总电源装机的比重分别达到 54%、56%、60%；到 2050 年分别达到 43 亿、48 亿、55 亿 kW，占比分别达到 62%、64%、68%。电源装机结构变化示意如图 3.28 所示。

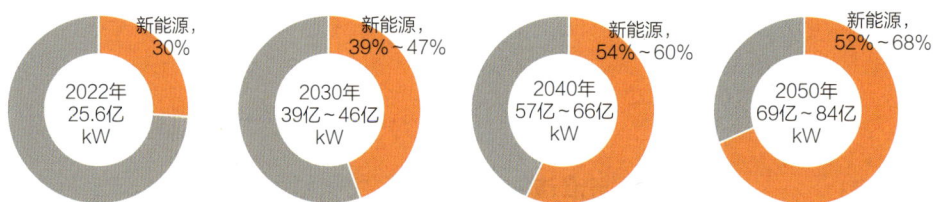

图 3.28　电源装机结构变化示意图

新能源发电量占比将在 2050 年左右超过 50%，成为我国电源发电量主体。到 2050 年，三种情景下新能源发电量分别为 8.6 万亿、9.4 万亿、10.3 万亿 kWh，占总电源发电量的比重分别达到 51%、55%、61%。发电量结构变化示意如图 3.29 所示。

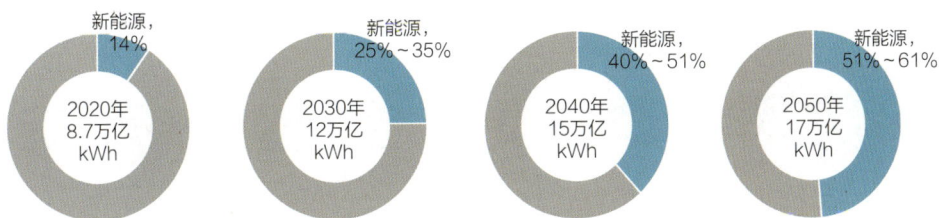

图 3.29　发电量结构变化示意图

（2）煤电由主力电源逐步向支撑型、调节型电源转变，发电利用小时数逐年下降。

煤电装机容量占最大负荷的比重（见图 3.30）与发电量占总发电量的比重逐年下降。到 2040 年，煤电装机占最大负荷比重降低到 50%，发电量占比约 20%。到 2050 年，煤电装机占最大负荷比重降低到 30%，较目前水平下降约 50 个百分点，发电量占比约 12%。

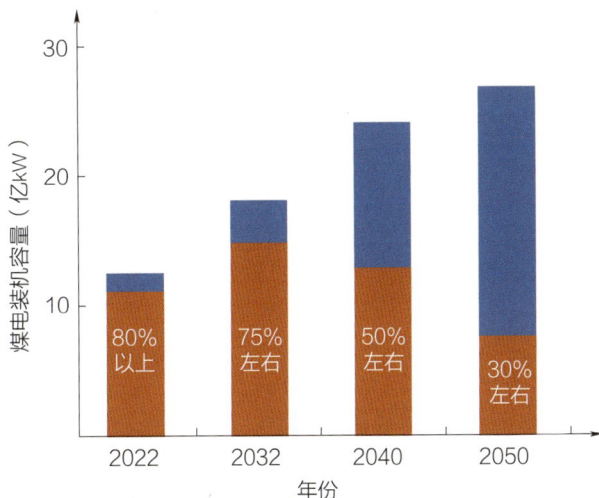

图 3.30　煤电装机容量占最大负荷的比重变化趋势

煤电机组发电利用小时数逐年下降（见图 3.31）。目前，我国煤电平均发电利用小时数约 4257h，随着电源定位转型进程的推进，分别将于 2030 年、2040 年和 2050 年降至 4000h 以下、3000h 左右和 3000h 以下。到 2050 年，考虑煤电战略备用机组后，情景二、情景三煤电平均发电利用小时数降低到 2000h 以下。

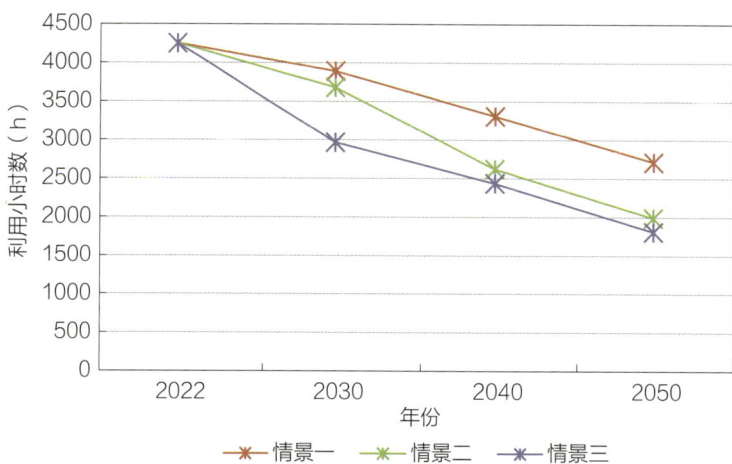

图 3.31　各情景煤电机组利用小时数变化趋势（含战略备用机组）

（3）电力平衡模式将从源荷实时平衡模式逐步向非完全实时平衡模式转变，多时间尺度储能发挥的作用逐步显现。

近期，以抽水蓄能为主的储能电站在午间光伏大发时段充电，晚高峰光伏出力为零时放电，与煤电、气电和常规水电等传统电源共同维持负荷高峰时刻系统平衡，系统平衡模式逐渐由实时平衡向日内平衡转变。2030 年华东区域典型运行方式如图 3.32 所示。

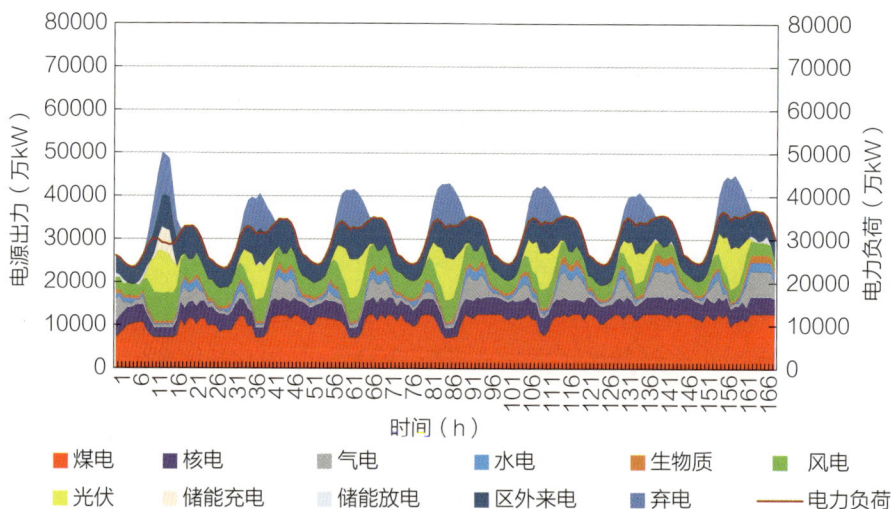

图 3.32　2030 年华东区域典型运行方式

中远期，随着新能源渗透率的进一步上升，周级等更长时间尺度灵活调节需求不断凸显，单纯依赖储能等短时系统灵活调节资源已经难以满足新能源消纳利用需求，需配置氢储能等更长周期的灵活调节资源保障电力充足供应和新能源高效消纳，如午间大量弃光电量用于电制氢，待系统有长周期调节电力电量缺额时由燃氢机组发电使用。系统长周期灵活调节需求示意如图 3.33 所示。2050 年华东区域典型运行方式如图 3.34 所示。

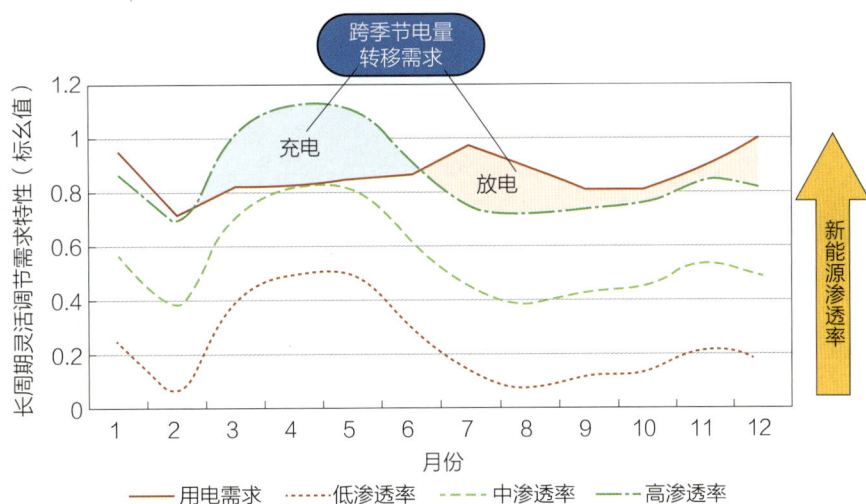

图 3.33 系统长周期灵活调节需求示意图

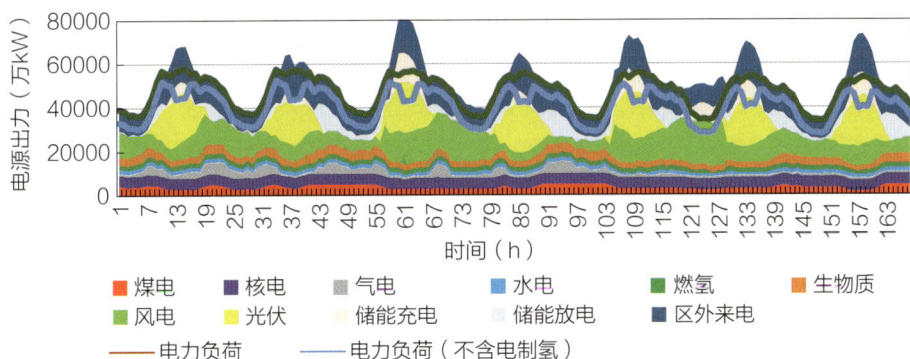

图 3.34 2050 年华东区域典型运行方式

（4）系统物理形态从以同步发电机为主导的机械电磁系统，转变为由电力电子设备与同步机共同主导的混合系统。

如图 3.35 所示，从 2022 年到 2050 年，电力系统中同步发电机占总装机容量的占比从近 70%大幅下降至 30%以下，新能源发电逆变入网和直流输电接网等电力电子设备占比大幅上升。

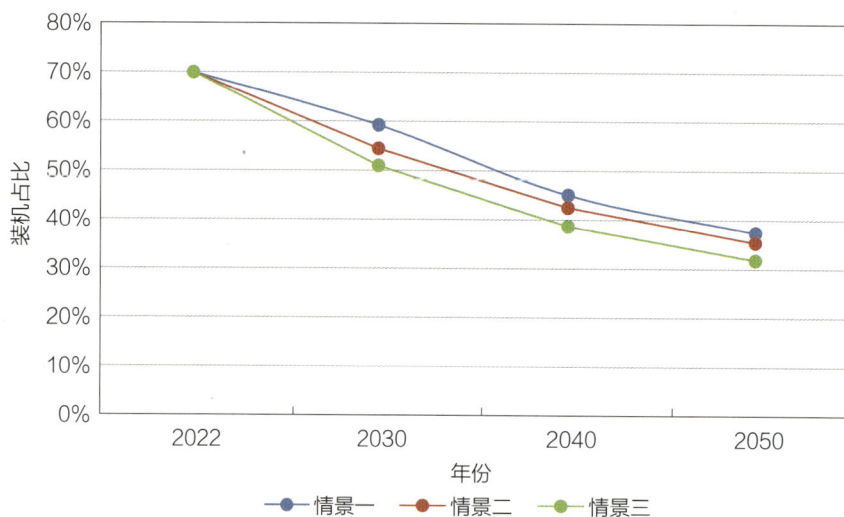

图 3.35　同步机容量占电源总装机占比变化趋势

　　未来，分布式调相机、新能源场站主动响应、主动支撑、储能等关键设备技术成为支撑新能源快速发展的主要手段，对新能源渗透率逐渐提高的电力系统安全稳定运行的支撑作用愈发显著，详见表 3.8。

表 3.8　　　　　　　新型电力系统安全稳定关键设备技术发展

| 序号 | 技术 | 2030 年前 | 2030—2040 年 | 2040—2050 年 |
| --- | --- | --- | --- | --- |
| 1 | 分布式调相机 | 推广应用 | 短期维持存量并逐步减少 | |
| 2 | 新能源主动响应 | | 大规模推广应用 | |
| 3 | 自同步电压源新能源机组 | 试点应用 | 大规模推广应用 | |
| 4 | 兆瓦级储能 | | 推广应用 | 推广应用 |
| 5 | 储能支撑电网安全运行 | 技术研发 | 项目示范 | 推广应用 |
| | ... | | — | — |

　　（5）清洁能源发展速度直接决定了系统碳排放达峰时间、峰值大小和累计碳排放

量，主导电力行业减排成本。

清洁能源开发速度越快，系统碳排放峰值越低，全路径累计碳排放总量越低。情景一清洁能源发展速度最慢，碳排放达峰时间最晚，约为 2030 年左右，峰值最高，约 52 亿 t，到 2050 年累计碳排放最大，约 1320 亿 t。情景二清洁能源发展速度居中，碳排放 2028 年左右达峰，峰值约 49 亿 t，到 2050 年累计碳排放总量约 1220 亿 t；情景三清洁能源发展速度最快，碳排放达峰时间最早，约在 2025 年前，峰值最低，约 47 亿 t，到 2050 年累计碳排放最小，约 1080 亿 t。各情景电力系统累积碳排放和碳捕集量如图 3.36 所示。

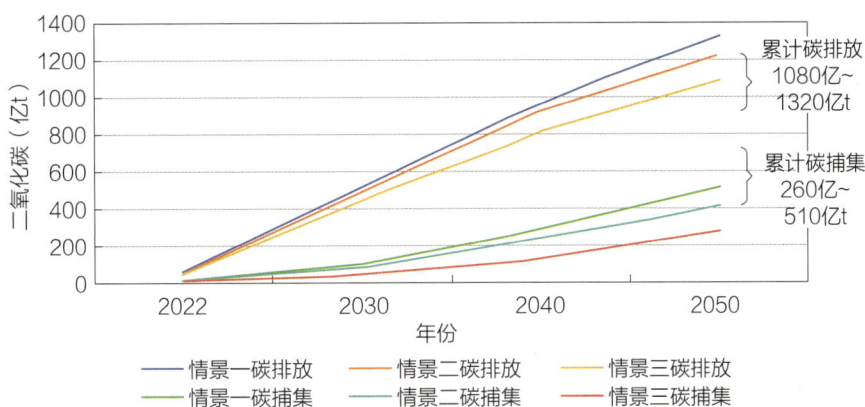

图 3.36 各情景电力系统累积碳排放和碳捕集量

如表 3.9 所示，若不考虑碳排放成本，情景一、情景二、情景三的年费用分别为 3.99 万亿、4.01 万亿、4.03 万亿元；若计入碳排放成本，则情景二的年费用水平最低，为 4.63 万亿元，较其他情景低 0.02 万亿~0.14 万亿元。

表 3.9　　　　　　　　2022—2060 年各情景年费用　　　　　　　单位：万亿元

| 年费用 | 情景一 | 情景二 | 情景三 |
| --- | --- | --- | --- |
| 不含碳排放成本 | 3.99 | 4.01 | 4.03 |
| 含碳排放成本 | 4.77 | 4.63 | 4.65 |

（6）综合供电成本变化呈先升后降的趋势，拐点在 2035 年左右。

对 2060 年前新型电力系统建设各阶段的综合供电成本的变化趋势（见图 3.37）进

行分析，综合供电成本的演变过程可以分成四个阶段：

2022—2030 年（**转型初期**）：情景二、情景三清洁能源转型节奏更快，新增投资大，综合供电成本高于情景一。

2030—2040 年（**平台期**）：随着初始阶段投资疏导，各情景综合供电成本逐步通过拐点；情景三加快推动煤电向电力型电源转变，煤电发电量占比降幅最大，通过节约燃煤和碳减排，综合供电成本下降至最低；情景二降速先慢后快，缩小与情景一差距。

2040—2050 年（**转型中后期**）：情景二加速下降，于 2045 年左右低于情景一，此后情景一的综合供电成本水平最高。

2050 年后（**转型后期**）：情景二、情景三按各自节奏完成能源清洁化转型，电源装机和运行方式逐步趋同，综合供电成本亦趋同，与情景一差距拉大。

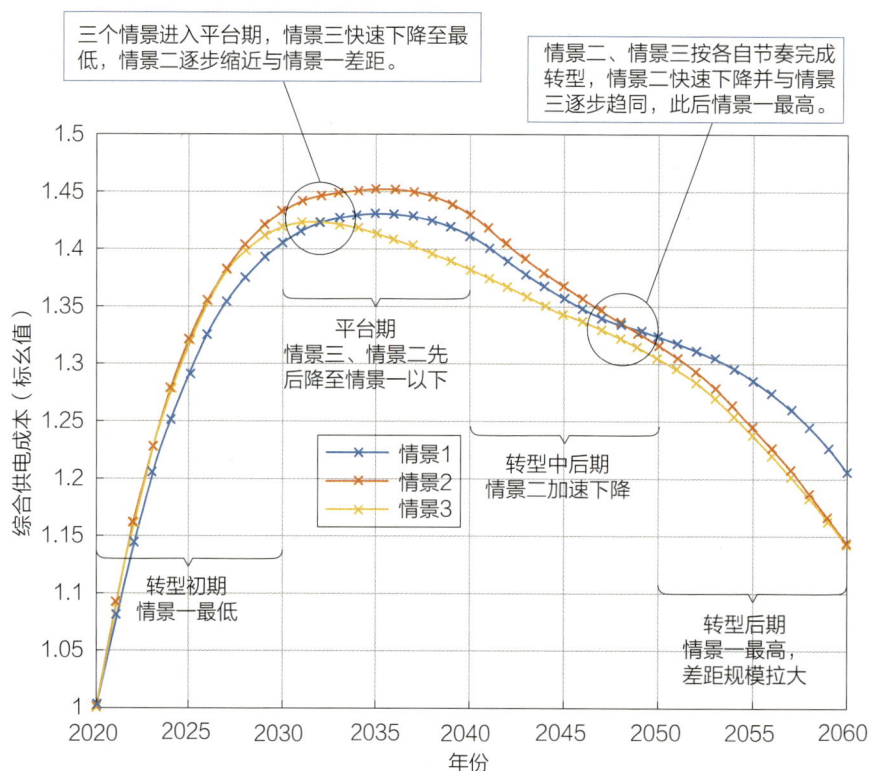

图 3.37　综合供电成本变化趋势

综合考虑清洁能源发展速度，全路径综合供电成本，累计碳排放规模和电力安全可靠供应水平，推荐情景二。

### 3.3.2.3　电源发展路径方案

#### 1. 风电

近期，西部北部沙漠、戈壁和荒漠地区大型风电基地集约化开发为主，东中部因地制宜开发分散式风电和近海海上风电资源。到 2030 年，我国风电装机容量将达到 8 亿 kW，其中陆上风电 6.9 亿 kW，海上风电 1.1 亿 kW。远期，风电开发重心将重回西部北部地区，海上风电开发向中远海海域扩展。预计到 2050 年，我国风电装机容量将增至 18.5 亿 kW，其中陆上风电 14.9 亿 kW，海上风电 3.6 亿 kW。全国风电装机容量分布变化趋势如图 3.38 所示。

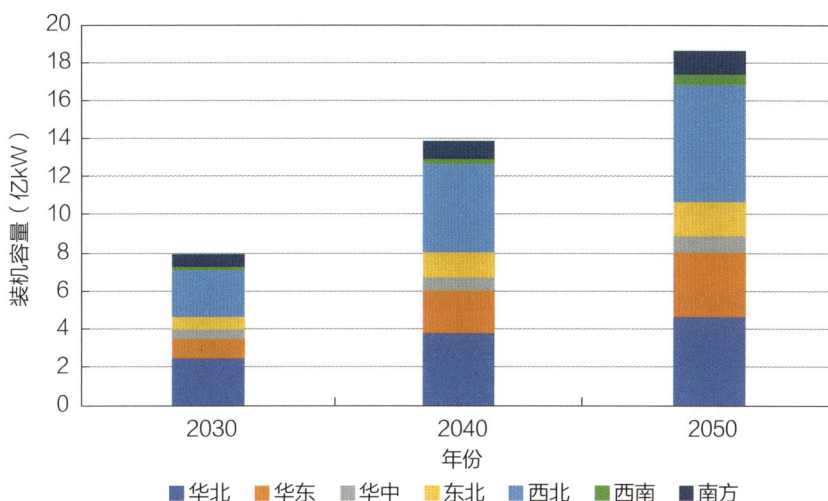

图 3.38　全国风电装机容量分布变化趋势

#### 2. 太阳能发电

近期光伏发电为主导，呈现分布式与集中式并重格局，东中部优先以"整县"模式开发分布式光伏，西部、北部地区主要建设大型太阳能发电基地。到 2030 年，我国太阳能发电装机容量将达到 10.6 亿 kW，其中光伏装机容量 10.4 亿 kW，光热装机容量 0.2 亿 kW 左右。远期，包括光热发电在内的太阳能发电基地建设将在西北地区以及其他适宜区域不断扩大。预计到 2050 年，我国太阳能发电装机容量将达到 29.1 亿 kW，其中光伏装机容量 27.1 亿 kW，光热装机容量 2 亿 kW 左右。全国光伏发电装机容量分布变化趋势如图 3.39 所示。

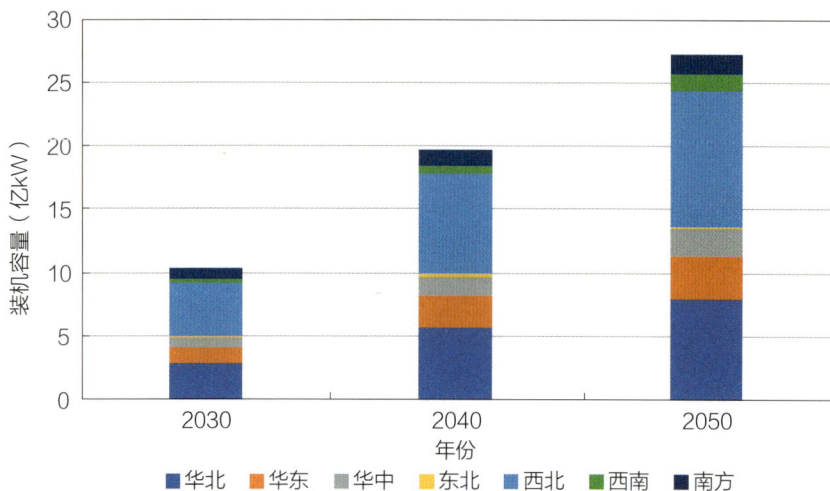

图 3.39    全国光伏发电装机容量分布变化趋势

### 3. 常规水电

近期，加快推进西南地区金沙江上游、雅砻江、澜沧江、怒江流域优质水电站址资源开发，预计 2030 年水电总装机容量达到约 4.4 亿 kW。远期，深入推进"三江流域"大型水电基地建设，重点推进西藏水电开发，预计到 2050 年达到 5.2 亿 kW。全国水电装机容量分布变化趋势如图 3.40 所示。

### 4. 抽水储能

近期，东中部负荷中心区域优质抽水蓄能站址资源将优先开发建设，充分发挥移峰填谷作用，缓解负荷中心系统运行压力；西部、北部等新能源快速发展区域的抽水蓄能建设也将逐渐提速，着重围绕提升系统灵活调节能力，满足新能源远距离跨区外送需求。到 2030 年，全国抽水蓄能电站总装机容量将达到约 1.7 亿 kW。远期，将加大常规/梯级库容改造力度，通过探索新能源发电抽水与梯级储能电站、流域梯级水电站的联合运行模式优化跨省跨区输电特性，支撑新能源基地清洁电力的大规模外送与受端负荷中心的灵活性需求。到 2050 年，全国抽水蓄能电站总装机容量将达到约 3.1 亿 kW。全国抽水蓄能装机容量分布变化趋势如图 3.41 所示。

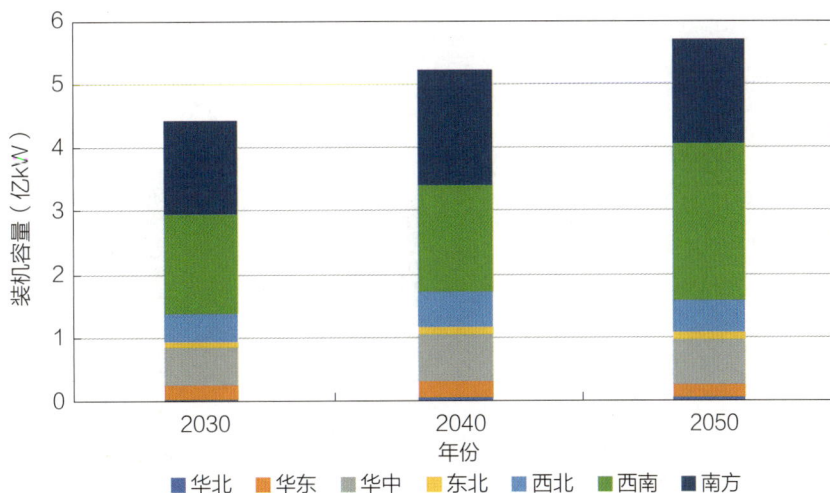

图 3.40 全国水电装机容量分布变化趋势

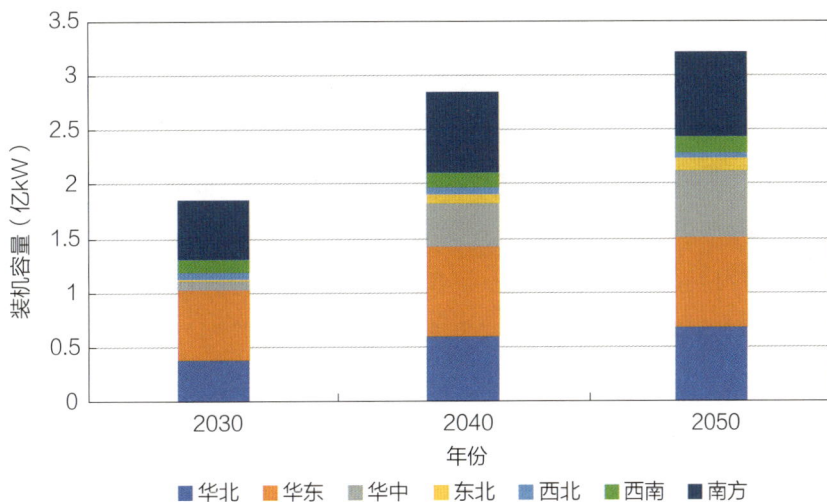

图 3.41 全国抽水蓄能装机容量分布变化趋势

## 5. 核电

近期，在确保安全的前提下积极有序发展核电，重点加快开发沿海核电站址资源，结合沿海绿色工业园区建设逐步挖掘探索核能在供热、提供工业蒸汽、工业制氢、海水淡化等多个领域的综合应用潜力。预计到 2030 年，我国核电总装机容量将达到 1.2亿 kW。2030 年后，继续深入开发沿海核电站址，同时对原有站址进行扩建，到 2050

年，我国核电总装机容量将达到 2.6 亿 kW。全国核电装机容量分布变化趋势如图 3.42
所示。

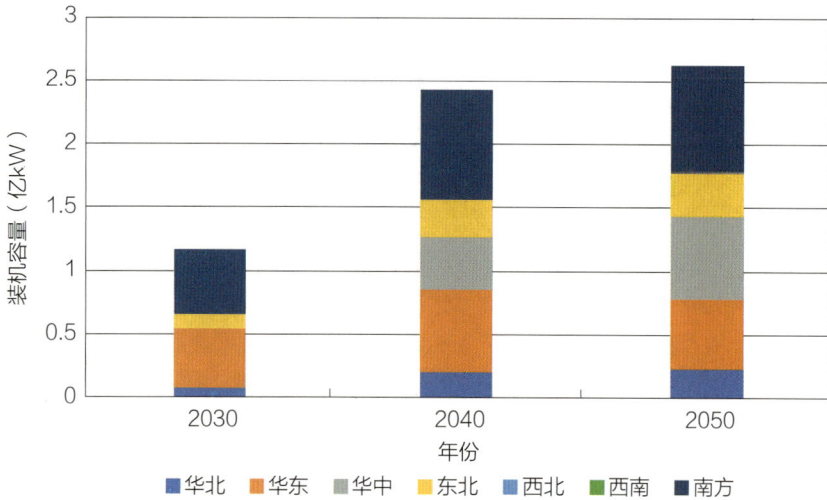

图 3.42　全国核电装机容量分布变化趋势

### 6. 煤电

近期，促进西部北部地区清洁能源大规模开发与外送，将在大型风光基地周边合
理建设调节性煤电，在电网薄弱环节等按需有序布局支撑性煤电，以保障电网安全稳
定；华东、南方等地区土地资源紧张、环境承载力有限，将通过"上大压小"、产能置
换等方式实现装机总量不再大幅增长。我国煤电总装机容量预计将于 2025—2028 年达
峰，峰值约为 14.3 亿 kW，到 2030 年降至 14.1 亿 kW。远期，全国煤电装机快速下降，
西部北部保留部分深度调峰机组持续服务清洁能源基地化开发外送，东中部保留部分
安全支撑和战略备用机组服务系统安全稳定并提升极端天气情况下的电力供应可靠
性。到 2050 年，我国核电总装机容量将降至 9 亿 kW。全国煤电装机容量分布变化趋
势如图 3.43 所示。

### 7. 气电

近期，我国新增气电机组将重点布局在系统调峰需求大、气源有保证、气价可承
受、环保要求高的东中部地区，充分利用燃气机组的灵活调节优势，满足系统的调频
调峰需求，同时积极发展新型工业园区的热电联产和冷热电三联供，逐步有序推动煤

电机组的存量替代。到 2030 年，我国气电总装机容量将增至 1.9 亿 kW。远期，在西部北部风光资源富集区域配套建设燃气调峰电站，服务风光电力基地化开发外送；在东中部、南方区域大城市负荷中心和新型产业园区积极发展天然气分布式能源，依托绿色微（能）网、综合能源网络等实现电、气、冷、热一体化供应服务。到 2050 年，我国气电总装机容量将增至 3.2 亿 kW。全国气电装机容量分布变化趋势如图 3.44 所示。

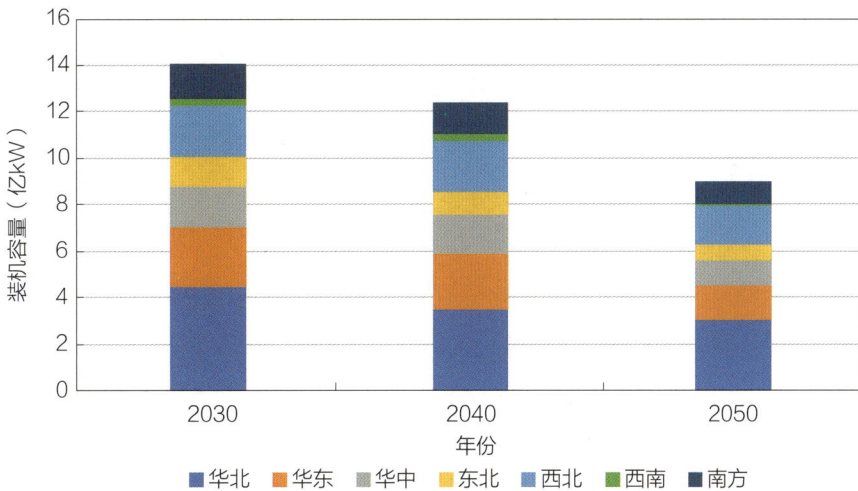

图 3.43 全国煤电装机容量分布变化趋势

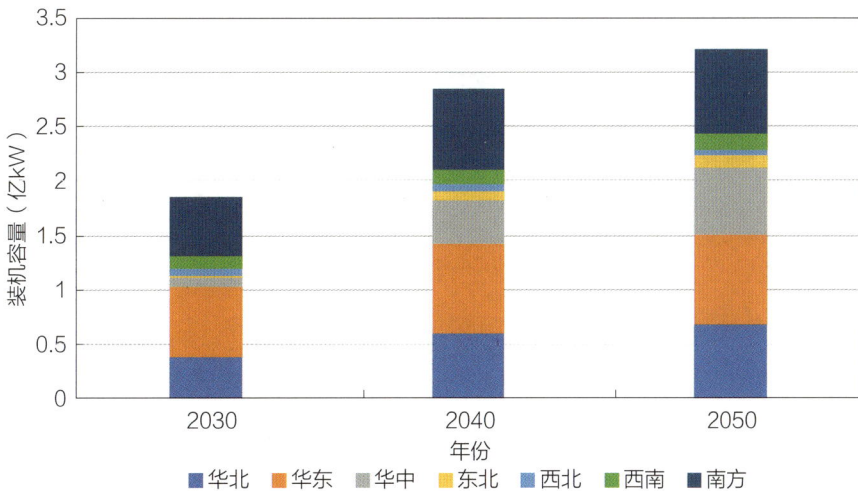

图 3.44 全国气电装机容量分布变化趋势

# 3.4　电网发展与互联趋势

## 3.4.1　电力流向及规模

2030 年前，东中部地区仍然是我国电力需求中心，而大型清洁能源基地普遍分布于西部和北部地区。我国电力需求和资源禀赋的逆向分布决定了"**西电东送**"和"**北电南供**"全国电力流格局。

**到 2030 年，我国跨区跨省电力流将达到 4.6 亿 kW。**其中，跨区电力流 3.4 亿 kW，包括西北外送 1.33 亿 kW，西南（含云南）外送 1.13 亿 kW，华北蒙西、山西外送 6400 万 kW，东北外送 1500 万 kW 等。跨省电力流 1.2 亿 kW，包括华北蒙西、山西外送 7000 万 kW，西南四川送重庆 600 万 kW 等。跨国电力流将达到 4250 万 kW。

2030 年后，东中部地区电力需求基数大，仍将长期是我国电力需求中心，而本地分布式新能源资源总量有限、禀赋一般，且开发成本较高。"西电东送"工程具有较强的电价竞争力，"**西电东送、北电南供**"格局将进一步凸显，跨省跨区电力流规模持续扩大。

**到 2050 年，我国跨区跨省电力流将达到约 8.1 亿 kW。**跨区电力流 6.1 亿 kW。其中，西北地区外送 2.88 亿 kW，主要包含新疆哈密、昌吉、喀克、库尔勒和青海格尔木、德令哈、海南州等大型风电和太阳能基地外送的清洁能源电力；西南（含云南）送 1.57 亿 kW，主要包含金沙江、雅砻江、大渡河、澜沧江、怒江等流域水电基地的外送电力；华北外送 9200 万 kW，主要包含内蒙古乌兰察布、阿拉善、巴彦淖尔等大型风电和太阳能基地外送的清洁能源电力；东北外送 2700 万 kW，主要包含吉林白城、松原和四平等大型风电基地的外送电力。跨省电力流 2 亿 kW，主要包括华北蒙西、山西、河北坝上外送 9000 万 kW，满足京津冀鲁等华北负荷中心地区的用电需求，西南四川送重庆 3000 万 kW 等。

## 3.4.2　电网总体格局

电网是能源传输、资源配置、市场交易、公共服务的基本载体。近二十年来，我国输配电网快速发展，有力支撑了国民经济快速发展的用电需要。为加快我国清洁能源开发，解决能源资源与负荷需求逆向分布的问题，实现我国安全、清洁、高效的能源发展目标，需要充分发挥电网大范围大规模优化配置资源的平台作用。在全国范围搭建能源互联平台，以在西部、北部送端电网和东中部受端电网为重点，通过构建贯穿全国的特高压骨干网架，支撑全国范围清洁电力的优化配置水平，大幅提升西部北部清洁能源基地大规模开发外送水平，加强与周边国家互联互通，形成"**西电东送、北电南供、多能互补、跨国互联**"的电网总体格局。

## 3.4.3　送端电网形态

**送端构建多元清洁能源互补开发、跨区协同外送的电网系统**。未来，西北、西南、东北及华北北部地区将是我国的大型清洁能源基地，应加快各区域清洁能源资源的规模化协同开发外送，充分利用水电、风电和太阳能发电等清洁发电资源的互补特性，助力新能源出力可靠性和外送通道利用率水平的提升，通过构建送端多元化清洁能源协同开发外送格局，为我国经济社会发展提供充足、经济、稳定的绿色电力供应。

西北、东北及华北北部地区将利用构网型逆变器等技术打造清洁能源汇集网络，并配套建设部分具备深度调峰能力的煤电、气电等火电机组，抽水蓄能、新型储能等调节电源，并深入挖掘电制氢、电制原材料和东部有序转移的高载能产业调节潜能，满足送端电网频率控制和平衡调节需要，服务清洁能源规模化开发外送；西南地区将以特高压电网为平台，主要依托水电机组和异地抽发调水系统，并适度采用构网型逆变器等设备，为水、风、光一体化开发提供电压支撑和有功调节。积极研究构建西部大电网，通过西北与西南电网互联实现调节资源的跨区域共享，进一步发挥西南水电的灵活性调节能力，满足西北地区绿电外送的调节需求，全面提升西部送端电网清洁能源整体大规模开发外送与消纳利用水平。

### 3.4.4 受端电网形态

**构建网架坚强可靠、高度互联互济、功能灵活智能的受端系统**。华北、华东、华中、南方等东中部地区是我国的用电中心，预计 2050 年电力需求占我国总用电量约 60%，其中约 70%依靠区域内风电、光伏、核电、水电、气电等满足，30%依托特高压输电通道由西部、北部送端电网送入。为提高清洁能源跨区域大规模受入消纳水平与极端天气情况下的电力安全供应能力，需要在东中部加快构建以特高压交流为骨干网架的坚强互联电网，以及交流为主、交直流灵活互联的智能配电网，大幅提升受端电力可靠供应能力、清洁电力的配置能力、灵活调节资源的利用能力，充分满足经济社会高质量发展需求。

加快构建以特高压交流为骨干坚强主网架，大力推进跨省跨区电网互联，提升清洁电力远距离大规模受入情况下的电力安全稳定水平，以及极端天气情况下的跨省跨区电网互供互援水平，打造受端具备高度气候韧性的广域坚强清洁电力配置平台；加快构建安全可靠灵活智能的配电网，实现海量多元化负荷的友好接入和灵活调用，满足多元化、智能化、便捷化用能需求，服务推动再电气化进程，同时有效支撑大规模分布式新能源的可靠并网和高效消纳。在调峰需求大、分布式新能源、海上风电密集并网的区域加快抽水蓄能等支撑调节型电源布局，同时采用构网型逆变器、调相机等技术增强受端系统电压支撑能力，全面提升电力配置调度能力和系统灵活运行水平，确保电力可靠供应。

## 3.5  智能化发展趋势

电力数字智能技术将打通电力系统中源网荷储各个环节，覆盖感知、网络、平台、应用、安全各领域，以数字化手段培育新业态、新模式、新增长，引领推动整个系统的智能化转型升级，应对清洁能源比例快速提升、电力电子设备大量接入和用电精细化管理等新挑战，促进传统电力系统向清洁低碳、安全高效、源荷互动的先进基础性平台的转型，促进能源生产、运输、消费统一调配和协同发展。研究显示，未来智能化有望每年为全球电力系统节省 800 亿美元，约占年发电总成本的 5%❶。数字智能电力系统架构如图 3.45 所示。

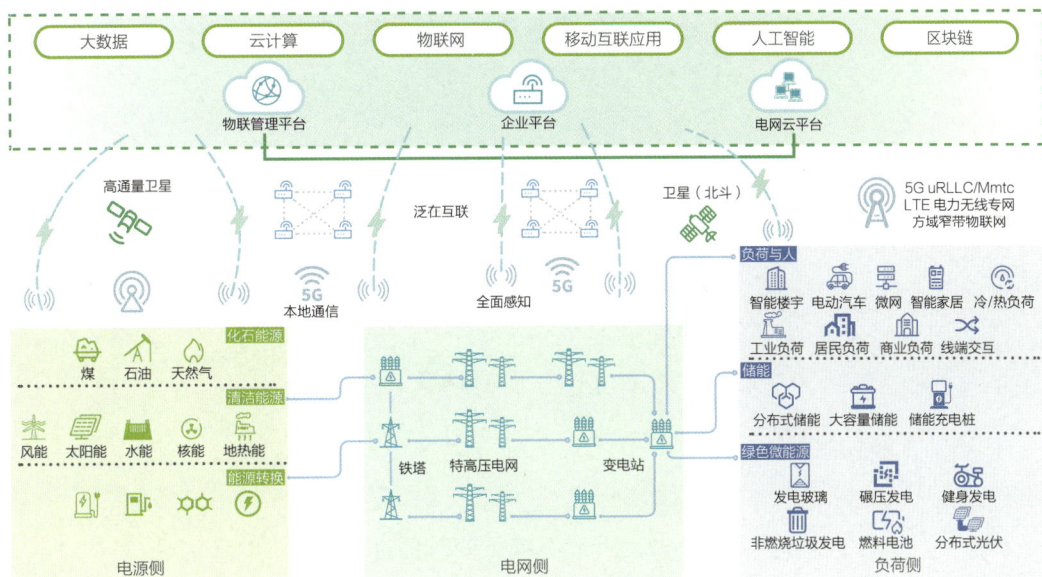

图 3.45　数字智能电力系统架构

**在电源侧，未来电厂的发展趋势是人机数控、云边协同。** 通过智能电厂、智慧气象分析、智链物流中心一体化管控和数字化整合，统一数据结构、数据编码，形成共性元数据、根数据，整合电力、气候、煤炭、交通运输、金融等相关数据，实现多电源的协同计划、规划、调度、预测、优化、决策和控制，通过部署机理和数学模型实现集团或企业内多家电厂设备状态监测、远程故障诊断、出力功率统筹功能，实现"云边协同"的智慧电厂技术体系。图 3.46 所示为智能电厂情景。

　　未来发电企业将构建集成了云计算、物联网技术、网络化控制理论的智能电厂云控制系统。通过传感器收集升压控制系统、巡检安防系统、机组发电系统和工业 IT 系统等的终端数据；通过在各类设备处部署的数千台人员定位基站，实现厂区作业现场的全面监控；通过缆线、Wi-Fi、5G 等廉价、便利的通信方式连接、集成到分属场站上，利用边缘计算实现对该场站终端设备进行监视以及精准、稳定的实时管控，精准识别组串故

---

❶ 国际能源署. 数字化与能源. 陈伟，等，译. 北京：科学出版社，2019.

障类型，定位故障组串位置，并提供修复建议。场站层获取到终端设备的原始数据后，根据任务类型，对数据进行分类和预处理，将部分信息上传至智能电厂的云控制平台；在云控制与决策服务器中调用智能算法，一方面在孪生电厂中模拟运行结果、进行态势演判，另一方面将得到的全局最优优化调度方案、指令发给各场站最终至终端设备。

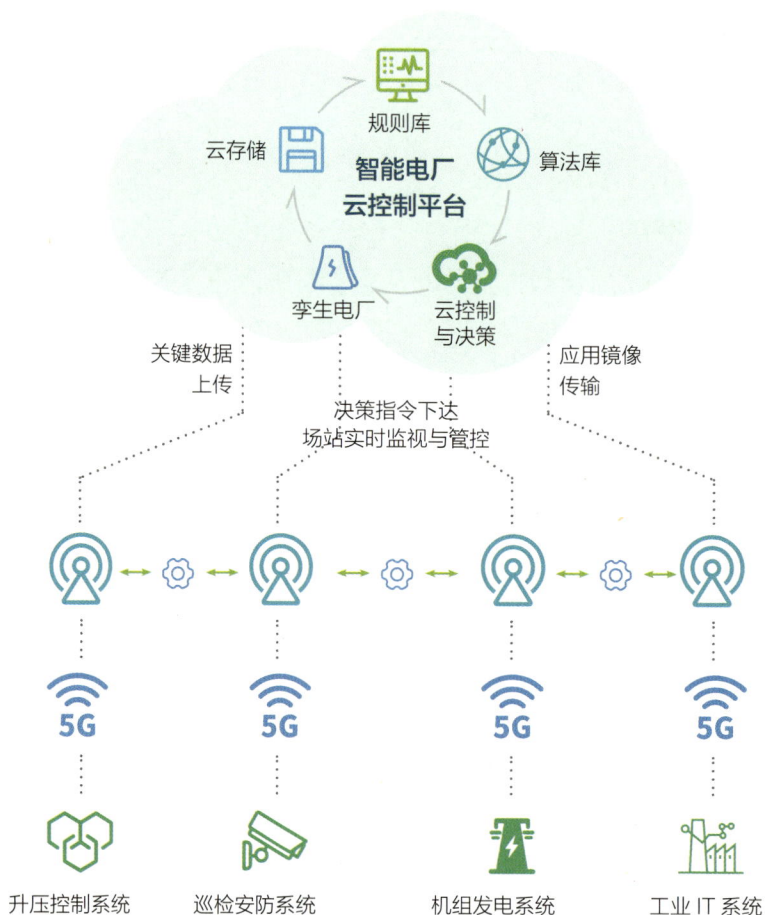

图 3.46    智能电厂情景

在电网侧，保证能源配置得以全景看、全息判、全程控。以数据模型算法实现赋能，建成一体化电网运行智能系统，形成强大的"电力+算力"分析能力，增强电网的灵活性、开放性、交互性、经济性、共享性。以人工智能技术为核心的数字技术，通过数字孪生系统、数据机理融合范式、智能决策优化的聚合，构建与电力实际系统同步共生的数字镜像系统，并通过交互反馈引导新型电力系统趋优进化，采用应用知识图谱、多智能体强化学习、人机交互等智能优化决策技术，实现系统状态主动分析和优化调控，对各类事件的处理从人工决策向快速智能决策转变。图 3.47 所示为智慧电网情景。

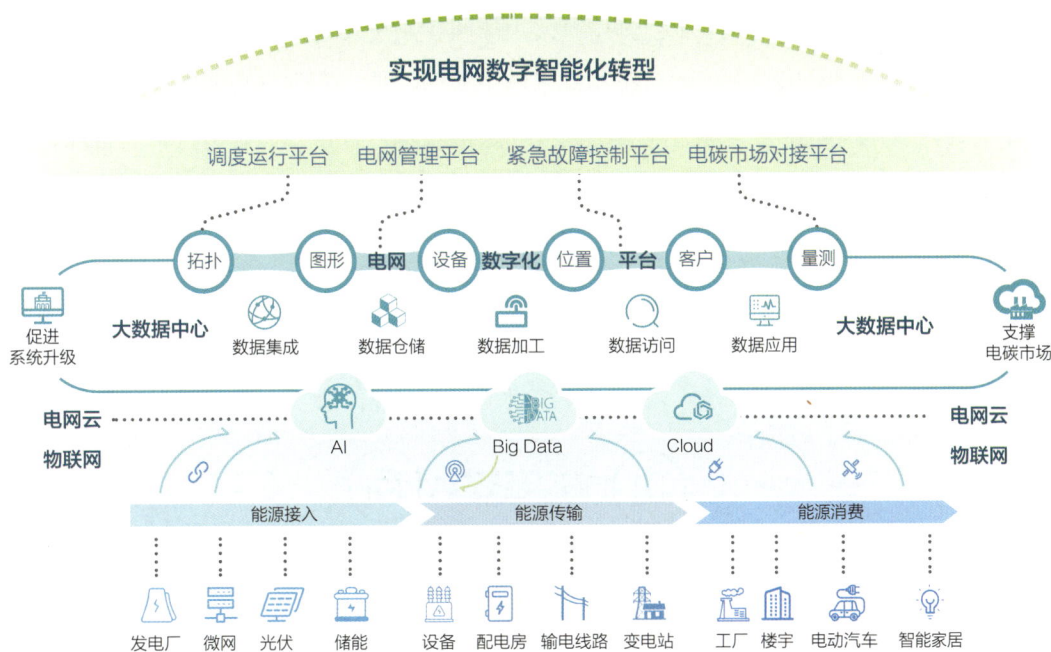

实现电网数字智能化转型

调度运行平台　　电网管理平台　　紧急故障控制平台　　电碳市场对接平台

拓扑　　图形　电网　设备　数字化　位置　平台　客户　　量测

促进系统升级　　大数据中心　数据集成　数据仓储　数据加工　数据访问　数据应用　大数据中心　支撑电碳市场

电网云　物联网　　AI　　Big Data　　Cloud　　电网云　物联网

能源接入　　能源传输　　能源消费

发电厂　微网　光伏　储能　设备　配电房　输电线路　变电站　工厂　楼宇　电动汽车　智能家居

图 3.47　智慧电网情景

未来电网将凭借超大规模的硬件资源整合、超强的计算能力，形成灵活便捷的虚拟化、高通用的组件服务，实现电网运营、业务管理和产业融合的全面数字化。凭借物联网的广泛互联收集实时发电、输电和用电数据并存储在电网云中，在大数据中心实现数据的及时加工和分析。数据分析的结果对内作为电网数字化平台的基础，指导电网规划、设备管控、资源配置，通过不同的平台实现调度运行、电网管理、紧急故障排除等功能。对外支撑构建电碳联合市场。根据有关研究，预计数字智能技术可为电力系统提供 185GW 的系统灵活性，相当于澳大利亚和意大利现有电力供应能力的总和，可节省 2700 亿美元的投资❶。

**在负荷侧，用能模式向多能互补、源荷互动发展**。通过数据的广泛交互、充分共享和价值挖掘，打造以电为中心的综合用能服务平台，提升终端用能状态全面感知和智慧

---

❶ 国际能源署. 数字化与能源. 陈伟，等，译. 北京：科学出版社，2019.

互动能力，推动各类用能设施和分布式发电设备的高效便捷接入，促进配电网从单一、被动、通用化的能源消费模式向融合多种需求、主动参与、定制化的双向交互模式转变，创新基于区块链的点对点能源交易机制，探索能源交易新模式，为客户提供低成本、优质高效的平台服务。

未来配电网将设立 20MW 以上调控量的虚拟电厂中心控制平台，通过物联网将散布在整个配电网的终端用电设备的状态和需求信息实时汇总，实现分布式发电机组、可控负荷、储能设施有机结合，通过配套的调控和通信技术对分布式能源进行调控管理，通过与输电网的信息实时交互实现电力供需平衡，并将相关信息实时传输至电碳市场中心和电网调度控制中心，构建分时、梯度的虚拟电厂群，主动响应电网调度信号，以特殊的电厂形态参与电力市场交易和电网运行。预计仅住宅领域，将有 10 亿户家庭和 110 亿台智能家电可参与电力系统的灵活调节。图 3.48 所示为虚拟电厂情景。

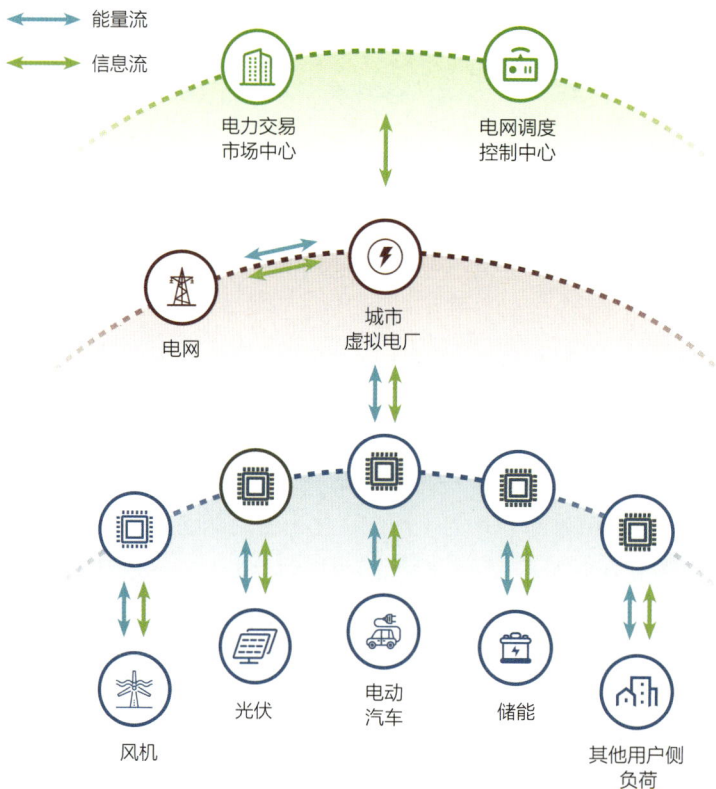

图 3.48    虚拟电厂情景

# 3.6　小　结

"双碳"目标背景下，我国进入大力推进能源生产侧"清洁替代"、能源消费侧"电能替代"，构建以新能源为主体的新型电力系统的新时期。本章在展望分析我国中长期经济社会发展形势的基础上，对电气化发展进程与电力需求进行了深入的分析预测，并结合新型电力系统背景下我国传统电源、新能源和储能的发展潜力、发展趋势对未来我国电源发展和清洁电力转型路径进行了详细的分析研判，并研究了未来电网互联格局和电网发展趋势，主要结论如下：

**电力需求呈持续增长态势，增速逐渐放缓。**未来我国电力需求仍将有较大增长空间，预计到 2030 年、2040 年、2050 年，我国电能需求总量将分别增长至 11.5 万亿、14.9 万亿、16.5 万亿 kWh，是 2022 年水平的 1.3、1.7、1.9 倍，增速分别为 3.7%、2.6%、1.1%；最大负荷持续上升，预计到 2030 年、2040 年、2050 年分别增长至 18.3 亿、24.4 亿、27 亿 kW，负荷利用小时数从目前的 6273h 逐步下降至 2050 年的 6100h 左右。

**电源装机稳步上升，电源结构清洁化趋势明显。**预计到 2030 年、2040 年、2050 年，我国电源装机总容量将分别达到 4.3 亿、6.1 亿、7.4 亿 kW。电源结构加速清洁转型，2030 年、2040 年、2050 年清洁能源发电量占比分别将达到 53%、74%、84%

**新能源逐步发展为电力系统主体电源，传统电源向支撑和调节型电源转型。**未来，我国新能源发电高速发展，电源装机占比将在 2040 年前超过 50%，成为我国电源装机主体；发电量占比将在 2050 年前超过 50%，成为我国电源发电量主体。煤电机组通过实施"三改联动"向支撑和调节电源转型，装机容量从目前的 44% 降至 2050 年的 12%，利用小时数从目前的 4257h 下降至 3000h 以下；水电、核电和气电稳步发展，重点发挥调节和安全支撑作用。

**未来我国跨省跨区电力流规模将持续扩大。**东中部未来仍是我国电力负荷中心，但本地清洁能源开发潜力有限，无法满足经济社会持续发展的用电需求，跨区受电空间巨大；西部、北部清洁能源资源丰富，具备大规模开发优势。西部、北部清洁能源大规模开发、远距离外送至东中部地区，满足本地绿电需求的同时推动传统电源功能定位转变，是充分发挥全国各地区比较优势，促进实现"双碳"目标的关键举措。我国"西电东送、北电南供"电力流格局是由资源特性和需求分布长期形成的，预计未来总体规模将持续扩大，到 2030 年、2050 年将分别达到 4.6 亿、8.1 亿 kW。

**以特高压为骨干网架的送受端电网逐步建成**。为加快构建清洁能源资源开发和绿电消费总体格局，支撑新时期我国经济社会高质量发展，未来我国将以在西部、北部送端电网和东中部受端电网为重点，大力推进贯穿全国的特高压骨干网架建设，分别在**送端构建多元清洁能源互补开发、跨区协同外送的电网系统，在受端构建网架坚强可靠、高度互联互济、功能灵活智能的受端系统**，通过打造支撑全国范围清洁电力大规模优化配置平台，全面提升西部北部送端清洁能源基地大规模开发外送和东中部受端高效消纳利用水平，同时加强与周边国家互联互通，形成**"西电东送、北电南供、多能互补、跨国互联"**的电网总体格局。

# 4

# 新型电力系统规划构建

　　电力系统规划是支撑电力系统建设，保障系统安全、可靠、经济运行的核心任务之一，在构建新能源大规模接入和大范围优化配置的新型电力系统过程中具有引领性作用。本章将从新型电力系统规划方法的现实背景出发，论述从传统电力系统到新型电力系统规划的演变趋势与总体目标，建立源网荷储协同规划总体框架，深入介绍清洁能源开发规划方法、全尺度电力电量平衡分析方法、区域输电网规划方法、多能融合配电网规划方法及规划方案评价方法，形成面向新型电力系统特性的全套规划手段，为电力系统从业者和决策者提供参考。

# 4.1    电力系统规划的内涵现状与趋势

## 4.1.1    电力系统规划现状

电力系统规划的流程主要由电力需求预测、电源规划和电网规划构成。电力需求预测是电力系统规划的基础,具体包括对最大负荷功率、负荷电量及负荷曲线的预测。最大负荷功率预测主要用于确定电力系统发电设备及输变电设备的容量,负荷电量预测主要为了选择适当的机组类型和合理的电源结构以及确定燃料计划等,负荷曲线预测可为研究电力系统的峰值、调节性资源的容量以及发输电设备的协调运行提供数据支持。

电源规划用于确定电力系统电源规模与布局。根据规划时间尺度差异,电源规划主要分为短期电源规划和中长期电源规划。短期电源规划基于对未来 1~5 年发展情况的分析,主要制定发电设备的检修计划、分析提前或推迟新发电机组投产计划的效益、确定燃料需求量及购买、运输和储存计划、分析与相邻电力系统电力交换的方案及效益等。中长期电源规划对未来 10~30 年的电源布局进行规划,决定何时、何地扩建新发电机组、扩建发电机组的类型和容量、现有发电机组的退役及更新计划、燃料的需求量及解决燃料问题的策略、采用负荷管理对系统电力电量平衡的影响、与相邻电力系统进行电力交换的可能性等。

电网规划又称输电系统规划,主要基于负荷预测和电源规划结果,确定在何时、何地投建何种类型的输电线路及其回路数,以达到规划周期内所需要的输电能力,在满足各项技术指标的前提下使输电系统的建设运行综合费用最小。电网规划同样也分为短期规划和长期规划。短期规划考虑未来 1~5 年,主要确定和选择扩建方案所需要的输变电设备等。长期规划则需要考虑比输变电工程建设周期更长的发展情况,一般考虑未来6~30 年。长期电网规划需要列举各种可能的过渡方案、估计各种不确定因素的影响等。

电力系统规划的具体工作主要可以分为资料收集、数据处理、确定电源或网架规划方案及成果分析及评估 4 个阶段,包含确定规划对象及边界条件、社会经济现状分析、电力系统现状分析、电力需求预测、电源建设、电力电量平衡、变电站选址定容、网架结构论证、电气计算、规划方案评价等多个方面，如图 4.1 所示。

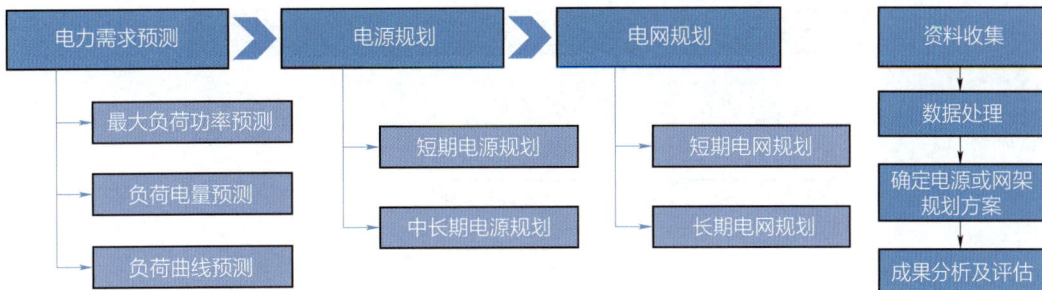

图 4.1    电力系统规划流程

## 4.1.2    新型电力系统规划演变趋势

随着清洁能源开发利用的规模日益增长，电力系统规划正面临前所未有的挑战，如电力系统各环节的设备类型日益增多、新能源发电的不确定性日益增强、互联大电网的结构拓扑日趋复杂等。新型电力系统规划需要重塑对当前电力产业现状和发展方向的认知，将其置于包含经济性、可靠性、环境友好性等诸多要素的全新环境和框架中进行。本节将探讨新型电力系统规划的演变趋势，为具体规划环节的开展提供理论引导和实践依据。总体而言，新型电力系统规划将从传统的单一系统规划向多系统综合协同规划方向演变，如图 4.2 所示，规划过程体现出电力与气象协同、源网荷储各环节协同、冷热电气氢多能协同、电－碳协同等方面的趋势。多系统综合协同规划演变方向如图 4.3 所示。

### 1. 电力与气象协同

气象对新型电力系统的影响体现在源网荷各个环节。在电源侧，太阳辐射、风速、降水等气象条件直接决定可再生能源出力，尤其是高比例可再生能源场景下气象条件对电力生产的决定性作用更为显著；在电网侧，雨雪冰冻、台风、洪涝、短时强对流天气可能引发输电设施受损等严重事故；在负荷侧，气象相关负荷占比增大导致电力系统对气象的敏感性增强。近年来极端天气的发生概率与强度进一步增加，新型电力系统对气象的依赖性与敏感性也相应增强。为此，新型电力系统规划必须保证电力与气象协同，以电力安全为前提，重视气候变化新常态，全面提升电力供应保障能力。

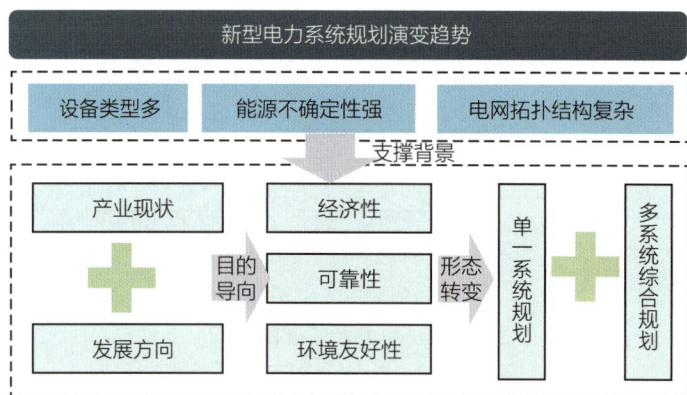

图 4.2    新型电力系统规划演变趋势

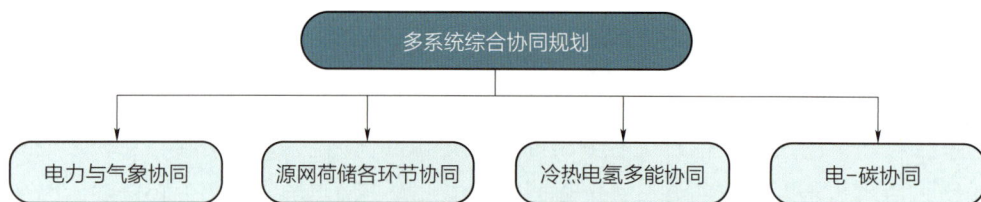

图 4.3    多系统综合协同规划演变方向

在传统的电力系统规划过程中，气象评估等技术主要用于新能源资源评估，为新能源场站的初期勘探选址提供辅助决策参考，且往往将极端气象事件作为一种偶发因素来加以考虑。与之相对，新型电力系统规划将充分考虑一般与极端气象条件的影响，会与常规气象条件下的技术经济性存在矛盾，针对常规气象的规划方法难以适用。为此，新型电力系统规划将建立针对性的数据获取、传输与存储机制，通过高精度气象数据解析、处理、调用规范，分析气象影响的极端性、趋势性变化和区域性特征，结合所在区域的电力低出力场景，加强不同类型气象条件下的系统复合特征评估，支撑提升新型电力系统的稳定经济运行能力。

**2. 源网荷储各环节协同**

2021 年 2 月，国家发展改革委、国家能源局发布《关于推进电力源网荷储一体化和多能互补发展的指导意见》，意见明确指出，"源网荷储一体化是电力行业坚持系统观念的内在要求，是实现电力系统高质量发展的客观需要，是提升可再生能源开发消纳水平和非化石能源消费比重的必然选择"❶。

传统电力系统规划由电力负荷预测、电源规划、电网规划三部分构成，以电力负荷预测提供的电力增长情况、电力分布与负荷曲线等为基础，协调迭代开展电源规划与电网规划。随着新型电力系统中大规模集中式与海量分布式新能源并网，新能源发电的随机不确定性使系统平衡难度加大，新型电力系统的电源规划中将考虑新能源的时空互补特性与存量电源的调节特性，电网规划中考虑输电线路动态增容、跨省跨区电能输送能力。

此外，新型电力系统规划还将充分考虑负荷侧电力需求侧响应能力、负荷侧储能的多时间尺度调节能力等广泛分布于系统各环节的灵活性资源的调节特性与调节潜力，从而实现存量与增量资源规模、结构与布局的优化规划。随着系统形态由传统的"源网荷"三要素转变为"源网荷储"四要素，以及多时间尺度大规模储能技术的规模化发展，新型电力系统规划需考虑源网荷储各环节的互动耦合，提高规划的系统性。

### 3. 冷热电气氢多能协同

随着我国能源革命进程加速，电力、热力、氢能等多种复杂网络系统通过相互融合实现能源资源的合理优化配置将成为未来趋势。另外，电能受限于其自身物理特性，虽然传输容易但存储较为困难，与以热能为代表的存储容易但传输困难的能源形式存在互补潜力。为此，在新型电力系统规划过程中充分考虑冷热电氢多能协同作用，有助于发挥多能源互补与协同优势，极大地提升多类型能源形式利用效率，实现能源系统整体意义上的资源优化配置，推动形成以电力为核心的新型能源体系。

在此背景下，相较于传统电力系统规划仅关注电能的供需平衡，新型电力系统规划将需要结合不同网络的传输机理与调节特性，重点关注网络之间的耦合原理与协调机制，提出异构能源网络在规划优化中的协同方法，细化复杂场景下冷热电氢多能源系统的网络调节能力。具体地，新型电力系统规划将侧重于在满足用户用能需求和实现相关技术指标的前提下，充分考虑各种能源形式的耦合与物理互补特性来合理规划能源生产、转换、存储设备的位置、类型与容量等，以易于存储、可控可调的储热设备实现能

---

❶ 国家发展和改革委员会，国家能源局. 关于推进电力源网荷储一体化和多能互补发展的指导意见［EB/OL］.（2021-02-25）［2023-08-07］. https://www.gov.cn/gongbao/content/2021/content_5602023.htm.

源转换，考虑多能融合背景下电力平衡的改变对电源规划和电网规划的影响，使系统在较大的时空范围内平抑新能源波动对能源系统的影响，提升新能源消纳能力。受能源生产基地与负荷中心位置的制约，新型电力系统能源传输环节的规划将以源侧与网侧整体经济性最优进行源网协同规划，以确保能源的高效远距离传输。新型电力系统规划将通过多能源转化为用户提供高可靠性、高效的多样化能源供应，以提升系统整体的经济性。

**4. 电–碳协同**

在新型电力系统规划中，以电碳协同规划代替传统单一电力规划，是实现电力系统运行低碳化的关键途径。传统的电力系统规划主要关注电力系统的经济性和可靠性，而新型电力系统电–碳协同规划将在此基础上依托统一规范的碳排放计量与核算体系与国家低碳发展政策，进一步考虑碳排放配额、碳排放成本、碳排放轨迹、CCUS 约束等要素建模，建立适用于碳排放规则的电–碳协同系统规划方案，体现出新型电力系统的环保价值和可持续性建设理念。

**在上述演变方向趋势下，新型电力系统规划将体现出以下几个方面的特征：**

（1）从传统确定性规划向概率化规划转变。

传统的电力系统规划方案通常依赖于预定义的场景或关于未来的固定假设，包括负荷增长和可再生能源供应情况，这种方式下得到的规划方案很大程度上受限于选取的场景类型或假设条件。随着电力系统源网荷储各环节下的不确定性与日俱增，系统形态更加复杂、运行方式更为多样化，电力供需平衡也将由确定性"缺多少补多少"向概率性"不同概率不同时长"转变。因此，单纯按照某个确定性场景得到的规划方案将不再适用于其他的潜在场景。

新型电力系统规划的最终目标不是寻找特定场景的最优规划方案，而是寻找在海量场景下均具有普适性的优化规划方案。从本质上说，为处理海量不确定性场景，概率化规划方法通过分析各场景的发生概率得到综合数学指标，以此衡量特定方案对未来各种场景的普遍适应能力，从而获取多个场景发生概率基础上的综合最优解。具体而言，新型电力系统的概率化规划方法将通过综合考虑各种可能的未来情况，包含常规出力场景、新能源高电量占比可能引发的极端出力场景等，将其转化为概率分布来描述和处理未来的不确定性，使得在各类型不确定情况下，电力系统的投资建设成本、可靠性、经济性、可拓展性等性能指标达到整体最优，即使未来的真实情景与预期有所偏差，规划结果也可以保持一定的适应性和鲁棒性，为新型电力系统提供一种更灵活、更全面的规划方案。

（2）从传统基于模型的规划方法向数据与模型混合驱动的规划方法转变。

新型电力系统中蕴藏的海量数据资源具备进一步挖掘的空间，如负荷数据、设备状态数据、环境因素数据等，且随着电网高比例可再生能源及电力电子设备渗透率的提高使电力系统运行形态发生深刻变化，海量数据也使基于经验选择的方案越来越难以应对新型电力系统规划目标诉求。就电力系统规划的数据处理分析方面而言，基于抽样数据的传统方案无法满足跨能流、跨主体的数据融合基础上的多维数据时效性与准确性要求。此外，随着系统规模和新能源占比不断增加，求解大规模电网的复杂优化问题难度加大，单纯依赖模型与经验的传统规划方法对计算资源的要求逐渐苛刻、难以保障决策适用性。

当前，深度学习、强化学习等人工智能技术在新一轮科技革命与产业变革中扮演着重要角色，具备从多源异构数据中快速提炼出有价值信息的显著优势，将普遍存在的数据资源转变为支撑生产决策的关键要素。具体地，可通过大数据技术将分布存储在数据节点中的信息予以深层次剖析，利用局部学习、聚类等方法可提取得到应用于规划方案制定的典型场景，能有效提升电力系统规划阶段数据管理水平。而传统基于模型驱动的方法具有可解释性强、结果准确、优化决策的物理约束能够严格保证的特点。为此，新型电力系统规划过程存在融合模型与数据优势的潜力，以数模驱动方法寻求符合实际、灵活有效的系统规划方案，将成为保障电网安全与新能源消纳的关键技术。

（3）从传统同质化规划向精细化、差异化规划转变。

与传统电力系统相比，新型电力系统电源侧与负荷侧的随机不确定性将进一步增强，系统各个环节的差异化特征日益显著，新型电力系统对规划方案的准确性与适用性要求不断提升，对新能源的随机特性进行准确建模及预测、对差异化特征进行精确建模，是开展方案规划的必要前提。

传统电力系统的同质化规划方法难以精确刻画不同环节、不同时间尺度下的系统的不确定性及差异化特征，而新型电力系统规划将以中长期−日前−日内−实时不同时间尺度下的可再生能源出力数据和多元负荷数据的精细化预测为重要数据基础，以系统不同环节的差异化特征为重要边界条件进行建模与评估。具体地，在电源侧，区别于传统电力系统规划，电源类型逐渐转向为集中式与分布式并举，大规模集中管理的同时，用户也可自主控制；风电、光伏、光热、水能、火电等各电源主体的精细化建模也有较大差异。在负荷侧，除固定负荷外，新型电力系统还将囊括大量新型负荷参与电网调度，不同用户的差异化负荷需求和各异质能流用能比例将影响到能源设备的容量配置情况，可通过神经网络、支持向量机、深度学习等技术手段实现不同负荷类型需求的精细化预测与建模。

（4）从传统典型时间尺度规划向全时间尺度规划转变。

传统电力系统确定性强，可以仅通过典型时间尺度规划满足系统充裕性要求。随着新能源并网规模不断提高，其波动性和间歇性对系统充裕性带来不确定风险。传统规划方法无法覆盖新型电力系统下的全周期电力电量平衡。新型电力系统相较于传统电力系统发生了大范围的形态变化，对新型电力系统的规划将不能局限于某个孤立的时间段内，需要在全时间尺度下进行，以适应未来不同发展阶段内的规划需求和挑战。

就短期规划而言，典型日提取已不能满足强不确定下的新型电力系统多场景形态。需要进一步针对各复杂场景，开展特征提取研究，研究电力系统规划充裕性可行域挖掘。传统电力系统通常以日为单位进行平衡，新型电力系统可能需要更短的小时或分钟级别的平衡周期。中期规划通常涵盖数月到数年的时间范围，对于新型电力系统，中期规划需要更具弹性，能够快速适应能源市场变化和技术发展。对长期规划而言，随着新能源的渗透率不断加大，新型电力系统的长期规划兼顾折寿成本的同时，需要分析系统架构的演变，以适应能源转型和可持续性目标。

通过开展全时间尺度规划，可以覆盖短期、中期、长期范围内不同的规划需求，从更为全面的角度审视系统规划方案；同时由于未来不确定因素在多个时间尺度范围内均予以充分考虑，也为系统规划提供了更稳定和可靠的建设方案，依据不同时间尺度下的具体情况得以相应选择最优策略。

（5）从传统单一电力系统规划向多能源集成能源数据信息网协同规划转变。

传统的单一电力系统规划重视大规模的集中式发电，常常突出其稳定性和可控性。这种模式尽管确保了电力供应的稳定性，但往往伴随着长距离输电的效率损失、对非可再生能源的重度依赖以及环境压力的增加。随着技术的进步和社会对可持续发展的日益关注，仅依赖传统单一模式将难以满足未来复杂的电力供应需求。多能源协同规划通过智能化技术和数据分析，将电、冷、热、气、氢等不同类型的能源系统紧密整合，实现了智能调度和监控，使得电力系统能够实时响应各种变化，增加了电力系统的弹性和可持续性。

同时，随着能源产业的数字化发展不断加深，信息技术、能源技术和智能电网技术快速发展与应用将促使新型电力系统规划更加精确全面。互联网、大数据、人工智能、第五代移动通信（5G）等新兴技术与绿色低碳产业深度融合，将形成多类型能源各类数据构成的能源数据信息网协同规划新形态，从而以信息网络为纽带形成能源流与信息流融合的能源互联网。从特征上来看，能源数据信息网协同规划强调整合和协同，将不同类型的能源供给－运输－转换系统紧密整合，实现能源的高效利用和智能调度，提高整体系统的效率和稳定性。总体而言，这一转变为新型电力系统提供了更加灵活、可持续和智能的未来，有助于满足不断增长的多元能源需求，推动经济社会绿色低碳可持续发展。

# 4.2  新型电力系统规划的目标

新型电力系统规划应坚持系统规划理念，遵循"源网荷储协同互动、电热冷氢多能互补、能源信息深度融合"的原则，围绕能源生产、转换、传输、存储等关键环境开展全局优化，结合物理架构、信息架构、通信架构等关键层面开展整体设计，统筹协调各规划要素的内部组成，空间布局与时间安排，实现能源整体利用效率最优。本节分别从**充裕性**、**安全性**、**经济性**和**低碳化**四个角度出发，阐述新型电力系统规划的目标体系。

## 1. 充裕性目标

新型电力系统规划的充裕性目标是指考虑部分设备停运或出力不足等因素后电力系统的发电、输电和供电能力仍能满足用户需求的性能，即电力系统必须有足够的电源容量来满足电力负荷需求，输配电设备有足够的能力协调跨区域的电能输送，将各发电厂发出的电能输送到用户侧，储能设备容量足以应对系统调节需求。

电源侧规划的充裕性目标体现在考虑发电机组寿命、维护和故障等因素和新能源发电机组在不同季节和天气条件下的电能生产不确定性，既有和新建的发电机组容量需要生产足够的电力以供应负荷需求。在以新能源为主体的新型电力系统中，可再生能源保证出力水平低，使得保障电力可靠供应难度持续增加。因此，保障发电充裕性是新型电力系统规划充裕性目标的关键。

输配侧规划的充裕性目标体现在输电网络、配电网络、变电站变压器等设备需要保证可靠提供电能输配作用、相应容量需要超过其可能传输的最大功率。一方面，随着新型电力系统电力传输需求持续增加，输电容量充裕性需要考虑输电线路和变电站的扩建或升级；另一方面，新型电力系统中电力用户类型多样、电力需求差异较大，配电容量充裕性需要适应不同用户的用电需求并提供稳定的供电。

储能侧规划的充裕性目标体现在对电力供需平衡的调节作用，其充放功率和存储能量需要支撑在系统电力需求高峰期提供电力，也可以在电力供应过剩时储存电力。储能侧的充裕性要求储能系统的总容量与充放电功率满足电力系统的需求，以应对系统中可能出现的负荷峰值。

### 2. 安全性目标

新型电力系统规划的安全性目标是指系统需要具有承受并成功穿越预想事故的能力，在正常情况和潜在故障情况等各种工况下保持稳定运行，或在承受一定扰动后能够快速恢复到稳定状态，如预留一定备用发电容量来承受部分发电机组停运、电网结构足够强壮以至于在部分线路或变压器退出运行后依然能够为用户持续供电等。尤其近年来自然灾害、人为攻击和严重技术故障等极端事件频发，在新型电力系统规划中应考虑极端事件影响，通过加强电网、提高电力电子装备可靠性水平、进行正确与全面的故障自动切除和控制等措施，以提高电力系统的韧性和抵御能力。

此外，随着新型电力系统未来的数字化特征不断加强，新型电力系统通常与互联网和其他网络平台的联系与交互日益紧密。网络攻击可能导致电力系统的工作中断、设备故障，危及供电的可用性和连续性，同时电力系统涉及大量的用户数据，包括个人身份信息、能源使用数据等，网络攻击可能导致这些敏感信息被窃取或滥用，给用户的隐私和数据安全带来风险。因此，网络与信息安全也将成为新型电力系统规划安全性目标的重要考量依据，要求电力系统各环节数据的保密性、完整性和可用性需要得到有效防护，这也需要有安全充裕的信息网来支撑。

### 3. 经济性目标

新型电力系统规划的经济性目标是指在满足系统的充裕性和安全性目标前提下，通过科学的规划和设计，优化电力系统的配置和运行方式，实现电力系统的建设和运行成本最小化、提高系统整体效益。新型电力系统规划的建设投资主要包括发电设备、输配电设备和储能设备的购置、安装和调试等。同时电力设备投资的经济性不仅关注设备的初始投资成本，还要考虑设备的使用寿命、运行和维护成本、设备性能等因素。新型电力系统规划的运行成本主要包括电力生产成本、电力输送成本和电力消费成本，其中电力生产成本包括燃料成本、燃料运输成本、设备维护成本等；电力输送成本包括输电线路和变电站的运维成本。总的来说，电力运行成本的经济性关注的是如何以最小的成本满足电力需求。

**4. 低碳化目标**

新型电力系统规划的低碳化目标是指在电力系统的设计、建设和运行过程中，如何尽可能减少碳排放，从而降低对环境和气候的影响。为此，需要在规划方案中加强对能源结构优化、能源效率提升的设计，具体考虑采用清洁能源（如太阳能、风能、水能等）代替传统的化石燃料发电方式减少二氧化碳的排放，通过优化发电技术、输电技术和用户端的能源消耗方式，提高电力系统的整体能源利用效率。此外，需要考虑通过适当引入 CCUS 等负碳技术共同促进电力系统的低碳化发展。

# 4.3 源网荷储协同规划方法

新能源高比例渗透背景下，新型电力系统规划框架由传统的应对负荷侧波动转变为源网荷储协同规划。源网荷储协同框架注重提高电力系统的灵活性和可调节性，得以有效应对新能源消纳和供需平衡等问题。为构建源网荷储一体化的新型电力系统（见图 4.4），必须从规划阶段开始，充分考虑源网荷储四个环节的互联互动需求及其相互关系，促进其有效协同发展，进一步推动能源革命的深化，建设更加可持续、稳定和绿色的能源体系。

## 4.3.1 基本内涵

与传统电力系统相比，新型电力系统将形成大电网主导、多种电网形态相融并存的格局，传统电力系统"发–输–配–用"的单向过程将转变成"源–网–荷–储"的一体

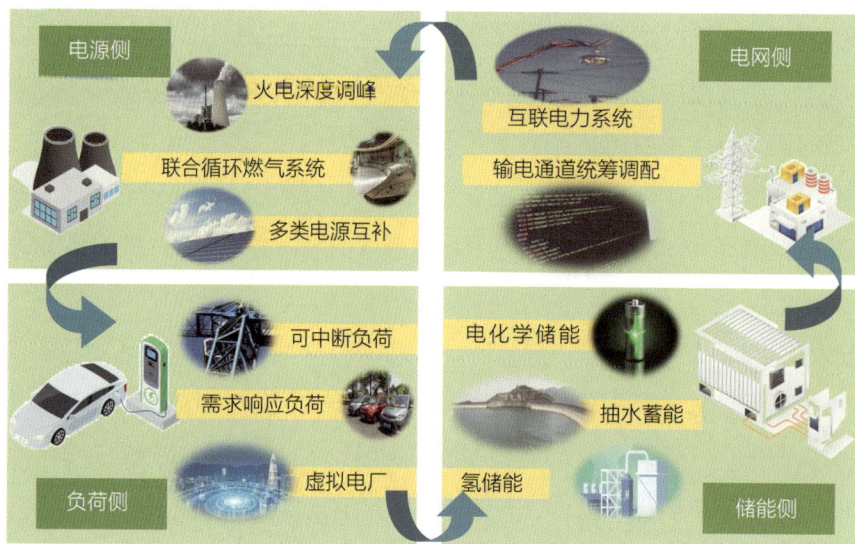

图 4.4　源网荷储一体化的新型电力系统

化循环过程。源网荷储协同规划的基本目标为构建多场景下的灵活快速、集中协调、分布自治的友好互动模式，以灵活大电网为桥梁，在一定规模的同步区域电网内开展协同规划，通过电源侧快速调控和海量负荷多尺度群控，实现广域分布的源网荷储实时动态匹配、高效稳定运行，全面增强新型电力系统的可靠性与灵活性，促进能源利用效率的提升。

源网荷储协同规划的基本内涵主要包括以下几个方面：

（1）源源互补。统筹规划开发风光水火等各类电源，通过灵活性电源与新能源的协调互补，平抑新能源的波动性，提高新能源的利用效率。源源互补规划侧重于三个方面，一是充分发挥电源侧的灵活调节作用，通过梯级水电、具有较强调节性能的火电机组等优化配置减轻系统调峰压力，二是优化各类电源规模与配比，稳步提升输电通道配套输送的新能源比重，三是确保电源基地送电的可持续性，结合资源禀赋统筹规划近期外送规模与远期可持续外送规模。

（2）源网协调。在源源互补运行的基础上，以坚强网架为基础、以信息平台为支撑、以智能控制为手段，通过大电网互联互动实现跨地域、跨能源品种互通互济，有效解决新能源大规模并网及分布式电源接入电网的消纳问题。

（3）源荷互动。新型电力系统由时空分布广泛的多元电源和负荷组成，电源侧和负荷侧均可作为可调度的资源参与电力供需平衡控制，负荷的柔性变化成为平衡电源波动的重要手段之一。通过合理规划需求侧响应、虚拟电厂、有序用电等多元调节资源与多类型调节方式参与电力系统调峰助力新能源消纳，实现电力系统从"源随荷动"向"源荷互动"模式发展。

（4）**源储互补**。新型电力系统中储能将具备能量的大规模时空转移、快速吞吐、零存整取、整存零取等多种作用方式，鉴于新能源发电的随机不确定性特征，其实现对传统化石能源发电的彻底取代需要配套储能，通过规划"新能源+储能"作用方式，实现更大空间、更大时间尺度的电力电量平衡。

（5）**网荷储互动**。在与用户签订协议、采取激励措施的基础上，将负荷转化为电网的可调节资源（即柔性负荷），同时充分发挥储能装置的双向调节作用，通过负荷主动调节和响应与储能快速、稳定、精准的充放电调节特性为电网提供调峰、调频、备用、需求响应等多种服务，确保电网安全经济可靠运行。

## 4.3.2　基本架构与规划流程

新型电力系统的源网荷储协同规划属于长期优化问题，旨在解决长时间尺度下新型电力系统设施的投建与发展问题。通过各环节规划确定新型电力系统各环节形态和架构，包括以下几个方面：

（1）全尺度电力电量平衡。对电力和电量的供需平衡开展测算分析，在源网荷储协同规划框架中以多时间尺度生产模拟工具等方式体现。

（2）清洁能源开发规划。通过评估掌握各类清洁能源资源蕴藏量、经济技术可开发量和资源特性等，在源网荷储协同规划框架中以资源等约束体现。

（3）区域及跨区输电网规划。基于不同区域的电力供需形势对划区域骨干网架和跨区输电通道进行规划，在源网荷储协同规划框架中以输电容量约束等参数体现。

（4）多能流协同综合能源网络规划。面向终端用户的多元用能需求，对融合电、热、气等多类型能源形式的综合能源网络开展设备选址定容和网架规划，实现多类型能源的转换与分配。

整体来看，新型电力系统的规划流程如图 4.5 所示，包含需求分析与预测、数据收集与整合、模型构建与验证、全时间尺度概率化规划、能源与信息网络协同规划、全尺度电力电量平衡分析、方案评估与修正七个环节，覆盖了数据预测、数据收集、模型构建、协同规划、评估修正等多个方面，具体包括：

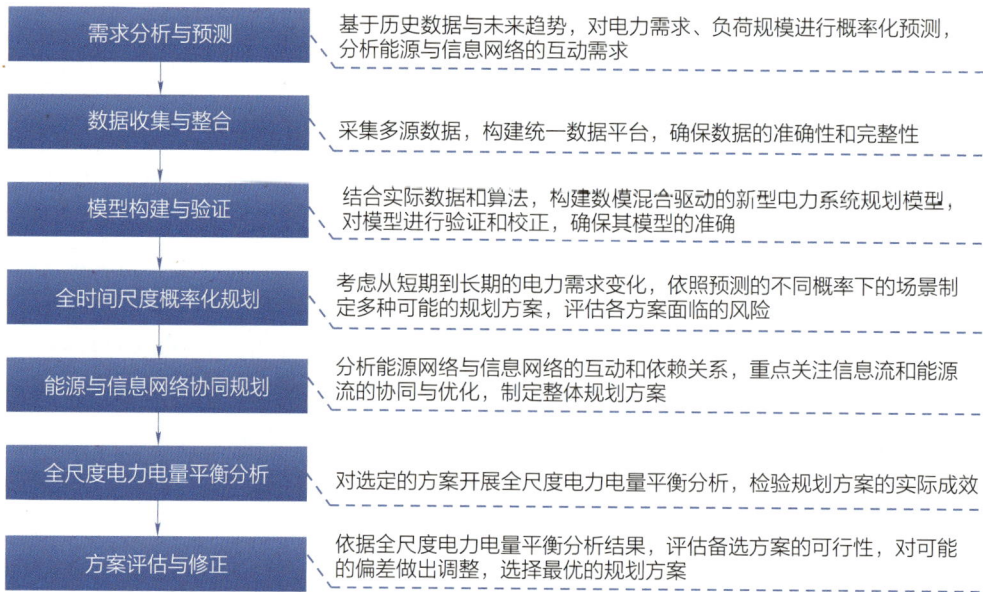

图 4.5    新型电力系统的规划流程

（1）需求分析与预测。基于历史数据与未来趋势，对电力需求、负荷规模进行概率化预测，分析能源与信息网络的互动需求。

（2）数据收集与整合。采集多源数据，构建统一数据平台，确保数据的准确性和完整性。

（3）模型构建与验证。结合实际数据和算法，构建数模混合驱动的新型电力系统规划模型，对模型进行验证和校正，确保模型的准确。

（4）全时间尺度概率化规划。考虑从短期到长期的电力需求变化，依照预测的不同概率下的场景制定多种可能的规划方案，评估各方案面临的风险。

（5）能源与信息网络协同规划。分析能源网络与信息网络的互动和依赖关系，重点关注信息流和能源流的协同与优化，制定整体规划方案。

（6）全尺度电力电量平衡分析。对选定的方案开展全尺度电力电量平衡分析，检验规划方案的实际成效。

（7）方案评估与修正。依据全尺度电力电量平衡分析结果，评估备选方案的可行性，对可能的偏差做出调整，选择最优的规划方案。

## 4.3.3　模型框架与关键技术

新型电力系统规划是在已知规划对象运行特性和边界条件的基础上，建立能够描述对象运行特性的数学模型并求解，进而得出满足各项指标的规划方案。明确模型规划目标及约束条件是开展新型电力系统规划研究的前提。构建系统规划框架如图 4.6 所示。新型电力系统规划由于植根于系统实际运行的基础之上，展现出明显的不确定特征。具体的，考虑规划期能源占比、碳排放及弃电率指标等政策及指标要素，结合规划期源荷的概率分布，根据源网荷储参与系统调节的技术方案及规划期负荷曲线预测情况，生成规划模型的约束条件，包括投资成本、运行与排放成本、装机容量约束、网架约束、政策指标约束等，规划模型以规划期总成本最低为目标函数确定满足源网荷储协同优化运行需求的规划方案。

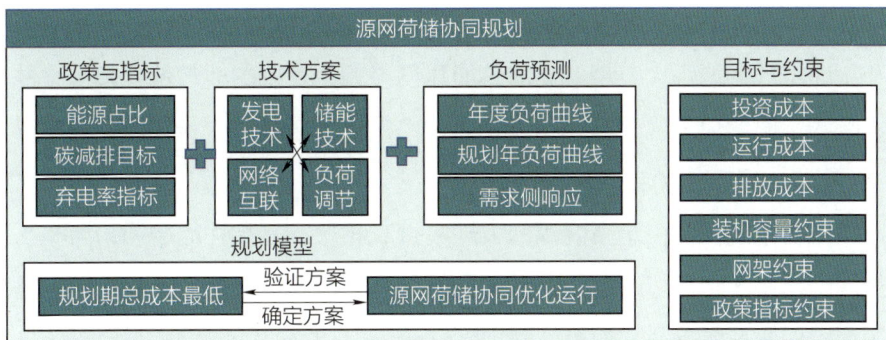

图 4.6　新型电力系统的源网荷储协同规划基本架构

## 4.3.3.1　目标函数

以所规划区域在规划时期内总成本最低为目标函数，包含不同发电技术投资成本、储能投资成本、输电线路投资成本、系统运行成本、人工与运维成本、碳排放成本、弃风弃光损失等。

### 4.3.3.2　约束条件

#### 1. 政策与指标约束

政策与指标约束包含各类能源占比约束、碳排放及污染物排放约束、新能源弃电约束等。各类能源占比约束表示为所规划区域在规划周期的不同阶段下，包括新能源在内的各类能源所占比重应满足政策要求与结构规划目标；碳排放及污染物排放约束要求在不同规划阶段下的碳排放与污染物排放量应满足 2030 年碳达峰、2060 年碳中和目标及污染物排放指标要求；新能源弃电约束要求弃风弃光电量满足弃风弃光率约束。

#### 2. 发电装机约束

由于经济性、技术推广、政策限制、安全性、新能源开发等各方面原因，不同发电技术的装机容量具有上下限约束。

#### 3. 装置投建约束

装置投建约束包含输电线路投建约束、储能投建约束等。输电线路投建约束表示为所有规划线路建设需满足新增线路上限，且单条输电线路回数需满足线路回数限制；抽水蓄能和压缩空气储能等大容量低成本储能建设依赖于良好的地理位置条件，并需满足装机和容量的上限约束。

#### 4. 能量与功率平衡约束

在新型电力系统中，由于新能源的大规模接入和系统复杂性的增加，功率平衡的实现逐渐呈现出概率化特征。这意味着在某些情况下，需要根据概率评估来确定是否启用备用资源，以保障系统的平稳运行。考虑到这一点，功率平衡约束不仅要求所规划区域在规划时期内任意运行时刻满足电力供需平衡，即任意时刻的发电功率与储能发电功率与备用功率的总和（根据概率启用）减去弃电功率与储能蓄电功率等于区域负荷需求。同样，能量平衡约束要求规划区域在规划周期的运行时段内的发电量之和等于用电量。

#### 5. 备用与可靠性约束

电力系统备用容量是指系统为检修、事故、额外负荷等情况下仍能保证系统正常运行需要而增设的设备容量，备用约束要求具有调节能力的发电资源与储能等所提供的备用容量高于系统最大负荷乘以相应备用比例；可靠性约束要求电力系统向用户提供的电力电量满足相应的可靠性指标。

### 6. 源网荷储运行约束

源侧运行约束包含各类发电机组的出力上下限约束、机组爬坡约束；网侧运行约束包含电力平衡约束、电量平衡约束、支路潮流约束、灵活性供需平衡约束；荷侧运行约束包含可调节、可中断、可转移负荷的需求侧响应约束等；储能约束一方面要求发电与蓄电功率不大于其装机；另一方面考虑储能运行的充放电特性，其实时发电功率和蓄电功率与储能实时容量应满足等式关系。

## 4.3.3.3  模型求解框架

系统规划模型可表示为图 4.7 所示的双层规划模型。

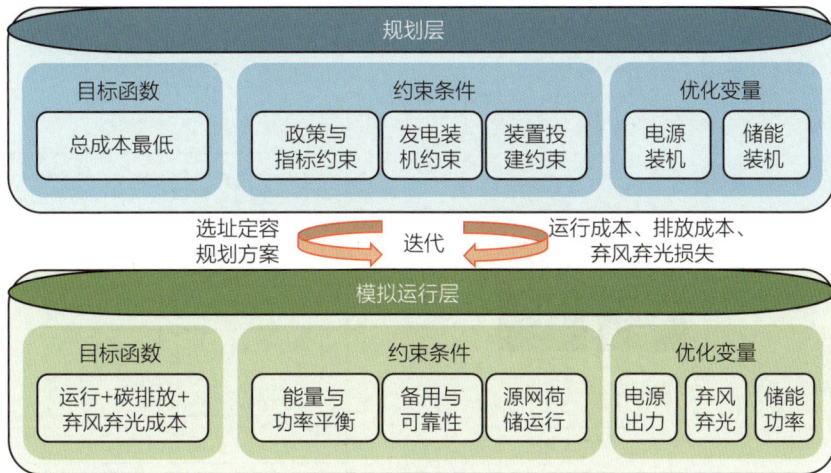

图 4.7  新型电力系统规划模型求解框架

其上层为规划层，下层为模拟运行层，规划层为模拟运行层提供选址定容规划方案，模拟运行层为规划层提供运行成本、碳排放成本、弃风弃光损失成本等计算结果。规划层以总成本最低为目标函数，以政策与指标约束、发电装机约束、装置投建约束等为约束条件，优化变量为各类电源装机容量与储能装机容量；模拟运行层以系统运行成本、碳排放成本、弃风弃光损失成本之和最低为目标函数，以能量与功率平衡约束、备用与可靠性约束、源网荷储运行约束等为约束条件，优化变量为各类电源发电出力、新能源弃电功率、储能发电与蓄电功率等。

## 4.3.3.4　关键技术

在现有规划模型的基础上，概率化导向的新型电力系统规划方法不仅融合了大数据理论分析、多时间尺度运行模拟以及低碳评估等先进技术，更突出了数模混合驱动的特点，以及精细化、差异化规划的独特优势。其技术架构划分为数据驱动层、运行模拟层和输出指标层，如图 4.8 所示。借助源-荷精细化预测与低碳电力市场机制的融合，催生了崭新的电力系统协同规划方案。同时，针对源-荷间的不确定性挑战，数据驱动层创造性地引入典型运行场景，通过多时间尺度运行模拟和低碳评价系统，对协同规划方案的可行性进行深入评估，从而提升规划方案在高比例可再生能源融入场景下的灵活性和适应性。

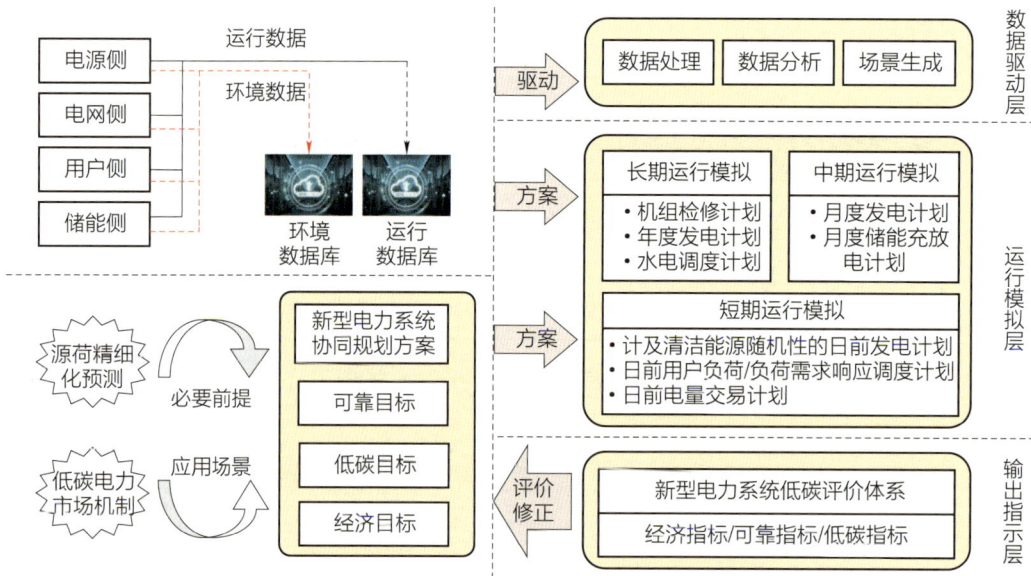

图 4.8　新型电力系统规划技术框架示意图

# 4.4　全尺度电力电量平衡的分析流程

## 4.4.1　电力电量平衡分析新特点

新能源占比不断提升为现有的电力电量平衡分析流程体系提出了新的要求。传统的电力电量平衡分析一般采用基于典型日的表格分析法,即选用有限场景描述电源和负荷侧的不确定性,依照预先确定的原则分配各类型机组的发电量,分别测算对应场景下的电力电量平衡结论。具体而言,电力平衡分析主要用于检验区域内电源装机规模是否可以满足尖峰负荷的用电需求,并评估规划方案中电源装机容量配置的合理性,包括发电设备建设规模、建设进度及与相邻系统联网等。对新能源占比较低或以火电为主体的传统电力系统而言,电力平衡分析仅需关注最大负荷对应的时刻,系统总装机按一定备用需求能够覆盖最大负荷即视为满足平衡需求。而相较于电力平衡分析所针对的"瞬时平衡",电量平衡分析关注的是"过程平衡",即用于检验本区域可用装机能否满足一段时间内的电量需求,以确定各类型发电设备的利用小时数和发电量数据,并确定与其他电力系统交换电量的情况。需要说明的是,电力电量平衡除可用于检验未来系统规划方案的合理性外,还可以用于安排现有电力系统的运行方式。就关注的时间尺度的长短而言,传统的电力电量平衡分析可分为年度电力电量平衡分析、月度电力电量平衡分析、日级电力电量平衡分析等,分别满足中长期或短期的规划方案评估需要。

### 1. 年度电力电量平衡分析

年度电力电量平衡分析用于确定规划阶段一年内的各类型发电机组运行安排,同时为制定发电设备检修计划、开展年度交易提供依据,对应的优化模型常以系统新能源消纳量最大或各类型电源发电成本之和最小为目标,重点关注风光水火等电源形式在发电特性和调节能力上的互补潜力。同时,由于坝式水电站的调节性能主要取决于梯级电站间的协同配合,故对含季调节或年调节形式水电站的电力系统而言,一般均采用年度电力电量平衡分析来评估规划方案的合理性。

### 2. 月度电力电量平衡分析

月度电力电量平衡分析用于确定一个月内发电机组的运行安排，以往工程实际中多用于含水电系统的丰枯季平衡分析。但同时，对电力电量平衡的逐月分析模式也存在一定弊端，主要体现在坝式水电站的跨月度调节能力被逐月的平衡分析周期所分割，其在中长期尺度上的分析价值逐渐被年度电力电量平衡分析所替代。

### 3. 日级电力电量平衡分析

日级电力电量平衡分析用于确定典型日内的发电机组运行安排，其对应的优化模型可以涵盖技术层面上更为丰富的机组运行细节，如常规机组最小启停时间约束、网络安全约束、断面约束等。

但传统电力电量平衡分析中的场景随着系统规模的扩大和不确定因素的增多也逐渐朝多元方向演变，系统中的常规机组开机方案也可能会随着新能源出力波动性的增强而不断调整，故按照此类方法得到的平衡分析结论与实际系统运行情况相比会出现较大误差。相比而言，时序生产模拟方法可以结合概率化模拟，通过建立电力系统的优化运行模型，可以捕获各种时间尺度上的电力电量平衡，从长期到短期、从月到日再到小时乃至分钟。使得电力系统规划过程可以获得各类电源的时序运行曲线，进而可依照优化结果计算电源利用小时数、新能源消纳率、电力缺额等指标，将平衡分析的时间颗粒度延伸至小时级或更精细的水平，对规划方案的评价将更加深入与具体。对以新能源为主体的新型电力系统而言，因新能源出力波动较为频繁，故需要将平衡分析置于小时级尺度。同时相较于常规机组可按照实际容量计入平衡分析环节，新能源发电机组可在满足一定置信水平的条件下（常取置信水平为95%）使用其保证出力值计入电力平衡。

## 4.4.2　新型电力系统电力电量平衡的原则

新型电力系统中各类机组和设备承担的功能和运行目标存在差异，应依据不同类型的机组和设备特点制定相应的参与电力电量平衡分析原则，本节提供一种分析测算的思路。

### 4.4.2.1　火电机组

火电机组在现阶段的系统电源侧装机占比较高，运行技术较为成熟，是未来一段时间内不可忽视的重要调节型电源。由于火电机组在发电环节会造成较大的碳排放及其他污染物排放，其参与电力电量的平衡测算应置于较低的优先级顺序，待清洁能源机组安排发电计划后按照年发电利用小时数下限及其他技术参数要求补足电力电量供需差额。同时，对于供热机组，其出力水平还受到供热负荷的限制。

### 4.4.2.2 水电机组

水电属于可再生能源的一种，发电边际成本较低，开发及利用经验丰富，坝式水电站还可基于其库容量发挥调节优势，可以快速响应负荷变动。由于水电机组的发电能力受到自然环境下来水条件的影响，安排其发电的方案还需要结合一年中不同季节下的可调度水力资源水平。在电力电量平衡分析中，水电机组需要在满足其自身技术约束的前提下，尽可能在负荷曲线的尖峰段运行，以补偿新能源和负荷的快速波动特点。

### 4.4.2.3 风光机组

以风电和光伏为代表的新能源机组作为清洁能源利用形式的代表，是当前电力系统中需要优先安排消纳的对象。但同时由于其出力水平受自然条件影响，还需要模拟其出力水平、与其他类型机组相互配合以减少出力波动对系统运行造成的负面影响。

### 4.4.2.4 核电机组

核电机组的运行需要严格注重安全性要求，故其在运行过程中不应过度频繁改变开机状态或出力水平，承担的负荷量应尽可能位于负荷曲线的基荷位置。由于核电机组在调峰运行时会降低燃料棒的使用寿命，核电参与系统调峰的出力水平不应过高。

### 4.4.2.5 储能设备

储能设备可实现电力系统中电量的跨时段转移，也可承担备用、调频、调相等任务功能。当前包括抽水蓄能和主流电化学储能的各类技术在运行时会存在一定的能量损失比例，如抽水蓄能电站的可发电量约为其抽水电量的 75%，故对储能设备的运行方式安排应结合其运行的时序特点和储能容量约束，优化其在负荷曲线上的工作位置。

#### 4.4.2.6　多时间尺度

在新型电力系统中，电力电量平衡的保证应当跨越从年、月、日、小时到分钟的各种时间尺度。在年或月的尺度下，平衡分析的重点是确保电力系统的长期稳定性和经济性，主要面对的挑战是电力需求的季节性变化、设备的计划维护和大型新能源项目的投资与建设。在日、小时、分钟尺度下，系统主要面临的挑战是短期的电力需求波动、新能源的功率波动，以及常规发电机组的开关机策略。

#### 4.4.2.7　概率性平衡

为应对新型电力系统内部的不确定性，需要重点关注在考虑不确定性情境下，系统仍能够维持安全运行的概率。为此，需要基于历史数据，为系统中不确定性因素建立统计模型，评估其对系统平衡的影响，通过平衡分析评估比较系统在不同不确定性情景之下的平衡性能，使得系统能够在一定的置信度下有足够的调节资源来应对不确定性。

### 4.4.3　全尺度电力电量平衡分析流程

需要开展电力电量平衡分析的电力系统常具有较大规模，一般需要结合其地理位置和源荷布局开展分区平衡测算。对于含多区域发电系统的分析，首要目标是安排各区域间的电力电量交换量，接着调整区域内各类型机组的开机方案，以及优化各电站的运行状态和电量输出，从而获得各电站或机组在平衡分析周期内的最优发电出力，以及各区间联络线的最优功率交换值。如图 4.9 所示，本节所提出的电力电量平衡分析流程对不同时间尺度下的平衡测算具有普适性，对不同约束条件的精细度要求可通过设计其对应的数学模型来得以体现。

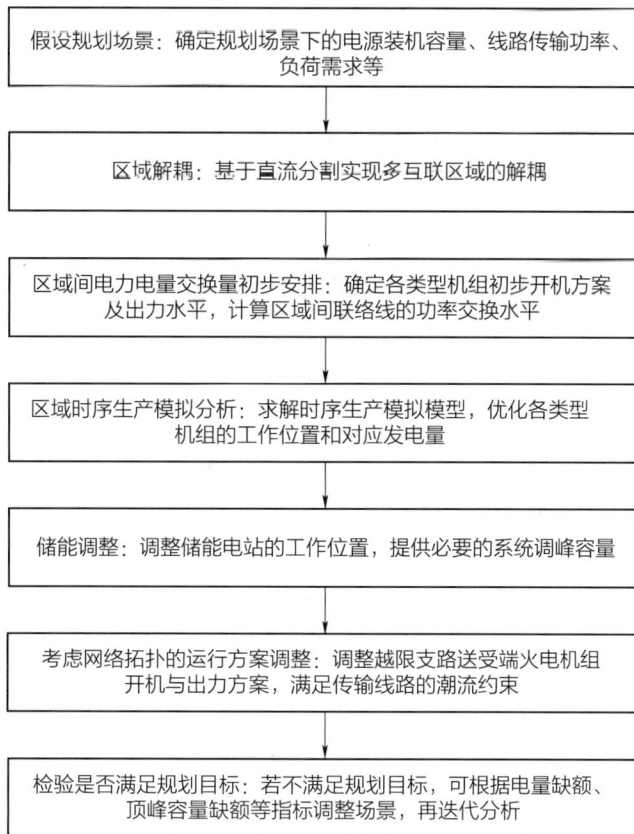

图 4.9 全尺度电力电量平衡分析流程

## 4.4.3.1 假设规划场景

考虑未来时期内的负荷增长与多类型电源装机变化水平，模拟风光能源的出力场景，并适当考虑极端天气事件（如热浪或极端寒冷）在特定季节下对新能源出力和负荷需求曲线的影响，作为开展电力电量平衡分析的边界条件，提供决策支持。

## 4.4.3.2 区域解耦

为降低问题分析难度并提高求解效率，依据输送电量、负荷曲线等要素进行区域解耦，将电力系统通过直流分割划分为多个相互独立的子区域，确保子区域间的能量传递和平衡过程得到满足。

### 4.4.3.3　区域间电力电量交换的初步安排

依照负荷预测技术可得到平衡分析周期内的负荷曲线，作为开展平衡分析的边界条件。在此基础上，将风光资源的出力作为负的负荷叠加至原始负荷曲线，体现出对该类型机组优先发电和消纳的安排原则。其他类型发电资源按照预先设定的平衡原则依次参与测算，确定对应的初步开机方案及出力水平，计算区域间联络线的功率交换水平。

### 4.4.3.4　区域时序生产模拟分析

基于区域间拟交换的功率水平，调整各区域内发电资源需要实际供给的负荷曲线。通过求解对应的时序生产模拟模型，优化不同类型机组的开机方案，计算尖峰负荷下的电力缺额及需要区域间支援的调峰容量需求，重新修正区域间功率交换水平求解模型直至差额位于容许范围内。在此基础上，优化各类型机组的工作位置和对应发电量。

### 4.4.3.5　储能调整

调整储能电站的工作位置，考虑储能电站的充放电特性和生命周期成本，依据实际供需情况对储能电站的充电和放电策略进行动态优化，确保可以在系统调峰容量不足的时刻提供足够的支撑能力。

### 4.4.3.6　考虑网络拓扑的运行方案调整

若开展的电力电量平衡分析考虑了网络结构约束（如日级电力电量平衡），还需要结合其网络拓扑对发电安排做出精细化调整，使之满足传输线路的潮流约束。可基于直流潮流计算对应网络结构内的初始潮流水平，通过调整越限支路送受端的火电机组开机与出力方案直至满足网络结构的相应约束条件。

# 4.5 清洁能源开发规划

针对新型电力系统电源结构在演变过程中呈现出集中式与分布式并举的变革特点，本节关注电源侧转型中的大型清洁能源基地规划与分布式电源规划两项关键领域，分别介绍了对应的数学模型及其在实际案例中的应用效果，提供一套清洁能源的科学规划方法。

## 4.5.1 大型清洁能源基地规划

2022 年以来，国家发改委、国家能源局等政府部门多次明确支持大型清洁能源基地项目建设，相继发布了《关于促进新时代新能源高质量发展的实施方案》[1]和《"十四五"可再生能源发展规划》[2]等多项大型清洁能源基地开发落地政策及规划目标。预计至 2030 年，我国将规划建设风光基地总装机容量约 4.55 亿 kW。

依据"十四五"规划，我国在西北、东北、西南等地集中部署金沙江上下游、雅砻江流域、黄河上游和几字湾等九大清洁能源基地。就地理位置而言，当前我国大型清洁能源基地的开发重点集中于库布齐、乌兰布和、腾格里、巴丹吉林沙漠地区，拟建成的千万千瓦级及以上清洁能源装机规模的特大型基地将成为未来新型电力系统供给侧的重要组成部分。

对大型风电和光伏基地规划，可以清洁能源精细化评估模型与平台工具为基础，综合分析规划区域内资源禀赋、地面覆盖物等影响风光新能源开发的主要条件与限制性因素，以省区为单位开展风光新能源技术可开发量、开发成本、基地化开发潜力的系统分析。在此基础上，综合考虑开发潜力、电力流规划、输电通道以及各类调节资源分布，

---

[1] 国家发展和改革委员会，国家能源局. 关于促进新时代新能源高质量发展的实施方案［EB/OL］.（2022-05-14）［2023-08-07］. http://zfxxgk.nea.gov.cn/2022-05/30/c_1310608539.htm.

[2] 国家发展和改革委员会，国家能源局，等."十四五"可再生能源发展规划［EB/OL］.（2022-06-01）［2023-08-07］. http://zfxxgk.nea.gov.cn/1310611148_16541341407541n.pdf?eqid=f39ccaf9002c5e4800000002643d53e7.

进一步提出规划水平年大型风电、光伏与光热发电等大型清洁能源基地布局规划方案。

## 4.5.1.1 清洁能源资源评估技术

开展清洁能源资源评估研究可以为大型基地开发规划提供重要指引与参考，有效提升基地选址研究的准确性与时效性。按照技术路线的差异，清洁能源资源评估技术可以分为水能资源评估和风光资源评估两类。

### 1. 水能资源评估

河网和河流水文数据是水能资源评估的关键，水情与降水量等关键水文数据的来源可以依托全球水文站点的长周期历史数据，或结合气象卫星获取有关数据开展推算；随着当前地理信息技术的进步，可以依托于较高精细度的遥感信息模型和地理信息系统（geographic information system，GIS），建立全球数字高程模型（digital elevation model，DEM），定量描述水域特征及地形、空间分布等区域地理信息，并借助数字化方法生成数字化河网。总体上，水能资源评估具体可分为准备水文资料与地形数据、生成河网、测算理论蕴藏量、研究梯级开发方案、测算技术指标、估算经济性 6 个主要步骤，技术路线如图 4.10 所示。

具体的，根据降雨、河流径流、地理高程、数字化河网等数据，计算得到每个河段的水能理论蕴藏量；以河段资源条件为基础，结合地面覆盖物分布、城镇与人口分布、地质条件、自然保护区、敏感区域、交通设施、已建梯级等其他数据，辅助确定流域梯级水电站的坝址位置和开发方式；结合流域开发任务，拟定水电站特征水位，计算调节库容、装机容量、引用流量、年发电量等技术参数，获得水能资源的技术可开发量。在此基础上，综合考虑影响水电投资的经济性因素，并与可对比的替代电源成本或受电地区可承受的电力成本（电价）进行对比，得出河段的经济可开发量评估结果。

### 2. 风光资源评估

与水能资源不同，风光资源的潜在开发范围更广，影响资源开发的相关限制性因素更多样，因此，需要建立基于广域空间多源多类型数据、包含多维度精细化评估指标的评估方法。一般的，风能与太阳能资源评估研究重点关注理论蕴藏量、技术可开发量和开发成本 3 个指标的测算，其总体技术路线如图 4.11 所示。

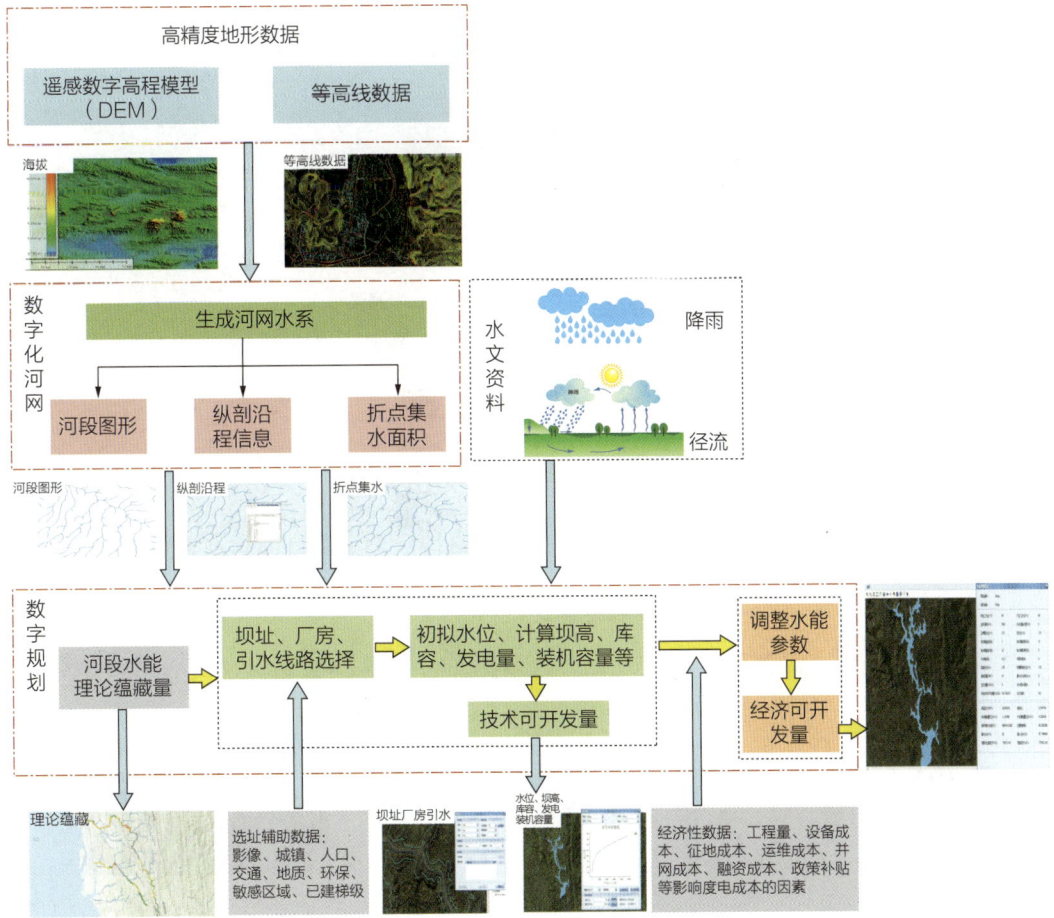

图 4.10 水能资源评估技术路线图

首先，在风速、太阳辐射强度等资源数据的基础上，引入了全球地面覆盖物分布、全球地形、数字高程、岩层地质等地理信息类数据，地面覆盖物分布等高分遥感辨识信息，自然保护区、全球交通与电网基础设施分布等人类活动相关数据，形成支撑资源评估的多元数据库，实现在理论蕴藏量评估的基础上，进一步开展技术可开发量和开发成本等多维度的评估测算。然后，基于地理信息数字计算，依托多类型混合与多分辨率融合的计算方法，将各类多源异构数据同化为可以进行量化评估的标准数据源。最后，构建多层次量化分析体系，实现从技术特性（理论蕴藏量与技术可开发量）到经济性水平（开发成本与经济可开发量）的全面评估。

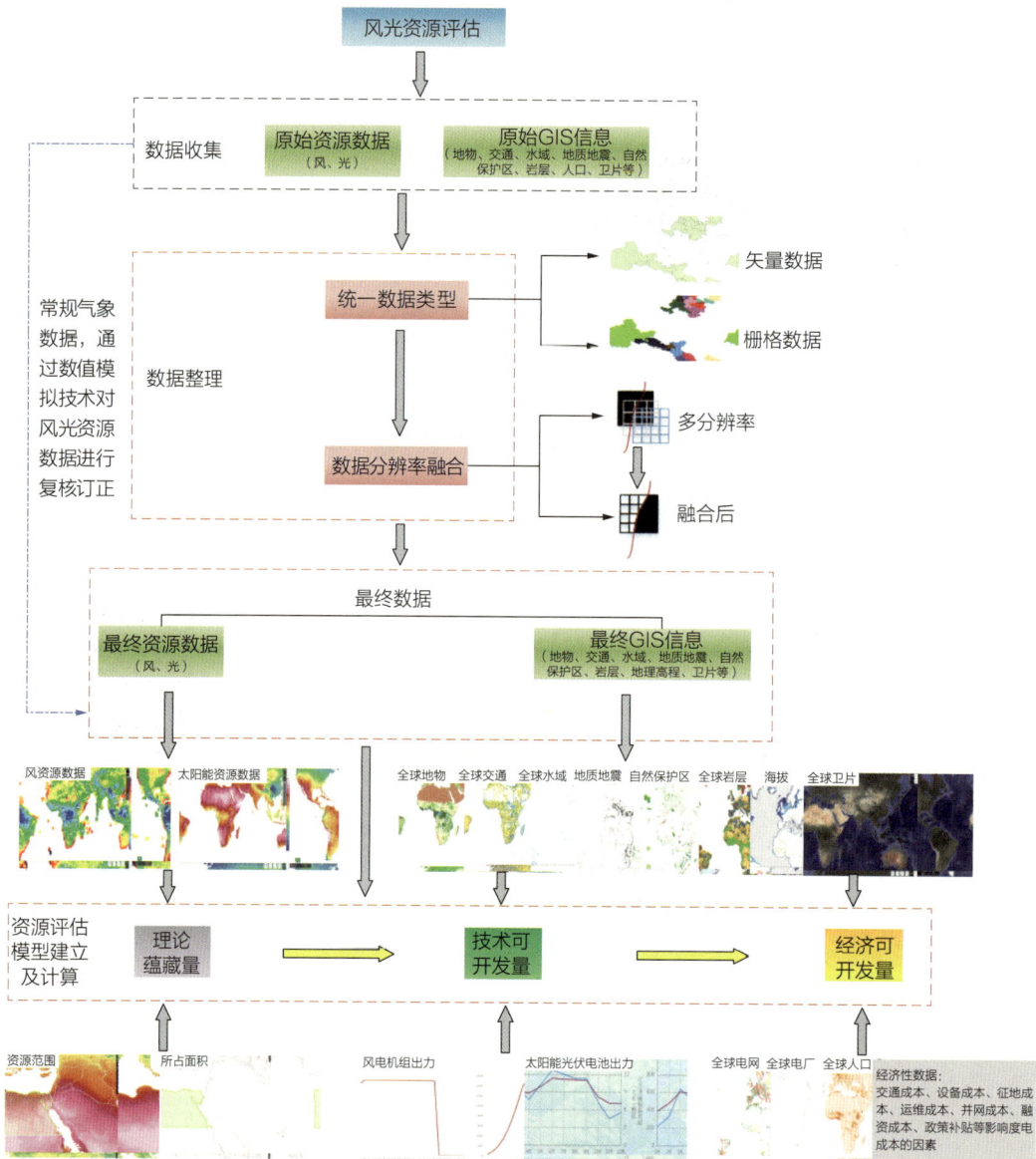

图 4.11    风能与太阳能资源评估技术路线图

## 3. 数字化平台工具

全球能源互联网发展合作组织建立了全球清洁能源资源开发分析平台（global renewable-energy exploitation analysis platform，GREAN），通过构建全球资源–地理–社会全景式基础数据库以及多维度评价体系与精细化数字评估模型，实现了对全球任意选定国家、区域的水、风、光清洁发电资源的理论蕴藏量、技术可开发装机、开发成本等关键指标的系统测算与特性分析[1][2]。

GREAN 平台成果可以有效提升广域空间范围内清洁能源资源评估的准确度，准确回答全球清洁能源"有多少""在哪里""经济性怎么样"等 一系列关键问题，为清洁电力开发、外送与消纳等研究提供科学量化的数据基础和模型支撑[3][4][5]。2022 年 10 月，GREAN 平台作为全球气象能源服务促进可再生能源开发的优秀案例，纳入了世界气象组织年度报告，为全球清洁能源开发贡献了中国经验与方案[6]。图 4.12 所示为 GREAN 平台界面展示。

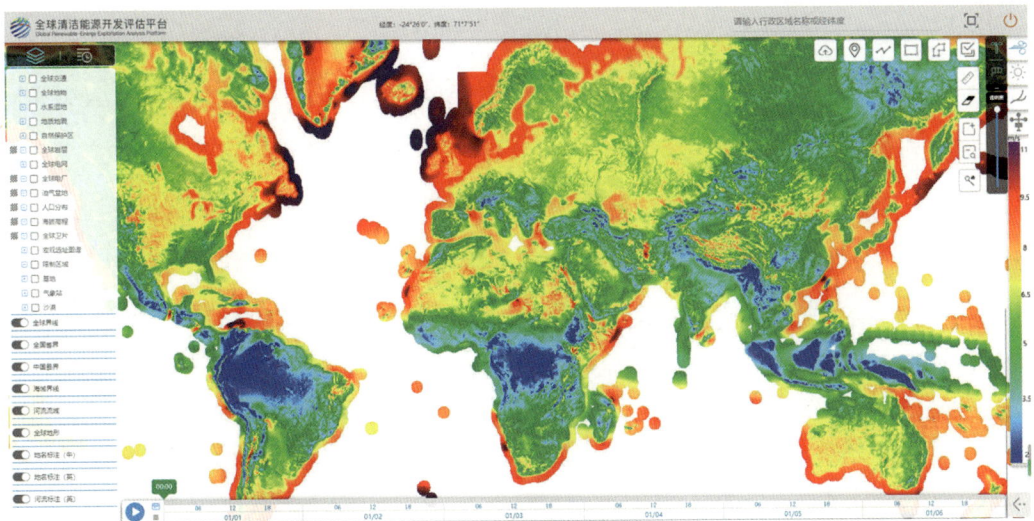

图 4.12　GREAN 平台界面展示

[1] 全球能源互联网发展合作组织. 全球清洁能源开发与投资研究［M］. 北京：中国电力出版社，2020.

[2] Jiawei Wu, Jinyu Xiao, Jinming Hou, et al, A multi-criteria methodology for wind energy resource assessment and development at an intercontinental level: Facing low-carbon energy transition. IET Renew. Power Gener. 2023, 17, 480-494.

[3] 全球能源互联网发展合作组织. 中国清洁能源基地化开发研究［M］. 北京：中国电力出版社，2023.

[4] 刘泽洪，周原冰，金晨. 支撑新能源基地电力外送的电源组合优化配置策略研究［J］. 全球能源互联网，2023，6（02）：101-112.

[5] Zhenyu Zhuo, Ershun Du, Ning Zhang, et al, Cost increase in the electricity supply to achieve carbon neutrality in China, Nature Communications, 2022, 13, 3172.

[6] World Meteorological Organization, 2022 State of Climate Services: Energy, 2022.

与水能资源不同，风光资源的潜在开发选址地点范围更广、与资源评估相联系的数据类型更多。与风光资源紧密关联的气象原始数据如温度、风速、太阳辐射强度等可通过气象信息数据库获取，进而可推算地区内风光资源蕴藏量；针对风光发电设备的选址，需要通过遥感技术获取地形、地面覆盖物、岩层地质等信息，依托多类型混合与多分辨率融合的计算方法，将多源异构数据整合为可开展量化评估的标准数据源，在蕴藏量的基础上计算得到不同地理位置的风光资源技术可开发量。

## 4.5.1.2  水风光协同规划数学模型

为推动大型清洁能源基地高效开发利用，可采用水风光基地协同开发规划，结合风光能源的丰富蕴藏量与水电的灵活调节优势，实现多能互补和高效开发利用。水风光协同规划模型（见图 4.13）以系统投资、运维、弃风光与负荷缺额惩罚费用之和最小为目标函数，综合考虑水电运行约束、风光出力特性约束、联络线约束、系统运行约束等，通过优化求解得到规划水平年风光装机规模、消纳电量、输电通道利用率等决策评价指标，并结合具体开发条件形成流域水风光协同开发方案。针对水风光互补发电系统，规划模型以小时为步长，开展水平年内 8760h 逐时段生产运行模拟。具体方法及算例见附录 B。

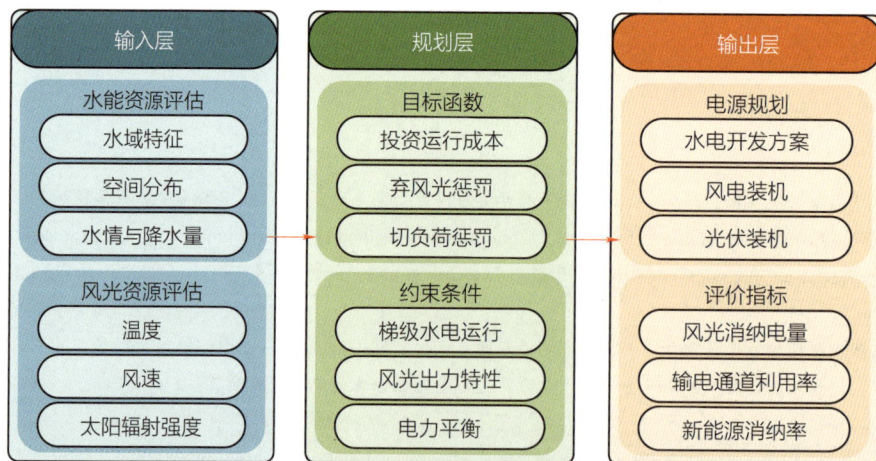

图 4.13  水风光协同规划模型结构

## 4.5.2　分布式电源规划

不同于人型基地集中式供给新能源，分布式电源位于负荷侧。就供电通道而言，通过直接向用户供电的方式减少了通过在公共电网内迂回造成的损耗，在投资上也减轻了公共设备的运行负担。分布式电源既包括总装机容量 5 万 kW 以下的小水电站和从各电压等级接入配电网的风能、太阳能、生物质能等新能源发电机组，也包括废弃物发电、多能互补发电、余热余压余气发电等综合利用型电源。当前，分布式发展已成为风电光伏的主要发展方式之一，其中以分布式光伏尤为显著，仅 2022 年全国就新增此类装机容量达 5111 万 kW，占当年光伏新增装机容量的 58% 以上，成为我国发展运行最为成熟的分布式能源。

虽然系统因配电网中分布式电源的接入而减少了电能损耗和投资建设费用，但分布式电源的并网接入位置和建设规模仍会对设备利用率和电能损耗量产生影响，严重情况下甚至会造成电力网络中某些节点电压越限或某些设备和线路功率越限、影响到系统可靠运行，故通过合理的接入规划方案确定分布式电源选址与容量配置是关乎区域配电网供电质量和可靠性的重要因素。

配电网中分布式电源的规划以新能源资源评估技术及相关平台工具为基础，综合考虑新能源出力不确定性和负荷波动规律，确定分布式电网并网位置与配置容量。针对安装节点的选取和配置容量的优化两项核心问题，可考虑建立分布式电源的双层规划模型（见图 4.14），其中上层模型以有功网损灵敏度指标确定分布式电源的安装位置，下层模型开展多目标优化确定电源配置容量。具体方法及算例见附录 C。

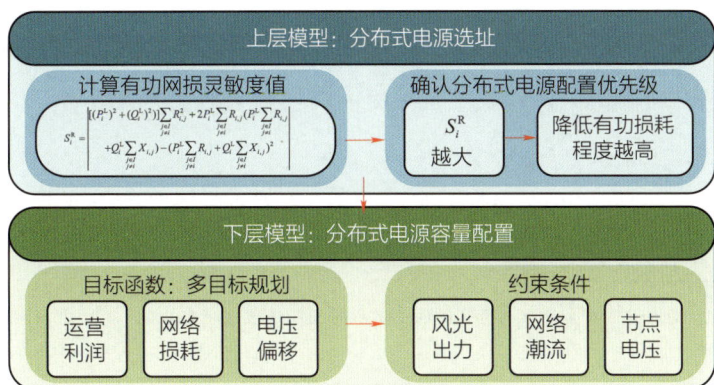

图 4.14　分布式电源双层规划模型结构

# 4.6　区域及跨区输电网规划

针对电力需求增长和能源结构转型进程背景下的区域间电力供需不平衡问题，本节首先介绍了区域骨干网架规划的问题背景及其数学模型，分析了新型电力系统规划背景下区域骨干网架规划的主要特点。其次介绍了跨区输电通道规划的数学模型与应用场景，为实现可持续能源供应和电力系统的可靠运行提供解决方案。

## 4.6.1　区域骨干网架规划

### 4.6.1.1　概述

高比例新能源并网已是新型电力系统的基本特征[1]。在传统的电力系统规划方法中电源规划和电网规划往往独立进行，然而新能源发电波动甚至超过负荷波动，将成为系统不确定性的主要来源，电源规划与电网规划之间深度融合，独立规划带来的不协调和不匹配问题逐步凸显。为了优化资源利用、更经济地满足电力需求，需要协同考虑和协调进行电源规划与电网规划[2]。此外，随着新能源远距离跨地区输送的趋势在我国电力系统中逐步显现，以及与其相关联的电力系统电力电子化和交直流混联化的趋势，均可能带来安全稳定运行隐患，对新型电力系统输电网规划提出了更高的要求。本章综合考虑了高比例可再生能源的并网以及交直流电网混联对电力系统的影响，并建立了网源协同规划模型。

网源协同规划是新型电力系统规划过程的一项重要任务。该规划考虑了预测的电力

---

[1] 康重庆，姚良忠. 高比例可再生能源电力系统的关键科学问题与理论研究框架［J］. 电力系统自动化，2017，41（9）：2-11.

[2] 程浩忠，李隽，吴耀武，等. 考虑高比例可再生能源的交直流输电网规划挑战与展望［J］. 电力系统自动化，2017，41（9）：19-27.

负荷需求和负荷特性，并结合高比例可再生能源的并网和交直流混联特点，以确保规定的供电可靠性指标。在规划过程中，需要充分考虑各电站的运行特点与系统的协调，以及燃料来源和运输情况等因素。通过模拟计算、可靠性分析和技术经济分析，可以评估各种可能的规划方案，并最终确定最合理的网源协同规划方案。在制定规划方案时，需要注意规划方案对未来供电能力的弹性需求。新建的电厂和线路应具备适当的扩建余地，以应对电力系统负荷发展的变化。

然而，传统的网源协同规划模型往往未充分考虑到高比例可再生能源的特点，包括其波动性、随机性和约束条件。因此，需要进一步研究和改进网源协同规划模型，以应对电力系统中高比例可再生能源的并网和交直流混联挑战，并确保规划方案能够满足电力系统的各项要求和特征。已有学者对网源协同规划进行了研究，文献中提出了不同的模型和方法。例如，在电力市场环境下，相关文献❶❷建立了适用于网源协同规划的模型。还有研究提出了发输电与天然气网的协同扩展规划模型❸，以及考虑风能资源不确定性的发输电联合规划方法❹。然而，传统的网源协同规划模型往往未充分考虑到高比例可再生能源的特点，包括其波动性、随机性和约束条件。因此，需要进一步研究和改进网源协同规划模型，以应对电力系统中高比例可再生能源的并网和交直流混联挑战，并确保规划方案能够满足电力系统的各项要求和特征。

### 4.6.1.2　考虑交直流混联的网源协同规划方法

在建立考虑高比例可再生能源并网和交直流混联的网源协同规划模型时，需要综合考虑优化目标、变量设置以及待优选的电源类型等因素。

❶ Tohidi Y, Olmos L, Rivier M, et al. Coordination of generation and transmission development through generation transmission charges—A game theoretical approach [J]. IEEE Transactions on Power Systems, 2016, 32(2): 1103 – 1114.

❷ Jenabi M, Ghomi S M T F, Smeers Y. Bi-level game approaches for coordination of generation and transmission expansion planning within a market environment [J]. IEEE Transactions on Power systems, 2013, 28(3): 2639 – 2650.

❸ Barati F, Seifi H, Sepasian M S, et al. Multi-period integrated framework of generation, transmission, and natural gas grid expansion planning for large-scale systems [J]. IEEE Transactions on Power Systems, 2014, 30(5): 2527 – 2537.

❹ 张玥，王秀丽，曾平良，等. 基于 Copula 理论考虑风电相关性的源网协调规划 [J]. 电力系统自动化, 2017, 41 (9): 102 – 108.

针对优化目标，可将规划期内系统新建电源和电网的投资、年运行维护费用、燃料费用（包括地区燃料运输方式、运输成本和最大运输能力）、可再生能源弃电费用以及停电损失费用等因素作为电源规划模型的目标函数，构建一个单目标网源协同规划模型，其目标是使系统总支出最小化。

关于变量设置，规划模型的优化对象包括规划期内电源的装机进度、规模以及电网的建设进度和规模。通常情况下，电源规划模型以规划期内各水平年待优选机组的装机容量或装机规模作为优化变量，而电网规划模型则以规划期内各水平年各线路的建设回数和投建时间作为优化变量。这种变量设置的优点是可以大大降低规划模型的维度和寻优工作量。然而，缺点在于忽略了不同类型电站之间由于电站性质（新建或扩建）和地理分布（接入方式）等因素导致的投资差异。因此，在本节中，采用按电站（工程项目及其装机进度）作为优化变量，以避免上述基于机组类型优化的不足。具体方法见附录 D。

## 4.6.2　跨区输电通道规划

我国各省各区域在电力生产和消费方面存在空间不匹配，需要进行跨省跨区的电力传输以实现电力供需的平衡。大规模的跨省跨区电力传输能够优化能源资源的配置，提高发电设备利用率，降低供电成本，并最终推动整个社会的高质量发展。近年来，我国的省际和区际电力传输已经成为常态，并且输电量也保持稳定增长。在 2020 年，中国省际之间的电力传输总量达到 15335.6 亿 kWh。其中，跨区域（涉及不同区域电网）的传输电量为 6473.8 亿 kWh，分别占当年全国全口径发电量的 20.11% 和 8.49%。随着区域间和省间联络线的建设完成，跨区省电力交易量将逐步增加，实现更广泛范围内的电力资源配置已成为我国当前电力规划的重要任务[1]。因此，需针对我国区域电网互联格局下的区间联网通道的计算，综合考虑可再生能源、储能等要素，进行跨区输电通道规划。

4.6.1 中介绍的考虑交直流混联的网源协同规划模型中已经考虑了区域间联络线这

---

[1] 刘达，牛东晓，张云云. 中国电力市场改革中的电力规划问题研究［J］. 华东电力，2008，36（8）：1-5.

要素。因此，本节的研究重点在于跨区输电通道新增容量规划。具体思路是，根据区域电网互联关系和已有输电通道容量，计算新增输电通道容量规模，以保障区域互联电力系统的电力平衡和电力系统建设的经济性。跨区输电通道新增容量规划的分析方法流程如图4.15所示。具体方法见附录D。

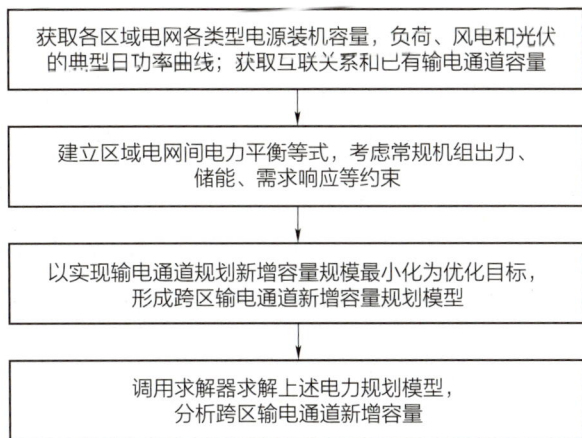

图 4.15　跨区输电通道新增容量规划的分析方法流程

# 4.7　多能流协同综合能源网络规划

针对传统的单一能源网络形态逐渐转向多能融合的发展趋势，本节首先介绍了多能网络与耦合设备的模型，介绍了以电网、气网、氢网以及热网等供能网络为核心实现多种能源的传输、分配与转换方式。其次，从能源设备的选址定容和网架规划两个方面展开，分别介绍了多能流协同的容量优化配置和网络扩展规划方法，满足用户的多样化用能需求。

## 4.7.1　研究现状

传统的电、热、气、氢能源系统规划通常由各能源部门分别规划，各能源系统独立运行，难以互补互济，能源利用率低。如今，资源优化配置和能源消费升级需求不断增加，在现有能源网络基础上，充分发挥不同能源系统之间的互补特性，进行多能流协同的配网规划，形成集约、多元的经济节能型能源网是推动综合能源系统往低碳、高效、可靠、可持续性方向发展的必经之路。

能源耦合设备是异质能源实现相互转换的关键，也是不同能源系统实现相互耦合的纽带。目前，对于能源集线器内设备的优化配置，已有较为成熟的研究成果。例如，综合考虑能源集线器的容量配置与运行策略，以最小化规划期成本为目标，提出了电－热－气耦合的能源集线器优化配置模型，有效提高了负荷供应的可靠性[1]；研究不同耦合因素的建模方法，通过设备效率修正模型改进传统能源集线器模型，并提出综合能源系统容量规划模型[2]。然而，对于计及网络运行约束对容量配置的影响时，综合考虑电－热－气－氢多网络耦合的设备容量优化配置研究仍较少。大部分研究仅关注电－气、电－氢或电－热耦合，例如，研究电－气耦合规划模型，考虑电力网络和燃气网络的安全运行约束，并建立了天然气网络和电网多阶段联合规划模型[3]；考虑电－热管网优化运行，提出了区域综合能源系统分期规划模型[4]。因此，对于电－热－气－氢耦合的设备容量优化配置研究有待进一步深入和拓展。

随着能源消费升级，为满足用户日益增长的多元用能需求，一方面应对现有能源网络升级扩容，另一方面还需对现有能源网络扩展延伸，故多能协同网络扩展规划是多能流协同综合网络规划的另一重要研究方向。目前，对于电－气耦合系统的网络扩展规划研究较为丰富。例如，提出气电联合系统的网络扩展规划，涵盖了输电线路、天然气管道、储气设备等的新增和投运[5]；考虑到天然气的价值链，研究气电耦合系统的长期、

[1] 罗艳红，梁佳丽，杨东升，等. 计及可靠性的电－气－热能量枢组配置与运行优化 [J]. 电力系统自动化，2018，42（04）：47－54.

[2] Mu Y, Chen W, Yu X, et al. A double-layer planning method for integrated community energysystems with varying energy conversion efficiencies [J]. Applied Energy, 2020, 279.

[3] 胡源，别朝红，李更丰，等. 天然气网络和电源、电网联合规划的方法研究 [J]. 中国电机工程学报，2017，37（01）：45－54.

[4] 邹磊，汪超群，杜先波，等. 计及管网选型与潮流约束的区域综合能源系统分期协同规划 [J]. 中国电机工程学报，2021，41（11）：3765－3781.

[5] Chaudiy M, Jenkins N, Qadrdan M, et al. Combined gas and electricity network expansion pIanning [J]. Applied Energy, 2014, 113: 1171－1187.

多区域、多阶段的扩展规划[1]。然而，目前针对电–热–气–氢联合网络扩展规划的研究较为有限。由于电网、气网、氢网和热网之间耦合关系的复杂性，现阶段四网耦合的研究多集中在潮流计算、最优潮流[2]等基础领域。此外，也有从日前优化调度角度考虑四网耦合问题[3]。综上所述，对于电–热–气–氢联合网络的扩展规划仍需进一步深入探索，以充分考虑四网之间的复杂相互作用。

## 4.7.2 多能网络与耦合设备

### 4.7.2.1 电力网络

电网是综合能源网络中的一部分，负责将电能传送至最终用户，由分布式电源、电网、负荷和变电站等多个部分组成。

#### 1. 分布式电源

通常在电力用户周围就近布置这些分布式发电系统，以高效地将光、热等其他形式能源转化为电能。由于分布式发电系统遵循就近发电、就近用电的原则，不需进入长距离输电线路，故线损极小，能源利用效率较高，因此具有节能减排等优势，已经成为新时代下电力工业发展的重要方向。

#### 2. 支路潮流模型

考虑到电网的网络拓扑为辐射状，通常采用支路潮流模型计算电网潮流，该模型主要关注支路上流过的电流和功率。节点 $w$ 的注入功率等于流出该节点的所有支路功率减去流入该节点的所有支路功率，节点功率平衡示意如图 4.16 所示，满足 Kirchhoff 第一定律。此外，支路电流和节点电压也会受到物理条件的约束。

---

[1] Unsihuay-Vila C, Marangon-Lima J W, S ouza A C Z D, et al. A Model to Long-Term, Multiarea, Multistage, and Integrated Expansion Planning of Electricity and Natural Gas Systems[J]. IEEE Transactions on Power Systems, 2010, 25(2): 1154–1168.

[2] Moeini-Aghtaie M, Abbaspour A, Fotuhi-Firazabad M, et al. A decomposed solution to multiple-energy carriers optimal power flow [J]. IEEE Transactions on Power Systems, 2014, 29(2): 707–716.

[3] 董帅，王成福，徐士杰，等. 计及网络动态特性的电–气–热综合能源系统日前优化调度[J]. 电力系统自动化，2018，42（13）：12–1.

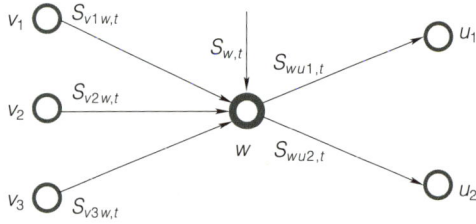

图 4.16　电网节点功率平衡示意图

### 3. 新型负荷

电力新型负荷是指在新能源、智能电网和电动化等发展背景下出现的新型用电负荷，包括电动汽车充电负荷、分布式能源负荷、智能家居负荷等，能够更加灵活地响应电力系统的需求。

## 4.7.2.2　热力网络

集中供热系统由热源、热力管网和热负荷三部分组成，分别在承担生产、输送、消费的角色。在实际工程中，集中供热系统一般覆盖城镇或更大的地域范围，热源产生的热量通过一级管网输送至换热站，再经由二次管网输送给工业或民用负荷，集中供热系统示意如图 4.17 所示。接下来分别对热网的各个环节进行建模。

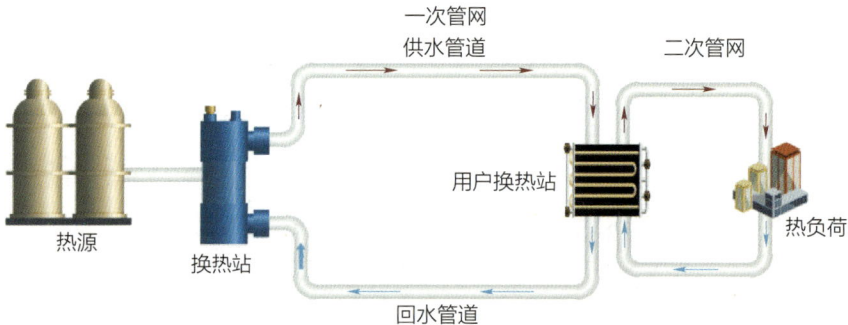

图 4.17　集中供热系统示意图

### 1. 热源

热源产出的热量可加热与其联结的管道水流，进而通过调节管道的水流温度将热量输送至热网。可采用"流量恒定、温度可调"的运行模式，即供水网络和回水网络的管道流量为恒定值，通过调节管道温度以保证系统安全运行。

### 2. 热力管网

热力管网是集中供热系统的热能输送环节，按照热媒的不同分为热水管网和蒸汽管网两种。目前我国铺设的热力管道大多数为闭式双管，即闭式热力管网由供水管道和回水管道构成。热源从供水管道向管网输入高温高压的热水，在管道压力的作用下流至换热站与用户发生热量交换，冷却后的低温回水经回水管道流回，构成一个水循环。

图 4.18 所示为热网管道–节点关系示意图。考虑到供水系统和回水系统的网络拓扑结构完全相同，图中仅以供水管道为例研究管道和节点温度传递关系。节点是多个管道热水汇集和分配的枢纽，在传递过程中存在热力学温度传导问题。流入管道的始端温度与该节点的温度相等。多个管道 $j$ 水流汇集至同一节点 $n$，管道末端温度与其连接节点温度之间的关系满足温度混合约束。

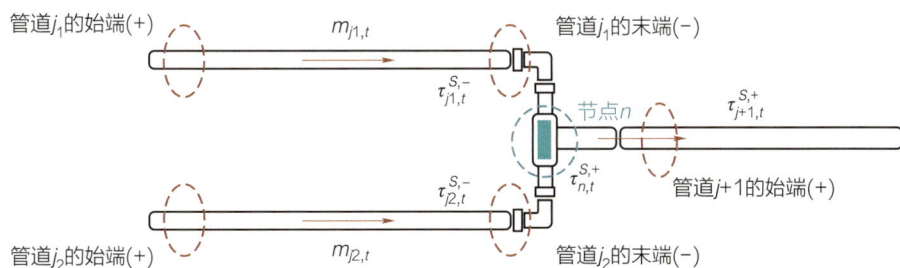

图 4.18　热网管道–节点关系示意图（以供水网络为例）

### 3. 热负荷

换热站是集中供热系统中实现热能交换的重要枢纽，一级管网将热力从热源输送至换热站，换热站将高温高压的热水交换成符合用户温度和压力需求的热水，再输送至二级管网中。一般换热站安装在用户侧，可灵活调节二次管网中的供水温度和回水温度，以保证热网按需供热。在区域综合能源网络中，热用户一般包括有采暖、通风、空调、生活热水需求等的城市用户和有工业生产、工艺制造需求的工业用户。热负荷通过换热站接入热网，换热站实现供水管道和回水管道之间温度交换，同时调节回水温度在一定范围内以确保热用户的供热质量。

### 4.7.2.3　天然气网络

根据管道气压的不同，我国的城镇燃气输送管道分为高压燃气管道，中压燃气管道，低压燃气管道。其结构类似于电网，一般包括气源、管道、加压站和天然气负荷，如图 4.19 所示。

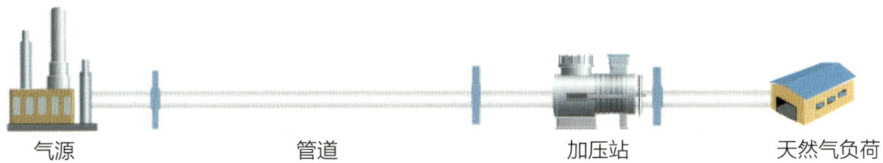

气源　　　　　　管道　　　　　　加压站　　　　天然气负荷

图 4.19　天然气系统示意图

为确保气网运行的安全性和可靠性，一般会在一定距离处设置加压站对天然气进行加压以维持气压在正常的压力范围内，其作用类似于电网的变压器。负荷侧的天然气用户一般包括工业用户，商业用户和居民用户，不同用户对天然气输送的压力需求各异。此外，天然气具有易于存储的特性，因此储气罐被大量应用于天然气系统中，在用气低谷期存储天然气，在高峰期向系统输送天然气，提升了系统运行的灵活调节能力，有效缓解了冬季天然气供应紧张的局面。

#### 1. 管道气流模型

天然气的传输是由于管道两端存在气压差，管道气流大小与管道两端节点的气压的关系采用 Weymouth 稳态气流方程来表示，但是 Weymouth 方程是非凸非线性的，直接求解会增加模型计算难度。为简化该模型，现有研究中常采用增量分段线性化的方法将非线性约束线性化。例如，对于一个非线性单变量函数 $H(x)$, $x \in [a,b]$，对其进行如图 4.20 所示的分段近似。

#### 2. 加压站

加压站具备调压和分配的功能，一方面根据输配管网的压力需求，对进站的高压天然气进行调压，使之适合进入下游管网；另一方面根据下游用气需求，对高压天然气进行合理的分配，确保供气平衡和质量稳定。

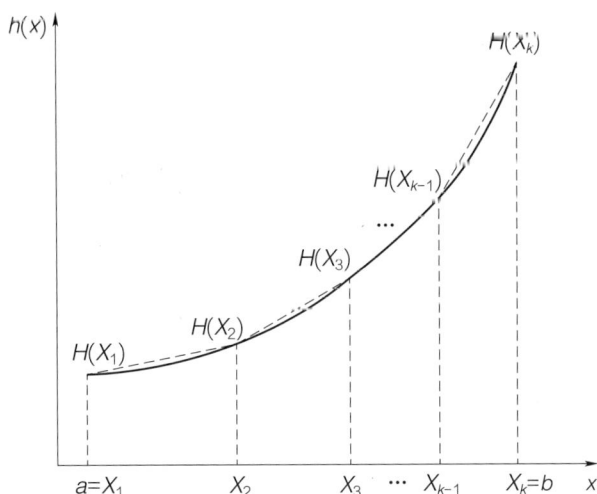

图 4.20　增量线性化原理示意图

### 3. 节点气流平衡

节点气流平衡对天然气系统的稳定和可靠运行至关重要。首先，平衡节点气流可以保证天然气供应的连续性，确保用户获得稳定的天然气供应。其次，平衡气流还能帮助预防系统中的气流过载或不足，避免管道爆管和气压不足等问题。此外，通过保持节点气流平衡，可以最大限度地减少能源浪费，提高天然气系统的能源利用效率。要实现节点气流平衡，天然气系统运营者需要根据不同节点的气流需求和供给情况，合理安排管道流量和调节压力，以确保进出气流相匹配。

## 4.7.2.4　氢气网络

氢气系统与天然气系统结构类似，包括氢源、管道、加压站和氢气负荷，如图 4.21 所示，但是氢气系统比天然气系统更加清洁低碳。氢气可通过不同的方法生产，包括水电解、天然气蒸汽重整、生物质气化和煤气化等，其中最常见的是电解水制氢。氢气可用于多种应用，包括燃料电池发电、工业流程、氢气燃料供应、交通运输等，其中最常见的用途之一为燃料电池。从氢源到氢气负荷，氢气离不开氢网来输送和分配，氢网涉及气体管道、压力调节器、阀门和流量控制设备等，相关约束通常包括管道氢流约束、加压站约束和节点氢流平衡约束。

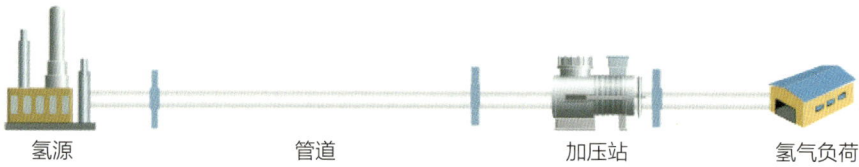

图 4.21　氢气系统示意图

### 1. 管道氢流模型

管道氢流模型可以借鉴管道气流模型，采用 Weymouth 稳态气流方程来表示管道氢流大小与管道两端节点的气压的关系，并且通过增量分段线性化的方法将非线性的 Weymouth 方程线性化。此外，还应限制管道氢流流量在允许的上下限范围内。

### 2. 加压站

氢气系统的加压站功能同天然气系统加压站功能一致，包含调压和分配两个方面。对于调压，高压氢气更容易在管道中输送，输送过程中的能量损耗也更少，加压站确保氢气在管道系统中以所需的高压传输；对于分配，加压站还可以用于氢气的质量控制，确保分配给用户的氢气符合特定的质量标准和规范。

### 3. 节点氢流平衡

节点氢流平衡对氢气系统的稳定和可靠运行同样至关重要。氢气在氢网各个节点处应满足氢流的连续性方程，即从氢源和氢气管道流进某一节点的全部氢气量与该节点流出的氢气量包括流入氢气管道及氢气负荷需求之和相等。

## 4.7.2.5　能源集线器

区域综合能源网络中的电、热、气、氢网由能量枢纽中的燃气热电联产、电解水制氢和电锅炉耦合。燃气热电联产从区域天然气系统中获得燃料，可同时输出电能和热能。电锅炉是一种通过消耗电能产生热能的清洁热能技术，作为可转化负荷。电解水制氢装置可以通过电能驱动将水分解成氢气和氧气。除了能量枢纽中的负荷转化外，还进一步引入了蓄电池和蓄热罐来实现负载转移，作为可平移负荷。由于能源系统的互联互通，储能的灵活调控将更加有意义和突出。

### 4.7.3　多能网络协同规划

电力网络、热力网络、天然气网络和氢气网络的协同规划旨在最大化能源系统的效率、可靠性和可持续性。当前多能网络协同大多局限于两种能源形式之间，比如电热、电气和电氢协同规划，但是随着能源低碳化、系统智能化的发展，传统两种能源形式协同规划已不能满足能源发展需求，而电热气氢多能网络协同规划则有必要且有能力实施。

在电热气氢多能网络协同规划过程中，应明确规划的边界、条件和约束。就规划边界而言，应明确协同规划的区域范围和时间范围；就规划条件而言，应知晓各种能源类型的资源禀赋情况、负荷需求情况、现有基础设施建设情况以及能源市场政策等；就规划约束而言，经济性约束、技术约束、环境约束和社会约束均需考虑在内。

综上所述，电热气氢多能网络协同规划应按以下步骤实施：

（1）数据收集和分析。收集和分析有关能源需求、资源、基础设施、政策等方面的数据。

（2）需求预测与资源评估。预测未来的能源需求，包括电力、热能、天然气和氢气；评估各类能源的资源禀赋，包括可再生能源、自然气源和氢气生产潜力。

（3）网络建模与规划优化。建立电力、热力、天然气和氢气网络的模型，以确定其互联和交互；利用模型进行规划和优化，以满足需求、提高效率和降低成本。

（4）跟踪监控和调整。持续监控能源网络的运营，根据需求变化和新技术的出现进行调整。

具体方法见附录 E。

## 4.8　规划方案的综合评价

为对已有待选方案进行客观、全面的比较和评估，本节首先介绍综合评价体系的构建原则，并基于所提出的构建原则提出规划方案评价指标体系；然后，建立基于综合赋权评价法的电力系统规划方案综合评价模型，选择出满足能源需求、经济效益最大化和环境影响最小化的电力系统规划方案。具体评价方法见附录 F。

## 4.8.1　指标体系的构建原则

评价体系是由多个相互联系、相互作用的评价指标按照一定的层次结构组成的有机整体，是联系规划评价方案与规划方案的桥梁。只有建立科学合理的评价指标体系，才能得出科学公正的综合评价结论。在建立新型电力系统规划方案评价指标体系时，各指标应尽可能全面地反映系统规划的需求，指标体系的构建应遵循如下基本原则[1]。

### 1. 整体性原则

评价体系应该涵盖待评价规划方案所需的基本内容，能够准确地反映规划方案的全部必要信息。

### 2. 独立性原则

评价体系要层次清晰、简明扼要。每个指标要内涵清楚，相对独立，避免重复性指标。

### 3. 可操作性原则

评价指标计算所需的数据原则上应该从现有统计指标中产生，或者可以根据现有统计指标通过计算得到。

### 4. 可量化原则

为了避免定性评价带来的主观性、模糊性，评价指标要尽量可以量化计算。对于某些难以量化且十分重要的指标，可以利用专家经验给出定性评价值，实现定性与定量相结合。

## 4.8.2　评价体系与关键指标

基于综合评价体系的构建原则，本节从充裕性、安全性、可靠性、经济性和环保性五个维度构建新型电力系统规划方案评价指标体系，指标体系整体框架图如图 4.22 所示。

---

[1] 程浩忠，王智冬，张宁，等. 高比例可再生能源并网的输电网规划理论与方法［M］. 北京：科学出版社，2021.

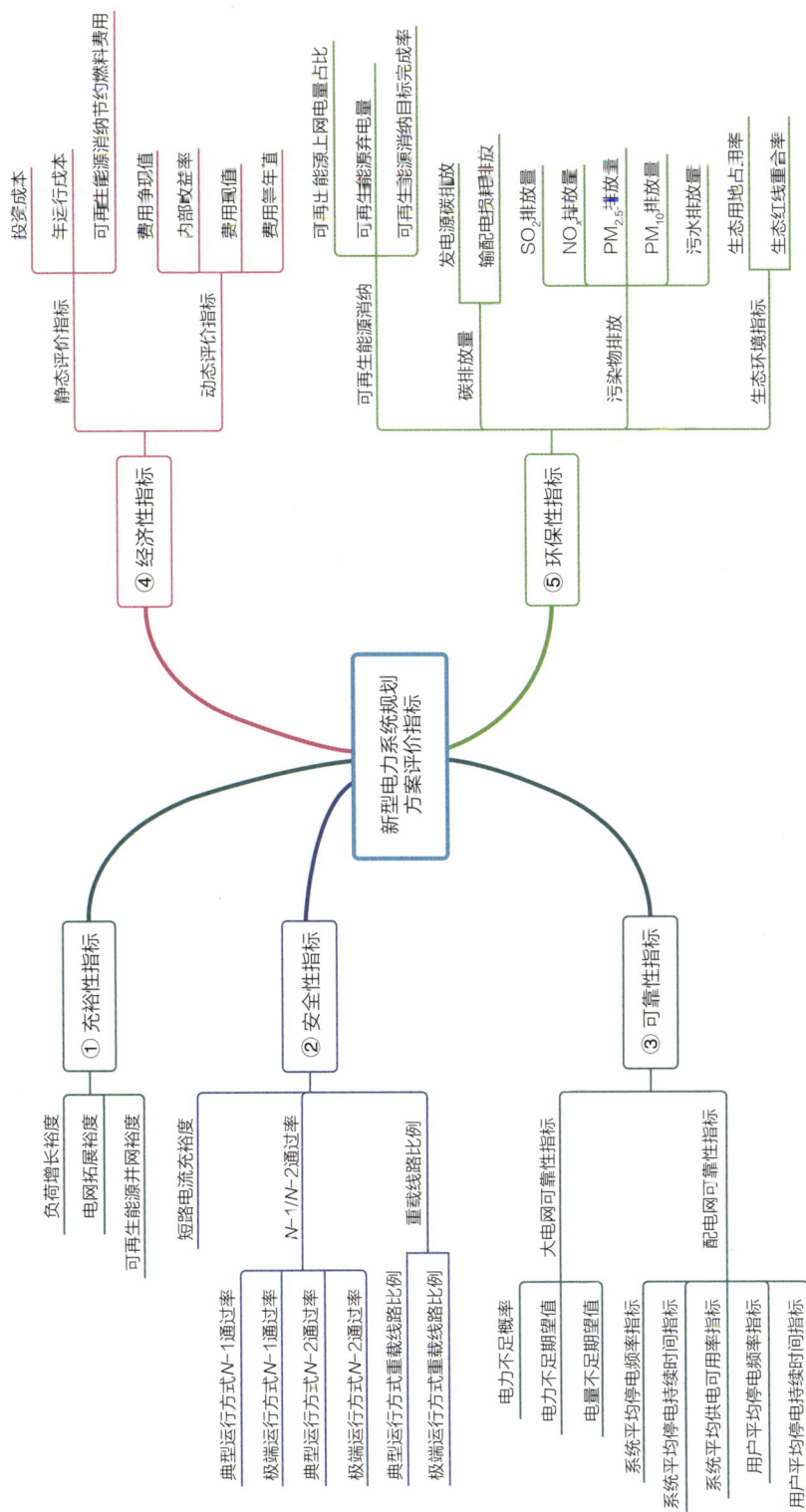

图 4.22　新型电力系统规划方案评价指标体系

### 4.8.2.1　充裕性指标

新型电力系统规划设置充裕性指标是为了确保电网能够满足未来电力供应需求，提供一定的冗余能力以应对突发情况和意外事件。

（1）**负荷增长裕度**。指在保障网络正常运行、输电线路容量不越限情况下所允许的最大增加负荷，具体等于系统允许供应的最大负荷与现有电网规划方案下系统的基础负荷之差。

（2）**电网扩展裕度**。指电网中各节点最大允许新增的出线数之和与最大允许出线数之和的比值。

（3）**可再生能源并网裕度**。指在现有电网规划方案下，还可接纳的可再生能源最大并网容量。

### 4.8.2.2　安全性指标

新型电力系统规划设置安全性指标的目的是评估系统承受预想事故和潜在风险的能力，以保障规划方案的安全可靠。

（1）**短路电流充裕度**。短路电流充裕度指标是衡量电网短路电流合理性的重要指标，具体表达式为

$$短路电流充裕度 = \frac{1}{N}\sum_{i=1}^{N}\left(1 - \frac{I_i^{\max}}{I_i^{e}}\right) \tag{4-1}$$

式中：$I_i^{\max}$ 表示母线 $i$ 的三相最大短路电流；$I_i^{e}$ 表示母线 $i$ 的断路器额定开断电流。

（2）**$N-1$、$N-2$ 通过率**。$N-1$ 和 $N-2$ 通过率指标主要来校验电网结构强度和运行方式是否满足安全运行要求，确保即使在系统的某个重要元件出现故障时，仍能够保持电力供应。$N-1$ 和 $N-2$ 通过率定义为满足 $N-1$、$N-2$ 校验的设备数量占总校验设备比例。

（3）**重载线路比例**。重载线路比例是衡量潮流分布的合理性的指标，定义为给定场景下重载线路数与线路总数之比，具体包括典型运行方式和极端运行方式的重载线路比例。

### 4.8.2.3　可靠性指标

新型电力系统规划设置可靠性指标的目的是确保电力系统具备足够的容量和备用能力，以应对电力需求的变化和突发事件的发生，从而保障电力的稳定供应[1]。

（1）大电网可靠性指标。

1）电力不足概率（LOLP）。指在一定时间段内，由于电力系统无法满足负荷需求而造成用户停电的概率，具体表达式为

$$LOLP = \sum_{i \in F} \frac{t_i}{T} \qquad (4-2)$$

式中：$F$ 表示有负荷缺额的系统状态集合；$t_i$ 表示状态 $i$ 的持续时间；$T$ 表示所研究的时间段长度。

2）电力不足期望值（LOLE）。指一定时间段内出现负荷缺额故障的期望时间，具体表达式为

$$LOLE = 8760 \times LOLP \qquad (4-3)$$

3）电量不足期望值（EENS）。表示在一定时间段内，由于供电不足造成用停电所损失电量的期望值，具体表达式为

$$EENS = \frac{8760}{T} \sum_{i \in F} C_i t_i \qquad (4-4)$$

式中：$C_i$ 表示状态 $i$ 的负荷缺额量。

（2）配电网可靠性指标。

1）系统平均停电频率指标（SAIFI）。指每个由系统供电的用户在单位时间内所遭受到的平均停电次数，具体表达式为

$$SAIFI = \sum_i \lambda_i N_i \Big/ \sum_i N_i \qquad (4-5)$$

式中：$N_i$ 表示负荷点 $i$ 的用户数；$\lambda_i$ 表示负荷点 $i$ 的故障率。

2）系统平均停电持续时间指标（SAIDI）。指每个由系统供电的用户在一年中所遭受的平均停电持续时间，具体表达式为

---

❶ 王锡凡. 电力系统规划基础［M］北京：中国电力出版社，1994.

$$\text{SAIDI} = \sum_i U_i N_i \bigg/ \sum_i N_i \qquad (4-6)$$

式中：$U_i$ 表示负荷点 $i$ 的等值平均停电时间。

3）系统平均供电可用率指标（ASAI）。指一年中用户获得的不停电时间总数与用户要求的总供电时间之比，具体表达式为

$$\text{ASAI} = \left(8760\sum_i N_i - \sum_i U_i N_i\right) \bigg/ 8760\sum_i N_i \qquad (4-7)$$

4）用户平均停电频率指标（CAIFI）。指一年中每个受停电影响的用户所遭受的平均停电次数，具体表达式为

$$\text{CAIFI} = \sum_i \lambda_i N_i \bigg/ \sum_{j \in R_{\text{eff}}} N_j \qquad (4-8)$$

式中：$R_{\text{eff}}$ 表示受停电影响的负荷点的集合。

5）用户平均停电持续时间指标（CAIDI）。指一年中被停电的用户所遭受的平均停电持续时间，具体表达式为

$$\text{CAIDI} = \sum_i U_i N_i \bigg/ \sum_i \lambda_i N_i \qquad (4-9)$$

#### 4.8.2.4　经济性指标

新型电力系统规划设置经济性指标的目的是分析待选电网规划方案在经济上是否合理，以确保投资项目的经济有效性。

（1）**静态评价指标**。静态评价指标在评选电网规划项目投资的经济效益时不考虑资金的时间价值。

1）**投资成本**。待评价规划方案所需的投资成本费用。

2）**年运行成本**。待评价规划方案下全年的系统发电运行费用与维护费用之和。

3）**可再生能源消纳节约燃料费用**。可再生能源消纳节约燃料费用指标来衡量可再生能源消纳带来的经济效益。

（2）**动态评价指标**。动态评价指标在评选电网规划项目投资的经济效益时考虑资金的时间价值。

1）**费用净现值**。电网规划项目的净现值（NPV）是该项目在使用寿命期内总收益和总费用现值之差。设有 $m$ 个互斥的投资方案，在其他条件可比的情况下，应推荐净现

值最大的方案，具体表达式为

$$\max \text{NPV}_j = \sum_{t=0}^{N}\left[(B_{j,t} - C_{j,t} - K_{j,t})(P/F,i,n)\right] \qquad (4-10)$$

式中：$i$ 表示利率或贴现率；$B_{j,t}$ 表示方案 $j$ 在第 $t$ 年的收益；$C_{j,t}$ 表示方案 $j$ 在第 $t$ 年的年运行费用；$K_{j,t}$ 表示方案 $j$ 在第 $t$ 年的投资；$n$ 表示方案 $j$ 的经济使用寿命或使用年限。

2）内部收益率。内部收益率表示电网规划项目计算期内投资方案净现值为 0 的折现率，具体表达式为

$$\text{NPV}_j = \sum_{t=0}^{N}\left[(B_{j,t} - C_{j,t} - K_{j,t})(P/F,i_j^*,n)\right] = 0 \qquad (4-11)$$

3）费用现值。由于在某些项目经济评价时，会遇到收益难以计算的情况，从而难以使用费用净现值或内部收益率进行经济评价。最小费用法只比较工程项目费用即最小化费用现值，具体表达式为

$$\min \text{PVC}_j = \sum_{t=0}^{N}\left[(C_{j,t} + K_{j,t})(P/F,i,n)\right] \qquad (4-12)$$

4）费用等年值。费用等年值将电网规划项目使用期内的投资费用换算成等额的每一年的等价费用，具体表达式为

$$\min \text{AC}_j = \left[\sum_{t=0}^{n}(C_{j,t} + K_{j,t})(P/F,i,t)\right](A/P,i,n) \qquad (4-13)$$

### 4.8.2.5　环保性指标

新型电力系统规划设置环保性指标的目的是衡量不同规划方案对环保性的影响。

（1）可再生能源消纳。主要评估不同方案对于可再生能源的接纳能力，具体包括：

1）可再生能源上网电量占比。定义为可再生能源上网电量与电网总发电量之比。

2）可再生能源弃电量。指可再生能源发电装机容量在某一时间段内产生的电力中，因为各种原因没有得到充分利用而被弃掉的电量。

3）可再生能源消纳目标完成率。定义为最大可再生能源消纳量与既定的可再生能源消纳目标之比。

（2）碳排放量。主要包括发电源碳排放、输配电损耗碳排放等。

1）发电源碳排放。待选电网规划方案下电源发电造成的碳排放。

2）**输配电损耗碳排放**。指电力输送和配送过程中，由于输电线路、变压器等设备的损耗以及供电过程中的能量转换损耗导致的碳排放。

（3）**污染物排放**。电网运行过程中会产生各类污染物，因此需要对各类污染物的排放量进行评估，具体包括：① $SO_2$排放量；② $NO_x$排放量；③ $PM_{2.5}$排放量；④ $PM_{10}$排放量；⑤ 污水排放量。

（4）**生态环境指标**。主要用于评估电网规划项目建设过程中对生态环境产生的不良影响，具体包括：

1）**生态用地占用率**。生态用地占用率是指在一个区域内，生态用地的实际占用面积与总体生态用地规划面积之比。

2）**生态红线重合率**。生态红线重合率是用来评估一个区域或项目提案与生态红线的一致程度或重叠程度的指标，具体等于重合区域面积与评估区域面积之比。

# 4.9  小    结

本章基于对传统电力系统规划流程和新型电力系统新特性及发展趋势分析，提出了新型电力系统规划的目标和源网荷储协同规划方法的总体框架。在新的框架内从全尺度电力电量平衡分析方法入手，详细叙述了清洁能源开发规划、区域及跨区输电网规划、多能流协同综合能源网络规划方法。最后提出了规划方案的综合评价方法。

随着新能源并网比例的持续提高，新型电力系统规划将逐步呈现出电力与气象协同、源网荷储各环节协同、冷热电气氢多能协同、电－碳协同等方面的发展趋势，规划方法将体现出从传统确定性规划向概率化规划转变、从传统基于模型的规划方法向数据与模型混合驱动的规划方法转变、从传统同质化规划向精细化和差异化规划转变、从传统典型日/年规划向多时间尺度规划转变、从传统能源网络规划向能源与信息网络协同规划转变、从传统一次系统和零散二次系统规划到能源数据网协同规划转变的特征。在新型电力系统新特性的影响下，新型电力系统规划的目标将呈现出充裕性、安全性、经济性和低碳化相协调的新特点，保障新型电力系统的安全经济运行。

新型电力系统规划技术的关键变革是要在源网荷储的总体框架下开展规划，实现源源互补、源网协调、源储互补、源荷互动和网荷储互动，提高系统的灵活性和可调节性，在安全经济的前提下有效应对新能源大规模开发接入带来的供需平衡问题。在总体框架内分步骤实现全尺度电力电量平衡分析、清洁能源开发规划、区域及跨区输电网规划、多能流协同综合能源网络规划等规划任务。

**全时间尺度、概率化电力电量平衡分析。** 传统基于典型日的电力电量平衡分析方法难以反映新型电力系统电源和负荷侧的不确定性。一方面，采用小时级或更精细时间分辨率的时序生产模拟方法，以"全时间尺度的时序平衡"代替"时间断面平衡"作为电力电量平衡的结果。另一方面，充分重视新能源出力的不确定性，将置信度纳入电力电量平衡分析，在全时间尺度上统筹考虑电力不足事件的严重程度及出现的可能性，以降低"电力不足期望"作为制定平衡方案的目标，并将需求侧的可调节能力作为与电源同样重要的平衡资源。

**清洁能源开发规划。** 基于水能、风能、太阳能等清洁能源的资源特点，引入多种类型的资源分析技术，建立全球清洁能源资源开发分析平台（GREAN），通过构建全球资源–地理–社会全景式基础数据库以及多维度评价体系与精细化数字评估模型，实现对任意选定区域的水、风、光清洁发电资源的理论蕴藏量、技术可开发装机、开发成本等关键指标的系统测算与特性分析，支撑大型清洁能源基地开发和分布式电源开发规划。并综合考虑各类电源的运行特点，提出水风光协同规划模型，全面支撑新型电力系统的清洁能源供应。

**区域及跨区输电网规划。** 传统的电力系统规划中电源规划和电网规划往往独立进行，新型电力系统中新能源大规模接入，电源规划与电网规划之间的不协调和不匹配问题逐步凸显，需要考虑高比例新能源的并网以及交直流电网混联对电力系统的影响，实现网源协同规划。面向系统特性要求，将各类电源的新特性引入电网规划，基于全尺度电力电量平衡结果，提出构建交直流混联电网的规划方案。面向大尺度规划要求，基于清洁能源分布和基地开发规划结果，全面考虑其他电源和灵活性资源的空间分布和特性要求，形成跨区输电通道的规划结果，支撑大规模清洁能源的开发消纳。

**多能流协同综合能源网络规划。** 在能源供应侧，多品种清洁能源大规模接入新型电力系统；在能源消费侧，用户用能需求多样化发展的趋势也逐渐显著，单一能源网络形态将逐渐向多能融合的趋势发展。未来电网、气网、氢网、热网等供能网络相互融合，将实现多种能源的传输、分配与转换。通过建立电、热、气、氢各类能源设备和能源网络模型，构建多能流协同优化规划方法，即可提出多能流容量优化配置和网络扩展规划方案。

基于源网荷储协同规划总体框架形成的不同尺度规划方案，本章通过建立综合评价体系，实现对已有待选方案进行客观、全面的比较和评估。基于整体性、独立性、可操作、可量化原则，评价体系提出了包含充裕性、安全性、可靠性、经济性和环保性五个维度的指标体系，在总结主观赋权法和客观赋权法特点的基础上提出了适用于新型电力系统规划方案综合评价的综合赋权评价法。

# 5

# 新型电力系统运行控制

　　随着电力系统清洁转型的不断推进，风电、光伏等新能源逐渐占据主体地位，新型电力系统的运行控制思路、方法、技术相较于传统电力系统都将发生重大的转变。本章重点分析新型电力系统运行控制在不同时间尺度下的新挑战和新问题，从调度计划和运行方式安排、有功无功控制、安全稳定控制策略等方面研究如何适应高比例新能源发电、高比例电力电子设备接入的新形势，并提出关键技术的发展方向。

# 5.1 电力系统运行的内涵、现状与趋势

## 5.1.1 电力系统运行的内涵

电力系统是迄今为止人类构建的最复杂最庞大的有机协调系统，运行特性十分复杂，为了驾驭电力系统，在生产实践中逐步发展出了电力系统的特性认知、运行控制和故障防御三大体系。**特性认知**体系聚焦于理解、认知和分析系统的特性，制定系统运行的安全边界；**运行控制**体系对系统的运行工作状态进行决策，维持系统运行在特定的安全边界以内，应对负荷、风电光伏等电源出力的波动变化；**故障预防**体系负责部署暂态稳定措施，确保系统在受到故障异常扰动后能够继续保持稳定。

电力系统运行控制的内涵是在调度统一指挥下，控制调整源网荷储各类设备状态，保障系统有功功率和无功功率的实时平衡，维持频率、潮流、电压等各项参数在安全范围内，实现系统安全、经济、高效运行的过程。电力系统运行控制体系在特性认知体系划定的安全边界内运作，以故障防御体系构筑的防线为安全保障，是电网日常运行中的核心环节。

在长期的实践中，电力系统运行控制体系形成了"**运行预安排 + 实时控制**"的业务模式。运行预安排就是在满足安全约束的前提下，综合考虑一次能源、市场机制、检修计划等因素，预先对系统状态和运行方式进行安排，包括负荷预测、新能源出力预测、常规机组开机安排、输变电设备检修计划等；并根据可能出现的故障、异常情况制定应对方案，包括安全稳定分析、设备（断面）极限制定、事故预案制定等。实时控制就是针对电力系统实际的运行状态与预先安排方式之间的偏差，不断调整电网运行状态，确保系统在预先安排的安全边界之中，包括有功无功调节、在线分析及决策、设备运行状态调整操作以及故障后应对等。电力系统运行控制的总体流程如图 5.1 所示。

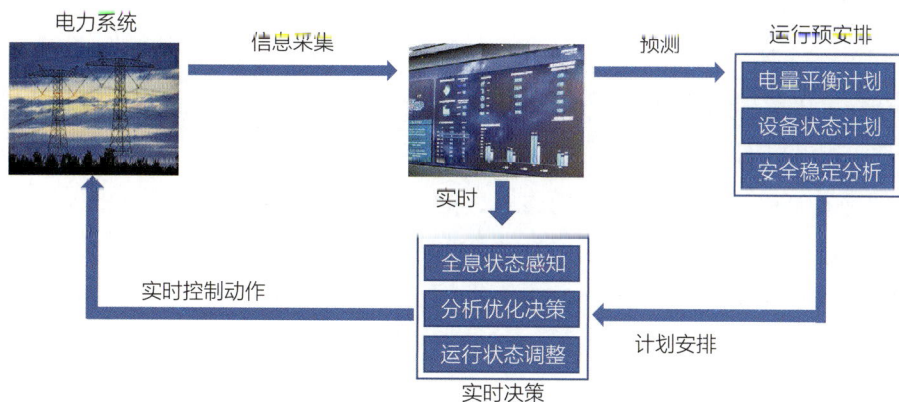

图 5.1　电力系统运行控制的总体流程

## 5.1.2　运行控制的现状与趋势

电力系统运行控制技术是保障电力系统安全稳定运行的核心基础，主要包括调度计划与运行方式安排、有功与无功调节、暂态安全稳定控制等方面。

运行方式安排方面，电力系统的运行方式、发电计划、检修计划等具有分时间尺度特征，如年度、月度、日前等。制定不同时间尺度方式、计划时考虑的输入边界条件、重点关注问题、分析计算模型和输出安排结果有所不同。通常，上层方式安排结果为下层方式提供边界输入条件。传统电力系统中的不确定性主要来自用电需求的变化和突发的设备故障等，相对可控。因此可以采用最大（最小）负荷、丰期枯期等特殊情况下的典型运行方式作为安全边界，加上考虑一定的备用应对特殊情况进行运行方式的预安排，确定机组发电计划、设备检修安排、故障应对措施等。随着新能源渗透率的提高，系统中的不确定性因素更多，运行场景和安全边界更加复杂，方式预安排时需要考虑的因素也越来越多。例如如何考虑风光发电出力的可信度、需求侧响应的潜力等。

有功无功调节控制方面，传统电力系统采用"源随荷动"模式，以电源的调节能力覆盖系统的有功无功变化，保障负荷侧的用电需求。有功调节一般以常规可调节机组为主参与自动发电控制（automatic generation control，AGC），随着新能源渗透率的提高，系统中火电等常规电源占比不断下降，调频资源和调频需求之间的缺口越来越大。目前，中国国家标准已经明确要求并网的大型新能源场站具备快速控制自身有功功率、提供惯量响应和一次调频等功能❶。新能源场站主要通过配置储能等措施实现有功控制，直流换流器等也可增加频率控制策略参与调节。除此之外，大量的分布式资源也可通过聚合控制参与电网的有功控制，实现"集中式＋分布式"的协同控制。无功控制方面，仍然遵循就地补偿、分层分区平衡的原则，通过自动无功控制系统（automatic voltage control，AVC），实现场站级、系统级不同层面的无功控制。目前，除常规同步机组外，系统中还部署了大量其他无功调节设备，如电容器、电抗器、动态无功补偿装置、调相机等，未来应挖掘更多的电力电子设备的无功调节潜力，例如新能源机组、储能设备的换流器等。

安全稳定控制方面，传统电力系统主要根据典型方式下发生严重故障、扰动后能够保持稳定运行作为安全边界，相应制定安全稳定控制措施。高比例电力电子设备接入后，除对功角稳定、频率稳定和电压稳定等传统稳定问题的影响产生变化外，还可能引发宽频振荡等新型稳定问题，需要研究相应的影响机理并在此基础上提出稳定控制策略。另外，新能源渗透率提高后带来的主要变化是运行场景数量骤增，导致传统的基于典型运行方式的安全稳定分析方法难以清晰确定系统的安全运行边界。安全稳定分析需要从离线向实时在线转变，需要研究探索引入机器学习的方法，提高稳定分析与控制的效率。控制对象方面，未来应研究如何发挥电力电子装置（如新能源变流器、储能变流器、直流逆变器等）的快速控制特性，以及海量分布式资源的调节特性，以提升新型电力系统的稳定性水平。

总的来说，针对新型电力系统特点，未来应探索构建一套全新的运行控制技术体系，实现从确定性决策向概率化决策转变、集中式控制向"集中＋分布式"控制转变、模型驱动向模型数据联合驱动转变。

## 5.2  新型电力系统运行控制的特征挑战与措施

随着新能源渗透率进一步提高，多类型新型负荷的接入，新型电力系统在运行预安排和实时控制环节都存在新的发展趋势，面临新的挑战，主要包括新能源发电出力的预

❶《风电场接入电力系统技术规定》（GB/T 19963.1—2021）、《光伏发电站并网运行控制规范》（GB/T 33599—2017）等。

测、新型负荷需求预测、高比例电力电子设备接入带来的有功无功和稳定性控制问题，未来电力系统运行控制的发展方向要通过新方法、新技术解决上述新挑战。

## 5.2.1 运行方式预安排

电力系统运行预安排的趋势与挑战主要包含新能源功率预测、负荷预测、运行方式分析三个方面。

### 5.2.1.1 新能源功率预测

提高新能源功率预测特别是中长期预测的精度对于运行方式安排的准确性至关重要。目前，新能源功率预测存在随着预测时间尺度延长预测精度逐步下降的问题，短期预测准确率较高，长期预测准确率较低。新型电力系统的运行控制能力想要进一步提升，新能源功率预测体系是基础，未来新能源作为电量主体的新型电力系统中，新能源预测体系是电力供给能力大小和供需平衡的基础。目前我国新能源功率预测体系已初步建立，但在中长期出力预测、分布式光伏预测、极端气象的爬坡预测等仍然存在一定不足和缺失。提升新能源预测体系预测精度面临以下挑战：

（1）**不确定性挑战**。新能源预测受很多不确定因素的影响，如天气变化、设备故障和运行情况、政策变动以及市场波动和需求变化等多个因素。天气是影响光伏和风电产量的主要因素。然而，天气变化是难以预测的，可能出现异常或突发性的气象事件，这使得精确预测发电量变得困难，需要依赖可靠的气象数据和强大的气象模型来更好地了解天气对能源系统的影响。同时，设备故障是影响新能源发电量的另一个重要因素，设备故障会导致生产异常，影响发电量的稳定性和可预测性。并且新能源市场受到市场波动和需求变化的影响。能源的需求、市场的竞争等都可能导致能源价格波动，从而影响新能源的开发和利用。

（2）**多元数据挑战**。新能源系统中涉及的数据种类繁多，包括气象数据、光伏数据、风电数据等。这些数据在不同时空尺度下呈现出不同的特点和变化规律，预测模型需要综合利用这些数据来提高预测精度。同时，数据的质量和实时性也会对预测结果造成影响，需要通过数据清洗和优化来提高数据的质量。有效整合和处理这些多元数据的挑战是提高预测精度的关键。

（3）**建模复杂性挑战**。新能源系统具有分布式、多源、多能互补的特点，涉及多个物理环节和多个变量因素之间的相互作用和影响。同时，实际运营过程中还受到政策、市场、技术等多个方面的制约和影响。其预测模型需要适应不同的建模复杂性，需要考虑到能源设备特性、能源转换效率以及能源网络拓扑等复杂因素，增加了预测模型的复杂性和难度。

### 5.2.1.2　负荷预测

新型负荷的不断涌现，引起负荷特性变化明显。随着新型负荷规模的扩大，未来负荷预测不仅需要预测功率需求，还需要挖掘其可调节能力。新型电力系统发展过程中，伴随能源消费电气化转型，各类新型负荷将迅猛增长，未来将成为用电负荷的重要组成部分，如交通领域的电动汽车充电负荷、制热制冷类温控负荷、工业产业链的电制氢负荷等。这些负荷除用电特性与传统负荷有所不同外，还存在可中断、可调节等优势，其预测和调节特性分析成为未来新型电力系统优化规划、优化运行的重要环节。通过精准负荷预测和调节特性分析可以显著提高新型电力系统新能源发电渗透率和电力保供能力，社会、经济效益显著。

同时，新型电力系统负荷预测面临着诸多挑战，包括：分布式发电影响系统或母线负荷的内在特性，导致预测难度增大；电动汽车充、放电行为使得电动汽车兼具负荷与储能装置的双重属性，且它的可移动性使其充电负荷具有时间与空间的随机性和不确定性，从而加剧电动汽车充放电负荷预测的难度；随着能源互联网的快速发展，电、氢、气、冷、热多种负荷之间深度耦合，综合能源系统多元负荷预测建模更加复杂。

### 5.2.1.3　运行方式分析

新型电力系统中，依然会沿用分时间尺度制定电网运行方式、发电计划、检修计划的基本框架，但运行方式安排的内容以及侧重点将发生变化。

（1）**分析方法从"确定性"向"概率化"转变**。传统电力系统不确定性因素较少，电源出力高度可控，负荷变化呈现明确周期规律，采用确定性分析方法即可很好地满足工程应用需求。由常规机组留取确定比例的备用容量能有效保障电力供应和应对设备故障等突发事件。备用容量留取的比例隐含了系统供电可靠性的要求，如日本、英国及其他一些欧洲国家的备用容量留取对应的失负荷概率指标在 0.1～0.4 天/年范围。对于新能源占主体的新型电力系统，风/光发电出力的强不确定性导致确定性分析方法无解或得到的解经济性差，因此需引入概率性分析方法，充分反映系统的不确定性。

（2）分析场景从典型情况向复杂多场景转变。传统电力系统仅需以最大负荷、最小负荷等极端方式作为典型场景，保证电源发电能力大于用电需求并考虑应对可能发生的故障异常，即可确定系统安全运行的边界。随着新能源渗透率不断提高，电源发电能力变化剧烈，系统供需平衡情况不仅仅由负荷决定，难以确定典型的运行方式，待分析场景复杂多变，对计算量和计算时效都有更高的需求。

（3）不同时间尺度的运行方式从"相对独立"向"耦合协调"转变。传统电力系统中，火电等传统电源在各种时间尺度上均具有较强的可调节性，从而可忽略时序耦合特性，按时间断面独立分析电力平衡、潮流分布和稳定特性，长时间尺度的方式安排和计划结果形成短时间尺度调度决策的边界。但随着火电装机的减少，储能受制于先储后放的特性，而各环节可调资源的调节能力时序耦合特征明显，前序时刻的决策状态将会影响后续时刻的可调节范围，从而产生了多时间尺度的协调平衡问题。在长时间尺度的方式计划安排中还需要考虑短时间尺度的调节资源。

（4）可调节资源从传统常规电源扩展到源荷储多方面。传统电力系统通过可调节电源功率输出的变化单向跟踪负荷变化，保证系统电力电量平衡。对于新能源占主体的新型电力系统，风、光电源在一定条件下也需要实现主动调节，需求侧将有相当比例的新型可调节负荷参与调节响应，此外还有丰富的储能资源参与平衡，源荷储实现多向互动。在此情景下，需要统筹考虑各方面资源，合理制定运行方式和调度计划。

### 5.2.2　实时控制

随着新型电力系统的构建，系统的物理基础发生了深刻变化。电源侧新能源占比不断提高，接入的位置愈加远离负荷中心或深入更低电压等级，系统波动性增强；电网侧大型能源基地向负荷中心送电距离远、规模大，交直流混联大电网和有源配电网协同发展；负荷侧能源消费高度电气化，电动汽车等交互式用能设备和分布式电源大量接入；

储能侧抽水蓄能和新型储能快速发展，广泛分布在源网荷各环节。源于这些变化，新型电力系统的运行控制面临多方面挑战。

（1）**控制原理和控制对象发生深刻变化。**同步发电机组被新能源、直流等电力电子设备大量替代，电力系统同步运行机理在机械－电磁耦合基础上增加电力电子器件开关控制，电磁暂态特性对系统产生深刻影响。电源侧控制对象主体由同质化的常规发电机组变为异构的新能源机组，控制内容从励磁机、调速器转向锁相环、内外环控制等；负荷侧随着分布式电源、电动汽车、虚拟电厂等交互式主体在配网大量涌现，配网对大电网平衡与稳定产生深刻影响，当前配网电源的信息感知和控制还存在盲区。

（2）**控制规模呈现指数增长，控制目标复杂多元。**新能源机组单机容量小、地理位置分散，配网侧涌现海量可控对象，总体控制规模呈指数级增长，监视、控制及管理难度大幅提升。新能源出力随机波动、不可调节，传统的"源随荷动"平衡模式将向"源荷互动"转变，同时电力市场在资源配置中发挥决定性作用，省级电网对跨区跨省电力的依赖程度显著提升，要求实施全网统一平衡和统一控制，在保安全、保供应的传统目标基础上，新增促转型、促消纳和建市场等多重目标。

（3）**控制因素趋向多维耦合，控制范畴需要大幅扩展。**中国能源与需求逆向分布，需要采用"新能源基地＋特高压外送"的开发模式，交直流、送受端相互影响，直流与新能源相互作用，电网稳定特性极为复杂。为此，运行中需要对交直流输电功率、新能源出力、常规电源开机等因素进行多维耦合控制，不同区域电网之间的情况也需要统筹考虑。同时，系统运行与一次能源、气象环境等外部因素耦合增强，多能互补、能源互联将控制对象的边界由电力系统推向整个能源网络，物理－信息－社会系统将控制视野拓展到更丰富的层次。

为保障新型电力系统电力可靠供应与安全稳定运行，需要通过技术手段解决上述挑战，着力拓展控制对象、丰富控制手段、统筹控制目标，破解"不好控""控不好"的难题。

（1）**丰富控制手段，开拓基于电力电子控制的稳定支撑。**新型电力系统的频率、电压、功角稳定问题仍是基础性稳定问题，系统惯量、调节、支撑能力仍是维持稳定的基本要素。需要充分发挥电力电子器件的可塑性，通过技术创新为系统提供必要的稳定支撑。

（2）**拓展控制对象，向配网延伸控制"神经末梢"。**将接入配网的分布式光伏、储能、电动汽车等资源纳入运行控制成为刚需，建立通信网络通道是实施控制的前提。目前配网信息采集的几种通信方式都存在不同程度的短板，需要研究构建配网实时感知的通信及网络基础，实现变电站"墙外"配网海量受控对象的有效感知与控制。

（3）提升运行控制智能化水平，强化全景全频段感知分析。依托大数据、云计算、人工智能、区块链等先进技术，综合运用全网控制资源，协调多种控制目标，实现科学高效规范的运行预安排和精准协同灵活的实时控制。融合外部气象环境等信息，实时感知全电压等级、全频段状态，统一汇聚分析，并按需订阅、推送给各级控制决策者。通过在线电磁暂态仿真准确评估系统动态特性通过电网广域测量系统（wide area measurement system，WAMS）给出基于量测的系统稳定态势评估，提供辅助决策。

（4）统筹控制目标，实现全网多级高效、协调、一体化分析控制。综合考虑一次能源供应、负荷及新能源预测、市场交易等信息，基于"统一平台、统一模型、统一数据"的未来态运行模拟分析，在年、月、周、日前、日内等多时间尺度上实现全网一二次能源综合平衡分析及优化。应对极端天气与新能源出力大幅变化，统筹全网资源，统一控制决策、分级协同实施。研究配网分布式资源自适应控制、汇聚控制能力，实现海量异构对象的高效控制。

# 5.3　调度计划与运行方式安排

为了应对新型电力系统中新能源占比不断提升带来的挑战，需要更多考虑系统的不确定性，加强不同时间尺度调度计划和运行方式安排的耦合性，如提前开展多时间尺度调度计划优化，合理安排运行方式，包括省间及跨省跨区电网互济、省内检修计划安排和机组组合调整、应急电源开启等在内的方式安排等。同时，还要将需求侧响应等新的可调节资源纳入考虑范畴，并依托技术手段提高调控精细度，提高系统电力保供能力。

本节从调度计划与运行方式入手，介绍了考虑源荷预测的多时间尺度发电计划优化方法和电网断面稳定控制极限分析方法，提高系统保供能力。首先，为了明确新能源预测对多时间尺度调度计划的影响，讨论分析全时空广域新能源功率预测体系。其次，明确负荷侧资源在调度计划优化中的潜力，研究了新型负荷预测及调节特性。然后，考虑多时间尺度发电计划耦合和新型电力系统调度计划优化差异，提出了新型电力系统多时间尺度调度计划优化方法。最后，基于未来多时间尺度调度计划优化分析，以电网断面稳定控制极限聚类划分及分析结果应用，提出灵活多变运行方式下的电网互济能力挖潜方法。

## 5.3.1　全时空广域新能源功率预测

准确的新能源功率预测体系是提升新型电力系统的运行控制能力的基础。新能源作为电量主体的新型电力系统中，新能源功率预测是分析电力供给能力大小和实现供需平衡的前提。目前，我国新能源功率预测体系已初步建立，但在中长期出力预测、分布式光伏预测、极端气象的爬坡预测等方面仍然存在一定不足，需要通过深化技术研究或采用新技术以提升新能源预测体系整体预测精度。

### 5.3.1.1　预测水平现状

针对目前的新能源功率预测准确性，客观存在随着预测时间尺度延长预测精度逐步下降的问题，目前新能源功率预测短期准确率较高，长期准确率较低。2021 年我国省级电网风电、光伏日前电力预测准确率约为 88%、87%，电量预测准确率约为 93%、96%。在中长期方面，国网江苏省电力公司通过不断完善新能源数据中心资源监测方案，实现与省内各气象观测站的数据融合，风光资源趋势判断（中长期预测）准确率达 78%，出力高峰判断正确率达 83%。国外方面，美国新能源预测主要由能源信息管理局（energy information administration，EIA）、独立系统运营商（independent system operators，ISOs）、区域输电组织（regional transmission organizations，RTOs）开展。2018 年，根据中部大陆独立系统运营商（midcontinent independent system operator，MISO）和得克萨斯州电力可靠性委员会（the electric reliability counal of Texas，ERCOT）所提供的数据显示，MISO 和 ERCOT 日前每小时风电预测误差中位数分别为 7.1%、4.4%，平均值分别为 9.8%、5.6%，最大值分别为 62.6%、32.3%。2017 年，丹麦能源署报告表明，丹麦日前风功率预测误差在 4.5% 左右。德国弗劳恩霍夫风能与能源系统技术研究所数据显示，2010 年德国风功率预测日前误差小于 25%，下一小时误差小于 10%。至 2016 年底，德国 50Hertz

电力公司数据表明德国全网日前风电光伏功率预测均方根误差分别低于 4% 与 7%。

## 5.3.1.2　发展方向

新能源功率预测在未来需要进一步提高准确率，按照国家标准对风电光伏功率预测性能指标要求，采用开机容量为分母的计算方法，风电场超短期（第 4h）、短期（日前）、中期（第 4 日）功率预测准确率分别要求高于 87%、83%、70%；光伏电站超短期（第 4h）、短期（日前）、中期（第 4 日）功率预测准确率分别要求高于 90%、85%、75%；各时间尺度下全网风电光伏功率预测准确率要求较场站级别高 2%~5%。重点需要关注以下几方面：

（1）**中长期的新能源功率预测准确性需要进一步提高**。新能源中长期可用电量预测的偏差会使得月度结算收益难以与月度调度计划相匹配，从而影响市场交易执行的准确性和经济性❶。天气预报的长期精确预测难度较大，短时间内难以取得重大突破，因此新能源的功率长期预测基本无法实现物理建模，主要通过时间序列法进行预测。这种预测方法需要大量的数据积累，将地理气象特征和风电、光伏的出力关联起来，为没有大量历史数据积累的新发电厂的出力预测提供数据基础。

（2）**需要加强分布式发电的功率预测**。随着分布式发电规模的增大，从电网运行控制的角度看，相当于用电负荷的特性发生重大变化。以加州电网为例，由于分布式光伏的大量接入，导致中午时段的净用电需求减少，日落时急剧增加，因负荷曲线与鸭子形状相似而提出了"鸭子曲线"的概念。随着分布式光伏进一步增加，鸭子肚子越来越深，脖子每年都变得越来越陡峭和更长，净负荷鸭子曲线已经加剧成峡谷曲线，如图 5.2 所示。因此，分布式发电的预测对于准确反映系统特性具有重要作用。

分布式光伏因其可观、可测、可控性差，在分布式光伏出力预测时缺乏样本数据进行模型训练❷❸。针对这一现象，分布式光伏功率预测一般采取机器学习方法和网格化方

❶ 刘大贵，王维庆，张慧娥，等. 基于隐马尔科夫修正的光伏中长期电量预测及调度计划应用［J］. 高电压技术，2023，49（02）：840-848.

❷ 乔颖，孙荣富，丁然，等. 基于数据增强的分布式光伏电站群短期功率预测（一）：方法框架与数据增强［J］. 电网技术，2021，45（05）：1799-1808.

❸ 乔颖，孙荣富，丁然，等. 基于数据增强的分布式光伏电站群短期功率预测（二）：网格化预测［J］. 电网技术，2021，45（06）：2210-2218.

法结合，将分布式光伏部署的区域分成若干块，每一块的总功率收集起来进行聚类，在相似的网格中找到某个已知条件的网格建立模型推算到未知网格中，再输入机器学习模型进行修正。区域网格划分示意图如图 5.3 所示。

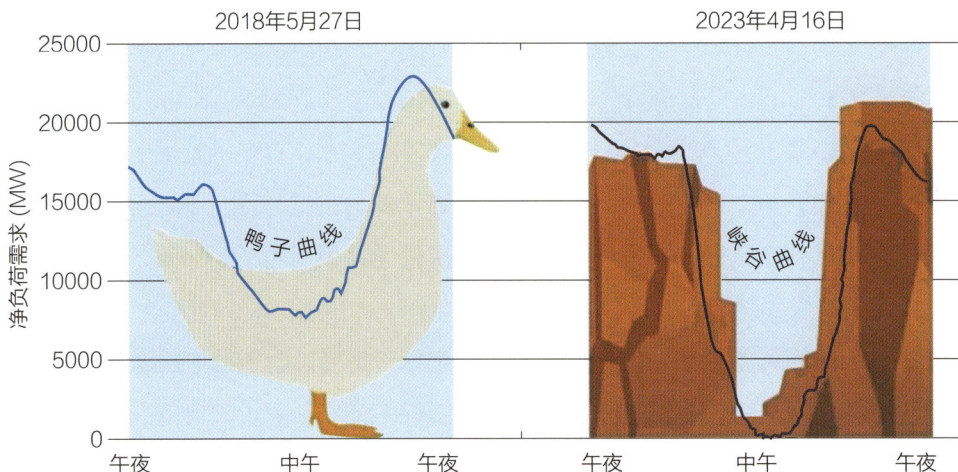

图 5.2　鸭子曲线发展为峡谷曲线示意图

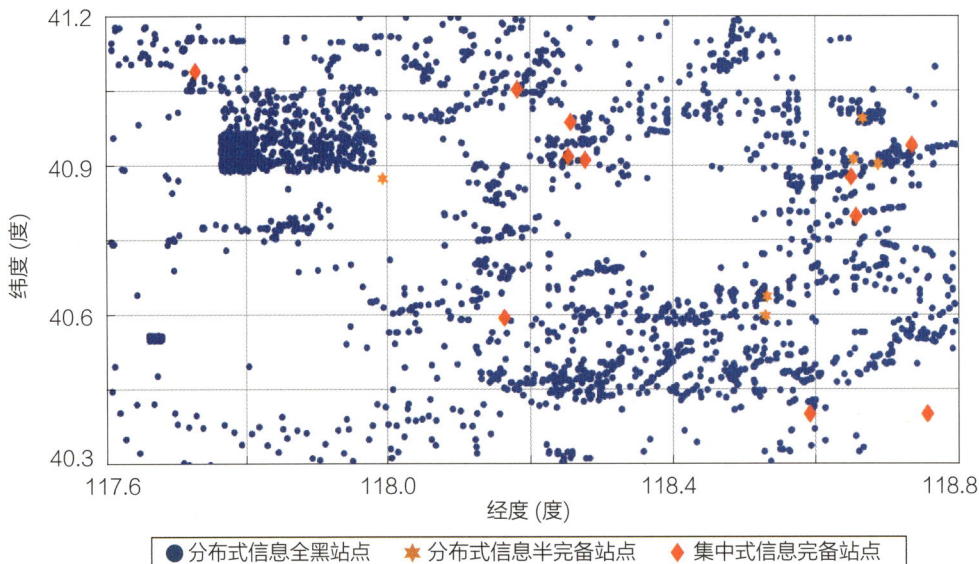

● 分布式信息全黑站点　★ 分布式信息半完备站点　◆ 集中式信息完备站点

图 5.3　区域网格划分示意图

（3）重点关注天气事件引起的新能源出力大范围快速波动。高比例新能源接入的系统中，天气的快速、剧烈变化会大范围影响新能源的出力，严重威胁到电网的安全运行。

极端转折的爬坡预测通常分为两种路径：由历史爬坡数据直接训练的直接预测和在风电功率预测算法基础上利用爬坡定义进行检测识别的间接预测两类。可以通过提取爬坡事件中各种特征量预测爬坡事件的发生，但是这需要大量数据的积累。目前的一种改进方法是根据少量历史数据自动生成模拟数据给机器学习模型训练，以在爬坡发生次数少、历史数据不足的情况下更好地预测爬坡事件的发生。

### 5.3.1.3　预测精度提升方法

目前，新能源功率预测方法根据模型不同，可以分为物理方法、时间序列方法、人工智能方法以及上述多模型的组合预测法4种。在实际运行中新能源功率预测的准确性随时间尺度增加而降低，从实时、日前至中长期预测的准确性逐渐下降。这是复杂多变的气象预测在不同时长下准确性逐步降低的必然结果，更长时间尺度的预测精度更差。

新能源中长期电量预测提升精度的方法主要包括物理建模和历史资源统计再分析方法，物理建模数据来源为数值天气预报或气候态预报数据，适合于新建的场站预测，但预测模型的鲁棒性较差。基于历史资源数据统计再分析的预测方法主要有卡尔曼滤波、自回归滑动平均等经典方法，通过挖掘历史数据再分析资源的年际变化规律，形成预测结果，有力支撑了新能源中长期电量预测。

新能源日前及实时阶段，可通过多模型预测结果的加权和误差分析，形成组合预测及概率预测方法来提升精度。组合预测主要是结合了传统的时序预测模型和机器学习模型，通过历史数据的清洗、聚类，得到几个特征量，如日与日之间的相似度、关联度等，再使用机器学习方法进行预测，相对于单一的预测方法可有效提升预测的准确度。

某区域风电出力概率预测出力与实际出力示意如图5.4所示。

在新型电力系统的调度计划和运行方式的制定过程中若直接采用新能源预测值进行电力平衡和运行方式安排，则无法承受高比例新能源不确定造成的风险，需要考虑新能源不确定性对电力供电不足风险的影响。确定电网检修方式、机组组合安排，应该基于新能源的概率预测结果给出运行方式安排决策，调度计划工作的重心也转移至如何认识和使用概率预测，通过合理的运行方式安排应对不确定性风险。概率预测作为一种量化预测不确定性的理论与方法，可获取预测对象概率分布，为决策者提供更为全面的预

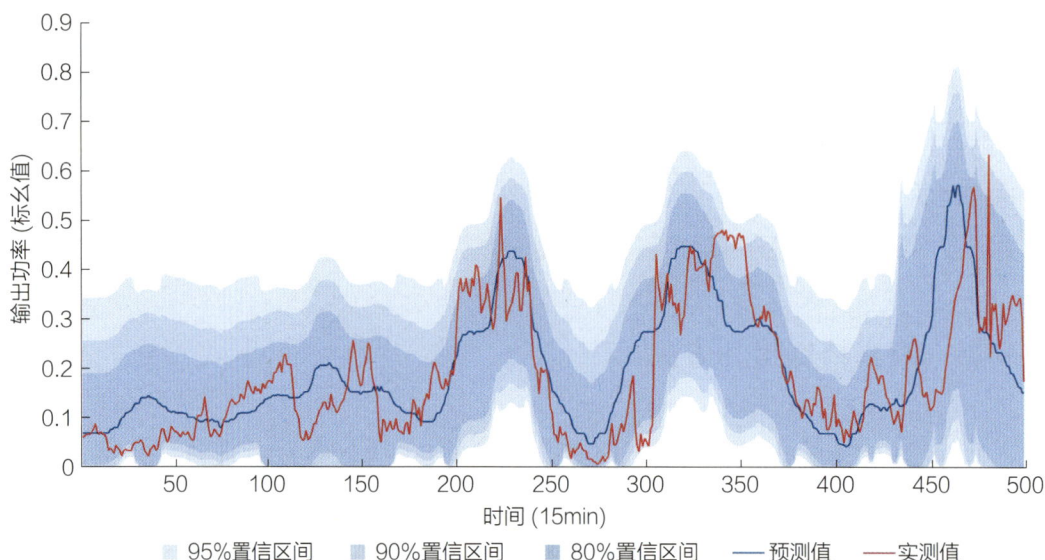

图 5.4　某区域风电出力概率预测出力与实际出力示意图

测信息，更好地应用于电力系统分析与控制、优化调度、市场交易等多个场景。概率预测涉及电力系统、信息处理与表达、人工智能、概率统计、决策优化、不确定性分析等多学科多领域的复杂交叉。

概率预测方面目前比较常用的方法包括参数法与非参数法、统计学习与人工智能、直接法与间接法、单一法与集成法等。

**1. 参数法与非参数法**

（1）参数法（parametric methods）。假设数据符合某个已知的概率分布，如正态分布、泊松分布等。通过对分布参数进行估计，可以进行概率预测。参数法的典型例子是线性回归模型，它假设因变量与自变量之间存在线性关系，并利用最小二乘法来估计回归系数。参数法的优点是模型简单，参数具有明确的解释，但对数据分布的假设要求较高。

（2）非参数法（nonparametric methods）。不对数据的分布做出明确的假设，而是通过利用数据样本的统计特征进行预测。核密度估计是一种常见的非参数法，它利用数据样本的核函数来估计概率密度函数，从而进行概率预测。非参数法的优点是对数据分布的假设较少，但可能需要更多的数据样本。

**2. 统计学习与人工智能**

（1）统计学习方法（statistical learning methods）。结合了统计理论和机器学习算法，通过对数据的学习来建立预测模型。常见的统计学习方法包括线性回归、逻辑回归、决策树、支持向量机等。这些方法可以通过训练数据对模型参数进行估计，并通过模型来进行概率预测。统计学习方法在处理大规模数据和复杂模型时具有一定的优势。

（2）人工智能方法（artificial intelligence methods）。基于人工智能技术，如神经网络、深度学习等，进行概率预测。神经网络是一种基于生物神经网络模型的人工神经元构成的网络模型，可以通过训练数据来调整连接权重，从而实现概率预测。深度学习是一种基于多层神经网络的机器学习方法，它可以自动从原始数据中学习到多个抽象层次的特征表示，用于进行复杂模式识别和概率预测。

### 3. 直接法与间接法

（1）直接法（direct methods）。直接建立预测模型，通过已知的输入信息计算输出的概率或区间。如在进行线性回归时，可以通过已知的自变量值来计算因变量的预测概率。其优点在于简单直接、计算效率较高。

（2）间接法（indirect methods）。先建立一定的机制模型，然后通过对该模型进行参数估计或模拟仿真等方法，获得预测结果。间接法可以更好地反映实际问题的复杂性和多样性。

### 4. 单一法与集成法

（1）单一法（single methods）。指使用单一的预测模型进行预测。如利用逻辑回归模型进行二分类概率预测。单一法的优点是模型简单，易于解释和理解。

（2）集成法（ensemble methods）。指将多个预测模型进行组合，得出最终的预测结果。常见的集成方法包括投票法、平均法、堆叠法等。集成方法能够利用多个模型的优势，提高预测准确性和稳定性。如随机森林是一种基于决策树的集成方法，通过构造多个决策树并综合它们的预测结果来进行概率预测。

## 5.3.2　新型负荷预测及调节控制

### 5.3.2.1　负荷特性变化趋势

随着分布式新能源、电动汽车、温控负荷、制氢负荷等新因素大量融入负荷侧，电力系统负荷与资源–气象深度耦合，叠加电力市场改革，促使多种新角色伴随而生，使得未来新型电力系统负荷将表现出更加复杂的新特性。

（1）负荷结构更加多元化。以新能源汽车、电采暖、电解制氢等为代表的新型电力负荷增加，这些电能替代产品的强势发展势必影响未来电力系统负荷曲线。

（2）用户双向互动更加深入灵活，而深入的供需互动将改变新型电力系统的负荷形态。分布式储能的接入使用户从消费者转变为产消者，负荷不再是单一流向分布，而是参与电网侧的双向能量互动。

（3）负荷特性更加复杂。用户侧与电网侧的交互将越来越多，如电动汽车充电站、轨道交通牵引系统、写字楼变频制冷系统等，在直流配电网、微电网、云储能等场景下系统负荷特性更加复杂。

（4）氢能作为优质二次能源，越来越受到关注，特别是利用可再生能源电解水制取的绿氢。先进电解水制氢装备具有较强的功率波动适应性，可实现输入功率秒级响应，追踪可再生能源出力，为电网提供调峰调频服务。电解水制氢作为高度可调节负荷，或将成为新型电力系统重要的灵活性调节资源，促进可再生能源消纳利用，提高电力系统长周期的灵活性。

对于新型负荷对用电需求带来的变化，需要有针对性地开展负荷特性研究，通过负荷侧调节潜力聚合和分析，挖掘负荷侧调节潜力，支撑实现源网荷储协同运行控制模式的实现。为应对未来资源–气象驱动下的系统多类型负荷不确定性挑战，在负荷特性、聚合和优化方法阶段，有必要开展资源–气象驱动的负荷预测及聚合优化技术研究，为新型电力系统的稳定运行提供参考。

随着分布式新能源在用户侧的规模化接入及储能装置的普及，削峰型和填谷型负荷需求响应规模迅速增加。为简化分类，可将多元用户类型分为荷性可调资源和源性负荷资源，其中，荷性可调资源是指不能向电网回馈能量的单向能量交换型柔性负荷，该类柔性负荷以各种智能用电设备、负荷聚合商等为典型代表；源性负荷资源是指双向能量交换型柔性负荷，不仅可以通过调控措施实现用电需求的时空变化，同时还可以实现电网与用户侧电能的双向传递，以电动汽车（electrical vehicle，EV）、电储能、虚拟电厂（virtual power plants，VPP）为典型代表。各类型源荷用电负荷预测特征如图 5.5 所示。

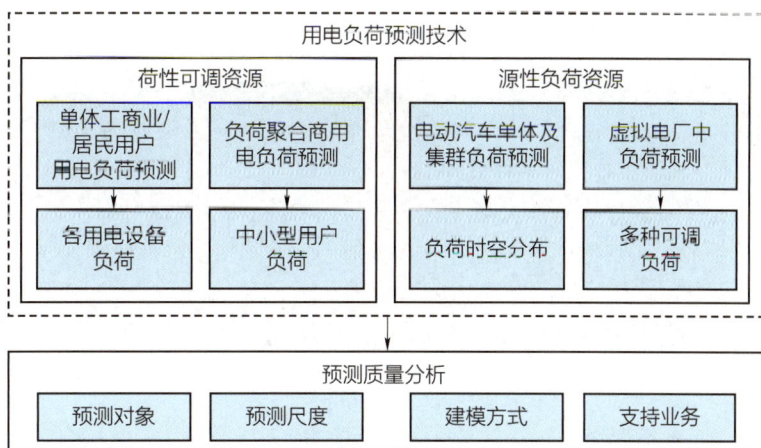

图 5.5　各类型源荷用电负荷预测特征❶

## 5.3.2.2　新型负荷的调节潜力

各类新型负荷发展迅速，已经形成一定用电规模，未来可调节潜力巨大。《电力需求侧管理办法（2023 年版）》中明确，到 2025 年，各省需求响应能力应达到最大用电负荷的 3%～5%，其中年度最大用电负荷峰谷差率超过 40%的省份应达到 5%或以上。到 2030 年，形成规模化的实时需求响应能力，结合辅助服务市场、电能量市场交易可实现电网区域内需求侧资源共享互济。

### 1. 电动汽车

截至 2022 年底，我国纯电动汽车保有量 1045 万辆，同时用电负荷超过 1000 万 kW；主要分布在一线城市、经济发达地区，近两年"电动汽车下乡"趋势显现。预计 2050 年，全球电动汽车保有量有望达到 10 亿辆，年用电需求约 3 万亿 kWh。

车网互动（vechile-to-gird，V2G）情景下电动汽车充、放电对负荷的影响如图 5.6 所示。

根据统计，汽车平均行驶时间仅占全寿命的 4%左右，停车时间远大于行驶时间，在车辆停驶时段内对电动汽车进行充电时间选择和功率调整并不会影响用户的出行需

---

❶ 孔祥玉，马玉莹，艾芊，等. 新型电力系统多元用户的用电特征建模与用电负荷预测综述［J］. 电力系统自动化，2023，47（13）：2－17.

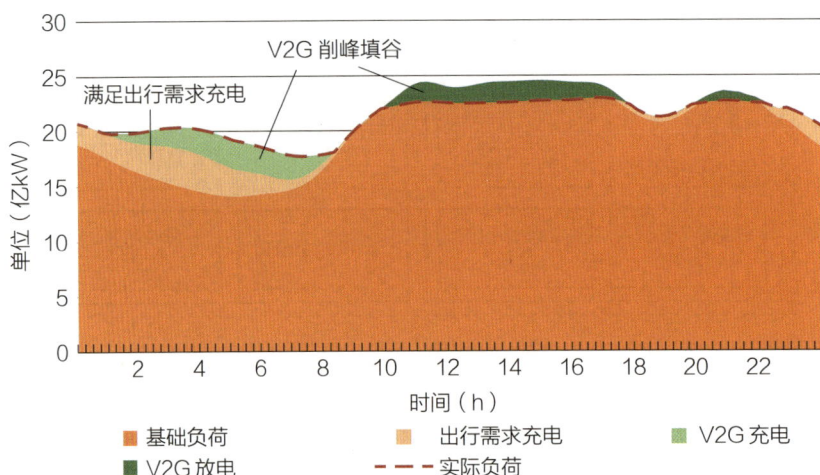

图 5.6　V2G 情景下电动汽车充、放电对负荷的影响

求，充电时段优化的空间巨大。因此，电动汽车具有较高的需求响应调节潜力。随着动力电池技术经济水平提升，车－网双向互动基础设施和相应政策支持的条件下，电动汽车有望成为电力系统中的重要可调节负荷甚至是源性负荷，相当于低边际成本的储能设备，为新型电力系统提供大量灵活调节资源。根据合作组织测算，2050 年，全球电动汽车最大可提供相当于 28 亿 kW（时长 2.5h，电量 70 亿 kWh）的储能能力。

## 2. 电制冷（热）

随着产业结构优化和居民生活水平的提高，目前全国很多省份夏季用电高峰期空调制冷负荷在用电负荷中的比重超过 40%，一些大城市占比超过 50%，同时，我国冬季暖通空调负荷约占公共建筑总负荷的 40%～50%，且用电负荷与电网峰值高度重合，相较于钢铁、水泥等工业负荷，空调负荷可调节比例达 20%～50%，且温度变化 1℃以内，用电负荷可降低 8%，温控调节效果良好且柔性调节技术路线成熟，是未来新型电力负荷管理重点突破方向。空调负荷参与系统调节示意如图 5.7 所示。

## 3. 电制氢

我国电制氢仍处于起步阶段，多位于沿海、西北地区。截至 2022 年底，我国在运电制氢项目年产氢量 3.3 万 t/年，装机容量约 23.2 万 kW；多位于沿海、西北地区，主要利用当地丰富的太阳能和风能资源。电制氢设备运行功率理论可调节范围为额定功率的 5%~120%，多数通过消纳可再生能源制备氢气，可调节规模效应逐步提升。2016—2022 年中国氢气产量如图 5.8 所示。

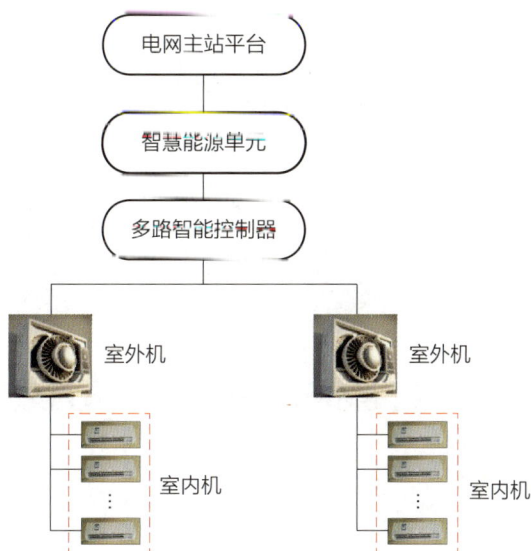

图 5.7 空调负荷参与系统调节示意图

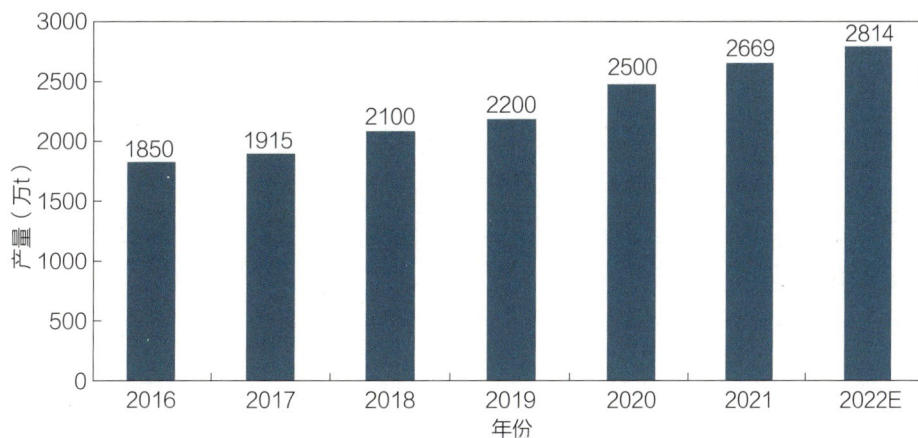

图 5.8 2016—2022 年中国氢气产量❶

## 4. 工业生产

对于工业产业链的供需和利用产业链流程的需求侧聚合也能提供一定调节能力。例如 2022 年夏天，四川出现异常高温天气，叠加主要河流来水量偏少，四川电网电力供应极度紧张，当地部分重点汽车零部件供应商主动停产减少用电，以自身库存满足下游汽车主机厂的供应需求；电力供应恢复正常后，零件厂商加班加点生产，在保证下游供

---

❶ 观研报告网. https://www.bilibili.com/read/cv25571726/?spm_id_from=333.999.0.0.

应前提下恢复库存水平。充分挖掘产业链上下游约束释放的灵活性空间，需要采取考虑产业链上下游约束的负荷调节能力挖掘技术来提升系统调节能力（见图 5.9）。

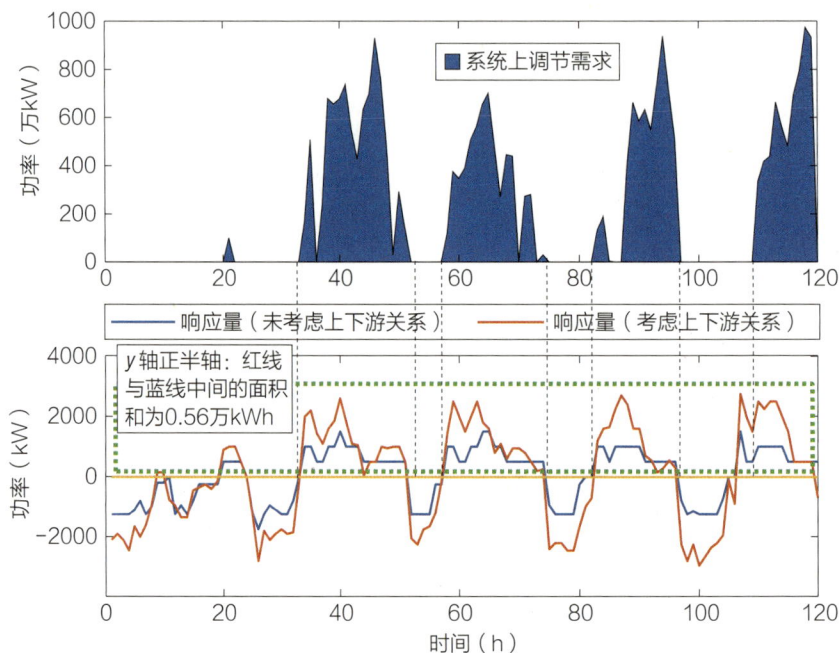

图 5.9　考虑产业链上下游约束的转移负荷以及削减负荷调节能力

### 5. 数据中心

数据中心规模大、用电多，分布靠近东部负荷中心。截至 2022 年底，全国数据中心拥有标准机架数量超过 650 万，用电负荷约 2000 万 kW；主要分布在北上广、江浙等发达地区，近年呈现向西部迁移态势，目前东部、中部、西部、东北地区占比分别约 60%、15%、20%、5%。数据中心的工作负荷可在不同时间、空间进行转移，此外空调、储能设备等也具备调节能力。考虑数据中心负荷特性转移后的系统总负荷峰谷差优化如图 5.10 所示。

5G 基站覆盖率逐步提升，从城市走向乡村。截至 2022 年底，我国累计建成投运 5G 基站 231 万座，用电负荷接近 1000 万 kW；先期主要布局在直辖市、省会城市等经济较发达地区，目前正快速向县、乡推广，东部、中部、西部、东北地区占比分别约 50%、20%、25%、5%。5G 基站通过分时启停、空调控制、储能设备等，可实现用电负荷调节。用电负荷密度大、利用小时数高，集聚优势比较明显，规模效应较易发挥。

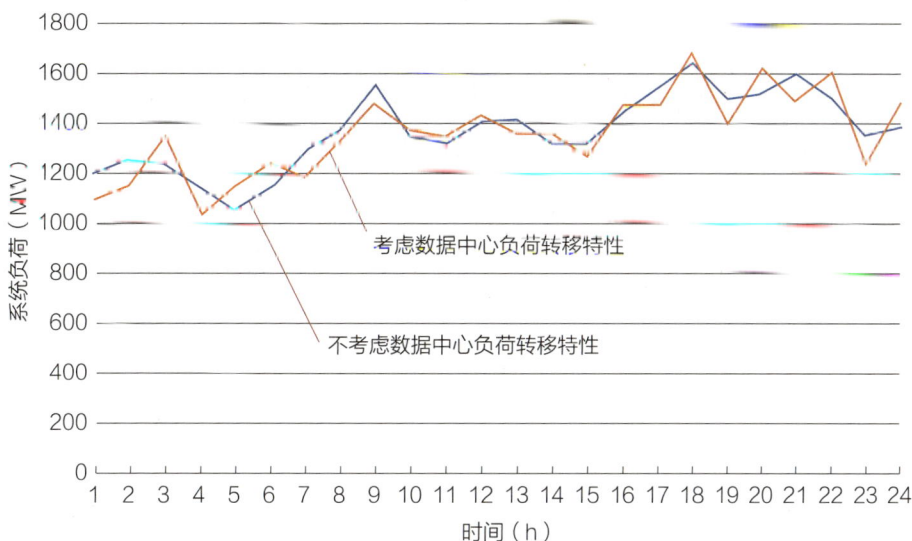

图5.10 考虑数据中心负荷特性转移后的系统总负荷峰谷差优化

综上所述，各类新型可调节负荷参与需求侧响应、虚拟电厂等，能够快速、可靠、精确地响应系统波动[1]，通过负荷侧聚合作为新型电力系统的重要灵活性资源，可以有力支撑电力保供和新能源消纳。

### 5.3.2.3 预测分析方法

#### 1. 新型负荷的聚合

新型电力系统下海量负荷侧资源因其数量多，空间分布分散，多时间尺度响应特性差异大，为得到未来负荷侧响应资源预测和调节特性，需要首先对负荷侧资源聚合，通过与新能源及储能、电网等协同互济，实现其社会效益和经济效益最大化利用。目前常用的负荷聚合方法可以分为被动聚合方法、主动聚合方法两大类。

**被动负荷聚合方法**包括参数辨识的负荷聚合方法、蒙特卡洛方法、福克普朗克定理、马尔可夫链等聚合方法，其分别在应用场景和聚合对象特点上存在差异（见表5.1），可对不同类型负荷进行聚合分析。

---

[1] 张涛，顾洁. 高比例可再生能源电力系统的马尔科夫短期负荷预测方法张涛，顾洁 [J]. 电网技术，2018，42（04）：1071–1078.

表 5.1                            被动聚合方法对比

| 被动负荷聚合方法 | 应用场景 | 聚合对象特点 |
| --- | --- | --- |
| 参数辨识 | 调节电压 | 温控负荷 |
| 蒙特卡洛模拟 | 功率平衡、有功备用 | 大量随机负荷 |
| 福克普朗克 | 平抑波动、响应需求 | 低阶模型负荷 |
| 马尔科夫链 | 负荷跟踪 | 时变负荷 |

**主动负荷聚合方法**是针对具有调节能力的电力负荷进行的优化聚合，它可以根据经济指标、性能参数等要求对负荷进行选择并建立聚合模型，从而满足电力系统的经济运行需求。主动负荷聚合对象是空调、冰箱、电动汽车等可以在短时间内改变其工作状态而不对设备造成明显影响的负荷。这类负荷可以在保证用户舒适度的前提下进行调节。按照使用方法可将其分为可转移负荷、可中断负荷、可平移负荷。

总体来说，主动负荷聚合可以发挥负荷的调节灵活性，但需要充分考虑用户舒适度约束。关键在于建立表达负荷特性的模型和设计高效的聚合调度算法。在选取适当负荷聚合方法的基础上，负荷聚合体系结构的设计需要兼顾控制性能、经济性、安全性和可扩展性等多方面指标。

### 2. 预测精度的提升

负荷预测技术研究主要是从时间与空间两个维度开展，按预测时间跨度主要可分为超短期负荷预测、短期负荷预测、中期负荷预测及长期负荷预测。不同时间跨度的负荷预测应用场合存在一定的差别，超短期、短期负荷预测主要应用于需求响应的日前、日内经济调度等，而中长期负荷预测主要应用于月度、年度运行规划等。预测空间跨度可以按照用电个体和集群、有无物理边界、柔性负荷资源单体和聚合体进行区域划分，现有的空间负荷预测方法有几十种之多，但是按照其预测原理可以分成用地仿真法、负荷密度法、多元变量法和趋势外推法四大类，主要用于需求响应政策对不同用电对象的调控，如用电个体、用电聚合代理等。

负荷预测技术主要基于统计学习算法，可以分为短期、中期和长期预测。但现有预测技术还存在一些问题：短期负荷预测精度有限，小时级预测误差可达 5%左右；对规模化光伏、风电等新能源接入的负荷影响预测不足，对电动汽车、储能等新型负荷参与调节的影响预测需要提高；中长期负荷预测中，人工经验成分过重，依赖历史数据；预测模型局限于单一算法，没有进行算法融合。电力负荷数据具有时序性和非线性的特点，时间序列分析方法和机器学习算法具有较好的适应性。

（1）时间序列分析方法。

基本思路是通过分析过去和当前的负荷数据，挖掘其中的时间相关规律，以此来预测未来负荷。为提高预测能力，可考虑与非线性模型相结合，建立适合具体负荷特性的数据驱动预测模型，可通过回归分析法、指数平滑法、卡尔曼滤波、建模预测法等常用分析方法实现预测。

（2）机器学习算法。

机器学习算法是计算机通过学习大量数据进而预测未来状态的方法。机器学习算法在负荷预测中存在一定局限，许多算法如神经网络、支持向量机本质上是静态模式，并没有内在考虑时间序列的数据时间相关性。未来可考虑采用内建时间相关机制的算法，如递归神经网络（recurrent neural network，RNN）、卷积长短时记忆（convolutional long short-time memory，Conv LSTM）等专门用于时间序列建模的深度网络结构，减少人工特征提取，直接从原始时间序列中学习时序规律。包括神经网络、支持向量机、随机森林等方法实现预测。

**支持向量机**（support vector machine，SVM）是一种有监督学习算法，用于解决二分类和回归问题。SVM 的学习策略就是间隔最大化，可形式化为一个求解凸二次规划的问题，也等价于正则化的合页损失函数的最小化问题。它的基本原理是找到一个最优超平面（在二维情况下为直线，在高维情况下为超平面），将不同类别的样本分开，并最大化分类边界上的间隔。SVM 训练过程涉及求解一个凸优化问题，目标是找到一个最优的超平面以最大化边界的宽度。通过引入拉格朗日乘子，将问题转化为对偶形式，利用核函数计算样本间的内积，最终得到决策边界。

**随机森林**是一种基于决策树的集成学习方法，通过构建多个决策树来进行分类和回归。它基于"集智"原理，通过对多个弱学习器（决策树）的结果进行组合，取得更好的整体性能。其基本原理为：由多个决策树组成，每个决策树独立地进行预测，并通过集成策略（投票或平均）得出最终的预测结果。在构建每个决策树时，随机森林引入了两种随机性：随机有放回地从原始数据集中进行采样，形成不同的训练集；随机选择特征子集用于决策树的构建。通过引入随机性，每个决策树都在不同的数据子集和特征子集上进行学习，从而使得得到的决策树具有差异化，增加了集成模型的多样性。

### 5.3.2.4　负荷调节的模式

现有负荷调节控制方式依据是否直接采用电价作为需求响应引导信号，可分为价格型和激励型两类。其中，常见的价格型需求响应包括峰谷分时电价、动态实时电价机制等；激励型需求响应则包括可中断负荷、直接负荷控制、按照用电负荷等级拉路限电、低频减载等。围绕用户的实际负荷曲线，按照用户对系统产生贡献的评价方式对需求响应机制进行分类。需求响应机制分类示意如图 5.11 所示。

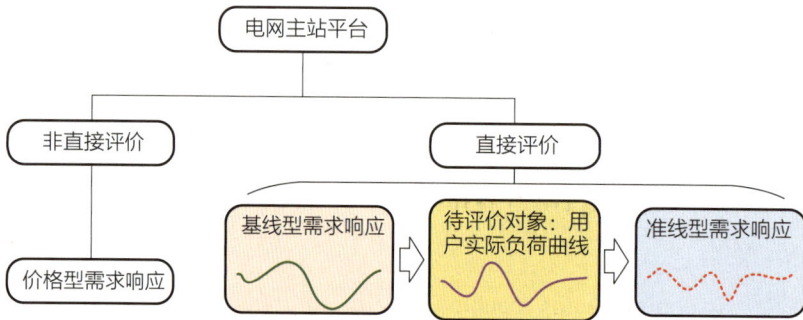

图 5.11　需求响应机制分类示意图

#### 1. 价格型需求响应

价格型需求响应可分为分时电价机制和现货市场机制。分时电价机制包括峰谷电价、尖峰电价、季节性电价等，在实施过程中相对简单，具备常态化实施的特征，也便于大规模推广。但是，分时电价在实际中仍面临诸多难点，如分时电价与电力供需形势不匹配问题。例如在部分负荷中心区，随着分布式光伏的发展和外受电规模的增加，电力平衡最紧张的时段往往出现在 07:00 左右，并非分时电价的峰时段；相反在中午峰价时段，由于分布式光伏大发，实际供大于求。

在新能源占主体的新型电力系统中，预先设定分时电价的办法可能很难发挥出其预想的调节效果，需要采用更加灵活的市场机制，实现价格灵活准确反映供需形势，对用户的用电需求直接产生引导。《电力负荷管理办法（2023 年版）》提出，建立并完善与电力市场衔接的需求响应价格机制。根据"谁提供、谁获利，谁受益、谁承担"的原则，支持具备条件的地区，通过实施尖峰电价、拉大现货市场限价区间等手段提高经济激励水平。鼓励需求响应主体参与相应电能量市场、辅助服务市场、容量市场等，按市场规则获取经济收益。

## 2. 激励型需求响应

基线型需求响应是当前诸多省市试点的需求响应项目，但已出现响应规模不足、执行频次不高的问题，难以规模化推广、常态化实施，以及激励效果与可持续性不强。2021 年 4 月，为缓解电力紧缺的问题，中国广东省实施了需求响应，激励单价竞价结果已达"天花板"价格（4.5 元/kWh），约为燃煤标杆价的 10 倍，但参与积极性不高，难以从根本上解决电力紧缺问题。在学界，已有诸多文献指出了基线负荷存在的争议和不足，包括难以精确计算、集中化程度过高、用户可能造假、不能反映用户真实贡献等。

准线型需求响应相比于基线型和价格型需求响应，更加有利于需求响应的大规模推广和常态化实施，同时因其足够简单而具备轻量化特征，也可为各种定制化的激励形式奠定基础。相比分时电价为代表的价格型需求响应，可以较好地解决引导信号不准确、过调或欠调、灵活性利用不足、缺乏商业模式等问题，如表 5.2 所示。

表 5.2　　　价格型需求响应与准线型需求响应的特征对比

| 关键特征 | 价格型需求响应（分时电价） | 准线型需求响应 |
|---|---|---|
| 引导信号 | 根据历史负荷变化规律预先设定；涉及电价，不易动态调整；难以准确反映实际调节需求 | 根据系统侧实际运行情况设定；易于动态调整；准确反映电力调节需求 |
| 响应效果 | 缺乏明确的响应目标；易导致过调节或欠调节 | 直接给出负荷调整目标；避免过调节或欠调节 |
| 灵活性利用 | 主要利用日级别灵活性 | 充分利用小时/分钟级灵活性 |
| 商业模式 | 不易发展多元商业模式 | 商业模式多元，宣传和经济效益明显 |

相比于基线型需求响应，准线型需求响应实施的流程更为简易，特别是在规模化、常态化应用的情况下，对电力系统的支撑作用更加显著，详见表 5.3。

表 5.3　基线型需求响应与准线型需求响应的实施流程对比

| 执行过程 | 基线型需求响应 | 准线型需求响应 |
| --- | --- | --- |
| 执行前 | 为每个用户单独计算基线；<br>规模化应用时难度较大 | 根据系统侧运行数据计算；<br>统一的一条准线；<br>受参与用户数量影响极小 |
| 执行中 | 主要面向聚合商等大用户；<br>单个用户需做较大的负荷调整 | 适应多元用户类型；<br>每个用户都适当调整，发挥规模化效益 |
| 执行后 | 根据调整量评价贡献大小关注相对自身的努力程度 | 根据实际负荷与准线的相似性评价贡献大小；<br>关注相对电网的友好程度 |

## 5.3.2.5　虚拟电厂技术

虚拟电厂是一种通过先进信息通信技术和软件系统，实现分布式电源、储能系统、可控负荷、电动汽车等分布式能源资源的聚合和协调优化，以作为一个特殊电厂参与电力市场和电网运行的电源协调管理模式。虚拟电厂不是物理意义上的发电厂，而是将电网中大量散落的、可调节的分布式发电、储能、新型负荷等可调节资源整合起来，接受系统统一调度，参与电力市场。虚拟电厂概念的核心可以总结为"通信"和"聚合"。虚拟电厂平台功能架构如图 5.12 所示。

### 1. 虚拟电厂发展

近年来，河北、江苏、上海、广东、浙江、湖北等地相继开展了电力需求响应和虚拟电厂试点，新疆和河南也相继出台文件，支持虚拟电厂发展。目前国内的虚拟电厂主要由电网公司主导和投资，在市场机制层面的主要探索有以下几种模式：一是通过构建虚拟电厂参与调峰市场机制，充分挖掘包括分布式、发电侧储能装置、电动汽车（充电桩）、电采暖等资源，进行调峰竞价，提供电力辅助服务；二是在缺乏市场机制的条件下，通过建立需求响应补贴机制，聚合发动各类用户资源参与电力需求响应，实现电力削峰填谷等应用，并获取相应补贴；三是为促进第三方独立主体资源参与提供多样化电力辅助服务，建立允许第三方主体参与电网调节和辅助服务的市场规则，进而提供辅助服务，共同提升电网安全稳定运行❶。

---

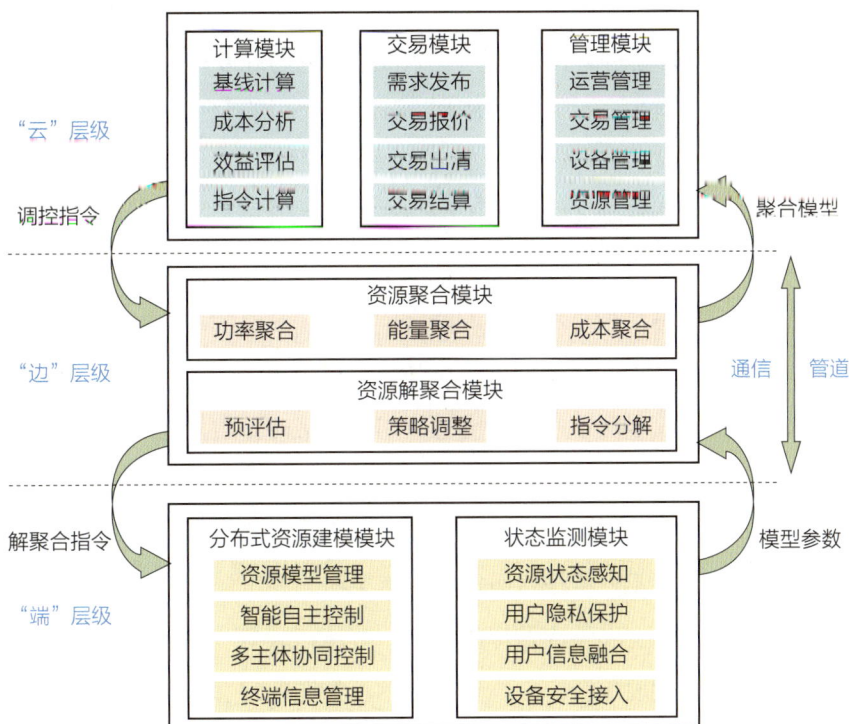

图 5.12 虚拟电厂平台功能架构图●

在国际上，20 世纪 90 年代虚拟电厂的概念首次提出。进入 21 世纪，欧洲兴起以中小分布式发电为主要聚合目标的虚拟电厂研究。2000 年德国、荷兰、西班牙等 5 国启动全球首个以燃料电池分布式电源为聚合目标的虚拟电厂项目 VFCPP（virtual fuel cell power plant）；2005 年英国、法国、西班牙等 8 国启动 FENIX（flexible electricity network to integrate expected energy solution）项目，将分布式能源整合入大型虚拟电厂，并对其进行分级管理，由代理系统提供分布式能源的成本曲线和其他运行特性（发电和负荷容量、爬坡率、启停时间等），并形成竞标曲线，进一步发送至电力交易系统并参与市场交易。

美国虚拟电厂是以需求侧响应为主。2006 年美国发布《需求响应年度报告》，系统分析需求响应的实施背景与现状、需求响应对系统的影响等；2010 年发布《需求响应国

● 程韧俐，周保荣，史军，等. 面向区域统一电力市场的超大城市虚拟电厂关键技术研究综述 [J]. 南方电网技术，2023，17（04）：90－100＋131.

家行动计划》，将需求响应上升到国家层面；2016 年纽约州 ConEdison 公司开始启动美国首个虚拟电厂 CEVPP 项目，聚合布鲁克林和皇后区约 300 户家庭的分布式光伏和锂离子电池储能系统成为虚拟电厂，参与调峰、频率调节、容量市场等应用。

### 2. 面临的挑战

充分虚拟电厂的作用需要实现聚合商内灵活资源的互动、多聚合商之间的互动、虚拟电厂参与不同品种市场交易，以及配套技术的支撑，还面临诸多挑战。衔接现有电力市场交易与虚拟电厂市场机制是虚拟电厂纳入区域市场交易的基础；构建虚拟电厂参与区域统一电力市场的支撑平台是虚拟电厂参与区域电力市场的前提；研发面向不同应用场景灵活资源、聚合商、电网之间的优化方法和实施策略是虚拟电厂参与区域统一电力市场的关键。从目前虚拟电厂应用情况来看，其参与电网互动和市场交易的场景较为单一，尚未突破面向区域统一电力市场的虚拟电厂应用。虚拟电厂参与区域不同层级、不同种类市场的相关政策以及支持技术亟待完善和突破，在区域电力市场发展背景下，推动虚拟电厂规模化发展，更大程度发挥虚拟电厂效能，服务"双碳"目标和新型电力系统构建。虚拟电厂不同调度层级统一优化调控示意如图 5.13 所示。

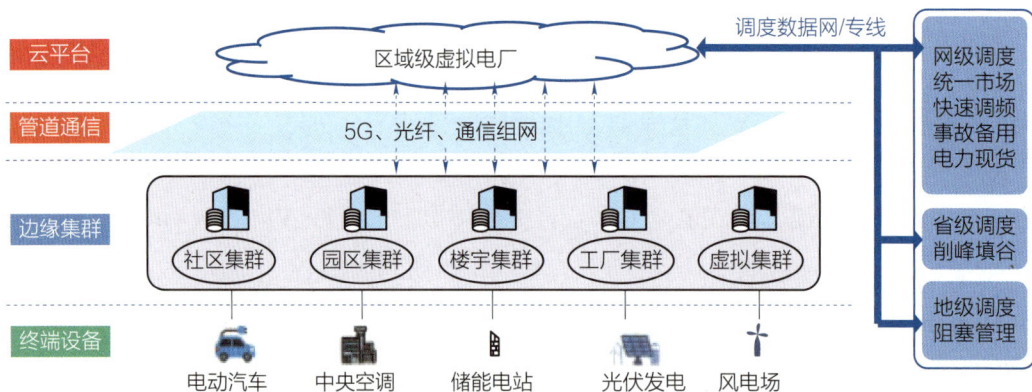

图 5.13　虚拟电厂不同调度层级统一优化调控示意图❶

### 3. 关键技术

虚拟电厂关键技术包括虚拟电厂并网运行控制装置、厂资源聚合与优化调控技术、

---

❶ 程韧俐，周保荣，史军，等. 面向区域统一电力市场的超大城市虚拟电厂关键技术研究综述［J］. 南方电网技术，2023，17（04）：90－100＋131.

参与区域统一电力市场关键技术、参与电网调频关键技术研究及应用、智能调控技术支持平台等，相关技术总结如表5.4所示。

表5.4　　面向区域统一电力市场的虚拟电厂关键技术

| 技术分类 | 相关技术 | 技术缺点 | 发展方向 |
|---|---|---|---|
| 并网运行控制 | 需求响应终端 | 无法接入调度生产系统 | 针对虚拟电厂业务需求进行定制化装置研发 |
| | 基于硬加密方式的安全防护装置 | 种类繁多，主网与配网标准不统一 | |
| 资源聚合与优化调控 | 用户用能特性刻画 | 忽略了用户用能特性、碳排放特性及调控特性之间的关联 | 统筹考虑用户不同用能特性，深入研究虚拟电厂资源高效准确聚合和优化调控等问题，更深层次综合考虑绿色低碳目标、多类资源的海量异构特性等因素 |
| | 资源聚合建模 | 缺乏计及碳排放特性的聚合和分解技术 | |
| | 协调优化 | 缺乏计及低碳运行的虚拟电厂优化模型和技术 | |
| | 电碳监测与计算 | 尚未形成适应虚拟电厂的碳监测与能耗评估技术 | |
| 参与区域统一电力市场 | 市场交易 | 缺乏能量、调频、备用联合市场的交易决策技术 | 参与区域现货、调频、备用等市场交易及应用 |
| | 决策优化 | | |
| 参与电网调频 | 负荷侧调频 | 控制性能、时间精度低 | 攻关实现负荷侧资源参与调频的关键技术 |
| 智能调控技术平台 | 虚拟电厂云平台 | 技术架构和功能架构通用性弱，无法与电网安全管理体系相融 | 提出通用且灵活的技术和功能架构，打通虚拟电厂云服务平台的安全防护与电网安全管理体系各环节，实现虚拟电厂参与电网实时生产调度 |

### 4. 应用场景

新型电力系统运行控制的主要发展趋势之一就是**可调节能力来源从传统常规电源扩展到源荷储多方面**，虚拟电厂是融合需求侧各类可调节资源，实现负荷可调可控的重要技术手段。在新型电力系统运行控制过程中，虚拟电厂的可调节能力应纳入方式安排并在实时控制中发挥作用。

## 专栏 5.1　冀北虚拟电厂示范工程

　　2019 年 12 月，国网冀北电力有限公司建成了中国首个市场化运营的虚拟电厂示范工程，建立了虚拟电厂核心技术体系，整体技术水平国际领先，主导发布了虚拟电厂领域全球首套国际标准——IEC（国际电工委员会）国际标准《虚拟电厂：用例》，获日内瓦国际发明展金奖、国家电网有限公司科技进步奖一等奖等省部级奖励 9 项。

　　示范工程研发了基于公有云和边缘协同的虚拟电厂智能管控平台，综合运用数字技术和智能控制技术，建立调度、交易、营销与用户侧的数据交互接口，将用户侧分布式电源、新能源汽车、储能、可控负荷等可调资源智慧聚合成可与电网实时柔性互动的虚拟电厂，让用户灵活响应电网调峰需求及调度指令，进一步提升电力系统的整体运行效益，提升新能源消纳能力，建立以虚拟电厂为代表的多种能源和用户侧资源柔性互动的商业模式和市场机制。示范工程聚合 35 家用户、156 个可调节资源，总容量 35.8 万 kW，调节能力 20.4 万 kW。

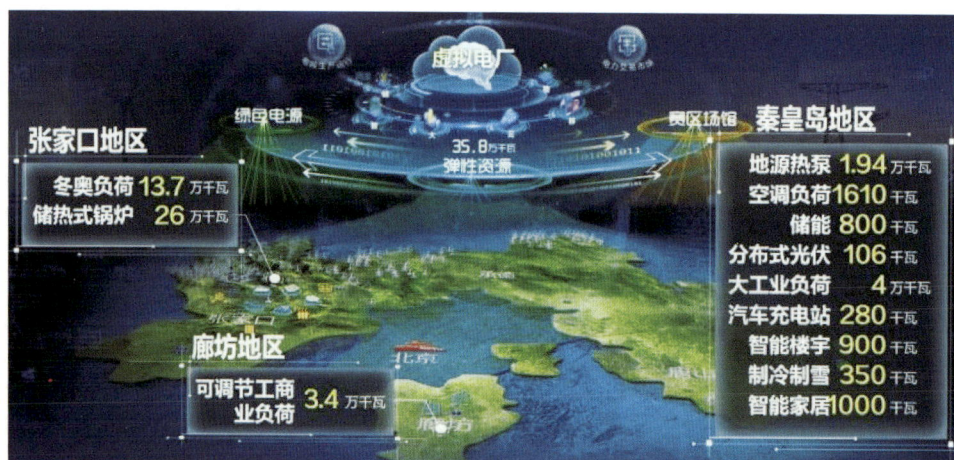

冀北虚拟电厂聚合资源类型

## 5.3.3 多时间尺度发电调度计划优化方法

发电调度计划是确定中长期开机组合、日前机组组合及发电曲线的一项生产组织工作。需要考虑负荷及新能源预测、市场交易电量执行、机组发电能力、电网设备检修和电网安全约束。发电计划按时间周期分为年度、月度、日前发电计划。从时间尺度来看，发电计划可贯穿 2~3 年、年度、月度、日前、实时等各个阶段，在各时间阶段，都需通过各级调度联动和反复迭代，有序开展发电计划优化与校核，保障大电网安全稳定运行和电力可靠供应。

### 5.3.3.1 传统发电调度计划优化方法

#### 1. 年度发电计划优化方法

传统电力系统年度发电计划安排的主要内容是常规机组的检修计划。考虑到极高比例系统中，常规机组的占比较少，检修灵活性较强，检修计划不再是年度发电计划的主要关切点，更关注长周期可调资源有限调节能力下的年度发电计划。

随着风/光电量渗透率的增加，净负荷连续为正或连续为负时段的时长增加，长周期可调资源的容量需求增加，而这类可调资源的短期和长期调节能力相互影响；另外，受限于预测可及性和预测精度的差异性，不同时间尺度计划制定时的可用预测信息不同，越长时间尺度计划中用到的预测分辨率越低，风/光短时波动的调节需求积累效应将导致长时间尺度计划结果出现偏差，甚至不可行。因而，在年度发电计划优化中考虑更短时间尺度的发电计划优化要求是极高比例系统建模分析不可忽略的新问题。目前工程上分时间尺度制定发电计划时，是由上层计划结果为下层计划提供边界输入条件。而根据以上分析，必须建模从短时间尺度向长时间尺度的耦合约束，以避免电量平衡而电力不平衡的矛盾。

对年度发电计划优化问题，目前绝大多数研究尝试通过更小步长的精细化仿真来解决，以小时甚至分钟步长做全年时序电力电量平衡模拟。基于典型日拼接的求解方法近年来得到广泛采用。此外，采用变步长模拟方法，只对关键时段按精细颗粒度模拟。目前一些商用生产模拟软件也集成了 8760h 模拟的功能。但是，8760h 的模拟结果并不代表可以一次性得到不同时段、各时间尺度的发电计划结果，这是因为气象预报结果在超过两周后变得不可信，从而 8760h 的确定性输入条件和实际会存在很大差别。而如果要对 8760 个甚至更多断面抽样时间序列进行多场景分析，为了得到收敛结果，模拟场景数可能将不可接受。

**2. 日度发电–备用计划优化方法**

传统电力系统备用配置采用的是确定性方法，由常规机组预留负荷固定比例的发电容量。然而，在风/光引入的强随机波动影响下，确定性调度将难以适应极高比例系统的运行特点。

从备用需求角度，与保供电/促消纳双目标导向相适应，系统备用需求呈现上调/下调双向性，由于净负荷是非平稳随机过程，各时间断面的备用需求分布也将随时间变化，以固定比例的简单方式计算备用需求容量可能同时面临备用不足和经济性过差的难题。针对确定性方法的问题，目前有研究提出了考虑预测不确定性的备用需求计算方法，如参数估计方法、非参数估计方法、鲁棒方法、分布鲁棒方法、人工智能方法等。另外，常规和极端天气场景下对备用类型和容量的需求呈现差异，但尚缺乏针对极端天气工况的备用需求量化方法。

从备用资源角度，传统模型只考虑备用容量来源于常规发电机组，近年已有研究开始关注储能、负荷侧提供备用的能力，但这些模型都认为来自储能和负荷的备用容量不存在时序耦合关系，只受基准运行点影响，这可能导致备用容量估计不准、与实际工况差异很大，甚至导致运行方案不可行的问题。电力系统不同时间尺度发电计划耦合关系如图 5.14 所示。

### 5.3.3.2　面临的挑战

在极高比例新能源接入的新型电力系统新结构特点影响下，发电调度计划将面临以下新的挑战：

**调度计划的机制从"源平衡荷"转变为"可调资源平衡调节需求"。**对传统电力系统，负荷侧是随机扰动源，而电源侧高度可控，通过电源调节功率输出单向跟踪负荷变化，保证系统电力电量平衡。而对极高比例系统，风/光电源出力的随机波动是电力电量平衡的主要扰动源，但同时未来风/光电源可在一定条件下实现主动调节，负荷侧将有相

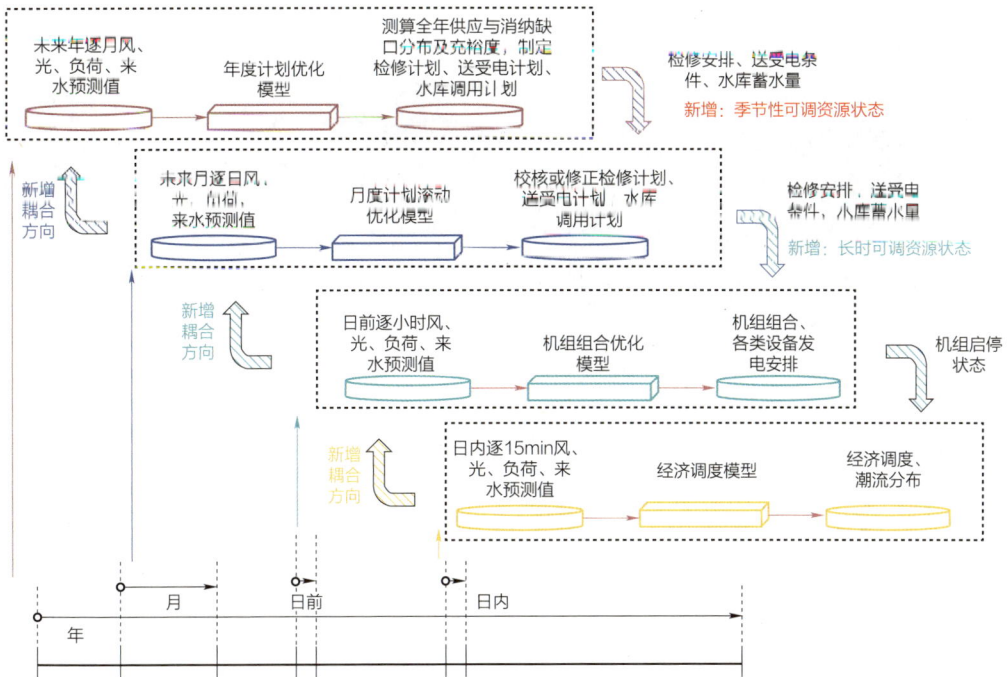

图 5.14　电力系统不同时间尺度发电计划耦合关系

当比例的可调负荷参与调节响应，此外还有丰富的储能资源参与平衡，源荷储实现多向互动。在此情境下，按可调资源与调节需求的平衡来分析更加契合系统的物理特征。

**调度计划的范围从"正净负荷象限"扩展至"负净负荷象限"。** 极高比例系统风/光发电的瞬时发电功率超过负荷，即净负荷为负值的工况，将常态化出现。图 5.15 所示为以 2060 年全国电力容量规划数据为基础得到的年净负荷时序和持续曲线，图中纵坐标数值表示相对年负荷峰值的比例。标志 B 处表明全年近 2000h 净负荷将为负，风/光发电富余电量的消纳问题突出；标志 C 处表明负净负荷最大值可达负荷峰值的 0.8 倍，风/光发电高瞬时出力的平衡问题凸显。标志 A 处表明净负荷最大值相比负荷最大值无明显下降，缺风少光极端工况的负荷供应矛盾不可忽略。电力电量平衡需要兼顾可靠供电和风/光消纳的双重问题。

**调度计划的分析方法从"确定性平衡"方法发展至"概率性平衡"方法。** 对传统电力系统，由常规机组留取确定比例的备用容量能有效保障负荷供应。实际上，备用容量留取的比例隐含了系统供电可靠性的要求，如日本、英国及其他一些欧洲国家的备用容量留取对应的失负荷概率指标在 0.1～0.4 天/年范围。由于电源出力高度可控，而负荷变

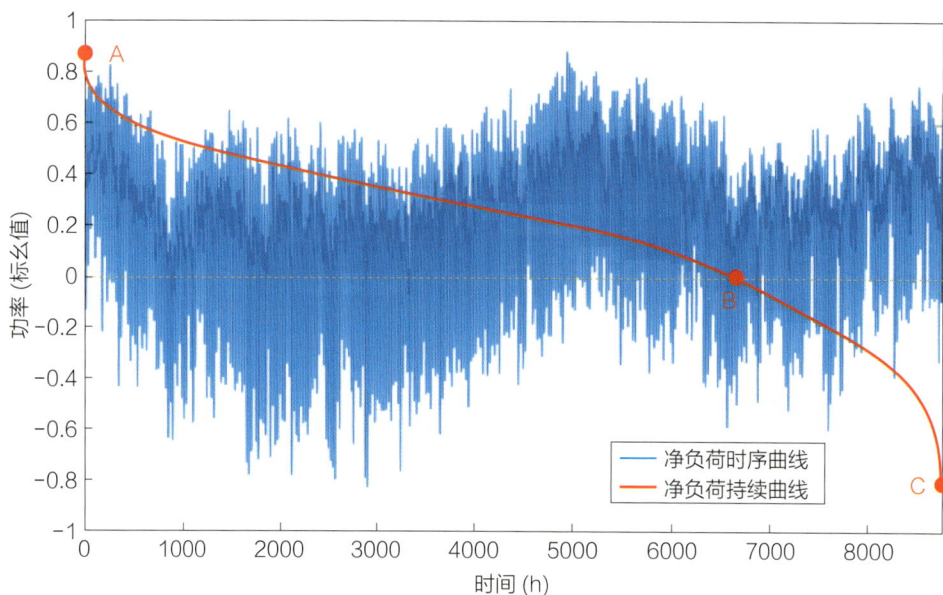

图 5.15    极高比例系统的年净负荷时序和持续曲线

化呈现明确周期规律，预测精度较高，采用确定性平衡方法即可很好地满足工程应用需求。但对极高比例系统，风/光发电出力的强不确定性导致确定性平衡准则无解或得到的解难以经济地实现，必须引入概率平衡分析方法。

调度计划的分析过程从"断面平衡"延拓为"时序平衡"。对传统电力系统，负荷波动的幅度整体较小，基本都在火电爬坡能力范围内，从而可忽略时序耦合特性，按时间断面逐一校核电力平衡。但对极高比例系统，风/光发电出力波动幅度剧烈，而各环节可调资源的调节能力时序耦合特征明显，前序时刻的决策状态将会影响后续时刻的可调节范围，电力电量平衡分析必须保留时序耦合特性。

调度计划的时间尺度从"各时间尺度相对独立"变化为"多时间尺度协调"。对传统电力系统，以煤炭为燃料的火电厂本身就是很好的基于能量块的长周期储能资源，因此，专门的长周期储能规模很小，甚至可忽略不计，不同时间尺度的调度计划相对独立，长时间尺度的计划结果形成短时间尺度调度决策的电量边界。但是，对极高比例系统，火电容量小甚至没有，风光水等清洁能源均有一定的随机波动特性，以水电或其他专门类型的长周期储能在不同时间尺度的调节能力耦合，使得在长时间尺度的发电计划中也需要考虑短时间尺度的电力电量平衡性能，从而产生了多时间尺度的协调平衡问题。

### 5.3.3.3 新型电力系统调度计划优化方法

新型电力系统中，分时间尺度制定电网运行方式和调度计划的基本框架仍会保留，但计划内容以及侧重点将发生变化。对日尺度的短期计划问题，应对风/光发电随机变化的备用协调筹措问题将会成为一个突出矛盾；对年、月尺度的中长期计划制定需要增加对具有季节性调节能力资源的建模。此外，不同尺度的计划优化都受到源荷不确定的影响。

#### 1. 电力平衡分析

调度计划分析的核心任务是通过平衡模拟计算，确定系统中各类资源输出或输入的功率或电量。相比规划阶段，运行阶段需要以当前实际运行情况为起始点，综合考虑可能发生的各类情况，进行年度、月度、日前等不同时间尺度的电力电量平衡分析。根据建模是否考虑时序特点，可将调度计划模拟计算方法分为非时序平衡方法和时序平衡方法两类。进一步，对非时序平衡方法细分考虑频域方法和概率方法，对应的数学方法分别为频谱分析及概率运算；时序平衡方法包含确定性时序平衡方法和考虑不确定性的时序平衡方法。

**频域电力电量平衡计算方法**。频域电力电量平衡计算方法的基本思路是将系统各类发电、储能、弹性负荷、净负荷（不可调负荷−风电−光伏）的时序功率曲线均视作平稳随机过程，并通过傅里叶变换，将时域电力电量平衡理解为在各个频域分量上所有调节资源的功率谱密度应该包络净负荷的功率谱密度。频域电力电量平衡示意如图 5.16 所示。

**概率电力电量平衡计算方法**。概率电力电量平衡是基于概率卷积运算进行电力电量平衡的方法，代表算法是等效电量函数法、稀疏卷积递推法。

**确定性时序电力电量平衡计算方法**。确定性时序电力电量平衡的模型基础即机组组合问题。目前，确定性时序电力电量平衡的研究重点在于计算效率的提升。确定性时序电力电量平衡的计算效率提升的主要途径包括简化模型法、建模方式优化、分解协调算法、启发式智能算法等。

**考虑不确定性的时序电力电量平衡计算方法**。为了纳入风/光电源的不确定性影响，结合随机优化、鲁棒优化以及机会约束规划等方法，重点在于场景生成以及削减技术。

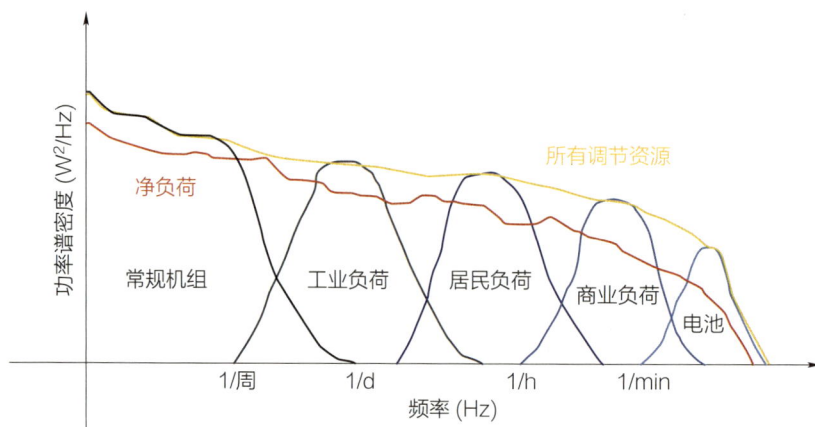

图 5.16　频域电力电量平衡示意图

场景生成方法可细分为基于采样的方法和基于预测的方法。基于采样的方法包括蒙特卡罗方法、拉丁超立方采样法、Copula 函数采样法等，基于预测的方法如自回归移动平均方法、人工智能方法等。场景削减技术包括基于距离方法、场景树方法、优化方法以及聚类方法等。

　　实际运行发现传统电力电量平衡分析方法越来越难以满足风/光电量渗透率日益高场景下对概率特性和时序特性的双重分析需求。尽管已有很多研究对风、光接入系统的电力电量平衡展开分析，模型对系统结构和运行方式的假设条件和极高比例系统并不完全匹配。因此，能够同时反映时序和概率特性，覆盖净负荷为正和为负双重工况的时序－概率新平衡方法是重要技术理论。不同电力电量平衡分析方法对比见表 5.5。

表 5.5　　　　　　　　　　不同电力电量平衡分析方法对比

| 属性 | 确定性平衡 | 概率性平衡 | 时序－概率平衡 |
|---|---|---|---|
| 平衡需求 | 负荷 | 净负荷（负荷－风电－光伏） | 调节需求（不可调节负荷－扣除主动支撑部分的风电和光伏） |
| 平衡资源 | 常规机组为主 | 常规机组为主 | 系统全环节可调资源，包括常规机组、各类型储能、弹性负荷 |
| 基本原则 | 源匹配荷 | 源匹配净负荷 | 可调资源匹配调节需求 |
| 数学表达 | 代数式 | 机会约束式 | 联合机会约束式 |
| 适用场景 | 风、光影响忽略不计 | 净负荷为正 | 净负荷为正和为负 |

### 2. 电力平衡安排及备用优化

传统电力系统的电力平衡安排主要是制定常规发电机组的发电计划，并留出足够的备用，负荷侧的需求响应或限电等措施主要作为发生重大事故或异常时的紧急应对手段。新型电力系统中，不仅需要对可调节的常规机组做出计划安排，还要综合考虑新能源机组、新型负荷和储能设备的可调节潜力，共同作为电力平衡安排的依据。例如制定可调节机组和储能的发电（充电）计划满足预测的负荷用电需求，新能源降出力和可控负荷调节作为备用手段。

针对考虑风/光随机波动的备用需求的计算和优化，已提出了很多方法，包括固定比例方法、参数估计方法、非参数估计方法、鲁棒方法、分布鲁棒方法、人工智能方法等；在备用容量筹措方面，传统模型只考虑备用容量来源于常规发电机组，但新型电力系统的优化更关注储能、负荷侧提供备用。尽管目前很多研究均用高比例可再生能源电力系统界定研究对象，但实际应用的算例系统的风/光电量渗透率横跨 10% ~ 100%的范围，且多数研究集中在 50%以下水平。风/光电量渗透率达到不同水平时，系统的结构和运行特点可能呈现明显差异，而这是数学建模的假设基础，从而有必要根据极高比例系统的特点和分析需求构建电力电量平衡方法。

目前，多数调度计划优化分析的基本方法是在传统机组组合模型的基础上，增加关注的新元素的模型，比如储能、需求侧响应、电制氢、电制热等，然后采用确定性或基于多场景的平衡模拟计算方法基于小时级甚至亚小时级数据进行求解，或采用基于鲁棒优化或机会约束规划的时序平衡方法，但主要面向短时间尺度问题。调度计划分析方法常见的风/光发电处理方式，一是通过净负荷计入，二是作为优化变量并只计入发电功率上下限约束。用非时序平衡方法展开分析，风/光发电或是基于工程经验参数估计电力和电量平衡能力，或是直接计入净负荷，或是作为多状态机组，并且建模的可调资源种类相比于时序平衡方法较少，尤其在处理储能类资源时比较复杂。由于时间特征被完全忽略，或通过分时间段简单处理，难以反映多时间尺度耦合的特点。

## 5.3.4　电网断面稳定控制极限分析技术

为了应对事故等异常情况发生时潮流转移不超过系统稳定控制极限，通常将起点、落点电气距离均相近的同方向输电线路作为一个断面统筹考虑，并设定一个限额，保证当断面潮流在这个限额之下时留有一定的裕度。这个限额便是断面限额，即电网关键断面的极限输电能力。

对于输电断面极限输电能力的计算，北美电力可靠性委员会提出应至少满足如下三个约束条件：

（1）在无故障发生的正常方式下，系统中所有设备的潮流与电压水平在其允许值范围内。

（2）在系统中单个元件（如输电线路、变压器等）停运（即 $N-1$）的故障条件下，系统能够吸收动态功率波动，保持系统的稳定性。

（3）当功率波动平息后，在对系统进行与故障相关的调整之前，所有设备的功率及电压水平应在给定的紧急事故条件下的允许值范围内❶。

目前电网输电断面极限确定方法包括断面热稳定极限估算法、潮流转移比分析法、连续潮流法、最优潮流法、重复潮流法、考虑稳控策略的断面极限计算法。在以上方法的基础上，还可以通过添加可切机组出力和可切负荷等稳控措施来提升断面输电能力。

电网断面稳定控制极限聚类划分及结果如图5.17所示。

随着新能源渗透率不断增加，电网运行方式变化频繁，关键断面输送限额复杂多变，传统输电断面控制极限相对固定，在大规模新能源随机波动场景下缺乏适应性，进而影响新能源消纳与电力保供能力❷。调度计划制定和运行方式安排中输电断面控制极限由"固定断面极限"转为自适应的"动态断面极限"已成为电网调节潜力挖掘的关键环节。因此电力系统电网控制断面极限必须从离线典型场景人工经验确定方法，转变为在线的断面极限快速确定方法，支撑复杂多变的调度计划和运行方式安排决策。

近年来，随着人工智能的发展，数据驱动的方法在电力系统断面极限控制中得到越来越多的应用，其具有计算速度快、准确等优点。数据驱动模型可用作暂态稳定分析的代理模型，提高动态安全评估效率。包括深度置信网络、卷积神经网络、长短时记忆神经网络等在内的数据驱动方法也可用于关键断面筛选。改进支持向量机模型和层次聚类方法、基于决策树模型的筛选、采用深度神经网络的预测等方法均有可能在筛选关键断面中发挥作用。因此，基于人工智能的数据驱动仿真技术全面提高支撑电网断面稳定极限由"离线"分析转为"在线"分析。

---

❶ 顾雨嘉. 电网关键断面极限输电能力评估方法研究［J］. 宁夏电力，2023（01）：26-31.

❷ 任冲，牛拴保，柯贤波，等. 新能源接入电网的断面传输方式聚类分析［J］. 电力系统自动化，2022，46（01）：69-75.

（a）网络通道及关键断面嵌套更加复杂

（b）电网运行数据聚类划分及结果

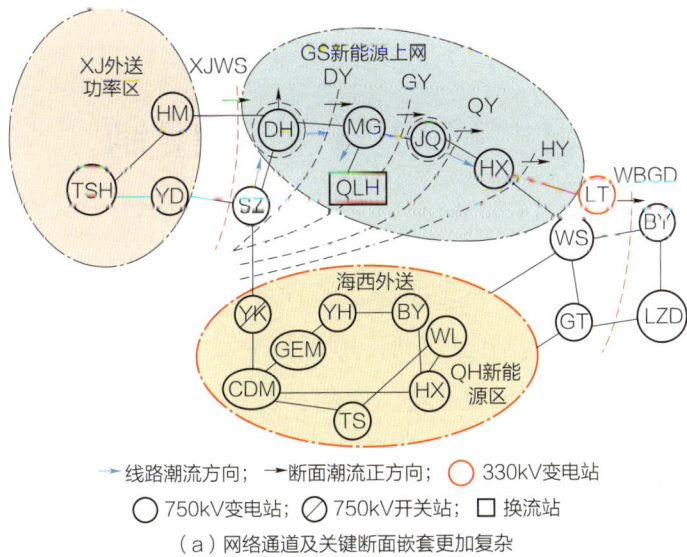

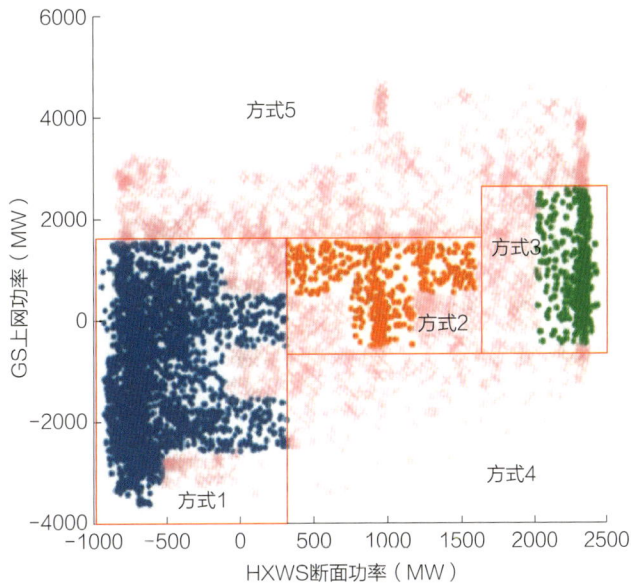

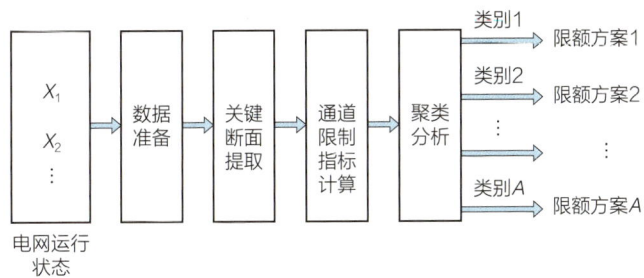

图 5.17 电网断面稳定控制极限聚类划分及结果

# 5.4 有功与无功控制

新能源波动性强，在系统中占比提高后，对短时间尺度的有功无功控制调节带来压力，需通过源网荷储协同运行与优化，解决供需不平衡风险。在有功控制方面主要包括新能源集群控制、负荷侧聚合调整控制、储能协同控制等进行源网荷储综合运行优化，提高系统电力供需平衡能力。在无功控制方面，主要从系统–场站–设备分层分级电压协同优化，保障无功功率就地平衡。

本节针对供需不确定性有功无功控制难问题，分别从有功控制和无功控制两个维度分析了运行控制的技术路线和思考。首先，在有功控制方面主要提出多类型电源联合调节与控制技术、多类型负荷联合调节与控制技术、多类型储能有功联合调度控制技术、高比例新能源系统源网荷储协同运行优化技术等技术解决思路。其次，在无功控制方面，基于机器学习的 AVC 自动电压控制技术、新能源机场群多级电压暂态支撑和协同调控技术及调相机应用等解决方案，实现新型电力系统无功电压稳定控制。

## 5.4.1 有功控制系统

有功控制系统的作用是实现电源发电与负荷用电之间的有功功率平衡。按照供需两侧有功偏差的大小和时长，通常可以分为惯量响应、一次调频和二次调频，当再无可调节手段后也可采取紧急应对措施。

**惯量响应**（inertial response，IR）。惯性是系统固有的体量特征，在交流系统中出现负荷瞬时的变化或者短路故障等扰动时，电网的频率会发生波动，频率变化的速度取决于系统惯量的大小。光伏发电和全功率换流的风电系统通过逆变器接入交流系统，导致机组与电网电气解耦，无法对系统提供惯量支撑，大规模并入电网后会削弱系统的惯量响应能力，造成频率安全稳定风险❶。风电及光伏等新能源成为电力和电量主体后，需

---

❶ 龚浩岳，周勤勇，郭强，等.高比例新能源接入场景电力系统频率分析模型改进与应用［J］.电网技术，2021，45（12）：4603-4612.

要相应承担维护系统频率稳定的主体责任，具备与同步发电机具有类似的惯量响应与频率响应能力。因此引入虚拟惯量的概念，虚拟惯量与同步发电机的转动惯量具有相似的形式与作用，通过配置储能和采用构网型并网控制接入电网，使风电与光伏电站具备响应电网频率变化的能力。采用构网型控制的新能源发电单元在外特性上接近同步发电机，可在不依赖外部交流电网的情况下，自主生成参考相角，自行构建交流侧输出电压，能够主动参与电网电压及频率的调节，因此在弱电网下具备更好的适应性。

一次调频（primary frequency regulation，PFR）。交流同步系统应维持频率在额定范围内[1]，当系统频率持续偏离额定范围时，包括新能源在内的各类电源应通过就地控制系统的自动反应，调整有功功率减少频率偏差。根据国家标准，接入电网的新能源、储能电站都必须具备一次调频能力。风电场、光伏电站的一次调频死区分别应设置在（±0.03～±0.1）Hz 和（±0.02～±0.06）Hz 以内，系统低于（高于）额定频率时，一次调频功率变化幅度不小于 6%（10%）运行功率[2]。系统的惯量响应和一次调频都属于有差调节，在供需不平衡时，无法完全消除对频率的影响。

二次调频（secondary frequency regulation，SFR）。在一次调频无法满足频率调整需求时，通过手动或自动调节发电机组功率输出，或者快速启动备用的机组，达到新的供需平衡以维持频率的稳定。二次调频可以做到频率的无差调节。按照国家标准，新能源发电场站应配置有功功率控制系统，具备有功功率调节能力，在一定条件下能够实现有功功率的连续平滑调节并能够参与电力系统有功功率控制[3]。为提高新能源利用率，一般情况下风电、光伏等发电出力等于当时条件下的最大可发出力，因此新能源发电机组自身通常不具备向上有功调节的能力，需要配置储能来实现。未来，二次调频的资源需要进一步拓展，例如在系统供大于求时，新能源场站主动弃风弃光降低出力；系统供应不足时，发挥负荷侧的可调节能力减少系统需求等。

紧急频率控制。当系统一、二次调频手段用尽后，系统仍然无法恢复到正常频率范围内时，需要采用切机或者切负荷等紧急频率控制手段。这种情况通常伴随着系统内的重大事故，如多回直流闭锁等。紧急频率控制手段主要通过自动装置判断完成，如发电

---

[1]《电能质量 电力系统频率偏差》（GB/T 15945—2008）。

[2]《并网电源一次调频技术规定及试验导则》（GB/T 40595—2021）。

[3]《风电场接入电力系统技术规定 第 1 部分：陆上风电》（GB/T 19963.1—2021）、《光伏发电站并网运行控制规范》（GB/T 33599—2017）等。

机组的高频切机装置、负荷侧的低频减载装置等。

目前，电力系统有功控制主要通过 AGC 系统实现，且控制对象主要为常规电源及集中式新能源场站集群，随着未来新能源及分布式新能源、海量储能单元、多类型负荷侧调节资源接入，必将形成以常规控制主体为核心，辅以虚拟电厂或地区级分层有功协同控制系统，对海量新型主体进行控制和调节，以满足系统运行需求，支撑新型电力系统频率控制及有功平衡。未来新型有功控制主体如图 5.18 所示。

图 5.18　未来新型有功控制主体

### 5.4.1.1　多类型电源联合调节与控制技术

目前，针对风光电站比较富集的区域电网，通过计划调度、限电输出等手段对新能源电场的出力进行调控[1]。新能源电站有功功率控制主要依赖场站端自动发电控制（AGC）系统，通过通信指令的方式，对大量的逆变器或者风机等设备进行功率调节，有功功率控制响应速度慢，尚不能有效满足电网紧急情况下有功功率控制速度的要求。新能源有功集群控制是以 AGC 控制方式对地区调度调管的新能源场站实施发电功率分

[1]　王志强，肖玉龙. 新能源场站有功集群的控制策略研究与应用［J］. 电工技术，2020（23）：48－49＋51.

配❶。通过有功集群控制，可根据新能源发电集群划分，结合新能源发电预测技术，实现新能源发电集群的有功控制❷。

对常规能源和新能源进行联合协同控制，传统集中式控制方法难以满足高渗透率分布式电源接入背景下电力系统稳定性控制和经济调度的需求，分布式协同控制方法因具有可靠性高、可扩展性强、通信计算负载均匀，不需要配置一个调度中心用来统筹所有参与个体，而是所有参与个体之间直接进行通信联系，通过虚拟电厂接受 AGC 协同控制指令。在灵活性、可靠性和故障恢复等方面，分布式协同控制相较于集中式控制均有更好的性能；而由于分布式协同控制系统中各节点过于分散，因此在可维护性方面分布式协同控制相较于集中式控制表现欠佳，这也是分布式协同控制需要解决的关键难题❸。

### 5.4.1.2　多类型负荷联合调节与控制技术

负荷调节控制主要包括价格或补偿激励的需求侧响应和直接负荷控制两类。目前，负荷调节和控制尚未纳入系统常规的一次、二次调频范畴，仅在特殊情况下参与系统调节。如度夏或度冬时期负荷尖峰时段发起的需求侧响应、拉闸限电等。需求侧响应的内容已在 5.3.2.2 中叙述，本节主要介绍直接负荷控制。

传统直接负荷控制主要是通过拉闸限电实现，指在电力系统一个独立控制区发电、用电不平衡后，电力调度控制机构在电力系统调节手段增加发电出力、采取有序用电措施、需求侧响应控制负荷手段用尽后，电网频率、电压仍低于国家标准（规程）规定的确保电网安全运行的指标，或电网运行指标继续向事故方向发展的情况下，电力调度控制机构被迫采取的人工下达调度指令，手动从变电站拉开供电线路断路器，强行停止供电的措施❹。电网调度机构与本级人民政府的相关部门进行协商，根据用户的特点和电网安全运行的需要，提出事故及保障电力系统安全的限电序位表，经政府主管部门审批后，由电网调度机构执行。限电序位表包括事故紧急限电序位表、超设备供电能力限电序位表。

❶ 宋兵，侯炜，陈俊. 新能源电站有功柔性控制系统应用模式分析 [J]. 电工电气，2020（08）：43-46.

❷ 王志强，肖玉龙. 新能源场站有功群的控制策略研究与应用 [J]. 电工技术，2020（23）：48-49+51.

❸ 杨珺，侯俊浩，刘亚威，等. 分布式协同控制方法及在电力系统中的应用综述 [J]. 电工技术学报，2021，36（19）：4035-4049.

❹《电网运行准则》（GB/T 31464—2022）。

除拉闸限电手段外，上海、江苏、浙江、安徽等省市已建成并运行精准负荷控制系统❶❷，可实现毫秒级精准负荷控制功能，提高新型电力系统整体频率稳定水平，保障大电网安全稳定运行。在电网发生多回跨区直流输电线路同时或相继失去等严重故障时，该系统能够通过远程毫秒级控制，自动跳开分路开关并短时中断分路开关下所有负荷的供电，避免电网因存在大量功率缺额而导致系统频率快速跌落。精准负荷控制系统提高了电网频率控制能力及负荷控制的有序性，以用户内部照明、空调等非生产设备、辅助生产设备和中断后不影响安全的可中断负荷为控制对象，最大程度降低负荷切除后的社会影响，具有点多面广、选择性强、对用户影响小等优势。

精准负荷控制系统包括主站、子站、用户侧负控终端以及通信扩展设备。主站用于接收调控中心或安全稳定控制装置发出的切负荷命令和子站上送的可切负荷信息，并按照优先级以及控制策略进行负荷分配、按策略下发切负荷命令。子站用于接收主站下发的切负荷命令、汇集本分区可切负荷量，按策略执行主站下发的切负荷命令，通过通信扩展设备负控终端，实现对更多用户站点负荷资源的控制。用户侧负控终端收到子站下发的切负荷命令之后，直接执行跳、合闸命令，同时采集负荷信息上传子站主机。主站与子站之间的通信、子站与用户侧负控终端之间的通信主要依托同步数字体系（synchronous digital hierarchy, SDH）通信网络实现连接。精准负荷控制系统架构如图 5.19所示。

### 5.4.1.3　多类型储能有功联合调度控制技术

储能可将电能与其他形式能源进行时间和空间上的转移和转换，进而解决大规模使用新能源电力带来的系统波动❸。从经济性、技术性等角度对各类储能进行分析，对具备耦合条件的储能形式进行系统集成，可以达到提升电网安全性和稳定性的目的。

❶ 钱君霞，罗建裕，江叶峰，等. 适应特高压电网运行的江苏源网荷毫秒级精准切负荷系统深化建设 [J]. 中国电力，2018，51（11）：104−109.

❷ 柳勇，王萱政，李思维，等. 面向泛在电力物联网的毫秒级分层分区精准切负荷系统研究 [J]. 电工技术，2021（5）：145−148.

❸ 贾承宇，王驰中，陈衡，等. 基于多类型储能的新型综合能源技术路线研究 [J]. 能源科技，2023，21（01）：62−66.

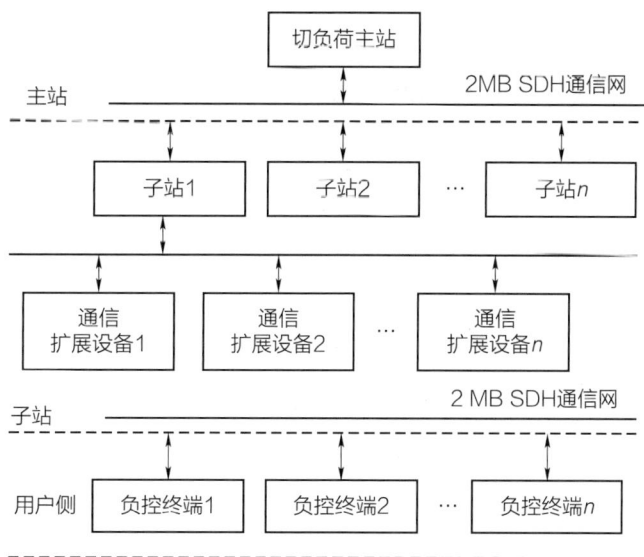

图 5.19　精准负荷控制系统架构图

如何对储能器件之间协调控制，充分发挥各自的优势，是多类型储能系统应用的关键问题❶。现有的储能技术可以分为能量型和功率型两类。多类型储能系统的控制方式可以分为主从控制和对等控制。

### 1. 主从控制方式

主从控制是微电网在离网模式下运行时，其中一个或部分电源采取 $V/f$ 控制方式，该电源向其他电源提供支撑电压和频率，其余分布式电源则都采用 PQ 控制方式，分布式电源之间存在主从关系❷。

### 2. 对等控制方式

对等控制方式是利用 Droop 控制方法，依据发电机的电压–频率（$V\text{--}f$）特性来实现的微电网控制方式。在对等控制方式中每个分布式电源都是同等地位的，没有主从控制的概念，这也是对等控制方式名称的由来。因此，在该种控制模式下，微电网运行在离网状态时，系统中的分布式电源都参与微电网频率和电压的调节，这种控制是一种有差控制。

---

❶ 王姝. 储能技术应用于电力系统时的协调控制研究［D］. 华中科技大学，2015.

❷ 褚华宇. 微电网多元复合储能系统协调控制策略［D］. 华北电力大学，2015.

#### 5.4.1.4　高比例新能源系统源网荷储协同运行优化技术

高比例新能源电力系统运行优化问题通常是指，在满足各类分布式供能单元运行约束、能量供需平衡约束、电网技术约束等多种条件下，为高比例新能源系统制定最优的运行策略，从而使得系统的某些指标达到最优。与传统电网运行优化模型相比，高比例新能源系统优化问题具有一定的复杂性，具体体现为：首先，优化运行目标可包含经济最优、环境最优、削峰填谷最优等多个方面；其次，系统内部耦合风光等不确定性出力机组，供能存在一定的偏差，从而导致运行优化结果可能也存在一定偏差；最后，由于高比例新能源系统结构、运行目标等具有一定的差异性，存在多种求解算法。

目前常规的多元协同运行优化方法可以从以下几个方面进行分析：在运行优化模型目标方面，通常包含经济效益最大化、成本最小化以及环境效益最优等优化目标；在运行优化模型范围方面，包括综合能源系统优化、微能源网模型，并考虑电、热、冷、氢等柔性负荷纳入需求侧响应资源；在运行优化模型约束方面，主要考虑电力系统的源网荷储多侧灵活性资源调节特性约束及电力－能源耦合特性约束等，通过通用商业求解器及算法实现运行优化。

#### 5.4.1.5　可控自恢复消能装置

特高压直流工程大功率运行方式下发生双极直流故障，如受端交流系统发生短路故障时，造成能量输送受阻，而送端在短时间内通常难以快速响应，造成受端系统暂时功率盈余，该盈余功率可能造成设备损坏、健全换流器闭锁等衍生故障。为此，特高压直流系统应配置暂态能量消能装置以便疏解故障时系统中的盈余功率。

消能装置可采用多种技术路线。例如应用全控型电力电子器件投切大功率电阻实现能量消耗[1]，此类消能装置一般应用于传输功率在 1000MW 及以下的柔性直流输电工程，对于特大功率直流工程，其动作后需要长时间导通的电流较大（通常高于 6kA），大量 IGBT 串联驱动控制、均压控制难度极大，同时采用大量全控器件，成本通常较高，经

---

[1] 李健涛. 海上风电场接入柔性直流电网的故障穿越策略研究 [D]. 广州：华南理工大学，2019.

济性差。可控避雷器可应用于抑制雷击和操作过电压[1]，但无法满足特高压直流输电系统中故障期间所面临的长时间、大容量的消能需求。张北柔性直流工程的消能装置采用基于降压变压器、晶闸管与消能电阻串联的方案[2]，配置于系统的送端交流侧，不能满足远距离直流输电系统的耗能响应速度需求；另外，若直接应用于直流系统中，由于直流电流的持续馈入，导致该消能装置投入后晶闸管无法主动关断、装置不能安全可靠退出。

基于晶闸管控避雷器的可控自恢复消能装置是一种能够有效解决故障情况下直流系统功率盈余问题的手段。可控自恢复消能装置主要包括晶闸管/机械组合开关、高性能大容量避雷器组、保护用旁路开关（by pass switch，BPS）3 个部分。

用于混合级联特高压直流系统的可控自恢复消能装置拓扑结构示意如图 5.20 所示。

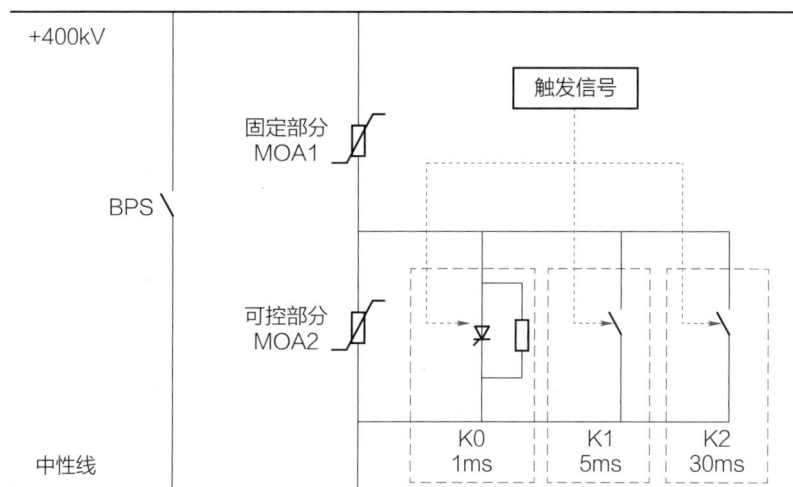

图 5.20 用于混合级联特高压直流系统的可控自恢复消能装置拓扑结构示意图[3]

正常运行时，晶闸管触发开关（K0）、快速开关 K1 以及慢速开关 K2 均处于开断状态，避雷器（MOA1、MOA2）串联接入系统，其持续最大运行电压选择与常规避雷器

[1] 陈秀娟，陈维江，沈海滨，等. 可控避雷器中晶闸管阀电压和电流上升率仿真分析、试验检测及限制措施 [J]. 高电压技术，2012，38（2）：322-327.

[2] 杜晓磊，蔡巍，张静岚，等. 柔直电网孤岛运行方式下换流阀闭锁时交流耗能装置投切仿真研究 [J]. 全球能源互联网，2019，2（2）：179-185.

[3] 刘泽洪，王绍武，种芝艺，等. 适用于混合级联特高压直流输电系统的可控自恢复消能装置 [J]. 中国电机工程学报，2021，41（02）：514-524.

相同。当故障发生后，直流电压升高至设定阈值后，同时触发晶闸管触发开关（K0）、快速机械开关 K1 以及慢速机械开关 K2，将可控部分（memorandum of agreement，MOA2）短路，快速降低避雷器额定电压，系统盈余能量被保护用避雷器的固定部分（MOA1）吸收。在系统故障清除后依次断开快速机械开关 K1 和慢速机械开关 K2，消能装置退出运行。保护用旁路开关在系统正常状态下永为开断状态，只在晶闸管触发开关 K0、快速机械开关 K1 及慢速机械开关 K2 合闸失败或避雷器能量越限等情况下闭合 BPS，将可控自恢复消能装置组旁路，实现对消能装置的保护。

2023 年 5 月 31 日，由国家电网有限公司研制的世界首套交流可控自恢复消能装置，在 ±800kV 扎鲁特—青州特高压直流输电工程中成功投运，如图 5.21 所示。

图 5.21　扎鲁特换流站受控自恢复消能装置❶

## 5.4.2　无功控制系统

无功控制系统的作用是实现系统无功功率平衡，以保持各个节点的电压在允许的水平范围内。与有功功率在全网范围内平衡不同，无功控制需要分层分区、就地平衡。按

---

❶ https://cee-group.cn/info/1017/4614.htm.

照这一原则，电力系统无功控制可以分为设备级、场站级和系统级三个层面。当前，系统总体的无功控制通过自动电压控制系统（AVC）实现。AVC系统包括运行在电网调度控制中心的主站和运行在厂站端（包括风电场、光伏电站）的AVC子站，两者互相传输数据[1]。AVC主站主要以新能源场站并网点母线电压或无功作为控制目标，负责实时下发控制目标值，AVC子站负责接收AVC主站控制指令，根据主站控制指令自动对厂站内的无功资源进行控制。

根据无功控制就地平衡的特点，不同场景下的控制策略、控制方式和关注的问题都有差异，重点应自下而上实现控制目标。例如电力电子设备应采用电压源型变流器（voltage source converter，VSC）接入电网，能够自主控制机端或场站母线电压，并在系统无功不足时发挥主动支撑的作用。

随着新能源和直流设备大规模接入，传统AVC电压控制系统难以适应高度电力电子化设备的无功快速变化特性。同时，针对储能、构网型新能源、直流输变电设备和变电站电压控制复杂、响应时变快等问题，亟须在原有体系架构基础上提高电压计算能力，进行AVC智能升级。把握全网的无功流动与电压质量，通常利用数据采集与监视控制系统采集全网各个环节的实时数据后利用AVC系统实现电网中电厂、变电站、线路等各个环节的无功就地平衡，做到无功的时空互补。此外智能AVC能够实现无功调节的自发闭环控制，实现无功分配并保证各地区的电压能够控制在限定电压范围之内。在实现全网效益最大化的形势下，AVC智能化发展要求实现电能质量优化、线损率降低、电网运行安全。下面重点对以下几个场景中的无功控制需求开展分析。

### 5.4.2.1　新型电力系统典型场景的电压控制技术

新能源"机-场-群"场景下主要面临的问题是多级电压协调控制，关键是要避免产生无功换流和无功振荡。高比例新能源渗透率场景下的有源配电网电压控制要考虑控制精度，兼具集中控制和分布式控制优点的分散控制具有很好的应用前景。基于柔直输送的新能源场景-孤岛场景下的电压控制需要解决该场景下的无功电压优化目标安全性指标考虑不足、多目标主从关系分析欠缺、模型优化速度较慢的问题。新能源经大型柔

❶ 孙宏斌，张智刚，刘映尚，等. 复杂电网自律协同无功电压优化控制：关键技术与未来展望 [J]. 电网技术，2017，41（12）：3741-3749.

性直流接入的交流电网场景下的电压控制需要解决高比例新能源汇集特高压直流系统发生闭锁故障采取控制措施后，系统可能衍生出来的稳态过电压问题。

### 1. 新能源"机-场-群"多级电压暂态支撑和协同调控技术

新能源厂站可控无功资源主要包括风机、逆变器及无功补偿设备，动态无功补偿设备留有满足电压快速恢复要求的动态无功储备量。传统的 AVC 系统是根据功率因数和电压是否越限来决定变压器的投切和并列运行，或者进行无功补偿设备调整，来保证电压的稳定和可靠性。随着日益增长的供电需求和更高的电能质量要求，单独地把节点电压作为目标函数的控制策略不能满足全网的无功优化，当无功不能及时地就地补偿时会对电网的稳定运行带来消极的影响，也使用户端电能质量不高[1]。现有无功电压控制策略优缺点对比见表 5.6。

表 5.6　　　　　　　　　现有无功电压控制策略优缺点对比

| 控制类别 | 控制方法 | 优点 | 缺点 |
| --- | --- | --- | --- |
| 传统无功设备 | 并联电容、电抗器组 | 占地小，成本较低 | 整组投切，会造成欠/过补偿 |
| | 有载调压抽头（on-load tap changer，OLTC） | 无需其他投资 | 调节速度慢，效果一般 |
| | 静止同步补偿器（static synchronous compensator，STATCOM） | 较 SVG 占地面积小 | 设备昂贵，需额外投资 |
| | 静止无功补偿器（SVC）、静止无功发生器（SVG） | 能够快速调节，可提供感性、容性无功 | 占地面积大，不适合分布式采用 |
| | 储能装置 | 能够提升光伏接纳能力，降低损耗 | 储能安装、维护成本高 |
| | 恒无功功率控制 | | 需要精准负荷预测 |
| | 恒功率因数控制 | | 存在电压越限风险 |
| | 基于光伏有功出力控制 | 控制策略简单 | 控制效果一般 |
| | 基于并网点电压控制 | | 电压调节幅度有限 |
| | 分层、分区策略 | 通信能力要求不高，具有自主性 | 逆变器动作频繁，稳定性差 |

---

[1] 高泽明，程伦，胡文平，等.电网自动电压控制精细规则自动发现技术研究［J］.电网技术，2022，46（01）：378-386.

续表

| 控制类别 | 控制方法 | 优点 | 缺点 |
|---|---|---|---|
| 逆变器参与 | 基于日前优化策略 | 充分利用配电网各类资源 | 计算数据量大，策略复杂 |
| | 计及本地负荷控制 | 充分利用本地负荷调节能力 | 无功调节能力有限 |
| | 无精准建模策略 | 配电网参数可缺省 | 控制精度不高 |
| | 集中式控制 | 能够全局优化控制 | 测量通信成本高 |
| | 分散（就地）式控制 | 响应速度快，投资成本低 | 调压能力有限，资源利用不充分 |
| | 分布式控制 | 通信量适中资源利用充分 | 控制方法策略难度高 |

　　未来新能源大规模发展，通过集中式和分布式多场景并入电网，其新能源基地高渗透率下存在场站短路比低，无功资源需求量大且时变快，多类型无功源存在设备属性差异大、控制策略不同等导致的机场群多级电压暂态特性差异大，无法通过对多个无功源设备的简单控制实现确定的电压快速调节。不同类型的新能源及不同的并网方式，导致这些新能源机组的无功调节特性存在很大差异。在高占比新能源并网背景下，特别是弱电网和交直流故障条件下，协调控制不当可能造成无功环流与无功振荡。这就对多类型无功源的协调控制提出很高的要求[1]。现有场站端的控制方式主要依赖传统的自动电压控制系统以集中式控制为调节手段，场站级设备与新能源的协同控制是未来针对新能源机场群控制的重要手段。

　　新能源机场群多级电压暂态问题突出，各新能源场站及机群是一个空间上的子控制区域，可以利用子区域内部的快速可调资源，将子区域内的注入量波动导致的状态量（尤其是边界上的状态量）变化控制在某一目标值或者某一给定范围之内，使子控制区对于整体全局系统在边界上表现出"友好"的外部性。所谓协同控制，是针对各个分布的自律控制器，通过全局计算来合理设定其控制目标值或运行约束范围，从而实现整体目标的优化。通过分布自律，降低问题的复杂性，从而获得控制的敏捷性、可靠性和可操作性；而通过全局协同，获得控制的全局性和最优性。与有功频率相比，电压具有局域特性，无功功率不能远距离输送。因此，对于规模日益增大的巨型电网电压控制来说，自律协同的技术路线就更为重要。通过"自律"实现无功在局部的自我平衡，

---

[1] 韩民晓，赵正奎，郑克宏，等. 新能源场站电网暂态电压支撑技术发展动态［J］. 电网技术，2023，47（04）：1309-1327.

并保证本地动态储备充裕；通过"协同"保证电压在全局意义下的合理分布，并满足安全约束❶。

### 2. 高比例新能源渗透率的有源配电网电压控制技术

配电网能源结构中，分布式光伏等新能源电源接入的比例逐渐提高，形成了高比例新能源渗透的有源配电网，这一变化对配电网的稳定运行带来了挑战，其中反向潮流和电压越限问题最为严峻，这些问题不仅会影响配电网的稳定运行，还会阻碍新能源接入比例逐渐提高的进程。

配电网无功电压调控手段主要包括有载调压变压器、集中电容器组和动态无功补偿装置等。从响应速度的角度，并联电容器组和有载调压变压器投切时间较长，往往用于稳态及准稳态控制，而静止电压补偿器响应速度较快，调节方式快速灵活，适用于动态控制过程。然而在实际调控过程中，前两种控制方式只能运行在离散的几种工作点，后两种控制方式受到传统的恒功率因数运行方式限制，其控制效果均有一定的局限性。因此静止同步补偿器作为有效调压手段得到了广泛研究。

电压控制是配电网运行技术中的关键问题，相关学者在这方面也开展了大量研究。目前主要有集中控制、局部控制、分布式控制和分散控制四种主要方法。分散控制整合了集中控制和分布式控制的优点，对配电网进行集群划分，再对集群进行电压控制，具有较高的应用价值和应用前景。特别是对于高比例新能源渗透率下的有源配电网尤其适用。

粒子群优化算法能够实现对集群内部进行优化控制，这种方法虽然可以实现集群间电压控制的目标，但电压控制速度较慢，资源利用率不足。基于交换方向乘子法和网络划分法的双层电压控制策略能够在优化过程中根据现实情况交替更新集群内的优化目标与边界条件，可以避免过补偿的发生。

### 3. 基于柔直输送的新能源孤岛电压控制技术

孤岛柔直送出模式下，新能源孤岛功率仅通过换流站送出，系统没有同步机组提供同步电压和频率支撑，因此换流站通常采用定电压/频率控制。

针对新能源孤岛柔直送出模式下与并网运行模式下的无功电压优化策略的差异，采用多目标主从分层无功电压优化策略。所谓多目标，指的是考虑换流站动态无功裕度与

---

❶ 孙宏斌，张智刚，刘映尚，等. 复杂电网自律协同无功电压优化控制：关键技术与未来展望 [J]. 电网技术，2017，41（12）：3741-3749.

并网点电压安全裕度最大，各风场无功协调出力函数和系统网损最小等多个目标。所谓主从，指的是各个目标重要程度不均。换流站动态无功裕度与并网点电压安全裕度为主目标，各风场无功协调出力函数为次目标，而系统网损为末目标。主从模式的控制目标通过模型的分层求解实现。

分层求解是指将该无功电压优化模型分成换流站和孤岛两个部分求解，换流站部分优化以动态无功裕度与并网点电压安全裕度最大为目标，孤岛部分优化以各风场无功协调出力函数最小和系统网损最小为目标。孤岛部分的优化是在满足换流站优化结果的前提下进行优化的。

该无功电压控制策略沿用了当前风电场集群并网的主站、子站 AVC 协调控制的分层控制模式。主站 AVC 设置在调度中心，根据新能源孤岛和换流站模型进行优化计算，对各新能源场站的 AVC 下发无功补偿指令。子站 AVC 设置在各个新能源场站，一方面收集本场站的无功补偿裕量等基本信息发送给主站 AVC，另一方面根据主站 AVC 的指令对各无功补偿设备进行无功协调。无功电压优化总控制框图如图 5.22 所示。

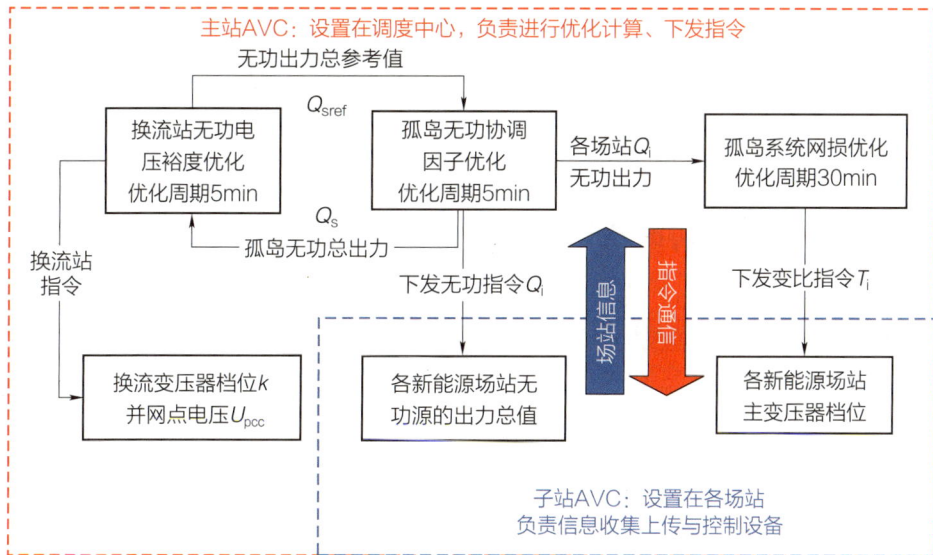

图 5.22  无功电压优化总控制框图

在三层优化计算中，换流站无功电压裕度优化为孤岛无功协调因子优化提供无功出力总参考值 $Q_{sref}$，后者为前者提供当前无功总出力 $Q_s$，即提供当前系统运行点，二者的优化周期均为 5min。两部分优化使得系统始终运行在换流站无功电压裕度较大的工况下。而孤岛系统网损优化的周期为 30min，这是因为系统线路较短，网损变化不大，不需要频繁优化。在进行网损优化时，固定各场站无功出力，仅将场站主变压器档位作为优化变量，改变系统无功分布，从而获得较低的网损。

**4. 大型柔性直流接入的交流电网电压协同控制技术**

大规模新能源发电通常采用大型柔性直流输电接入交流电网，与同等距离交流汇集输送相比，新能源接入点电压源型换流站相当于一个强有力的电压源，降低了送端系统对稳态电压支撑能力的需求，网损也随之下降。

交直流混联送出模式下，新能源孤岛功率通过换流站和连接到交流主网的交流线路送出。在该模式下，交流主网提供电压和频率支撑，因此换流站可以采用定有功/无功等控制模式，无需为新能源集群系统提供电压和频率支撑。该场景下的电压协同控制首先需要确定该故障类型为直流闭锁故障，同时监测事故后系统关键交流母线电压的响应情况，二者需满足无功紧急控制方法的动作条件，最终实施分轮次无功控制。

无功紧急控制方法的实施共分为三个步骤：一是基于机电暂态离线仿真结果与灵敏度技术，确定直流系统闭锁故障后无功主要控制地点的优先级与每一轮无功控制量；二是监测并获取直流闭锁故障信号与事故后关键交流母线稳态电压数值；三是基于设定逻辑与延时定值，按照确定的排序与控制量依次进行无功控制。

## 5.4.2.2　基于机器学习的 AVC 自动电压控制技术

利用大数据和人工智能机器学习技术得出复杂电网中自动电压控制的各项电压、无功限值参数与电网电压无功运行指标之间的联系规律，自动学习和发现 AVC 的精细化规则，并基于精细化规则对 AVC 的电压、功率因数等限制参数进行自动优化，提高电网电压无功控制的精益化水平。通过大数据发掘电网 AVC 主站中设置的电压、无功限值、设备动作次数等控制参数与电网运行中表征的无功电压特性之间的内在规律，利用人工智能知识发现的方法，通过对海量数据的大分析自动提取其内在的量化关系。高渗透率分布式光伏的出力波动可能导致配电网电压波动大、网损提高和电容器投切需求频繁。但配电网节点监控覆盖率低、潮流建模难度大，需要在上述不利条件下实现对台区内持续电压无功优化。采用深度强化学习的方法将原问题转化为一个多步马尔科夫决策过程，以最小化网损和动作成本之和为优化目标，以离散无功调节设备的投切指令为控制变量，并采用基于行动者－评论家（actor-critic）的深度强化学习算法进行求解。用深度神经网络直接拟合系统状态到离散无功调节设备的投切动作的函数关系，在与实际配电网的交互过程中完成网络训练。实现在线的多时间断面下的连续无功优化，提高了系统运行经济性。

### 5.4.2.3　调相机的应用

国外从 20 世纪 50 年代开始有多个国家应用调相机提高系统的稳定性。如瑞典、阿根廷、加拿大、埃及、巴西等国家在大规模水电基地远距离外送的受端变电站加装调相机。法国、日本电网早期使用调相机较多，后来随着电网的网架加强和电源增加，不再新增调相机。日本东京地区在 1987 年 7 月 23 日发生静态电压崩溃事故后（损失负荷 817 万 kW），增加了抽水蓄能、调相机和 SVC 等动态无功补偿装置。

在国内，随着新能源的大规模开发和特高压直流输电的大规模建设，整个电网动态无功补偿容量的需求大大增加。对于直流送端电网，大规模新能源集中接入，电网短路容量低、新能源对系统的电压支撑能力不足，特高压直流闭锁、再启动、换相失败等故障期间吞吐大量无功，可能引起系统电压大范围波动并导致较为严重的暂态过电压问题，对电网设备设施的安全运行造成威胁，制约新能源基地送出能力。对于受端电网，大规模直流馈入对本地开机替代效应明显，导致电网无功支撑能力下降。当发生直流闭锁故障时，换流站无功补偿设备的延时切除导致电压出现短暂升高，随后，网内无功支撑能力不足使电压逐渐降低；另外，受端电网在低惯量下的频率支撑能力较弱，大量的有功缺额导致频率大幅下降，出现短暂的"低频高压"和后续低频低压波动的暂态过程。若不及时采取控制措施，严重时可能发生电压和频率崩溃[1]。截至 2022 年，为解决新能源消纳等问题，国家电网有限公司投运 41 台 300Mvar 调相机，可提升跨区输送能力 1430 万 kW，支撑新能源装机容量约 2040 万 kW。我国直流近区大容量调相机应用情况见表 5.7。

---

[1] 赵鹏泉，冯建军，吴迪，等. 直流馈入受端电网暂态电压与频率稳定紧急协调控制策略 [J]. 电力系统自动化，2020，44（22）：45−53.

表 5.7　　　　　　我国直流近区大容量调相机应用情况

| 区域 | 华东电网 | | | | | | | |
|---|---|---|---|---|---|---|---|---|
| 站名 | 金华 | 奉贤 | 绍兴 | 苏州 | 政平 | 南京 | 泰州 | 皖南 |
| 容量（Mvar） | 2×300 | 2×300 | 2×300 | 2×300 | 4×300 | 2×300 | 2×300 | 2×300 |
| 投运时间 | 2020年6月 | 2021年4月 | — | 2021年6月 | 2021年3月 | 2018年12月 | 2018年10月 | 2019年4月 |

| 区域 | 华北电网 | | | | 华中电网 | | |
|---|---|---|---|---|---|---|---|
| 站名 | 南苑 | 聂各庄 | 临沂 | 锡盟 | 邵陵 | 湘潭 | 南昌 |
| 容量（Mvar） | 2×300 | 2×300 | 3×300 | 2×300 | 2×300 | 2×300 | 2×300 |
| 投运时间 | — | — | 2019年1月 | 2019年1月 | 2020年4月 | 2018年2月 | 2021年6月 |

| 区域 | 东北电网 | 西北电网 | | | | 西南电网 |
|---|---|---|---|---|---|---|
| 站名 | 扎鲁特 | 天山 | 柴达木 | 酒泉 | 青海 | 拉萨 |
| 容量（Mvar） | 2×300 | 2×300 | 2×300 | 2×300 | 4×300 | 2×100 |
| 投运时间 | 2017年12月 | 2019年12月 | 2019年12月 | 2018年8月 | 2020年12月 | 2021年12月 |

　　调相机作为同步旋转设备，既可以为系统提供短路容量，也可以通过强励提供动态电压支撑，调相机自身的运行特性符合直流暂态过程中对动态无功的需求，经过针对性设计后在跨区直流送受端加装调相机，可有效提高系统无功调节能力。调相机与 SVC、STATCOM 等电力电子无功补偿装置在原理上有着根本性的区别，主要有以下特点[1]：

　　（1）**无功响应速度快**。调相机作为同步旋转设备，与交流电网电磁耦合，其无延时的自发无功响应反映了同步电网自身的电气特征，调相机的接入直接提高了所在电网的短路容量；而 SVC、STATCOM 等作为非旋转设备，其无功响应要经过采样、计算、输出等一系列环节才能实现，现代电力电子技术可以将延时缩短至数十毫秒，但仍慢于同步旋转设备的电磁耦合特性。

[1] 金一丁，于钊，李明节，等. 新一代调相机与电力电子无功补偿装置在特高压交直流电网中应用的比较 [J]. 电网技术，2018，42（07）：2095－2102. DOI:10.13335/j.1000-3673.pst.2017.2905.

（2）**无功输出能力强，但吸收能力稍差。**调相机具有较强的过流能力，在电网低电压时仍能输出大量无功，支撑电压。但是作为电压源，调相机最大的进相能力对应于转子零励磁，同时也要考虑定子端部铁心放电的安全风险。因此调相机的进相和迟相能力是不对称的，其迟相能力（发无功）可达数倍额定值，远超 SVC 与 STATCOM，但是其进相能力（吸无功）较差，仅略高于额定值的一半。调相机对低中压过程支撑能力更强，SVC、STATCOM 对稳态过电压的抑制能力更强。

（3）**具备一定的惯量支撑能力。**由于调相机是旋转设备，其机组轴系具有转动惯量，可以提升所在电网抵御有功冲击的能力；无储能环节的 STATCOM 与 SVC 均不具备此能力。

（4）**系统适应能力强。**调相机的耐频耐压与传统发电机组相当，更易于穿越交直流故障引起的各类电网扰动过程；而 SVC、STATCOM 等电力电子设备若要达到相似的标准，尤其是耐压标准，则往往意味着设备选型裕度增加与成本的上升。

（5）**控制策略相对简单。**调相机在传统发电机组的基础上进一步省去了原动机及有功功率部分，控制策略相对简单，鲁棒性强；SVC、STATCOM 等电力电子补偿装置的控制策略则相对复杂，在新能源快速发展的现阶段，越来越多的直流送端落点于大规模新能源基地，近区谐波环境复杂，在电力电子设备控制器的设计方面需特别注意防止发生宽频振荡等问题。

## 专栏5.2　青豫直流工程配套调相机群

2022 年 1 月，我国自主研发生产的世界最大规模的新能源分布式调相机群——青豫特高压直流工程一期配套电源点 21 台 50Mvar，总容量 1050Mvar 对增强电网电压支撑能力、提高直流输电送出能力效果明显。调相机投产后，增强了直流送端动态电压支撑能力，电压稳定问题得到缓解，提升青海新能源外送能力 350 万 kW。对于青豫直流一期黄河公司 220 万 kW，调相机投运前后年利用小时数提升 559h，新能源利用率提高 21.52%，目前仍有继续提升新能源消纳的空间。此调相群投运后，青海省预计年均增发电量 70.2 亿 kWh，若全部南送至华中地区，年均可者代当地火电燃煤 3189 万 t，减少二氧化碳 5742 万 t，应用效果显著。

特高压青豫直流工程配套电源点调相机厂房

# 5.5 安全稳定控制

高比例电力电子设备接入后，系统呈现低惯量、低阻尼、弱电压支撑等特性，对系统暂态过程的安全稳定性造成挑战。本节首先分析新型电力系统稳定性的变化趋势，包括功角、频率、电压稳定等传统稳定性问题和日趋频繁的宽频振荡问题，并提出相应的应对方法和技术路线。其次，在机组及场站层面，分析新能源机组的故障穿越技术要求和相应的技术路线及解决方法。最后，在系统层面，提出安全稳定分析需由传统离线方式向在线、实时方式转变的趋势，分析在线安全分析的发展及人工智能技术优势，提出了基于人工智能技术的安全决策分析方法，为新型电力系统稳定制和安全运行提供坚强支撑[1]。IEEE 电力系统稳定的分类（2004、2020 年）如图 5.23 所示。

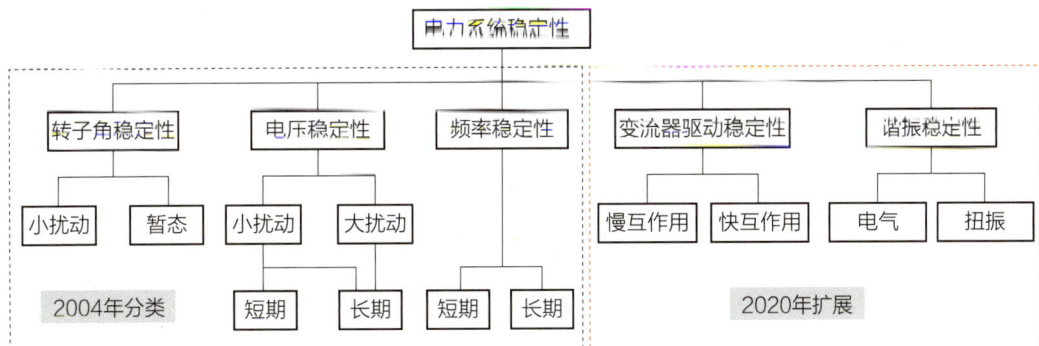

图 5.23　IEEE 电力系统稳定的分类（2004 年、2020 年）

根据 IEEE 最新电力系统稳定分类，除了传统稳定性，又分为变流器驱动稳定性和谐振稳定性等新型稳定性。拓展的稳定性中，谐振稳定性主要包括电气谐振和扭振两个子类，后者主要指旋转机组的机械系统与含交流串补、直流、SVC/STATCOM 等的电网之间相互作用引发的振荡稳定性；变流器驱动稳定性为多时间尺度控制特性会导致机、网之间既有机电暂态又有电磁暂态的耦合互动，从而引发宽频率范围的振荡现象。变流器驱动稳定性和谐振稳定性等主要表现为宽频振荡问题，因此，本书归类为宽频振荡开展分析。

## 5.5.1　电力系统稳定问题演化

新能源机组和电力电子设备的大量应用对电力系统经典稳定性的各个侧面（频率、功角、电压稳定性）产生巨大影响。新能源机组与传统同步机组在物理结构、机械特性、能量转换机制和控制特性上均存在较大差异，是造成稳定性特征变化的共同原因[2]。

[1] 汤涌. 基于响应的电力系统广域安全稳定控制 [J]. 中国电机工程学报, 2014, 34（29）: 5041-5050.
[2] 谢小荣, 贺静波, 毛航银, 等. "双高"电力系统稳定性的新问题及分类探讨 [J]. 中国电机工程学报, 2021, 41（02）: 461-475.

### 5.5.1.1 频率稳定性问题

在电力系统中保持频率的稳定性至关重要，因为它是判断该系统是否稳定的三个关键标准之一。如果发生了意外事件或者遭遇到了设备失灵等情况，导致系统失去了大量的能源供应时，便会致使频率急剧下滑，从而引起全国范围内的供电中断和动荡局面。如果缺少针对电力系统中新能源所占比重逐渐加大趋势的关注，将导致相关安全问题得不到妥善处理的情况愈发严重化。传统低频减负策略在新能源机组占比较高的电网中的适用性如何，以及各类发电机组对频率变化的调节性能至关重要，需要重点关注，以保障保持整个系统的电力供应安全可靠。

**1. 概述**

在同步交流电力系统中，系统频率由有功平衡决定，频率稳定问题主要通过前述的有功控制手段解决。一旦有功失衡，系统的频率会经历一段连续时间、多层次的调整过程，先后进入惯量响应（IR）、一次调频（PFR）及后续的二次调频（SFR）阶段。典型场景下系统频率的动态响应过程如图 5.24 所示。

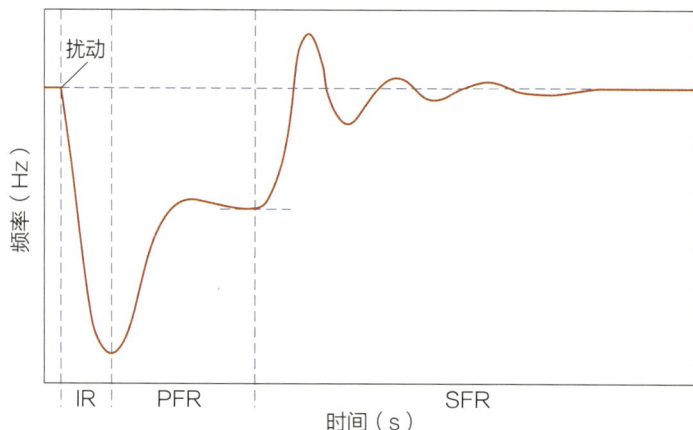

图 5.24 典型场景下系统频率的动态响应过程

惯量响应阶段。当电力供应减少时，不平衡的机械力和电磁力会使同步机组降低转动速度，所有同步机组会释放其在运转中所吸收的动能，机组转速变化速率的大小由机组自身的转动惯量所决定。系统中所有设备总惯量的大小，决定了频率变化的剧烈程度。同步机组的惯量响应是不受控制的自发性过程，持续时间约为 0.1~1s，这一过程并不增加机组的有功功率输出，因此不能帮助频率恢复至原有水平，只是将频率的变化延长，为其他调频措施动作赢得时间。如果系统中没有惯量来缓冲负荷或电源出力变化引起的频率偏差，那么系统频率将会快速升高或降低至正常运行范围之外，并最终导致低频甩负荷或机组紧急跳闸等问题的发生。

一次调频阶段。随着系统的频率偏差超出设定范围一定时间，同步机组会通过转速控制器调节发电机的转速以适应负荷的变化并调整所需的有功输出。与此同时，频率的变化也会影响负荷的能量需求（如频率下降引起的用电设备所需能量减少）。通过同时优化同步机组和负荷的频率响应能力，可以达到系统新的动态稳定状态。同步机组一次调频是其调速系统频率特性的固有特性，调整范围和能力有限，因此一次调频是有差调节，一般持续 1~30min。

二次调频阶段。经过一次调频后，系统的频率偏差仍然超出预定范围，调频机组将会根据调度命令增加或减少出力来将系统的频率调整回正常范围。二次调频属于无差调节，可在满足用电需求的情况下实现精确的频率调整。目前，二次调频主要由设在电网调度中心的 AGC 系统控制和完成。为应对可能出现于系统中的随机频率波动，需要让一些发电机一直保持在最大功率以下运转，留出旋转备用容量。如果所有旋转备用容量用尽，则需要开启备用的机组或采用负荷控制措施。

**2. 新型电力系统频率稳定的新问题**

随着新能源大规模集中开发，系统中大量常规机组被替代，对系统频率特性产生的影响主要体现在以下几方面：

（1）传统电力系统中提供有功控制能力、维持频率稳定的主力是火电、水电等常规可调节机组。在新型电力系统中，这类电源占比将越来越少，随着新能源电源占比的提高，仅靠电源或储能难以维持频率稳定，负荷侧同样需要为频率稳定作贡献。

（2）由于新能源发电机组通过电力电子元件并网，不能提供有效的转动惯量，同时系统中大量具有有效转动惯量的常规机组被替代，导致系统总体惯量下降，系统调频能力恶化，一旦发生极端故障，系统的频率波动会更加剧烈，可能导致在有功控制措施生效前发生频率崩溃。

（3）随着新能源在系统中出力不断提高，加上新能源出力受环境影响较大的特点，系统为了平衡新能源并网后造成的功率波动会更加依赖于常规机组的调频能力并且频繁启动一、二次调频，这就要求系统中配置更多的备用调频设备，直接增加了系统运行难度和运行成本。

（4）相比于传统机组，新能源机组并网技术标准偏低，耐频、耐压能力较差，事故期间可能由于异常的频率/电压波动造成机组大规模脱网，进一步扩大功率缺额，给电网造成二次冲击。

以系统发生 3%功率缺额时的情况为例，模拟新能源不同占比的系统频率曲线变化情况可以发现，随着新能源在电网中出力占比的提高，对常规机组产生的置换效应导致系统总体惯量变小，使系统频率在遭受功率缺额冲击后的响应过程更加剧烈。新能源不同占比下的频率特性见图 5.25 和表 5.8。

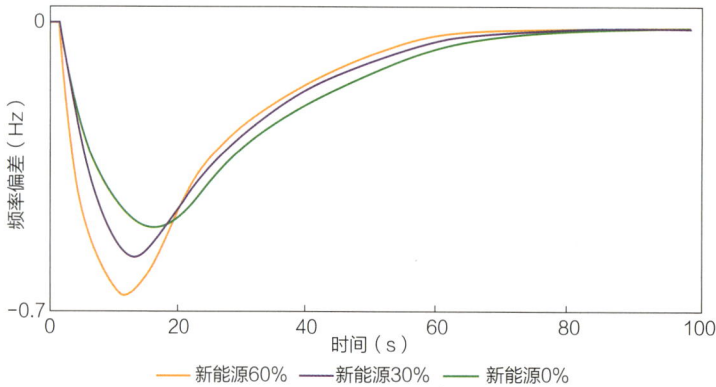

图 5.25　新能源不同占比下的频率特性曲线

表 5.8　　　　　　　　新能源不同占比下的频率特性

| 新能源占比<br>（%） | 最低频率<br>（Hz） | 达到最低频率时间<br>（s） | 稳态频率<br>（Hz） | 达到稳态频率时间<br>（s） |
|---|---|---|---|---|
| 0 | 49.45 | 9.3 | 49.96 | 88.1 |
| 30 | 49.41 | 7.3 | 49.96 | 88.7 |
| 60 | 49.34 | 5.1 | 49.95 | 88.2 |

分析可知，虽然不同新能源占比的系统故障后的稳态频率和达到稳态频率的时间几乎没有差别，但在故障初期新能源出力越高，系统频率下降速度越快、下降程度越深，同样程度的功率缺额在新能源高占比电网中的频率反应更加剧烈。

随着新能源大规模接入电网，其结构特性、运行方式和控制方法与传统电网相比有所改变，传统的理论解释与分析难以适用于新能源高占比电网的频率特性以及频率控制优化。目前关于系统频率响应与动态特性的研究，尚未深入考虑到新能源大规模接入造成的影响，因此需要建立能准确反映新能源不同占比的频率响应模型，为研究系统频率稳定策略奠定理论基础。

**3. 频率稳定控制新方法**

近年来，随着新能源占比不断增多，新能源厂站参与调频响应的控制策略的研究成果十分丰富。按照功率输出的控制方式，可分为电压源型厂站和电流源型厂站两大类，前者主要指由采用虚拟同步发电机（virtual synchronous generator，VSG）技术的新能源机组组成的厂站；后者主要包括采用电流源型逆变器控制技术的新能源厂站、储能电站与部分可控直流换流站等，在一定假设下通常可按照功率注入模型处理。常见控制形式有基于聚合等效频率分析模型的功率阶跃控制、虚拟惯性控制、下垂控制、综合惯性控制等。

**功率阶跃控制**其原理为在频率下降时，阶跃式地增加额外的有功参考信号并持续一定时间，通过释放风机转子动能短时增加有功输出，当风机转速下降到一定程度时（一般为标幺值 0.7）阶跃式降低有功参考信号，吸收风能和电网有功来恢复转速。这种方法响应速度快，但在转速恢复时间可能造成系统频率二次跌落，需经过参数的优化配合才能较好地发挥效果。功率阶跃控制方法一般基于聚合等效模型分析，可迅速支撑频率，但在应用到全网时，控制参数的优化与整定将是一个复杂的课题。

**下垂控制**的基本原理是模拟同步发电机一次调频的功频静态特性，将正比于频率偏差的有功变化信号引入到有功功率参考值中，也称比例控制、斜率控制。下垂控制引入的是频率偏差信号，是有差控制，能对频率最低点进行较好支撑，但功率支撑速度相对于虚拟惯性较慢。新能源采取快速频率响应模式，在频率变化时快速升降功率，实际效果等效于调频系数灵活可控、时间常数小于同步机的一次调频，属于本地反馈量的分散控制。实际功率响应一般伴随着一阶惯性环节，主要因为频率检测延时和控制延时等。随着系统惯量的降低，控制系数需要与响应速度参数相配合才能发挥调频控制作用。在响应速度固定的情况下，下垂控制的系数需要非线性增大才能保证安全；反之，若下垂系数不变，响应速度需要非线性缩小才可能保证安全。同时，下垂控制的控制效果与新能源机组运行状态紧密相关。风场控制效果受风速影响显著，固定系数下垂控制不能充分发挥风场调频能力。

**虚拟惯性控制**是在逆变器有功控制部分引入和频率变化率相关的有功参考信号，建立输出功率和频率的控制关系，使功率能响应频率变化。虚拟惯性控制主要适用于抑制频率快速变化。对于风电场，在造成风机转子减速后，调节能力就会受到影响，调节时间一般不超过 6s。然后，由于最大功率跟踪模块的作用，转子会吸收有功以恢复转速，易发生频率二次跌落。但此问题可以通过适当的协调策略被抑制。虚拟惯性控制是基于本地信息的分散反馈控制形式，可分散应用到全网，可迅速支撑频率，避免较大的频率变化率，但存在响应速度和频率微分信号干扰问题导致的准确度之间的矛盾。

**综合惯性控制**即虚拟惯性控制和下垂控制的结合，使有功功率既可以快速响应频率变化率，又可以对频率最低点具有支撑效果是与同步机相似的控制形式，固化了新能源功率输出模式，此思路与新能源可用调频能量有限、功率控制灵活的特性不匹配，新能源功率快速可调的灵活性可进一步开发，更优的调频控制方法有待探索。

## 专栏5.3　　　　　虚拟同步机技术

　　虚拟同步机（VSG）技术通常是指电力电子变流器的控制环节模拟同步电机的机电暂态方程，使采用该技术并网运行的设备具有同步机组的惯性、阻尼特性、有功调频、无功调压特性等运行外特性。

　　虚拟同步机基本组成包括变流器、控制部件和储能单元三大部分。变流器与常规变流器的主电路相同，在控制环节引入同步机转子运动与电磁暂态方程，可以等效为功角和幅值均可控的电压源，通过改变电压相角调节有功功率输出，改变电压幅值调节无功功率输出。储能单元的基本功能是实现有功功率的存储或释放，抑制电力系统频率突变以及阻尼功率振荡，模拟同步机惯量响应和一次调频功能，储能单元通过主要包括电池储能与风机叶轮惯性能量两类：电池储能主要用于光伏或储能虚拟同步机，风机叶轮惯性能量用于风机虚拟同步发电机。

虚拟同步机技术的核心是电源的控制环节采用同步电机的转子运动方程和定子电气方程（或涉及定转子间电磁关系式），完成机械部分和电磁部分建模，以模拟转动惯量与电磁暂态特征，并检测电网频率和电压变化，依据一次调频和励磁控制算法从外特性上模拟有功调频和无功调压过程❶。

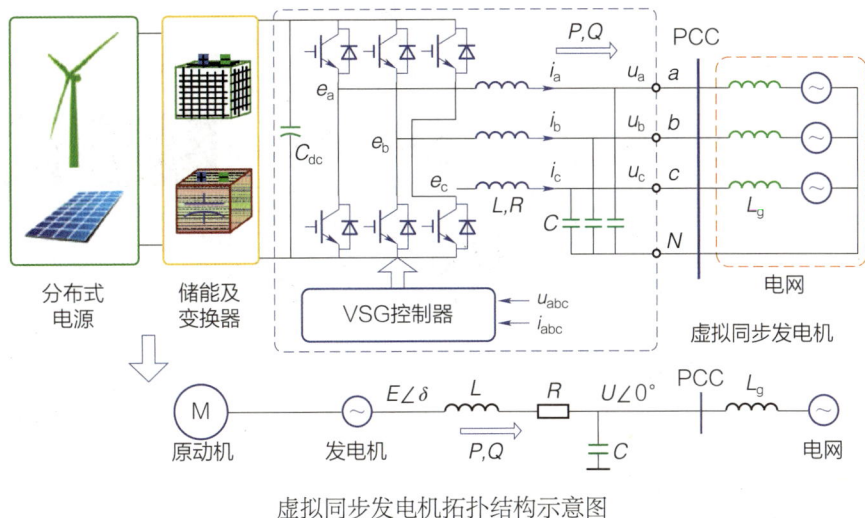

虚拟同步发电机拓扑结构示意图

除新能源并网外，虚拟惯量控制还可用于新型储能逆变器和直流输电逆变器控制。独立储能场站应参照新能源场站标准，具备惯量响应、一次调频等功能。储能本身具有平抑功率波动、保障负载不间断供电和有功调频等作用❷，引入虚拟同步发电机控制技术，可以建立系统频率与能量之间的动态联系来模拟同步发电机的动态和转速变化过程，从而为分布式能源提供惯量特性和阻尼特性，使逆变器具备同步发电机独立自主运行的能力，对提高欠阻尼、低惯量分布式电源系统稳定性、促进逆变器"友好型"接入技术的发展，具有重要的理论意义。高比例电力电子化系统有效惯量组成如图5.26所示。

❶ 吕志鹏，盛万兴，刘海涛，等. 虚拟同步机技术在电力系统中的应用与挑战［J］. 中国电机工程学报，2017，37（02）：349－360. DOI:10.13334/j.0258-8013.pcsee.161604.

❷ 张舒鹏，董树锋，徐成司，韩荣杰，等. 大规模储能参与电网调频的双层控制策略［J］. 电力系统自动化，2020，44（19）：55－62.

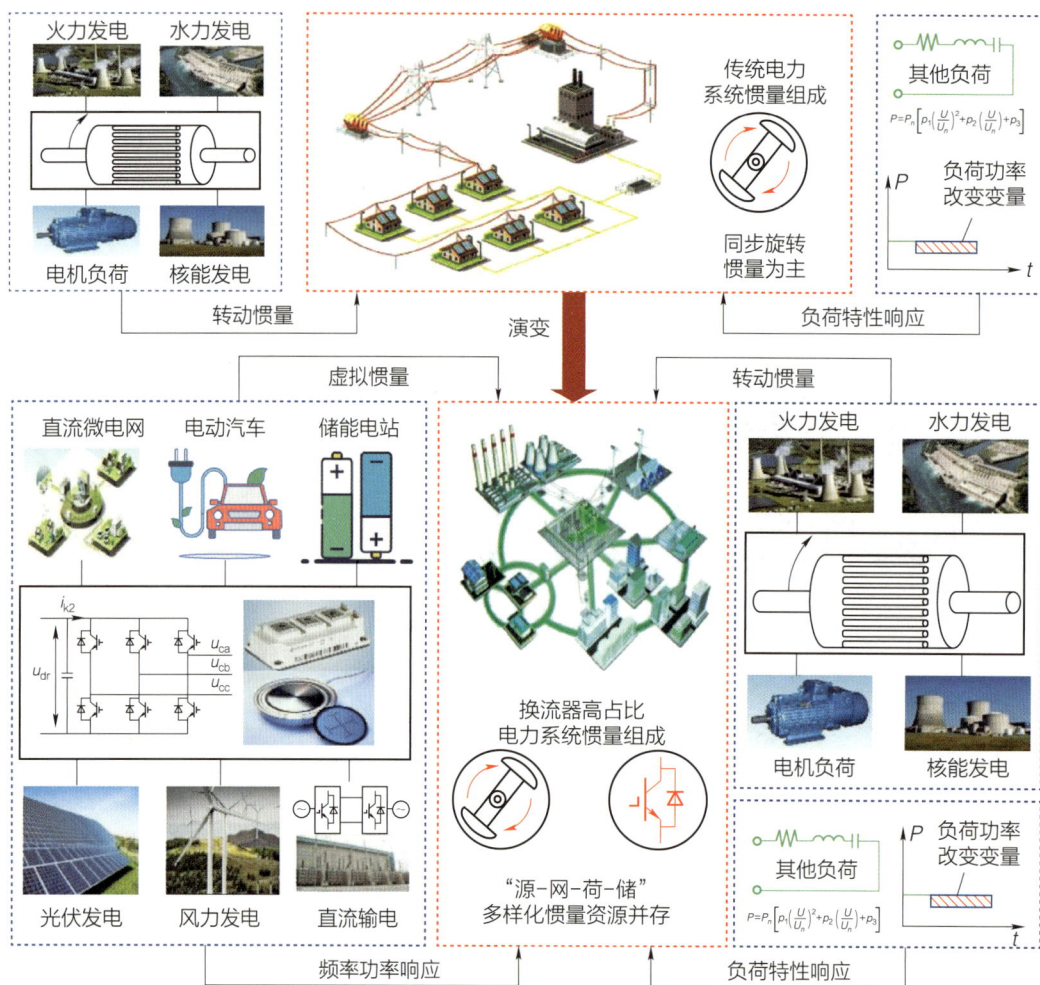

图 5.26　高比例电力电子化系统有效惯量组成[1]

　　高压直流输电系统受端换流器的控制中引入虚拟同步机控制,将受端换流站等效为同步机,使其具有惯性支撑能力并参与系统的频率调节,能有效克服传统矢量控制所带来的受端电网等效惯量降低、频率大幅波动等问题,减少受端电网发生低频减载、新能源脱网及其他系统联锁故障的可能性,提高交流系统安全,减少不必要损失,具有较大的工程意义。

❶ 张武其,文云峰,迟方德,等. 电力系统惯量评估研究框架与展望 [J]. 中国电机工程学报,2021,41(20):
　 6842-6856.

### 5.5.1.2 功角稳定性问题

**1. 概述**

功角稳定指电力系统受到扰动后，系统内所有同步电机保持同步运行的能力。功角失稳由同步转矩或阻尼转矩不足引起，同步转矩不足导致非周期性失稳，而阻尼转矩不足导致振荡失稳。根据扰动强弱可以分为大干扰功角稳定、小干扰功角稳定；也可以分为暂态功角稳定、静态功角稳定，如图 5.27 所示。

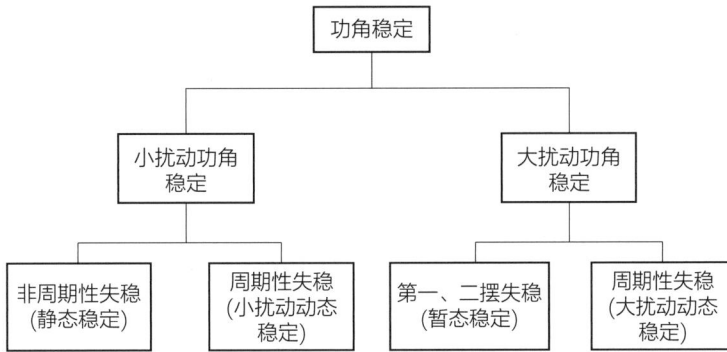

图 5.27　功角稳定性分类

　　小扰动功角稳定指电力系统遭受小扰动后保持同步运行的能力，它由系统的初始运行状态决定。小扰动功角失稳可表现为转子同步转矩不足引起的非周期失稳以及阻尼转矩不足造成的转子增幅振荡失稳。非周期性失稳即静态功角稳定是指电力系统受到小扰动后，不发生非周期性失步，自动恢复到起始运行状态的能力；周期性失稳即小扰动动态稳定是指系统在受到小扰动后，在自动调节和控制装置的作用下，不发生发散振荡或持续的振荡。

　　大扰动功角稳定指电力系统遭受严重故障时保持同步运行的能力，它由系统的初始运行状态和受扰动的严重程度共同决定。大扰动功角失稳也表现为非周期失稳和振荡失稳两种形式。其中，暂态稳定是指电力系统受到大扰动后，各同步电机保持同步运行并过渡到新的或恢复到原来稳态运行方式的能力，通常指保持第一、第二摇摆不失步的功角稳定。电力系统的暂态功角稳定基于同步发电机组的转子运动方程形成，由同步发电机组间的互同步稳定机制维持。当系统发生故障时，作用于同步发电机组转子上的机械转矩和电磁转矩失去平衡，转子转速和转子角随之变化，不同同步发电机的功角差将引发同步发电机组的相对摇摆，进而可能导致一台或多台机功角失稳；大扰动动态稳定是指受到大扰动后，在自动调节和控制装置的作用下，保持较长过程的功角稳定性的能力，通常指电力系统受扰动后不发生发散振荡或持续的振荡。

### 2. 新型电力系统功角稳定的新问题

新型电力系统的同步机制、动力学特性以及一次能源特性与传统电力系统具有显著差异，主要表现在电力电子设备接入导致同步机制变得更加复杂。数量众多的新型电力设备基于电力电子变流器控制实现同步，不存在物理上的"功角"。传统同步发电机具有相似的动态特性以及相对固定的时间尺度和控制策略（同构）；新能源受天气等因素影响，导致系统工作点频繁变化，无法用恒定参数来描述系统运行状态（异构）。

新能源的接入对系统功角稳定性的影响受到各种因素的综合作用，如风机类型及运行模式、新能源选址、渗透率、电网电压、故障类型等。目前，学界对于新能源接入后对系统有积极或者消极的影响并没有明确统一的结论，大多研究都是用仿真的方法定性描述新能源场站接入电网后系统功角稳定性的变化规律。例如，有些仿真表明在风火打捆直流外送的场景下，风电场的并网有利于系统的功角稳定；在某些风电集中接入的实际地区电网工程中，风电的接入将会导致火电机组的功角差进一步拉大，恶化了系统功角稳定性。随着新能源渗透率的不断增长，电网功角稳定并非呈现单一的变化规律，在不同场景或影响因素下可能具有不同的作用❶。

高比例新能源接入对系统功角稳定的影响主要体现在**系统惯性的降低**、**电力电子设备注入功率特性的引入**、**系统潮流分布的改变**等方面。其中，最直接的影响是使系统惯性不断降低，系统惯性是维持暂态稳定性的重要因素，不仅影响稳定域的大小，还影响故障中和故障后系统的轨迹。绝大多数电力电子设备和可再生能源本身为低惯性甚至零惯性，从而对系统的功角稳定性产生负面影响。

电力电子设备在故障过程中的注入功率特性是影响功角失稳问题的另一关键因素。该特性主要指电力电子电源在受到扰动后的输出功率特性，包括恢复特性、爬坡速度等。无论是在高压侧集中接入的电力电子型电源，还是在中低压侧接入的以电力电子为接口

❶ 牟澎涛，赵冬梅，王嘉成. 大规模风电接入对系统功角稳定影响的机理分析［J］. 中国电机工程学报，2017，37（05）：1325－1334. DOI:10.13334/j.0258-8013.pcsee.160909.

的分布式电源，其输出功率特性与传统电源都有着显著区别。电力电子设备在受到大扰动后可能出现功率闭锁、穿越故障后功率爬坡恢复或者不能穿越故障从而脱网等不同的注入功率特性。在系统受到扰动后的暂态过程中，电力电子型电源通过功率与传统发电机组相互作用，影响发电机功角的摇摆曲线。因此，电力电子设备的注入功率特性对故障中发电机功角轨迹的发展及故障后功角的同步恢复都有直接的影响。然而，电力电子设备的注入功率特性对大扰动功角稳定性影响的性质目前学术界尚未达成共识，与新能源渗透率、负载率、功率恢复速率、故障位置等多方面的因素都有关。对于一个相同的系统，不同位置的故障下，同样的电力电子型电源接入可能对功角稳定性造成截然不同的影响。

高比例新能源的接入对系统潮流分布的改变同样是影响功角失稳问题的重要因素。一方面，可再生能源具有明显的地域特点，其分布位置与现有大型发电厂大不相同。由于负荷分布不变，可再生能源大量接入替代原有同步发电机组，势必会改变系统的潮流分布。另一方面，大量分布式电源、电动汽车、储能等在中低压侧接入，系统功率双向流动，也会改变潮流分布。此外，可再生能源出力的随机性使得系统潮流的波动在运行过程中更加剧烈。从系统层面看，大量可再生能源接入导致系统潮流分布变化，对于功角失稳问题而言，潮流分布的影响比系统惯性降低带来的影响可能更加严重。例如，在高比例新能源接入场景下，美国加利福尼亚-俄勒冈（California Oregon）潮流断面将逼近现有传输通道容量极限，使得系统大扰动功角稳定性严重恶化。高比例新能源的接入改变潮流分布对于系统大扰动功角稳定性的影响本质上是改变了系统平衡点，从而改变了稳定域的大小。一般的定性结论为当系统潮流加重时，如果大量可再生能源在送端接入，将产生负面影响；潮流减轻时，如果大量可再生能源在受端接入，将产生正面影响。

### 3. 功角稳定分析方法

静态功角稳定性分析方面，最常用的分析方法包括时域分析法、特征值分析法以及随机概率小扰动分析法等。在时域分析法方面，可从新能源场站与大电网联络紧密程度、发电出力、建设位置、渗透率、连接方式等因素分析对系统小扰动稳定的影响。以平衡点线性化模型为基础的特征值分析法是通过研究明确各类新能源运行方式、控制策略、类型等如何影响全系统状态矩阵，并结合对参与因子、振荡阻尼、模式、频率等要素的分析，明确新能源系统如何影响系统阻尼。随机概率小扰动分析方法主要包括数值方法、分析方法及数值与分析综合方法，目前采用的数值方法计算量很大，而分析方法及综合方法的算法较为繁琐，仍需要研究高效简单的解析方法。

　　**暂态功角稳定分析**方面，分析方法主要有时域仿真法、直接法、人工智能法等。时域仿真法是通过对系统微分代数方程组的求解来获得在时间改变的同时，系统代数量、状态量的变化轨迹。在被用于传统交流电力系统时，往往基于发电机的功角差最大值来明确系统暂态稳定性。虽然在众多评估方式中，时域仿真法呈现出最为可靠的特性，能够实现相对复杂系统的控制策略、模型等，但其也存在计算速度难以令在线监控的需求得到满足，无法提供与系统整体稳定程度相关的信息，难以完成稳定机理的研究等缺点。

　　直接法是指暂态能量函数法，是通过构造暂态能量的函数对比系统可吸收的暂态能量最大值，可对系统整体暂态稳定性进行判断。这种方法不仅可以定性的对系统稳定性进行判断，也可获得一定的稳定裕度，最终用于对暂态稳定性的定量分析，目前已被运用于实际工程中。

　　人工智能法在效率提升方面的优势较为突出，在电力系统分析暂态稳定性方面，多用于预处理数据以及后处理等工作。通常基于被处理完毕的样本，探寻稳定指标、状态参数对应的映射关系。结合时域仿真法处理完毕数据后，离线状态下训练分类器模型，再结合 WAMS 取得全新状态参数，针对此种状态的系统开始分析暂态稳定性，此种方法具备迅速、直观等特性。但此种方法也存在一些缺陷，如因系统的不确定性、复杂性等特点，导致难以准确建模；难以对系统的失稳机制进行深度探究，如若系统出现改变，需要重新设置全部数据，在工程中实现的难度较大。

### 4. 提高功角稳定性的措施

　　**提高功角静态稳定性**通常采用以下几种方式：一是采用快速自动调节励磁装置缩短发电机与系统间的电气距离来增加发电机输送极限功率，从而提高功角静态稳定性；二是采用电力系统稳定器（power system stabilizers，PSS）在励磁电压调节器中引入领先于轴速度的附加信号，产生正阻尼转矩，为特定频率的振荡问题提供阻尼；三是采用分裂导线、提高线路额定电压等级、采用串联电容补偿的方式减少元件电抗；四是针对交直流混合电网，采取全域直流系统调制控制以提高系统的动态稳定性及暂态稳定性[1]；五是从新能源本身入手，采用构网型并网控制策略，引入有功附加阻尼控制和无功附加阻尼控制。

　　**提高功角暂态稳定性**要尽可能减少发电机转轴上的不平衡功率、减小转子相对加速

---

[1] 许爱东，金小明，贺静波，等. 特高压直流输电系统调制研究［J］. 南方电网技术，2008（04）：55-58.

度以及减小转子相对动能变化量，从而减少发电机转子相对运动的振荡幅度。主要措施有以下几种：一是快速切除故障，减小加速面积，同时增大减速面积，从而提高系统的暂态稳定性，切除故障的时间包括继电保护的动作时间和断路器接到跳闸指令到触头分开后电弧熄灭为止的时间总和；二是采用自动重合闸，在切除故障线路后，采用自动重合闸装置重合闸成功后，减速面积将会增大，从而提高功角稳定性；三是发电机电气制动和变压器中性点经小电阻接地，这两种方法均是通过增大发电机输出的电磁功率，减小加速面积，提高功角稳定性；四是采用功率快速转带等直流系统协调控制策略或可控消能装置，降低直流系统故障后的功率不平衡水平；五是根据故障情况，统筹采用快速切除发电机或可中断负荷等措施。

新型电力系统中电力电子设备的快速灵活可控性为增强大扰动功角稳定性提供了新的调控手段。虚拟同步机的控制技术可以增加系统的等效惯性，提高功角稳定性。采用适应变惯量等相应的控制方法的虚拟同步机还可优化系统轨迹，进一步增强功角稳定性。在大基地周边或送端电网配置快速可恢复自消能装置，在故障情况下可帮助消耗送端发电机暂态过程中的不平衡能量，从而提升系统功角稳定性。采用全域直流综合控制，一条线路退出运行后，可以通过快速调节其他直流输送功率，实现全网有功的平衡。提高抽水蓄能的快速响应能力以及加装新型储能，实现对系统功角稳定的支撑。

未来新型电力系统功角稳定性应从基础理论、分析方法和控制技术等方面寻求突破：

（1）**强适应、高兼容同步稳定性新理论。**需要厘清不同深度的扰动下系统对应的过渡过程，形成类似传统电力系统的过渡过程分析理论；提出适合新型电力系统的同步稳定性定义和基本理论，以强适应复杂变化的工况、兼容海量异构的动态设备。

（2）**易扩展、弱中心的分布式稳定性分析方法。**需要发展"弱中心化"的分布式稳定性分析方法，能够对超高维度、多样化、工况变化的电力系统稳定性进行快速分析。探索基于物理-数据融合的可信人工智能的稳定性分析方法，能够应对多时间尺度、多因素耦合、复杂序贯切换下的系统同步稳定性分析问题。

（3）**广域协同的构网控制技术与稳定控制。**发展构网型控制技术，提高电力电子设备的适应性和系统支撑能力，协调各种异构动态设备并实现全系统协调控制，增强系统抗扰性；设计针对设备的通用稳定控制协议，兼容各种异构动态设备，规范并网设备的稳定特性；构建全网协同的广域分层分布式协同控制体系，有效聚纳和优化调控海量碎片化的可控资源。

## 专栏5.4　　构网型并网控制

以电力电子变流器为并网接口的新能源发电、储能和直流输电设施与传统同步发电机组不同，其动态行为主要由控制策略决定。根据对电网频率构造的主动性与否，变流器的同步控制策略可以分为跟网型（grid-following，GFL）和构网型（grid-forming，GFM）同步控制。构网型装备依据同步单元输出的频率 $\omega$ 和角度 $\theta$，主动控制端口电压向量 $U_m$ 的幅值、频率和相角，具有电压源外特性，因此构网控制也称为电压源型同步控制。

常见的构网控制策略主要包括下垂控制、虚拟同步发电机控制、匹配控制和虚拟振荡器控制 4 种。其中下垂控制、虚拟同步发电机控制都在一定程度上模拟了同步发电机的运行机理，匹配控制和虚拟振荡器控制是近年来提出的非线性控制方法。

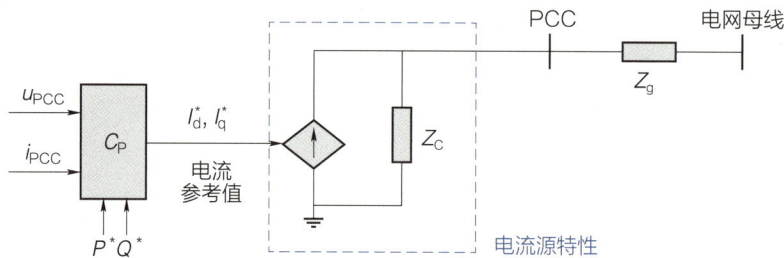

（a）跟网型变流器

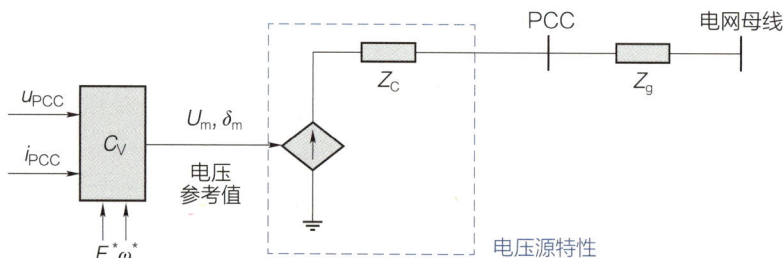

（b）构网型变流器

跟网型、构网型变流器结构示意图

构网控制最早在微电网的场景下被提出，未来有望广泛应用于输配电网络，具有更丰富的应用场景。对于新型电力系统，构网控制技术可以在正常、扰动以及故障情况下保证系统稳定运行，而不需要依赖同步发电机的辅助。具体而言，构网控制技术的作用主要包括提升以下几方面：一是系统短路电流水平，提高系统强度；二是为系统提供阻尼和惯性，改善系统频率稳定性；三是当系统失步解列时快速响应，提升系统的第 1 摇摆周期稳定性，主动支撑系统恢复；四是削弱电力系统间谐波和不平衡电压带来的影响。

### 5.5.1.3　电压稳定性问题

#### 1. 概述

电力系统电压稳定性问题最早在 20 世纪 40 年代由马尔柯维奇提出，但国际电工学术界对电压稳定的研究一直不够重视。我国电力系统稳定导则对电压稳定的定义为"电力系统受到小的或大的扰动后，系统电压能够保持或恢复到允许的范围之内，不发生电压崩溃的能力"。目前常规电压稳定可从扰动性质、时间范畴、研究方法等三类进行分类，具体如图 5.28 所示。

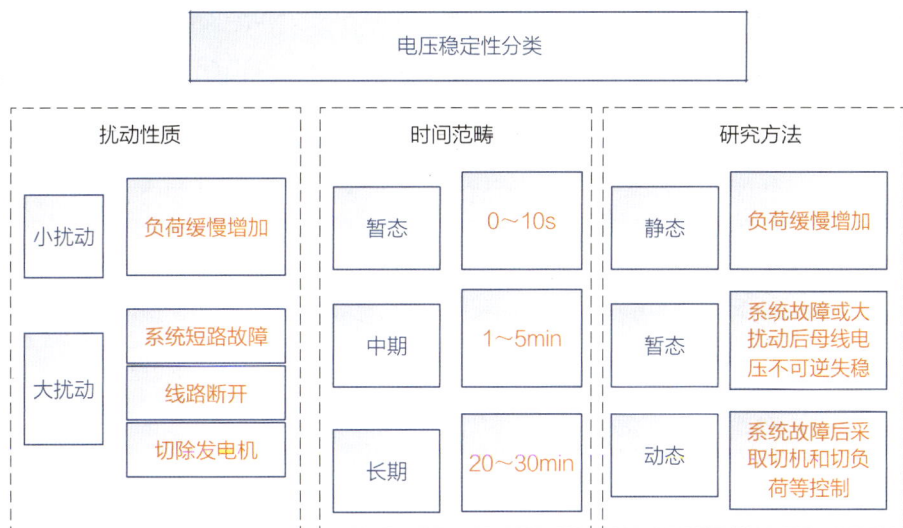

图 5.28　电压稳定性分类

电力系统的电压稳定性与发电系统、输电系统和负荷特性密切相关，为提高电力系统的电压稳定性，可采取以下几方面措施：① 在系统中调整发电机的有功和无功出力，维持机端电压、控制近区电压水平；② 增加输电线路提高互联水平，配置各类无功补偿设备，减少网络电抗提高线路功率传输能力；③ 在枢纽点增加并联电容器或电抗器改善系统的潮流分布和无功流向，使系统具有最大的无功储备；④ 维持负荷的电压水平，满足负荷的用电需求。

### 2. 新型电力系统电压稳定的新问题

随着新型电力系统的构建，电网形态发生显著变化，电压稳定问题也面临新形式。在送端，新能源集中开发、汇集并采用超/特高压交/直流输电系统集中送出是主要模式。当高压直流输电系统发生换相失败、直流线路故障、闭锁或送端近区交流短路故障后，将引起送端交流电网暂态过电压问题。不同故障场景下暂态过电压特点如图 5.29 所示。高压直流输电送端电网暂态过电压场景如图 5.30 所示。

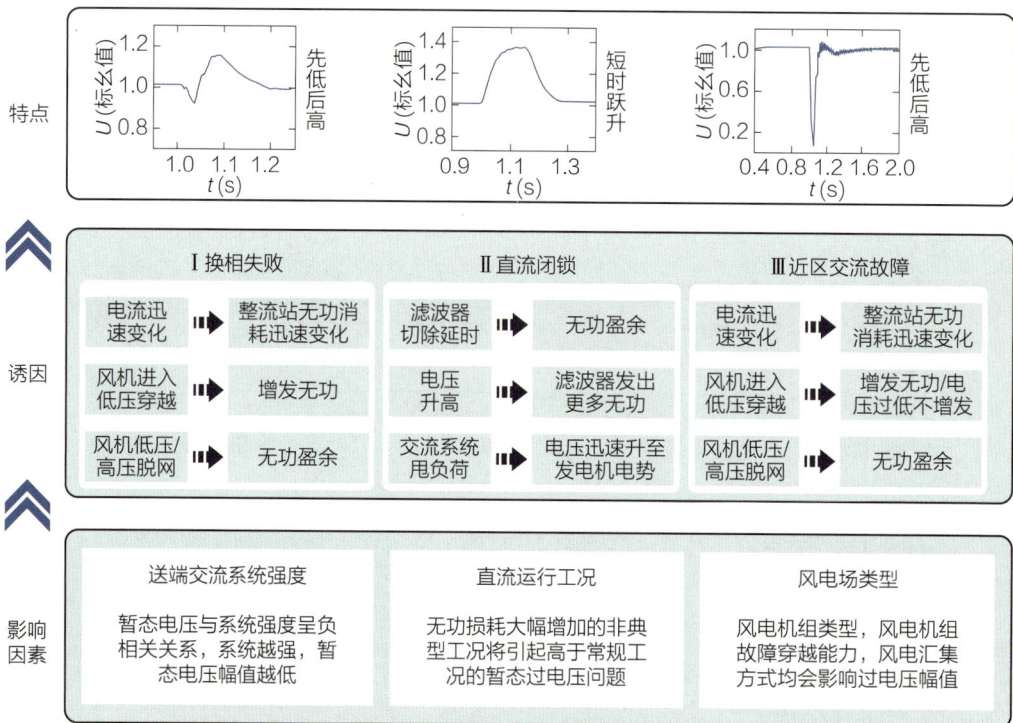

图 5.29　不同故障场景下暂态过电压特点[1]

---

[1] 林圣，兰菲燕，刘健，等. 高压直流输电送端电网暂态过电压机理与抑制策略综述 [J]. 电力科学与技术学报，2022，37（06）：3–16.

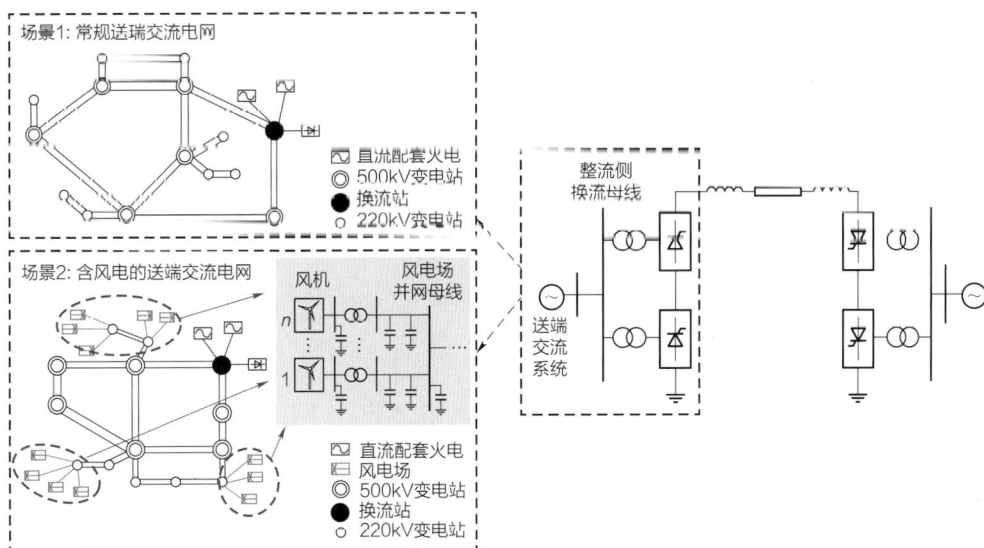

图 5.30 高压直流输电送端电网暂态过电压场景❶

在受端，对于多直流受端电网的电压稳定问题主要表现在以下两个方面：一是高直流馈入的受端负荷中心常规机组电能供给占比下降，常规机组的动态无功源占比逐渐减少；二是大量直流馈入反而造成系统电压调节能力的下降，这也将使受端电网的暂态电压稳定性面临严峻挑战。在受端电网故障暂态恢复期间，逆变侧换流器将消耗大量动态无功功率，故障期间交流侧电压大幅跌落，暂态动态过程如图 5.31 所示，在故障恢复的暂态阶段Ⅰ期间，交流侧电压快速回升，而直流电流恢复相对滞后使得交直流无功交互呈先升后降的特点。在无功功率下降过程中，由于交流侧无法及时提供足够的动态无功支撑，电网电压甚至出现了一定回降。在暂态阶段Ⅱ期间，直流电流在直流低压限流环节控制下随直流电压过快回升，使得逆变侧换流器无功消耗增大，最终直流系统对外持续呈"无功负荷"特性，不利于电网电压恢复。

### 3. 电压稳定分析方法

电压稳定的分析方法可分为两类，一类是基于潮流方程的静态分析法，另一类是基于微分方程的动态分析法❷。

---

❶ 林圣，兰菲燕，刘健，等. 高压直流输电送端电网暂态过电压机理与抑制策略综述［J］. 电力科学与技术学报，2022，37（06）：3－16.

❷ 徐泰山，薛禹胜，韩祯祥. 关于电力系统电压稳定性分析方法的综述［J］. 电力系统自动化，1996（05）：62－67.

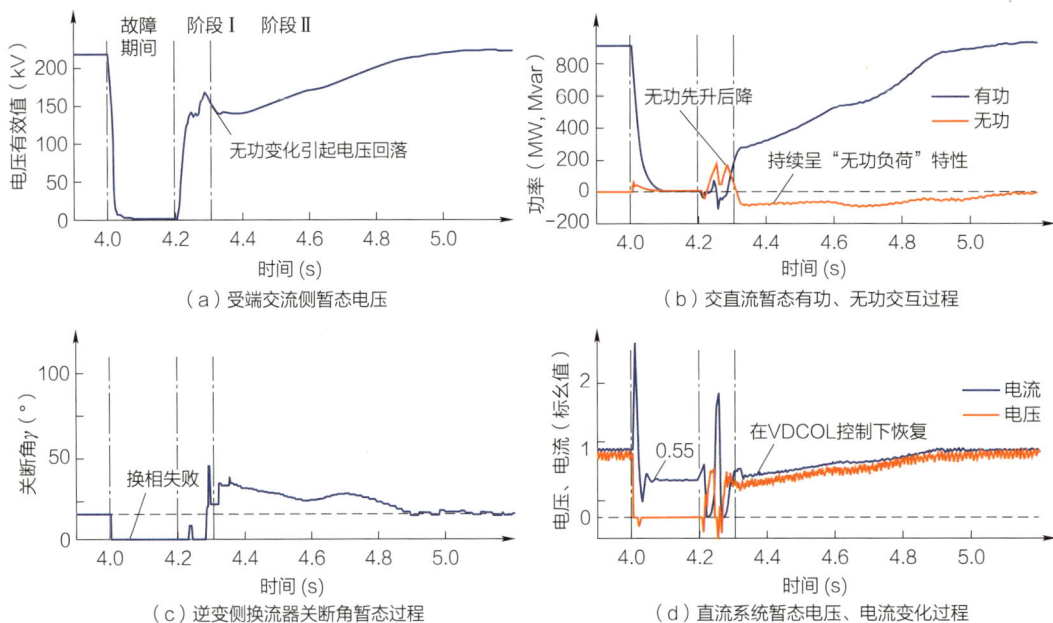

图 5.31  受端电网故障暂态过程[1]

**静态电压稳定分析**。静态电压稳定分析的研究主要是基于潮流方程或经过修改的潮流方程。这一方面是因为许多学者认为电压稳定是一个潮流是否存在可行解的问题，因而把临界潮流解看作是电压稳定极限；另一方面也由于静态分析技术比较成熟，易于给出电压稳定裕度指标和其对状态变量的灵敏度信息，从而便于对系统的监控和优化调整。这一类分析方法主要有潮流多解法、奇异值分解特征结构分析法和最大功率法等。基于潮流方程的静态分析方法经历了较长时期的研究，并取得了广泛的经验，本质上都是把电力网络的潮流极限作为电压静态稳定临界点，采用不同的方法求取临界点以及抓住极限运行状态的不同特征作为电压崩溃点的判据。但潮流方程并不能反映发电机的参数和特性，在机理上不能反映各种无功约束等。

**动态电压稳定分析**包括小扰动分析法、暂态电压稳定分析法和长期电压稳定分析法等。小扰动分析法是把描述系统运动的非线性微分方程和代数方程在运行点处线性化，形成状态方程，并通过状态方程的特征矩阵的特征根分析来判断该运行点的稳定性。小扰动分析法的数学分析原理清晰，建立尽可能简化的模型来精确地反映电压稳定性是研究重点。暂态电压稳定分析计及励磁系统、SVC、感应电动机负荷和 HVDC 等快速响应元件的动态特性，采用暂态稳定程序分析暂态电压失稳的可能性。有学者尝试证明电力系统电压暂态稳定与功角稳定的等价关系，建立电压稳定与功角稳定统一分析的理论方法[1]。长期电压稳定分析针对电力系统很多响应特性较慢的动态因素，对电压崩溃现象的机理、过程进行仿真。

**4. 提升新型电力系统电压稳定性的措施**

提升新型电力系统电源稳定性，可以从系统层面和设备层面两方面着手。

**从系统层面来看**，一是接入系统设备应以接入系统的母线节点电压为无功控制的目标。提高故障或异常情况下发电机机端电势和系统电压的恢复能力，如增加常规电源开机容量、加装无功补偿设备、配置调相机等。二是以及减小系统的联系电抗，加强电网的电气联系，在电压跌落恢复过程中可以跨地区进行无功功率支援，进而提高受端电压恢复特性。三是进行全域直流协同调控，优化各直流功率恢复速度。直流工程采用合适的控制方式，如整流侧采用定电流控制、逆变侧采用定电压控制、低压限流控制、换相失败预测控制等，各回直流之间协调控制，以保证当故障或扰动发生时交直流系统有良好的恢复特性，从而提高系统电压稳定性。系统层面提高电压稳定水平的措施，也多可用于提高系统功角稳定和频率稳定。

**从设备层面来看**，一是改善常规直流逆变器性能，包括采用低压限流控制（voltage dependent current order limiter，VDCOL）措施。当故障或扰动下受端电网电压降低，直流电压会随之降低，VDCOL 的控制特性使得直流电流下降，则逆变站消耗的无功功率减小，从而提高受端电网电压稳定性。另外，通过调整 VDCOL 的参数、改进 VDCOL 控制系统等方式，可以减缓故障后直流恢复速度，有利于受端电网的电压恢复。采用换相失败预测控制（commutation failure prevention，CFPREV）措施，通过零序检测法检测不对称故障，通过交流电压 $\alpha/\beta$ 转换检测三相故障，在检测到系统有可能发生换相失败后，通过提前减小触发角 $\alpha$ 来临时增大关断角 $\gamma$ 以达到减小换相失败概率的目的。二是直流输电全部或部分采用 VSC 变流器代替电网换相（line commutated converter，LCC）变流器。相比于常规直流输电 LCC–HVDC，基于全控型器件绝缘栅双极型晶体管的柔性直流输电技术（VSC–HVDC）从根本上避免了换相失败问题，且其有功无功功率采

[1] 刘光晔,杨以涵.电力系统电压稳定与功角稳定的统一分析原理[J].中国电机工程学报,2013,33(13):135-149. DOI.10.13334/j.0258-8013.pcscc.2013.13.012.

用独立解耦控制，具有无功功率快速调节特性，这改善了受端交流电网的运行特性。三
是所有非同步机电源如风电、光伏、新型储能等都应经全功率逆变器并采用构网型控制
策略接入系统。采用构网型控制的变流设备，不依赖电网频率/相位测量以实现同步，能
够显著提高新能源、储能等设备的主动支撑的能力❶，在弱电网中对频率和电压的调节
更为灵活，有利于系统的稳定运行。另外，也有学者提出将同步调相机和跟网型设备
并联放置以实现新能源主动支撑的方案❷，如图 5.32 所示。

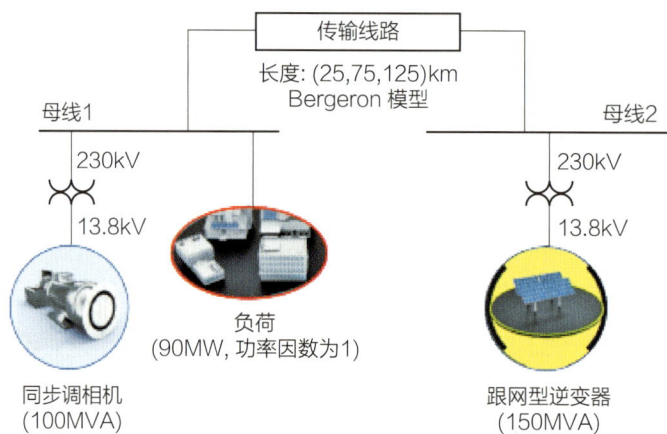

图 5.32　新能源主动支撑技术方案

## 5.5.2　宽频振荡问题

以变流器为代表的电力电子装备大规模应用，传统电磁装备与电力电子装备及其控
制系统间存在非线性强耦合，导致电力系统动态行为更加复杂多变。电力电子装备的多
尺度级联与序贯切换特性使得电力系统物理耦合机制发生根本变化。系统发生扰动后的
模式演变和响应过程随之具有非线性时变、时空交互耦合特性，电力扰动呈现时频耦合、
多次叠加等复杂特征。20 世纪初电力系统的振荡问题是以同步机主导的机电振荡。进入

❶ 许诘翊，刘威，刘树，等. 电力系统变流器构网控制技术的现状与发展趋势［J］. 电网技术，2022，46（09）：3586－3595.
❷ Rick Wallace Kenyon; Anderson Hoke; Jin Tan; Bri-Mathias Hodge. Grid-Following Inverters and Synchr-onous Condensers: A Grid-Forming Pair?［A］. 2020 Clemson University Power Systems Conference［C］，2020.

21 世纪，电力系统振荡问题向以电力电子设备主导的电磁暂态振荡过渡，出现了和传统电网失稳有着本质区别的新问题。

### 5.5.2.1　新的稳定性问题

通常将电力系统受到扰动后，由多类型电力电子设备和电网共同参与引发电气量随时间的周期性波动，振荡频率较宽且具有频率漂移特点的振荡现象认为是宽频振荡。这类振荡问题由多设备和电网共同参与，频率范围在数赫兹至千赫兹，其根源是新能源机组/交直流变换器及其控制通过复杂电网耦合形成的源/器－网多时间尺度动态相互作用。交直流电网中存在的各类宽频振荡现象产生场景如图 5.33 所示。

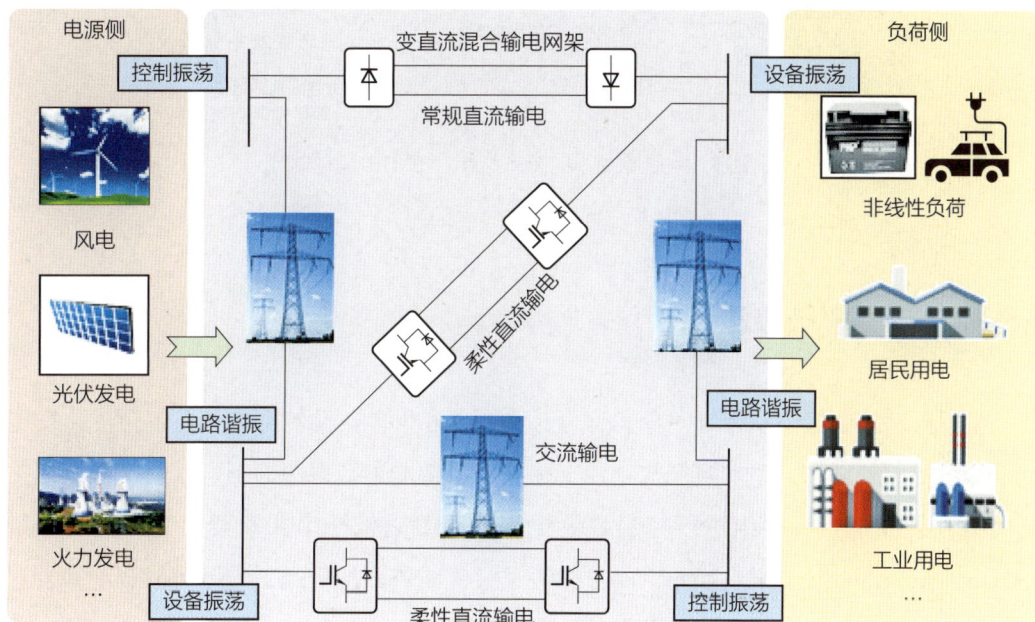

图 5.33　宽频振荡现象产生场景❶

新能源接入引发的宽频振荡可从场景上分为：新能源接入传统交流电网引发和新能源经直流送出引发，不同的送出方式分类如图 5.34 所示。此类振荡问题是涉及同步发电

❶ 王渝红，王馨瑶，廖建权，等 交直流电网宽频振荡产生、辨识及抑制研究综述 [J]. 高电压技术，2023，49（08）：3148－3162. DOI:10.13336/j.1003 6520.hve.20221565.

机、高比例多类型电力电子设备、交直流系统强耦合的复杂振荡问题。

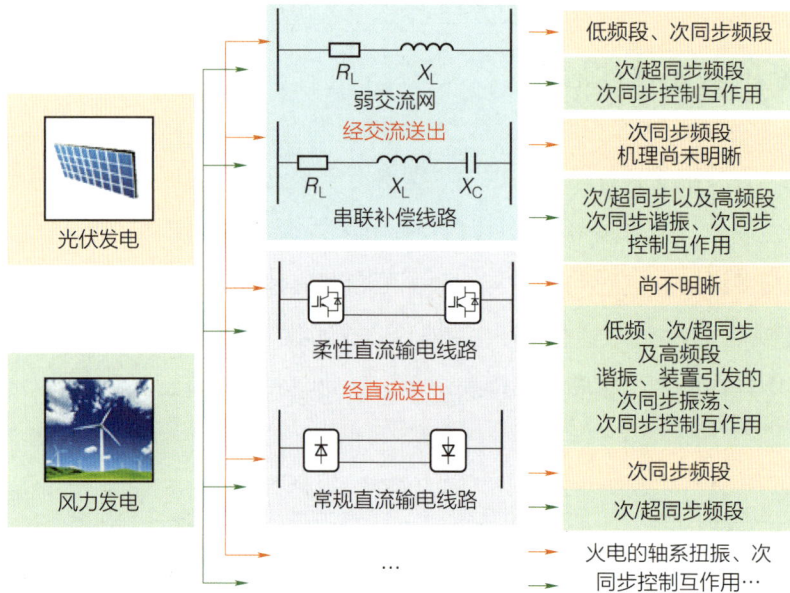

图 5.34　新能源经不同方式送出存在的振荡模式[1]

## 5.5.2.2　技术解决方法

　　宽频振荡抑制策略从控制对象角度可分为源侧和网侧。源侧抑制策略包括优化发电机组参数及控制结构，附加阻尼控制及支路补偿，源侧进行振荡抑制可以直接提取相关电气量，且靠近目标机组进行控制效果更优。网侧则依托串并联柔性交流输电系统（flexible AC transmission system，FACTS）及直流线路附加控制，网侧可以直观地针对易引发振荡的线路进行谐振消除和保护。宽频振荡抑制措施如图 5.35 所示。

　　优化控制器参数需要首先筛选影响振荡的主导因素，基于主导因素得出参数调整的安全稳定域。基于关键的控制器参数，可对参数进行优化设计提升系统的稳定性。采用调整参数法抑制宽频振荡的局限性在于某些关键参数在实际运行中不可调整，只能对前

❶ 王渝红，王馨瑶，廖建权，等. 交直流电网宽频振荡产生、辨识及抑制研究综述［J］. 高电压技术，2023，49（08）：3148－3162. DOI:10.13336/j.1003-6520.hve.20221565.

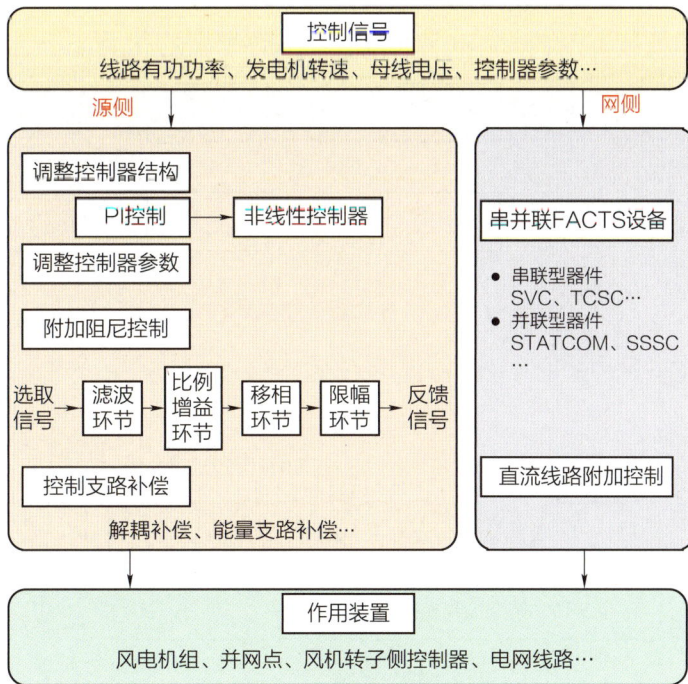

图 5.35　宽频振荡抑制措施

期规划设计有一定参考意义。调整控制器结构以抑制宽频振荡的设计方法为利用非线性控制器代替现有的 PI 控制，如 $H_\infty$ 控制、滑模控制等，但由于较复杂的控制结构和较大的计算量，在实际电网中难以实现，仍停留在理论阶段。

附加阻尼控制一般基于系统的状态空间模型或阻抗模型，选取较优的关键反馈信号和输出信号附加位置，设计系统的阻尼控制器。基于状态空间模型的附加阻尼可以配置系统的特征根，以此实现振荡抑制；而基于阻抗模型的附加阻尼控制通过传递函数设计实现阻抗重塑，改变谐振点位置或增加系统相位裕度，以此抑制振荡的产生。针对风机经串补并网典型场景，设计附加阻尼控制及抑制效果如图 5.36 所示。

在实际应用中，输入信号的选取受限于信息采集的通道，且附加阻尼控制不能针对全工况进行振荡抑制，只能针对特定频率的振荡提供负阻尼，目前多用于抑制次同步范围内的振荡，能否实现宽频振荡的抑制仍有待进一步的研究。

控制支路补偿是在关键控制环节中加装振荡分量的反向补偿支路，其关键问题为选取补偿信号和补偿系数，通过前馈补偿或附加滤波器的方式改善系统的稳定性。支路补偿包括阻尼补偿、解耦补偿、能量补偿，阻尼补偿可以改善谐振点的阻尼水平，解耦补

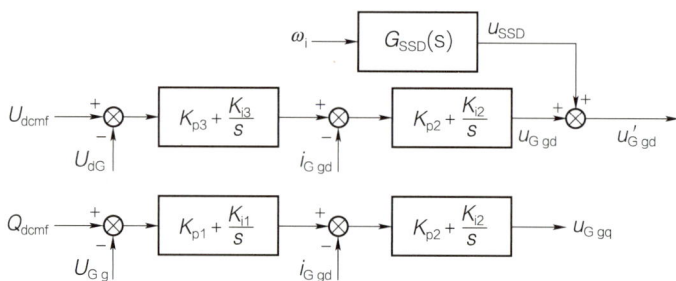

（a）附加阻尼控制器结构

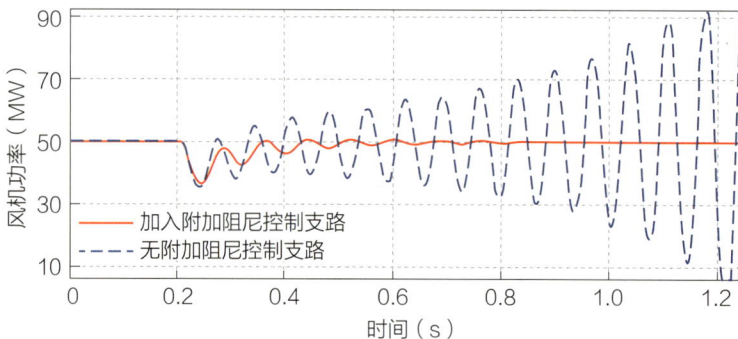

（b）串补度40%仿真结果

图 5.36　风机加装附加阻尼抑制效果❶

偿通过构建振荡的反向补偿支路实现振荡抑制，能量补偿改善能量流通路径中的动能和势能，实现宽频振荡的主动阻尼。控制支路补偿通常用于小系统中改善效果较好，当考虑大系统或广域互联系统时，此抑制策略的性能较差。

## 5.5.3　新能源机组的故障穿越

### 5.5.3.1　低（零）电压穿越

#### 1. 低电压穿越

低电压穿越能力是指在电网运行中，当系统出现扰动或远端（近端）故障时，可引

---

❶ 王渝红，王馨瑶，廖建权，等. 交直流电网宽频振荡产生、辨识及抑制研究综述［J］. 高电压技术，2023，49（08）：3148－3162. DOI:10.13336/j.1003-6520.hve.20221565.

起局部电压的瞬间跌落，期间电源维持并网运行的能力❶。对新能源机组来说，在场站并网点电压跌落的时候，新能源机组能够保持并网，甚至向电网提供一定的无功功率，支持电网恢复，直到电网恢复正常，从而"穿越"低电压时间（区域）。风电场低电压穿越要求如图 5.37 所示。

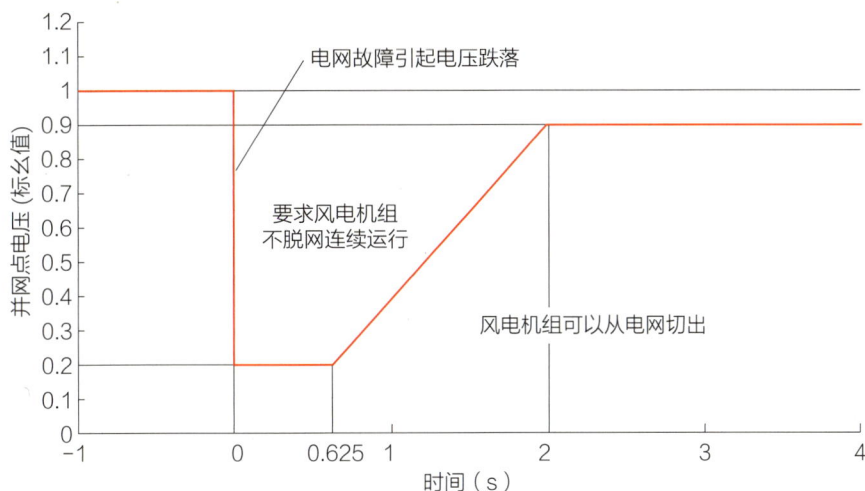

图 5.37　风电场低电压穿越要求❷

　　电压跌落会带来过电压、过电流等问题，能引起硬件保护跳闸，甚至烧毁功率器件，严重危害新能源机组控制系统的安全运行。一般情况下若电网出现故障，机组实施被动式自我保护而立即解列，并不考虑故障的持续时间和严重程度，这样能最大限度保障风机与并网逆变器的安全。然而，当新能源在电网中占有较大比重时，若机组在电压跌落时仍采取被动保护式解列，则会增加整个系统的恢复难度，甚至可能加剧故障，最终导致系统其他机组全部解列，因此必须采取有效的低电压穿越措施，以维护电网的安全稳定。

### 2. 零电压穿越

　　零电压穿越能力是以低电压穿越概念为基础，指由于电网故障或扰动，引起机组并网点的电压跌落至零时，机组能够不间断并网运行的能力，为当并网点电压骤降到零时，电网侧基本处于短路状态，机组故障电流会大大超过低电压穿越过程中故障电流范围，

---

❶《风电场接入电力系统技术规定》（GB/T 19963—2011）。

❷ 张兴，张龙云，杨淑英，等. 风力发电低电压穿越技术综述［C］//中国电工技术学会.2008 中国电工技术学会电力电子学会第十一届学术年会论文摘要集.［出版者不详］，2008：258.

这将导致已经通过低电压穿越测试的机组被迫脱网自保，故零电压穿越对风电机组的控制策略、设备容量以及测试调试方法提出了更高的要求❶。

世界各国对风电机组应具备的零电压穿越能力如表 5.9 所示，可以看出，澳大利亚电网对零电压穿越能力的要求最为严格。

表 5.9　　　　　　　　各国零电压穿越能力标准

| 国家（地区） | 故障维持时间（ms） | 电压跌落等级 | 故障恢复时间（ms） |
| --- | --- | --- | --- |
| 德国 | 150 | 0 | 1500 |
| 英国 | 140 | 0 | 1200 |
| 北欧 | 250 | 0 | 750 |
| 魁北克 | 150 | 0 | 1000 |
| 新西兰 | 200 | 0 | 1000 |
| 澳大利亚 | 430 | 0 | 3000 |

对光伏电站的零电压穿越能力，《光伏发电站接入电力系统技术规定》（GB/T 19964—2012）中要求，当光伏电站并网点电压跌至零时，光伏发电站应能不脱网连续运行 0.15s；对风电机组的零电压穿越能力，我国尚未有相关标准规定。

**3. 提升电压穿越能力的技术措施**

现有提升新能源的低（零）电压穿越的手段可分为：在风电场送出的直流侧加装硬件保护电路；在并网点加装电压调节设备；在风电场加装储能设备；通过改进的协调控制策略实现。

**直流侧加装硬件保护电路**是最常见的提升风电场低电压穿越能力的技术手段，其代表是撬棒（Crowbar）电路。Crowbar 电路通过在线路中构建额外通路消纳不平衡功率，其应用范围涵盖所有涉及功率不平衡问题的场合。因此，在直驱永磁同步发电机（direct-drive permanent magnet synchronous generator，D–PMSG）全功率换流器内，或者风电场的直流送出侧，可通过加装 Crowbar 电路提升风电场的低电压穿越能力。

**并网点加装电压调节设备**提升风电场低电压穿越（low voltage ride through，LVRT）能力的思路是将电网侧的电压大幅跌落变为风机送出端电压的小幅跌落，进而降低对风

❶ 蔡恩雨，焦冲，王冬冬，等. 双馈风电机组零电压穿越能力测试方案［J］. 电力系统自动化，2016，40（10）：137–142.

电场侧低电压穿越能力的要求。可采用的附属设备主要包括动态无功补偿设备、动态电压调节器以及串联动态制动电阻。

动态无功补偿装置主要指静止无功补偿器（SVC）、静止同步补偿器（STATCOM）等响应快速的无功补偿设备。串联动态电压调节器相当于串联在电网中的动态受控电压源，对其采用适当控制，可使输出电压抵消电力系统扰动对负荷电压造成的不良影响。串联动态制动电阻在电网故障时将电阻元件接入电网，增加机端到接地点的过渡电阻，缓解机端的电压跌落，并通过电阻耗能形式消纳多余有功功率。

低电压穿越策略对比见表 5.10。

表 5.10　　　　　　　　　　　　低电压穿越策略对比

| 方案 | 优点 | 缺点 |
| --- | --- | --- |
| 加装可控耗能设备 | 原理简单；可复制 | 存在设备发热与能源浪费问题；无法主动影响系统运行特性 |
| 加装电压调节设备 | 可安装在电网侧；无需远程作业 | 成本较高，需要专门维护；控制方法需根据系统专门设计；未从根本原因入手解决问题 |
| 改进换流器控制方法 | 无需额外硬件设备 | 响应特性受系统对象特性和执行方式影响；未从根本上解决问题 |
| 加装储能设备 | 改善电能的时空分布特性；不浪费能源；在正常运行时也可改善新能源的消纳特性 | 设备一次投入成本高；当前技术并不成熟 |

**新能源场站加装储能设备**。新能源场站在低电压过程中采用充放电迅速、损耗低的超级电容、锂离子电池等新型储能设备替代耗能电阻吸收不平衡功率，再通过适当的方式将能量回送电网，实现低电压穿越的同时将损耗降至最低。

**改进型控制策略**改变既有设备的运行控制模式，直接或间接解决功率不平衡问题或实现与外部设备类似的功能。主要包括变桨距角控制、机侧与网侧换流器控制方式调整等。

### 5.5.3.2　高电压穿越

高电压穿越是对并网新能源机组在电网出现短时过电压时仍保持并网运行的一种特定的运行功能的要求。风电机组的高电压穿越能力是指当电网故障或扰动引起并网点电压升高时，在一定的电压升高范围和时间间隔内，风电机组保证不脱网连续运行的能力。

国外提出新能源场站的高电压穿越技术规定的时间相对较早，典型的标准规定如下：澳大利亚的 NER 标准规定并网点电压大于标幺值 1.3 时至少保持并网 60ms，并网点电压在标幺值 1.1～1.3 期间至少保持并网 900ms。德国 E.ON 标准规定并网点电压大于标幺值 1.2 时至少保持并网 0.1s。美国 WECC 标准规定并网点电压大于标幺值 1.2 时可以退出运行，在标幺值 1.175～1.2 之间应能保持并网大于 0.1s，在标幺值 1.15～1.175 之间应能保持并网大于 2s，在标幺值 1.1～1.15 之间应能保持并网大于 3s[1]。

中国《光伏发电站接入电网技术规定》与《风力发电机组故障穿越能力测试规程》中参考了国际上有关技术指标，如表 5.11 所示。风电场高电压穿越要求如图 5.38 所示。

表 5.11                    我国新能源机组高电压穿越运行时间要求

| 并网点工频电压值（标幺值） | 运行时间 |
| --- | --- |
| $1.10 \leqslant U_t \leqslant 1.20$ | 具有每次运行 10s 的能力 |
| $1.20 \leqslant U_t \leqslant 1.30$ | 具有每次运行 500ms 的能力 |
| $U_t \geqslant 1.30$ | 允许退出运行 |

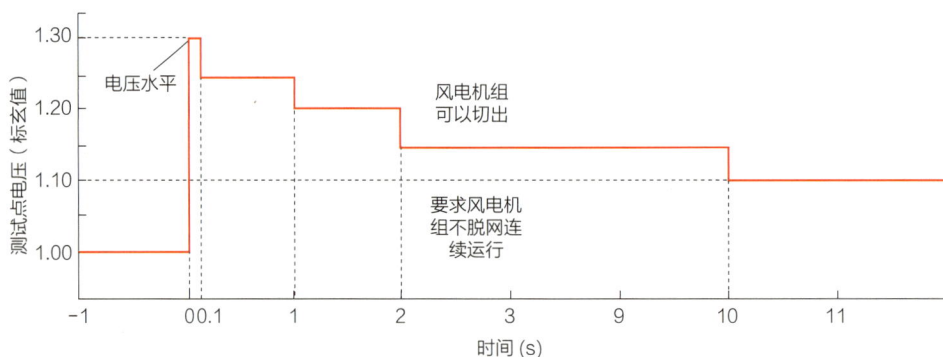

图 5.38    风电场高电压穿越要求[2]

提升设备高电压穿越的技术措施主要包括以下几种。

（1）**机侧控制方法**。风电机组在高电压穿越过程中，双馈风电机组的机侧会受到定子侧磁链变化的影响产生过电流，直驱风电机组由于网侧机侧解耦并不会有影响。采用

❶ 樊世超，赵丹. 光伏发电站高电压穿越研究综述［J］. 科技创新与应用，2017（27）：180-181.
❷《风电场接入电力系统技术规定　第 1 部分：陆上风电》（GB/T 19963.1—2021）。

虚拟阻抗或者电流控制等软件控制策略是当前提升风电机组高电压穿越能力的主要方式之一。风电机组高电压穿越的机侧控制方法主要通过增加保护电路、控制机侧变流器无功电流或者去磁控制等方式抑制故障瞬间转子冲击电流的影响，以实现抑制转子过电压或过电流的目标；但存在转速失控、受励磁变流器容量限制导致控制效果有限而无法成功穿越严重故障等缺点。

（2）**直流母线控制方法**。无论是风电还是光伏设备，高电压穿越过程中都会有不平衡功率聚集在直流母线上，导致直流母线过电压，存在机组脱网的风险。因此高电压穿越过程中抑制直流母线过电压是提升新能源发电设备高电压穿越能力的一个重要目标。直流母线控制方法主要通过在直流母线环节增加可控消能装置保护电路或储能系统、增大网侧变流器输出容量范围、变流器动态无功补偿与定子磁链微分补偿相结合以及与超级电容储能系统协调等方式，抑制直流母线过电压情况，但是会造成新能源发电功率的浪费，且分布式储能系统的增加会增加系统成本。

（3）**网侧控制方法**。主要通过协调无功 – 电压与有功 – 电压减载、设计基于模型预测控制的新型鲁棒控制器或增加静止无功补偿器和动态电压恢复器等额外装置的方式，帮助新能源发电设备快速恢复端电压，提升电网电压恢复能力；但也存在软控制策略对参数依赖性较高、控制效果受到励磁变频器容量限制等问题，同时增加硬件装置的控制需要与发电设备协调控制，控制逻辑复杂且会增加系统成本。

### 5.5.3.3　频率穿越

在澳大利亚"9·28"大停电事故以及英国"8·9"大停电事故过程中，由于突发的大功率缺额导致频率平衡破坏，大量分布式电源因频率变化率保护动作跳闸脱网，导致系统频率二次下降并触发低频切负荷动作。扩大了事故的影响。加强含高比例可再生能源电网的频率动态行为分析，研究受扰后系统频率响应的复杂特性非常重要，包括部分发电机因控制保护动作跳闸造成系统振荡，功率的不平衡引起频率快速变化进而触发高频切机、低频减载等动作[1]。中国对新能源场站的频率适应性也提出了相关要求，并发布了系统调频的技术要求规程，详见表 5.12 和表 5.13。

---

[1] 沈政委，孙华东，仲悟之，等. 基于关键事件的高比例新能源电力系统故障连锁演化规律分析 [J]. 电力系统自动化，2022，46（24）：57–65.

表 5.12 　　　　风电场在不同电力系统频率范围内的运行规定

| 频率范围 | 运行规定 |
| --- | --- |
| <48Hz | 根据风电场内风电机组允许运行的最低频率而定 |
| 48 ~ 49.5Hz | 每次频率低于 49.5Hz 时要求风电场具有至少运行 30min 的能力 |
| 49.5 ~ 50.2Hz | 连续运行 |
| >50.2Hz | 每次频率高于 50.2Hz 时，要求风电场具有至少运行 5min 的能力，并执行电力系统调度机构下达的降低出力或高周切机策略，不允许停机状态的风电机组并网 |

表 5.13 　　　　光伏发电站在不同电力系统频率范围内的运行规定

| 频率范围 | 运行规定 |
| --- | --- |
| <48Hz | 根据光伏发电站逆变器允许运行的最低频率而定 |
| 48 ~ 49.5Hz | 频率每次低于 49.5Hz，光伏发电站应能至少运行 10min |
| 49.5 ~ 50.2Hz | 连续运行 |
| 50.2 ~ 50.5Hz | 频率每次高于 50.2Hz，光伏发电站应能至少运行 2min，并执行电网调度机构下达的降低出力或高周切机策略；不允许处于停运状态的并网 |
| >50.5Hz | 立刻终止向电网线路送电，且不允许处于停运状态的光伏发电站并网 |

　　为了提高频率适应性，新能源机组配置调频控制策略，满足当前新能源场站频率控制要求和切机/切场控制的时间尺度，达到"以调代切"的目的。新能源场站的紧急有功控制应在 100ms 以内完成，快速频率支撑除了需要考虑机组单元自身的快速有功控制时间外，还需要考虑频率检测、算法计算、通信延迟等时间。目前，新能源光伏/风电单元和场站快速有功控制及频率响应的行业现有水平如表 5.14 所示[1]，主要采用的快速有功控制及频率支撑技术如图 5.39 所示。

表 5.14 　　　　新能源场站快速有功/频率控制当前响应水平

| 单机/场站 | 指标内容 | 行业现有水准 |
| --- | --- | --- |
| 光伏逆变器 | 快速有功控制响应时间 | 约 20ms |
| | 紧急有功控制响应时间 | 无 |

---

❶ 高丙团，胡正阳，王伟胜，等. 新能源场站快速有功控制及频率支撑技术综述［J/OL］. 中国电机工程学报：1－16［2023－08－05］.

续表

| 单机/场站 | 指标内容 | 行业现有水准 |
|---|---|---|
| 风电机组 | 快速有功控制响应时间 | 约 300ms |
| | 紧急有功控制响应时间 | 无 |
| 光伏电站 | 快速有功控制响应时间 | 约 1s |
| | 紧急有功控制响应时间 | 直接切除（100ms） |
| 风电场站 | 快速有功控制响应时间 | 约 5s |
| | 紧急有功控制响应时间 | 直接切除（100ms） |

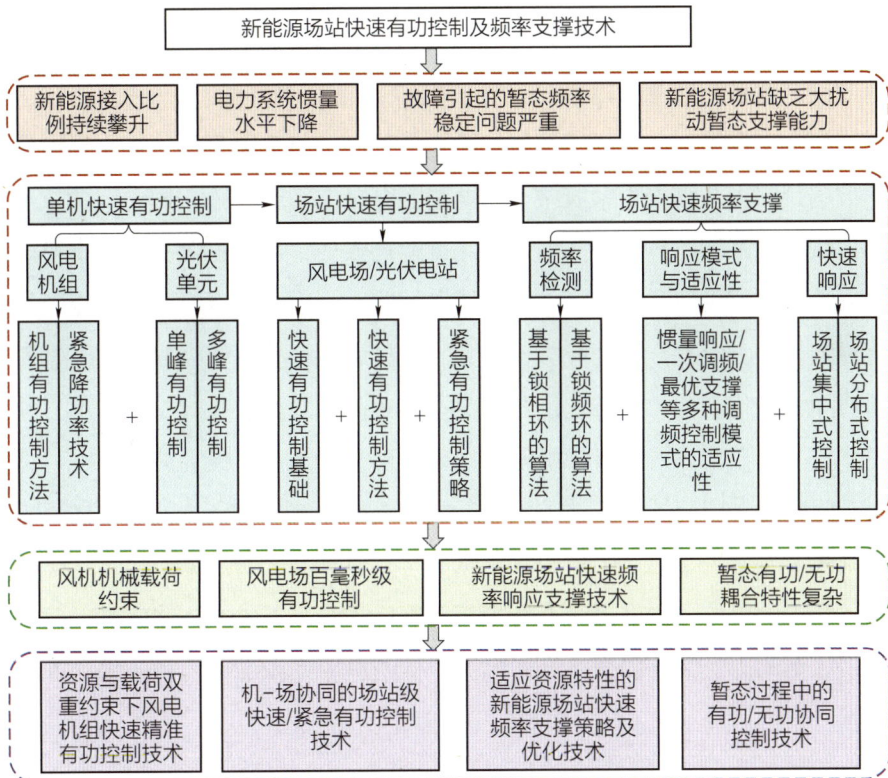

图 5.39 新能源场站快速有功控制及频率支撑技术

## 5.5.4　在线安全分析及决策

提高电力系统安全稳定水平，防止发生大停电事故的基本对策主要来自三方面。

（1）**加强系统整体结构**。电力系统整体结构的合理性取决于规划建设，且存在不断发展完善的过程。对于系统的运行控制，需要立足于当前的实际网架，精心安排运行方式，采取有效措施。

（2）**加强电网"三道防线"**。当电力设备出现故障时，首先由该设备的继电保护装置正确、快速动作，切除故障元件；对于可能存在稳定问题的少数单一严重故障或 $N-2$ 事故，依靠稳定控制装置切机、切负荷、直流功率快速调制等措施；遇到极其严重的多重事故，发生系统稳定破坏时，解列失步的电网，防止系统崩溃。

（3）**采取预防性控制**。预先做好系统方式的分析和安排，对各种可能出现的情况有准备、有对策，使系统安全可控、在控。

上述措施中，系统的安全稳定控制和预防性控制措施都需要进行安全稳定分析，确定具体的控制策略。传统电力系统中，安全稳定分析作为运行预安排环节的重要内容，一般采用离线形式在事前开展，即由系统调度运行人员，对各种运行方式下可能遇到的故障或异常情况进行稳定分析计算，形成控制策略。离线形式下的安全稳定分析，主要用于电网规划研究、年度方式研究、检修方式安排、稳定控制策略研究、专题研究等，为了具有典型性、代表性，通常选用一些典型方式，如夏季大方式、冬季小方式、水电大发及枯水方式、正常方式、各种检修方式等。由于都是基于极端典型方式，计算中往往又留有较大裕度，因而计算条件与实际运行情况可能差别较大，且多数情况下计算结果过于保守[1]。

相比传统电力系统，新型电力系统运行控制面临着运行方式不确定性增强、控制规模海量增长、影响因素多维耦合等全新问题。传统电力系统的运行控制模式面临诸多不适应，包括：

（1）安全稳定分析等研究任务主要通过离线、非实时完成。由于新型电力系统控制规模庞大，存在组合爆炸问题，指定的典型运行方式和预想事故集不可能完备，在异常/

---

[1] 孙光辉，毕兆东，赵希才，等. 电力系统在线安全稳定评估及决策技术的研究 [J]. 电力系统自动化，2005（17）：81-84.

故障等特殊方式下可能存在严重的安全性隐患。

（2）运行控制决策由人工方式完成，运行控制人员需要对海量数据进行分析和判断，特别在异常或故障情况下大量信息涌入，人力很难及时正确决策。

（3）计算能力有限，面对大规模复杂电网的多层次安全性分析，难以提供及时和准确的计算结果[1]。

近年来，随着新能源以及电力电子设备高比例接入，新型电力系统中"运行预安排"与"实时控制"两个环节的边界愈发模糊，需要在极短时间内完成数据采集处理、研究分析、制定决策和下发执行等工作。系统安全稳定分析面临一系列挑战，包括系统接线和运行方式多样、电力系统简化等值复杂化、静态安全分析故障类型、地点、重合闸及故障切除时间耦合多变、系统元件及稳控措施的模型和参数快速时变等。因此，安全稳定分析及系统仿真计算需要从离线计算转为实时在线计算，结合电网极限动态调整及其他资源，进一步提高系统分析和决策的可信度，实现系统安全稳定分析的快速有效、准确决策。

在潮流计算方面。潮流计算是评估电力系统中各个节点电压、相角等参数的过程，以确定系统的功率分布和电气特性。传统的潮流计算方法通常基于迭代算法，对大规模复杂的电力系统来说，计算速度较慢且容易受到初始条件和负荷变化的影响。在线分析需要构建高效的潮流计算模型，利用机器学习算法和优化算法，提高计算速度和准确性。例如，可以利用深度学习算法对大规模实时监测数据进行分析和学习，以预测系统负荷和节点电压，从而加快潮流计算的过程，提高计算效率和准确性。

在断面校验方面。断面校验是指对电力系统中各个断面（如输电线路、变压器等）的容量进行评估和检查，以确保它们在运行过程中不会超过其额定容量。传统的断面校验方法依赖于经验规则和静态模型，往往无法充分考虑系统的复杂性和动态变化。在线分析需要利用历史数据和实时监测数据，建立准确的断面潮流预测模型，通过对系统状态的实时监测和分析，利用人工智能等先进技术快速准确地识别电力系统中潜在的断面过载问题，并采取相应的措施来优化系统运行。

在电力系统稳定性方面。传统的稳定性分析模型通常基于系统的物理方程和经验规则，但随着电力系统的规模不断增大和复杂度的提高，传统模型可能无法满足准确性和扩展性的要求。在线分析首先需要利用大量的历史数据和实时监测数据，构建更精确、适应不同运行条件的稳定性模型，可以包括发电机动态模型、传输线路模型、负荷模型

[1] 严剑峰，于之虹，田芳，等. 电力系统在线动态安全评估和预警系统[J]. 中国电机工程学报，2008（34）：87-93.

等，从而实现对系统稳定性的更精细化分析。其次，在电力系统运行过程中各种扰动和故障可能导致系统的失稳，如频率偏离、电压暴跌等，通过实时监测数据和人工智能算法，对系统的稳定性进行实时分析和预测，及时发现潜在的问题并采取相应的措施来保证电力系统的安全稳定运行。例如，利用机器学习算法可以从大量数据中学习电力系统稳定性的规律和特征，并对潜在风险进行预测和识别。

　　基于现有的在线安全决策分析软件所具有的特点，引入人工智能技术，采用以下技术来以适应新型电力系统安全决策分析所面临的挑战。

　　（1）考虑模型和数据双重驱动的电力信息物理系统动态安全防护。本质是基于历史数据的离线学习和基于量测数据的在线分析有机结合。一方面，基于数据挖掘、机器学习和专家知识的安全知识模型库和数据库能够在难以建立精确的电力信息物理系统动态安全防护模型的情况下提供高准确率的分析结果。另一方面，电力信息物理系统的模型能够弥补数据驱动方法在可解释性上的不足，同时在线分析结果又能不断丰富历史数据库，使得系统具备自趋优特性。模型与数据双驱动的电力信息物理系统动态安全防护如图5.40所示。

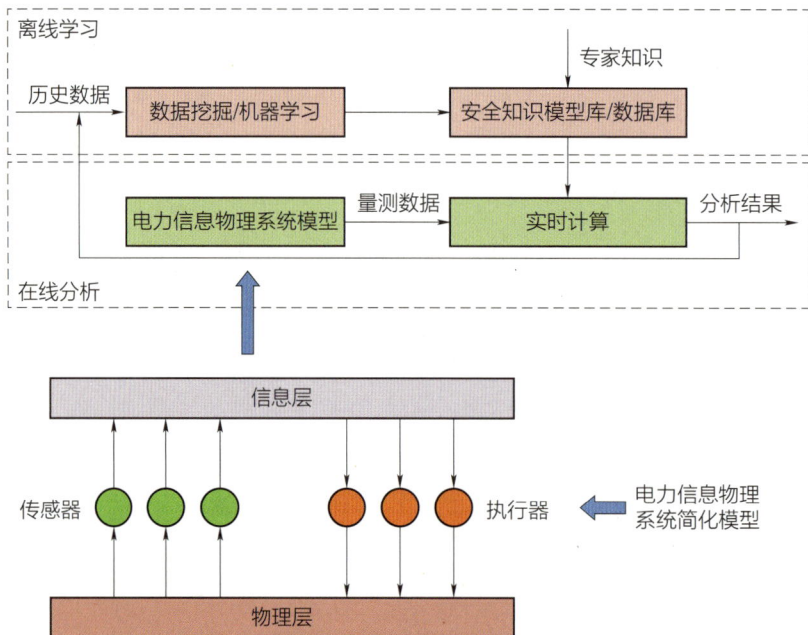

图 5.40　模型与数据双驱动的电力信息物理系统动态安全防护❶

❶ 杨杰，郭逸豪，郭创新，等. 考虑模型与数据双重驱动的电力信息物理系统动态安全防护研究综述［J］. 电力系统保护与控制，2022，50（07）：176－187.

（2）考虑数据－物理方法相结合，并将深度学习模型引入其中。数据方法能够将数据样本转化为经验模型，而物理方法是机理模型或知识规则的形式。数据方法中样本数据决定了经验模型的功能，而知识方法中则相反，机理模型的形式一般由功能和需求的特点决定。数据与物理方法的流程示意如图 5.41 所示。

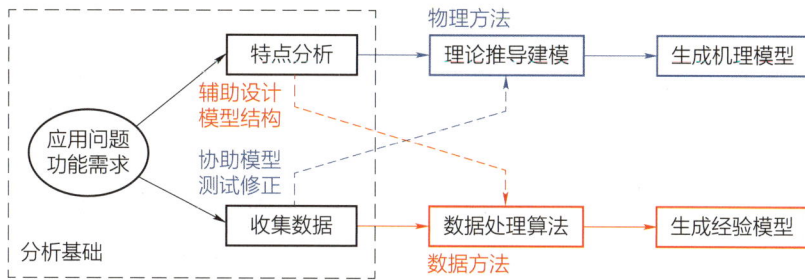

图 5.41　数据与物理方法的流程示意图[1]

将这种方法应用于电网暂态问题中，可以解决电网暂态频率特征预测、暂态功角稳定性以及暂态功角裕度预测问题，从数据角度对暂态问题进行的研究使之可以脱离物理机理，通过提取数据之间的关联关系解决问题，计算速度优势明显。暂态问题中物理与数据方法特点分析流程如图 5.42 所示。

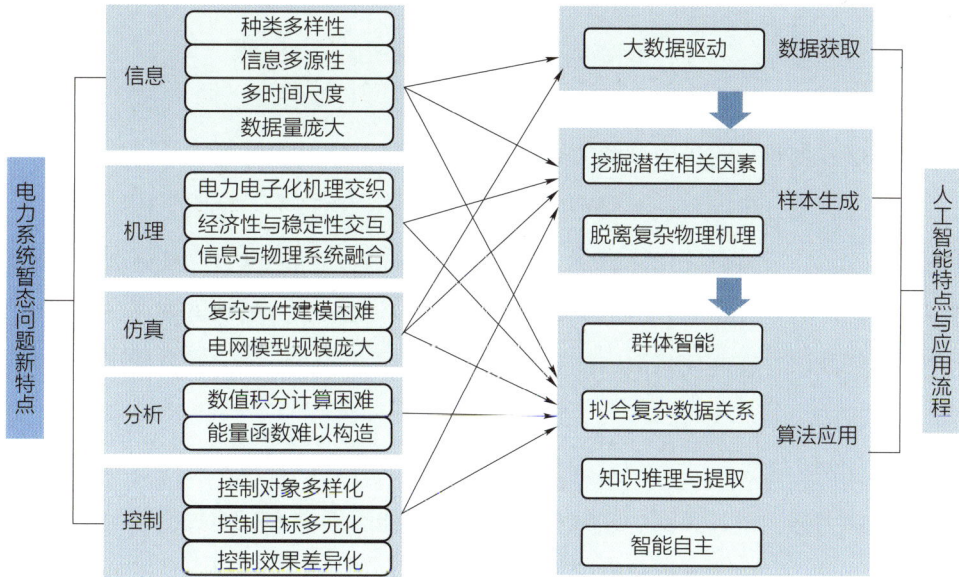

图 5.42　暂态问题中物理与数据方法特点分析流程

[1] 李峰. 数据－物理驱动的电网暂态稳定评估方法研究［D］. 东南大学，2021.

（3）考虑利用各种深度学习方法进行自主学习实现策略优化。其本质是利用监督学习与深度强化学习方法，解决当电网运行方式发生变化时，能够应对随机多变的源荷场景并行学习的泛化性与适应性。从数据驱动的内涵出发，利用该方法寻找最优策略。方法的应用可以有效提升参数化调度策略的学习效率与优化效果。数据驱动下的在线决策分析优化示意如图 5.43 所示。

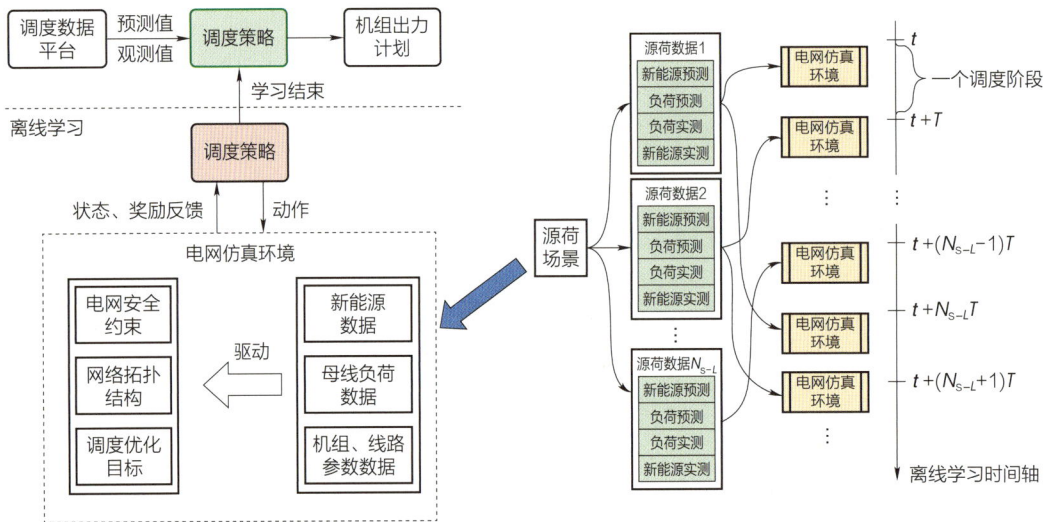

图 5.43　数据驱动下的在线决策分析优化示意图[1]

（4）考虑数据驱动的电力系统暂态稳定评估策略。深度学习等先进机器学习方法的突破，为数据驱动分析电力系统稳定性提供了新思路和新技术。相比于传统的确定性暂态稳定分析方法，它具有泛化能力强、设计灵活、在线计算速度快、能够提供潜在的关键信息等优点。其本质是通过对训练样本的离线学习提取电力系统可观测变量和稳定信息之间的映射知识，在线使用时，一旦系统实时参数可得，系统的安全状况则便能够快速地匹配出来。

数据驱动的电力系统暂态稳定评估相比于传统的确定性暂态稳定分析方法，它的优点包括泛化能力强、设计灵活、在线计算速度快、能够提供潜在的关键信息等。其本质是通过对训练样本的离线学习提取电力系统可观测变量和稳定信息之间的映射知识，在线使用时，一旦系统实时参数可得，系统的安全状况则便能够快速地匹配出来。其模型的建立过程包括生成足够的训练样本、选择适当的输入和输出、训练分类器及其测试等三个主要部分。数据驱动的电力系统稳定评估框架如图 5.44 所示。

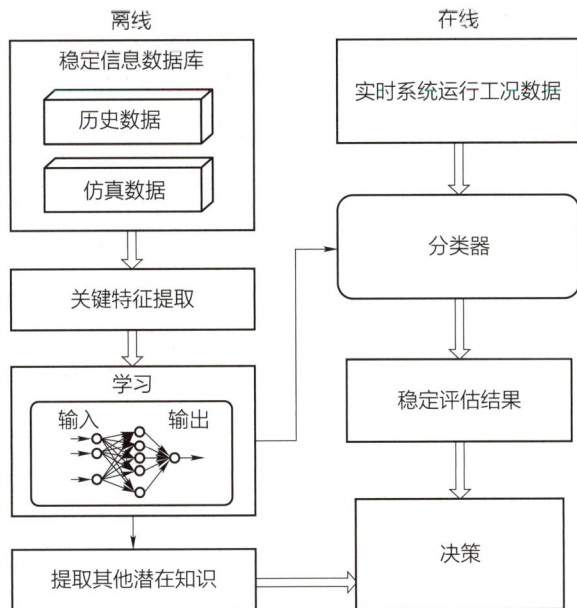

图 5.44　数据驱动的电力系统稳定评估框架●

# 5.6　小　　结

本章详细阐述了电力系统运行稳定控制的内涵与发展现状，并基于"运行预安排＋实时控制"的业务模式，分析了新型电力系统运行控制面临的挑战，提出以下发展趋势。

（1）"运行预安排＋实时控制"的业务模式不变，但各个工作环节应更加适应新型电力系统的特点。在运行预安排方面，需提高新能源预测，特别是中远期预测的准确率，降低系统的不确定性；加强新型负荷灵活性的分析和预测，将负荷侧纳入系统整体调节

● 徐岩. 特征裁剪技术研究及其在电力系统数据驱动的暂态稳定评估中的应用［D］. 华南理工大学，2011.

能力资源池；调度计划和运行方式的安排应充分评估不确定性，制定相应的应对措施。在有功无功调节控制方面，系统层面提高多类型源、荷、储联合调节与控制水平，设备层面发挥虚拟电厂、新型调相机、可控自恢复消能等关键技术的重要作用。在安全稳定控制方面，研究传统稳定问题和宽频振荡等新型稳定问题的演化趋势和应对措施，研究提高在线安全分析与决策水平的技术手段。

（2）**系统特性认知和分析向概率化、在线化和数据驱动的方向转变**。新能源出力的随机性和负荷特性的多样化引起系统不确定性大幅增加，对于系统的分析要从"确定性"向"概率化"转变。在电力电量平衡分析方面，传统的确定性时序生产模拟方法存在局限，要通过概率统计分析与多场景模拟相结合的方法，反映系统不确定性并制定相应的措施，保障电力可靠供应。在运行方式安排方面，对于系统安全域的确定要重点考虑不确定性，从基于典型方式的分析方法向数据驱动的多场景分析方式转变，分析的时效要从离线、非实时向在线、实时转变，准确刻画系统运行特性、合理安排运行方式、科学制定控制策略。

（3）**"源随荷动"模式向"源网荷储互动"模式转变，需求侧将成为系统调节能力的重要来源**。随着新型电力系统构建，一方面高比例可再生能源接入引起系统的不确定性不断提高，另一方面火电作为主要的可调节机组将逐渐减少，仅靠电源侧难以满足系统对于灵活调节能力的需求，传统的源随荷动的运行模式无法持续。随着电动汽车、电制氢等新型负荷的不断涌现，需求侧可调节潜力越来越大，同时各类储能技术的应用也逐步扩大，源网荷储协同互动将成为新型电力系统运行调节控制的主要模式。在这一转变过程中，虚拟电厂等关键技术是实现负荷侧和储能侧海量资源的聚合、可调、可控的关键，同时也需要配套的市场机制激发可调节潜力。

（4）**在系统中占据主体地位的新能源、电力电子设备要担负运行控制的主体责任**。新型电力系统要逐步实现新能源成为"主体"，除装机容量、发电量占比大幅提高外，对于担负系统运行控制的责任也要成为主体。在方式预安排环节，需要提高各种时间尺度下新能源预测的精确程度，降低系统的不确定性；在有功无功控制环节，要采用配置储能、优化逆变器控制策略等措施，提高自身可调节能力；在安全稳定控制方面，大量电力电子设备并网导致系统转动惯量和动态支撑能力下降，需要通过虚拟同步机、构网型并网控制等技术发挥可再生能源的支撑能力，有效解决宽频振荡、频率稳定和电压稳定等问题。

# 6

## 新型电力系统仿真分析

电力系统仿真分析在电力系统动静态特性、系统运行规律、电力系统发展趋势推演研究中具有基础性、支撑性地位。本章重点分析新型电力系统仿真在不同时间尺度下的新挑战、新问题及最新进展，针对电力电量平衡、潮流计算、机电暂态仿真、电磁暂态仿真等，从框架、模型、算法、软硬件架构等方面探讨如何适应新型电力系统仿真的多重不确定性、强随机波动性、高维非线性的新形势，并提出关键技术的发展方向。

# 6.1  仿 真 分 析 体 系

## 6.1.1  现状与挑战

电力系统仿真分析是通过建立数学模型对电力系统行为进行模拟和分析的过程。在我国电力系统发展的各关键时期，仿真技术均作出了突出贡献，保障了众多开创性重大工程顺利实施。电力系统仿真根据复现的电力系统动静态特性，可分为稳态特性仿真和暂态特性仿真两种。其中，稳态特性仿真包含电力电量平衡分析与潮流分析技术两类，暂态特性仿真主要包含机电和电磁暂态仿真，它们模拟的时间尺度过程逐渐减小，如图 6.1 所示。在构建新型电力系统过程中，随着新能源占比逐渐提高、直流输电规模持续提升，

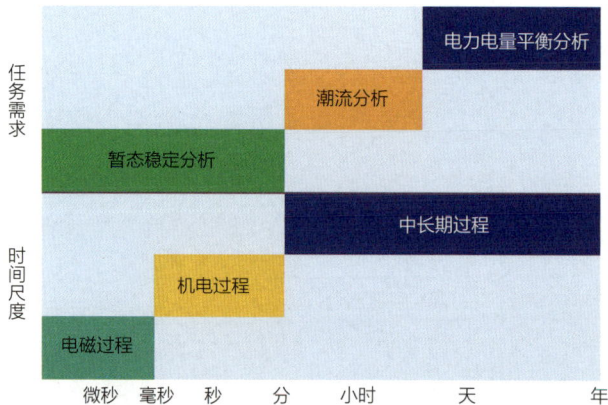

图 6.1  新型电力系统仿真分析总体技术框架

电力系统运行特性发生了显著变化，传统仿真体系在模型、算法、实现等方面都愈发难以适应新型电力系统仿真需求，亟须在传统仿真体系基础上迭代升级以满足新型电力系统特征与需求。

在电力电量平衡分析方面，传统电力系统中主力电源出力可控，电力电量平衡以容量充裕即可保证电力和电量的平衡，其分析模式主要基于典型确定性场景提取。随着新能源和新型负荷的大规模接入，系统呈现强不确定性及运行方式多样化特征，电网在长时间尺度上的功率平衡和运行控制难度激增。传统电力电量平衡分析方法对运行方式的多样化和概率化考虑不足，导致模拟结果精度将逐步变差。概率化电力电量平衡可反映系统可控资源可行域对不可控净负荷概率分布的覆盖程度，从概率角度给出电力电量平衡结果即优化方案。为了提高新型电力系统下电力电量平衡分析技术的适应性，需要发展概率化电力电量平衡及优化分析理论。

在潮流分析方面，传统人工经验式典型运行方式呈现明显的季节性、时段性特征，难以还原新能源接入和电力市场改革下随机复杂运行场景。同时，传统潮流计算基于确定性假设，难以准确分析含高比例不确定性节点系统面临的静态安全风险。为适应新型电力系统中源侧的强间歇波动性特征，在运行方式提取方面，需要基于电力系统精细化运行模拟数据，采用数据驱动的运行方式智能提取方法。在潮流分析方面，需要研究考虑系统不确定性的概率潮流分析方法，以适应含高比例新能源的电力系统静态安全分析需求。

在暂态稳定分析方面，传统基于基波相量法的暂态仿真技术可以较好地满足同步机主导电网动态仿真需要。在新型电力系统中，基于电气量瞬时值的电力电子类电源大量替代同步机，其动态时间尺度在微秒级，相量法失去其物理基础。传统电磁暂态仿真方法的模型复杂、步长小、计算量大，且稳态初始化、高精度仿真接口设计难，无法适应大规模电力系统动态时间尺度缩短、多种时间尺度动态相互耦合的特征。为了使电磁暂态仿真能够用于大规模电力系统，需要充分利用图形处理器（graphic processing unit, GPU）并行计算或超算等新手段，研究能够同时兼顾仿真规模和仿真速度的并行电磁暂态和机电 – 电磁混合仿真算法，发展能够精准刻画电力系统微秒级暂态过程的仿真方法。

综上所述，现有仿真体系面临着愈发显著的挑战，为了适应新型电力系统发展需求，需要多措并举加快构建覆盖含电力电量平衡、潮流分析和暂态稳定的仿真分析体系，以全面准确的仿真结论指导新型电力系统发展。新型电力系统的仿真分析体系将在系统规划设计、调试试验、运行维护等全生命周期中发挥不可替代的作用。

## 6.1.2　新型电力系统仿真体系发展趋势

由于新型电力系统的复杂性，仿真的作用和定位将更为突出。为了支撑系统规划设计、运行控制、测试验证、安全分析和优化决策等关键业务，需要从**时空尺度全面化**、**模型构建精准化**、**机理分析多样化**、**方式场景概率化**、**工作模式高效化**等方面认识新型电力系统的仿真技术及工具的发展趋势。

### 1. 时空尺度全面化

在时间尺度上，新型电力系统呈现复杂的非线性多时间尺度特征，其包含大量不同时间常数的控制环节，系统控制过程具有快变、慢变交织特征。根据仿真时间尺度要求及所考虑的要素，系统动态过程包含电磁暂态、机电暂态、中长期、稳态过程等时间尺度。在空间尺度上，大规模新型电力系统仿真中不同区域可能具有差异化的多时间尺度动态过程。例如，对于交直流电网，其交流主网的动态过程时间尺度一般为毫秒级的机电暂态过程，而其直流输电系统动态过程的时间尺度一般为微秒级。时空尺度的全面化特征要求新型电力系统的仿真体系能够同时支撑电力系统电力电量平衡、稳态潮流、机电暂态和电磁暂态分析，并适用于"设备－微网－配电网－输电网"所需的各类仿真场景。为了适应时空尺度全面化特征，提升系统的仿真效率及精度，一方面，需要发展多时间尺度电磁暂态仿真、多速率仿真等跨时间尺度仿真技术。另一方面，需要充分考虑系统中各区域控制过程时间尺度的差异，发展能够满足多分区多时间尺度仿真要求的接口技术。

### 2. 模型构建精细化

模型精准构建是保证仿真结果精度的重要前提。首先，要消除由于模型假设引发的仿真结果失真。新型电力系统的仿真体系要求持续提升仿真模型精度。传统电力系统中毫秒到秒级的机电暂态过程是主导动态，以基波相量法为基础的机电暂态仿真模型可满足电网动态仿真需要。然而，在新型电力系统中，电力电子类电源大量替代同步发电机，其包含大量微秒级动态过程，因而传统基于相量法的仿真模型逐渐失效。为此，需要构建精细化电磁暂态仿真模型，用于深度研究电力电子化系统和宽频振荡等新型稳定问题。精细化电磁暂态仿真模型在原理上可替代机电暂态仿真模型，但当前计算能力难以满足大电网工程化应用需求，近期可采用机电–电磁混合仿真作为过渡技术。另外，针对单机聚合等值模型的误差，可研究多机聚合等值模型。

### 3. 机理分析多样化

相比传统电力系统，新型电力系统更加复杂，基于先验知识的机理模型分析方法在部分场景难以适用，模型驱动方式将由单一机理驱动向机理–数据融合驱动拓展。例如，新型电力系统中大量设备的机理模型难以获取，只能根据海量运行数据推导其数据相关性仿真模型，并进行解析机理和数据驱动融合的系统模型构建。其中，仿真模型构建需要的基础数据包括静态模型数据和动态数据。静态数据覆盖多重时间尺度和颗粒度，既包括基于电路的外特性等值模型，也包括基于内部物理场特性的精细模型；既包括基于物理知识构建的结构化模型，也包含基于数据构建的相关性模型。动态数据包括系统状态变量，以及需要通过在线辨识手段获取的可变负荷参数等。另外，要发展知识和数据融合的自适应仿真建模，即能够根据电气设备和局部网络的实测运行数据，通过深度学习等方法，辨识设备和系统的动态模型及关键参数，实现自动化、可解释和高精度的仿真建模，例如，针对传统综合负荷模型的误差，研究基于实测数据的聚合等值建模方法。最后，要能够与完整的设备静态参数、系统运行的实测数据相关联，与实体物理设备建立有效映射。

### 4. 方式场景概率化

随着电力系统中新能源渗透率的逐年提高，电力系统的运行形态发生深刻变化，运行场景逐渐复杂，难以提取寻找安全运行边界。传统的基于典型运行方式进行仿真分析的方式愈发难以应对电力系统运行、规划、保护和稳定分析要求。仿真计算的范式将发生转换，从基于模型选取典型方式发展为数据驱动寻找关键时间断面，从离线、非实时分析发展为在线、实时分析，从人工制定决策发展为智能决策。同时，需要基于电力系统精细化运行模拟数据，采用数据驱动的方法获取系统的海量复杂多场景运行方式组合，经过高速复杂计算后得到提出带有概率化指标的分析结果，并基于人工智能技术实现实时决策。

### 5. 工作模式高效化

工作模式高效化体现在两个方面，一是模型构建和仿真分析便捷化，二是仿真计算高效化。其中，仿真计算高效化尤为关键。数值计算效率是影响电力仿真分析工具实用性的关键指标。为了提升新型电力系统仿真效率，可从以下方面进行突破。首先，要突破传统 X86 架构的约束，设计面向异构计算芯片的细粒度并行仿真算法，采用图形处理器、现场可编程逻辑门阵列、高级精简指令集机器（advanced RISC machine，ARM）等异构计算芯片，建立电力仿真流水线式计算模型，实现高性能的细粒度并行仿真。其次，可以发展高效的仿真求解算法，例如大步长高精度仿真求解算法。最后，还可以设计批量仿真并行处理方法，尤其是面向超算的并行计算方法，优化调度计算和数据资源，实现海量复杂场景的高效分析。

## 6.1.3　重点任务

根据新型电力系统仿真体系特点及趋势分析，选取中长期尺度、机电暂态尺度及电磁暂态尺度对应的电力电量平衡分析、潮流分析和暂态稳定仿真分析三方面应用场景，分析覆盖长时间跨度仿真技术的主要发展重点。

### 1. 电力电量平衡仿真向时序概率融合分析方向发展

传统基于典型确定性场景的电力电量平衡分析模式存在失效风险。新能源的强波动性和不确定性使得新型电力系统电力电量平衡机理在时间尺度、平衡要素、平衡模型等维度上发生重大改变，同时多类型波动性电源导致系统运行场景多样化、复杂化，分析结果与气象因素耦合程度不断加深。新型电力系统中，源侧新能源出力序列为时变概率分布（随机过程），即每个时刻出力不是确定性点值，而是呈现概率分布。同时，负荷也存在一定不确定性，净负荷（负荷与新能源出力之差）序列同样以时变概率形式表征。在此背景下，新型电力系统运行机理由"确定性"向"概率性"转化，沿用传统确定性运行模拟模型将导致模拟结果精度差，难以适应新能源出力随机变化特性。考虑到传统电源、储能、可控负荷、电网传输功率等平衡要素为可控变量，其出力满足一定可行域，概率化电力电量平衡则可反映系统可控资源可行域对不可控净负荷概率分布的覆盖程度，如果无法完全覆盖，则表示系统可能出现一定概率的弃电或者缺电现象。因此，在新型电力系统中，概率化电力电量平衡原则与其实际运行情况更加符合，可从概率角度给出电力电量平衡结果即优化方案。为此，亟须发展概率化电力电量平衡及优化分析技术，构建能够同时反映新能源出力时序相关性和出力波动概率特性的新平衡理论。

### 2. 潮流仿真向复杂场景与运行域分析方向发展

与传统电力系统不同，以新能源为主体的新型电力系统中，新能源和负荷均呈现显著的强间歇性与波动性。传统确定性的潮流分析技术难以满足新型电力系统发展需求。考虑强不确定性的潮流仿真分析技术面临两方面挑战。首先是运行方式提取，传统基于经验的人工典型运行方式提取方法难以满足新型电力系统实际需求。随着新能源渗透率的上升，电力系统运行方式与季节的相关性减弱，运行模式数量上升，传统规划中"冬大冬小，夏大夏小，丰水枯水"选取典型运行方式难以还原系统真实情况。同时，受到人工经验的限制，运行方式典型场景的分类较为粗放，难以表征新型电力系统中随着新能源系统接入和电力市场化改革而出现的各类复杂运行场景。为此，可基于电力系统精细化运行模拟数据，采用数据驱动的新型电力系统运行方式智能提取方法。其次是潮流计算，传统潮流计算假设输入变量为一组确定性变量，通过线性或非线性潮流方程求解得到一组状态变量。与传统电力系统不同，新型电力系统中新能源与负荷均呈现强间歇波动性，不确定性节点注入功率所占比例较高，使得系统呈现强不确定性及运行方式多样化特征，传统确定性潮流分析难以准确分析系统面临的静态安全风险。为此，需要研究考虑系统不确定性的概率潮流分析方法以适应含高比例新能源的电力系统静态安全分析需求。

**3. 稳定性仿真分析向海量场景仿真分析及微秒级时间尺度仿真拓展**

首先，区别于传统电力系统，新型电力系统运行环境不确定因素更多，运行场景更加复杂多变。相应地，稳定性仿真分析工具应该具备复杂场景生成和随机动态模拟的能力，方可准确量化分析设备和系统安全风险。为此，稳定性仿真分析工具需要升级其复杂运行和故障场景生成能力，即考虑环境因素和用能需求不确定性，基于蒙特卡洛等生成极大似然、考虑风险偏好的潮流方式和初始故障。同时，稳定仿真分析工具需要具备模拟多种不确定性因素干扰下电力系统随机动态的能力，以准确刻画连锁故障发生和发展过程。另外，还需发展系统运行的不确定性量化分析，开展统计学习和数据挖掘，从海量仿真结果中辨识系统稳定特征，并量化分析系统安全风险。

其次，传统机电暂态和电磁暂态仿真方法在分析大规模交直流混联系统时均存在一定局限，亟须能够兼顾仿真精度与工作效率的新型电力系统暂态仿真模型及仿真方法。新型电力系统的动态特性受高比例电力电子装置微秒级控制和开关离散动作过程的影响，采用传统中长期动态仿真和机电暂态仿真时，存在高频分量无法准确模拟、计算结果错误等问题。机电－电磁混合仿真技术能够同时兼顾仿真规模、仿真速度和仿真精度，是研究大规模新能源接入电力系统稳定性与动态特性的有效手段，但还需深入研究有效的接口技术和接口位置选择方法。对于动态行为复杂的含高比例电力电子的大规模交直流混联系统，为了精细化模拟实际运行特性，可采用全电磁暂态仿真程序进行计算。目前，计算速度慢是全电磁暂态仿真技术的主要挑战，限制了其在系统运行分析计算等领域的应用。为了解决上述问题，亟须构建能够满足仿真规模及模型精度需求的新能源场站及负荷聚合等值模型，发展能够精准刻画含高比例电力电子设备新型电力系统微秒级暂态过程的高效、精确仿真方法。除了计算效率外，大规模电网建模的便捷性未来也需要重点研究。

综上所述，新型电力系统中的电力电量平衡分析、潮流分析、稳定性分析仿真技术均面临一定问题与挑战。为了适应新型电力系统的发展需求，需要综合运用数学建模、数据分析、优化算法等方法改进现有稳态及暂态仿真分析模型及相关技术。

# 6.2　电力电量平衡分析技术

本节针对考虑新能源波动性和不确定性带来的电力电量平衡问题，分别介绍了精细化时序生产模拟技术和概率化电力电量平衡及优化分析方法。首先，分析适应新型电力系统的源网荷储协同的精细化时序生产模拟方法，为新型电力系统规划和运行提供支撑。然后，考虑源荷双侧概率化供需特性，研究概率化电力电量平衡及优化分析方法，并给出具体算例，明晰不同概率事件下安全可行域，可进一步支撑系统决策。

## 6.2.1　事件下的安全可行域

随着新能源占比不断提升，风光等波动性电源导致运行场景多样化、复杂化，且与气象因素耦合加深，传统典型场景下的电力电量平衡分析模式难以适用。

（1）运行场景复杂化。新能源发电出力波动大且不可控，系统运行场景的变化远超传统电力系统，需要采用精细化时序生产模拟方法实现全场景覆盖，即基于全年 8760h 新能源出力曲线、负荷曲线，开展逐时甚至逐分钟的精细化时序生产模拟。在上述模拟过程中，可将风、光新能源多时间尺度的波动特性考虑在内，形成适应高比例风、光出力特性的电力电量平衡方案，以及提出传统电源检修计划、发电计划等。进一步，新能源渗透率的上升及常规同步电源减少导致分、秒时间尺度的调节能力不足，频率问题需要加以关注。在计及调频的优化调度方面，需考虑系统调频备用的充裕性作为约束纳入机组组合，或考虑频率最低点的机组组合模型以确定最优的调频备用。

（2）平衡要素扩大化。传统电力电量平衡是电源满足负荷的单向平衡模式，在新型电力系统中，仅靠传统火电、水电的灵活调节能力已经无法满足新能源的灵活性需求，电力过剩与紧缺现象伴随出现，亟须挖掘负荷侧灵活调节潜力、多区域空间互济能力，并通过新建各类型储能填补系统剩余的灵活性缺额。因此，新型电力系统运行将成为源网荷储协同互补优化的基本格局，相应地电力电量平衡优化要素由电源扩展为源网荷储各侧，通过灵活电源、电网间时空互济、大规模多类型负荷侧调节资源响应、多类型储能聚合调节等方式全环节协同来保障系统安全运行、负荷供电与新能源消纳。

精细化电力系统源-网-荷-储协同生产模拟模型可以实现电力系统整体优化运行模拟，其求解方式一般为通过建立数学优化模型，将模拟期内各时点各区域各类电源出力、跨区输电通道输送功率、需求响应以及储能出力的调度方案设为待求解变量，构建目标函数与约束条件，通过计算求得一组满足各项约束条件且使得目标函数值最小的解。电力规划模型也可基于生产模拟结果开展规划，也可采用生产模拟的方式对规划方案进行校验，或为验证某些因素对电力系统调度运行方式的影响，进行特定场景下的运行优化模拟。常规考虑源网荷储全环节的时序生产模拟模型包含火电、水电、风电、光伏、光热、储能、需求侧响应、切负荷、线路潮流等元素运行特性约束，同时也包括电力平衡约束、系统备用约束等，优化目标可以为经济性目标、电力保供、新能源消纳最大化等。

## 6.2.2  概率化电力电量平衡及优化分析技术

新型电力系统中，源侧新能源出力序列将成为时变概率分布（随机过程），即每个时刻出力不是确定性点值，而是一个概率分布。考虑到负荷也存在一定不确定性，某一负荷节点净负荷（负荷与新能源出力之差）序列将同样以时变概率形式表征。另外，传统电源、储能、可控负荷、电网传输功率等平衡要素为可控变量，其出力满足一定可行域，概率化电力电量平衡即反映系统可控资源可行域对不可控净负荷概率分布的覆盖程度，如果无法完全覆盖，则表示可能会出现一定概率的弃电或者缺电。

面向高（极高）比例新能源接入的发展趋势，本节将探讨概率化电力电量平衡及其分析优化方法。概率化电力电量平衡原则与实际运行情况更加接近，且可从概率角度给出电力电量平衡结果即优化方案，能够同时反映新能源出力的时序相关性和新能源出力波动的概率特性，是覆盖净负荷为正和为负双重工况的新平衡理论。

### 6.2.2.1　时序 – 概率电力电量平衡方法

时序 – 概率电力电量平衡是指在任一时间尺度 $\tau$ 下，系统全环节可调资源的 $D$ 维聚合可行域以足够高的置信水平 $1-\alpha$ 包络 $D$ 维调节需求。时序 – 概率电力电量平衡的判据如式（6–1）所示。出于简明性考虑，以下公式省略标注时间尺度下标 $\tau$。则

$$P(\boldsymbol{\xi} \in \Omega_p^{\text{sum}}) \geqslant 1-\alpha \tag{6-1}$$

式中：$\boldsymbol{\xi}$ 为调节需求向量；$\Omega_p^{\text{sum}}$ 表示所有可调资源构成的可调节域。

式（6–1）等价于式（6–2），即

$$\int \cdots \int_{\Omega_p^{\text{sum}}} f^{\text{sum}}(u_1, \cdots, u_D)\,\mathrm{d}u_1 \cdots \mathrm{d}u_D \geqslant 1-\alpha \tag{6-2}$$

由于可调资源的运行约束普遍存在时序耦合约束，即 $g^c(\xi_1, \cdots, \xi_D) \leqslant 0$，导致式（6–2）中的积分项计算较为复杂，而通过引入联合置信区间，可以用确定性判据代替式（6–2），如式（6–3）所示。在随机变量 $\Xi_1, \cdots, \Xi_D$ 之间存在时间相关性时，确定性判据式（6–3）构成了概率描述判据式（6–1）的充分条件，则

$$C^{\alpha} \subseteq \Omega_p^{\text{sum}} \tag{6-3}$$

式中：$C^{\alpha}$ 表示置信水平为 $1-\alpha$ 时，调节需求 $\boldsymbol{\xi} \in \boldsymbol{R}^D$ 的双侧联合置信区间。

结合图 6.2 的 2 维情形说明时序 – 概率电力电量平衡的含义，横轴表示第一个时间断面的功率，纵轴表示第二个时间断面的功率。其中绿色多边形表示可调资源的可行域；灰色点表示调节需求的抽样散点，每个点都对应着一条两个时间断面的时间序列；粉色和蓝色直方图分别展示了调节需求在第一个和第二个时间断面的边缘分布直方图，黑色曲线分别对应其概率密度函数。被绿色多边形覆盖的区域对应的时序需求曲线都能通过可调资源的功率调节被满足，即平衡域。反之，不能被绿色多边形覆盖的区域即不平衡域，说明电力电量平衡不能实现，将会产生不平衡量。

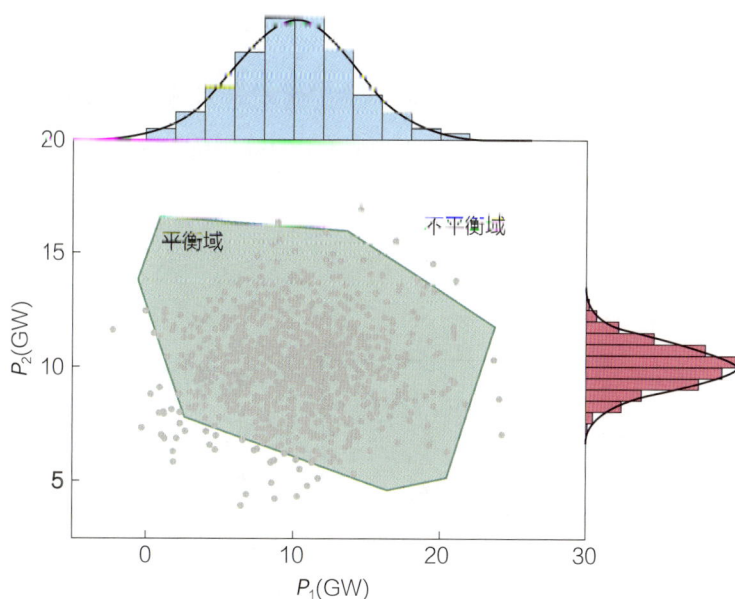

图 6.2 时序－概率平衡的图形化理解

相比传统的时序平衡分析、概率平衡分析和灵活性平衡分析，时序－概率平衡分析有如下独特优势。

**相比时序平衡分析，包含更多可能出现的场景**。从确定性时序平衡到多场景时序平衡，再扩展到时序－概率平衡，可调资源的可行域被要求包络更多的调节需求场景，反映了应对不确定性能力的提升。多场景方法的效果依赖于选择的场景，由于选择发生概率较大的场景作为分析基础，平衡域对应的平衡概率往往远低于要求的置信水平（对应时序－概率平衡的平衡域）。图 6.3 分别展示了确定性时序平衡、多场景时序平衡以及时序－概率平衡要求的时序场景，以及对应的平衡域可视化示例。此外，该图用时序场景对应高维空间凸包区域包含的调节需求场景概率，证明多场景的有效性。

**相比概率平衡分析，反映不同时间断面的时序相依性**。新型电力系统中，各断面之间的相关性将显著增强。传统电力系统中，系统净负荷曲线相邻时刻之间的波动性不大，传统电源调节能力基本可以满足调节需求，因此可按照各断面独立平衡的方式开展分析；新型电力系统中，一方面净负荷波动性显著增强（即"峡谷"曲线），导致系统断面之间的约束性增强；另一方面随着各类型储能的出现，断面之间状态的耦合性也不断加强。单断面概率平衡、逐断面概率平衡以及时序－概率平衡中对可调资源可行域的模型差异示例如图 6.4 所示。可以看到，时序－概率平衡中的可调资源可行域与真实可行域一致，而单断面概率平衡分析和逐断面概率平衡分析的假设可行域都存在不可行部分。这将导致基于单断面概率平衡和逐断面概率平衡导出的分析结论会比真实结果偏乐观，带来运行风险。

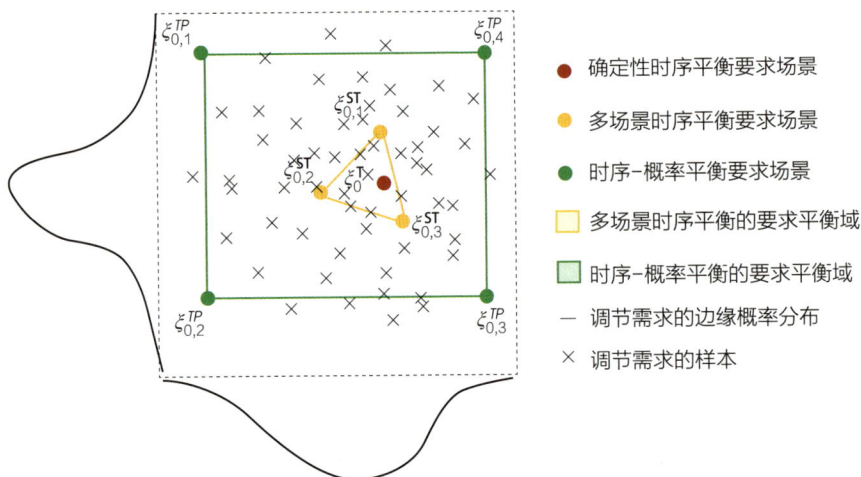

图 6.3　确定性、多场景以及时序－概率电力电量平衡

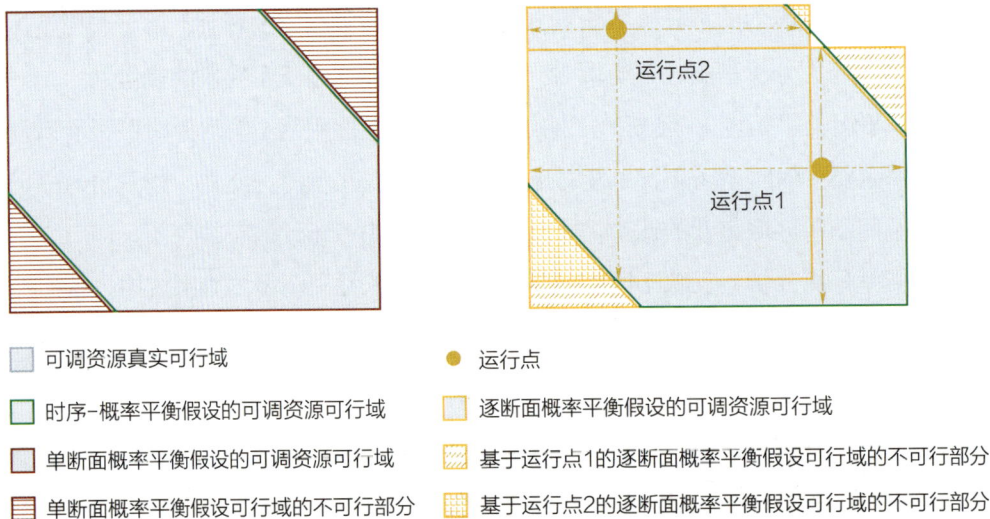

图 6.4　单断面概率平衡、逐断面概率平衡以及时序－概率平衡的可行域建模差异

相比灵活性平衡，能够量化体现对随机量的覆盖能力。时序－概率电力电量平衡与灵活性平衡是从两个不同视角对不确定条件下电力系统有功功率实时平衡要求的刻画。灵活性平衡是从"变化量"视角给出的描述，即相对预测场景的功率或电量偏差的包络问题；而时序－概率电力电量平衡是从"绝对值"视角给出的描述，即功率/电量的调节上下限对随机量的包络能力，如图 6.5 所示。

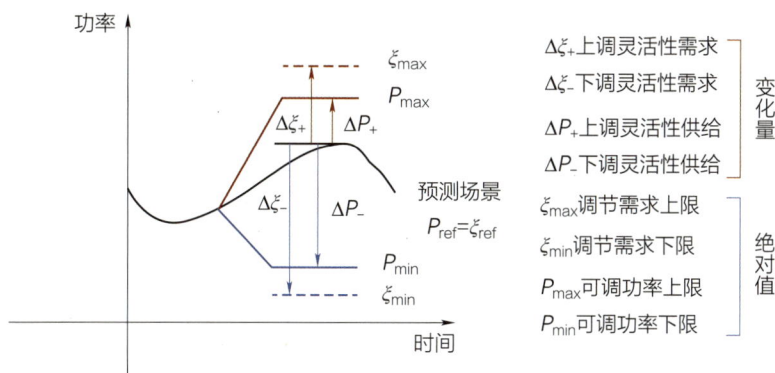

图 6.5　时序－概率电力电量平衡与灵活性平衡的对比示意图

## 6.2.2.2　分析模型

时序－概率电力电量平衡的分析对象是可调资源与调节需求，关注的是完整时序上的概率平衡特性。时序－概率电力电量平衡的一般分析流程如图 6.6 所示。

从数据输入方面，时序－概率电力电量平衡要求的输入信息包括：气象预测结果；可调资源的接入情况，包括各弹性负荷能够接入响应的时段以及数量、常规机组检修情况等，其中部分分布式弹性负荷由代理商掌握；可调资源的初始状态，如储能的初始存储电量、弹性负荷的初始状态值等；风、光发电的预测信息，包括预测曲线与预测误差的概率特性信息；不可调节负荷的预测结果，同样包含预测曲线结果和预测误差分布情况。

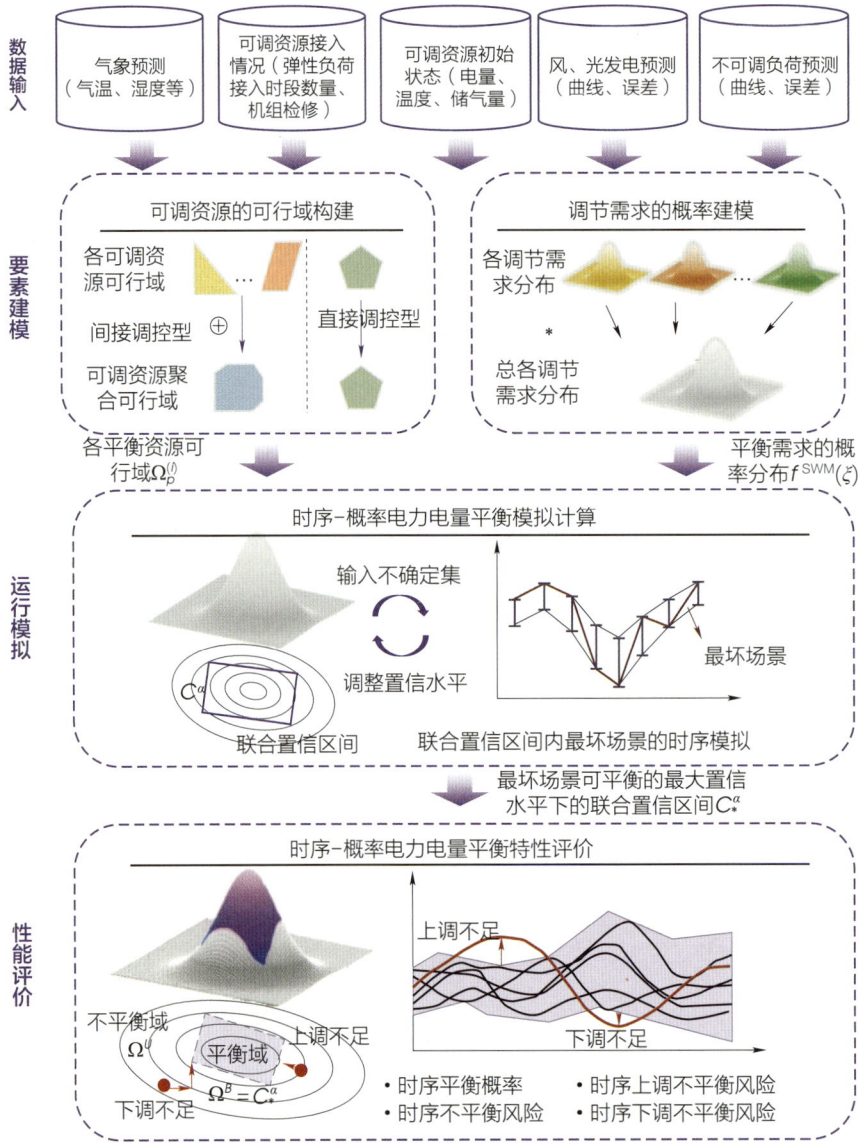

图 6.6  时序–概率电力电量平衡的一般分析流程图

从要素建模方面，时序–概率电力电量平衡需要完成可调资源的可行域建模以及调节需求的概率建模。可调资源分为直接调控型和间接调控型，差别在于间接调控型可调资源的可行域涉及聚合问题，需要采用明可夫斯基和（Minkowski sum）进行处理；系统总调节需求的概率建模核心是多元分布函数的卷积运算，联合概率密度函数结果将为模拟计算用到的联合置信区间提供计算基础。

从运行模拟方面，给定不同置信水平，求取对应的联合置信区间，在联合置信区间范围内基于鲁棒优化模拟最坏场景下各可调资源的电力输出和输入情况。当模拟结果显示不平衡量非零，则降低置信水平，否则，可提高置信水平，重新进行模拟。模拟的结果将以最坏情况下不平衡量保持为 0 时对应的最大置信水平联合置信区间作为后续性能指标计算用平衡域的近似结果。

从性能评价方面，基于模拟计算得到的平衡域近似结果，结合调节需求分布，可计算时序–概率电力电量平衡的评价指标，同时得到电力电量平衡的概率和时序表征。

**1. 构建可调资源可行域**

时序–概率电力电量平衡的要素建模任务之一是得到可调资源的可行域。

高（极高）比例新能源电力系统的源、网、荷、储各环节蕴含各式各样的可调资源，应主要关注源、荷、储侧资源。这些可调资源中，电力系统调度部门掌握完整信息并直接下达调度指令的，称为"直接调控型资源"，如大部分火电、水电、电网侧储能等；有些单体容量小，且从属主体分散，则需由其他机构代理，经过聚合后参与电力系统的电力电量平衡，称为间接调控型资源，如虚拟电厂项目、大规模小容量的异质弹性负荷需求响应等，如图 6.7 所示。

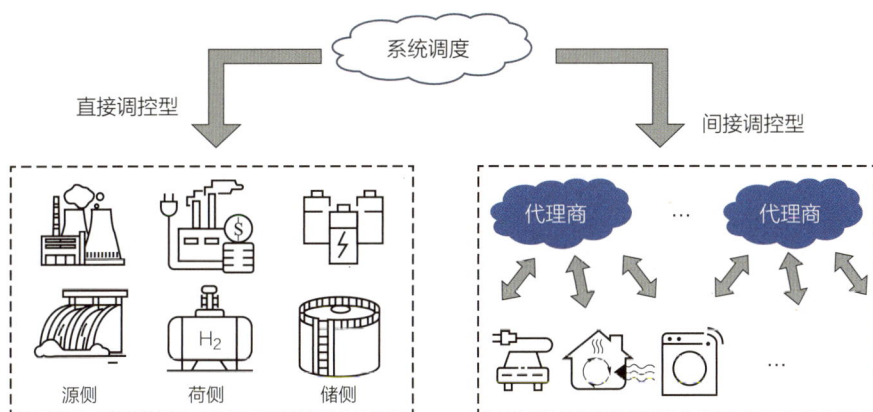

图 6.7  可调资源类型

信息可获取性的差异性对可调资源的建模产生了不同的要求。对直接调控型资源，可以直接构建关于各时间断面有功功率的运行约束，刻画其可行域，而对间接调控型资源，则需要建立聚合的等效可行域。可行域聚合的要求包括信息的保密性，即不能通过代理机构提供的信息反推个体的详细信息；聚合可行域的保守性，即聚合可行域一定不包含不可行点。

如前所述，可行域聚合的核心是计算 Minkowski 和。由 Minkowski 和的定义，对于任意集合 $A$ 和其元素 $x$、集合 $B$ 和其元素 $y$ 有 $A \oplus B = \{x+y, x \in A, y \in B\}$。因为结果等于 $x+y$ 的组合并不唯一，从而不能由 $A \oplus B$ 反推集合 $A$ 和 $B$，信息的保密性可以得到保证。由于基于半平面描述的 Minkowski 和计算通常情况下是一个难题，实际中将近似求解 Minkowski 和。为了满足保守性要求，只允许内近似聚合可行域，即近似可行域须是真实可行域的子集。

### 2. 调节需求概率建模

时序–概率电力电量平衡的要素建模任务之二是调节需求的概率建模。

高（极高）比例新能源电力系统的电力电量平衡中，调节需求主要来自风电、光伏发电以及不可调负荷。其中，风电和光伏发电指的是减去支撑电网的主动减载功率余下的部分。则

$$\Xi = \Xi^{\mathrm{eL}} - \Xi^{\mathrm{VRE}} \tag{6-4}$$

式中：$\Xi$ 表示系统调节需求随机变量；$\Xi^{\mathrm{eL}}$ 表示来自不可调负荷的调节需求随机变量；$\Xi^{\mathrm{VRE}}$ 表示来自风、光发电的调节需求随机变量。

调节需求的概率建模目的就是得到 $\Xi$ 的概率分布表达式，或者统计特征量信息。由于不可调负荷、风电和光伏发电的预测系统彼此独立运行，假设 $\Xi^{\mathrm{eL}}$ 与 $\Xi^{\mathrm{VRE}}$ 相互独立。从而，可对 $\Xi^{\mathrm{eL}}$ 与 $\Xi^{\mathrm{VRE}}$ 的概率特性分别进行建模。

负荷分为不可调负荷和可调负荷两部分，概率建模的对象是不可调负荷。但是，实际负荷曲线数据往往是不可调负荷、没有参加需求响应的可调负荷以及参加了需求响应的可调负荷三部分组成的，即

$$\boldsymbol{p}^{\mathrm{L}} = \boldsymbol{\xi}^{\mathrm{eL}} + \boldsymbol{p}^{\mathrm{fL\_DR}} + \boldsymbol{p}^{\mathrm{fL\_noDR}} \tag{6-5}$$

式中：$\boldsymbol{p}^{\mathrm{L}}$ 表示总负荷；$\boldsymbol{\xi}^{\mathrm{eL}}$ 表示不可调负荷；$\boldsymbol{p}^{\mathrm{fL\_DR}}$ 表示参与需求响应的弹性负荷；$\boldsymbol{p}^{\mathrm{fL\_noDR}}$ 表示未参加需求响应的弹性负荷。

假设参加了需求响应的功率部分 $\boldsymbol{p}^{\mathrm{fL\_DR}}$ 可以获知，为了获得不可调负荷的样本构建概率分布，还需要从负荷记录数据中扣除 $\boldsymbol{p}^{\mathrm{fL\_noDR}}$。

风、光电源参与主动支撑是高（极高）比例系统运行的新特点。新能源机组通过在

正常状态下运行于降载模式，来预留备用功率提供主动支撑容量。其中风电机组可通过低速或超速控制以及桨距角控制实现降载，而光伏发电系统可以基于有功 − 电压特性控制电压实现降载。即有

$$\boldsymbol{\xi}^{VRE} = \boldsymbol{\xi}^{VRE0} - \Delta\boldsymbol{\xi}^{VRE} \tag{6-6}$$

式中：$\boldsymbol{\xi}^{VRE0}$ 表示原始风/光发电功率向量；$\Delta\boldsymbol{\xi}^{VRE}$ 表示减载功率向量。

来自风、光电源的调节需求部分的概率建模需要在原始概率分布的基础上根据采取的降载策略进行修正，在独立性假设下，在已知 $\boldsymbol{\xi}^{eL}$ 和 $\boldsymbol{\xi}^{VRE}$ 的概率分布 $f^{eL}(\boldsymbol{\xi}^{eL})$ 以及 $f^{VRE}(\boldsymbol{\xi}^{VRE})$ 后，即可以通过卷积公式得到 $\boldsymbol{\xi}$ 的概率分布，设其概率密度函数为 $f^{\xi}(\boldsymbol{\xi})$，则有

$$f^{\xi}(\boldsymbol{\xi}) = \int_{-\infty}^{\infty}\int_{-\infty}^{\infty}\cdots\int_{-\infty}^{\infty} f^{eL}(\boldsymbol{\xi}^{eL}) f^{VRE}(\boldsymbol{\xi} - \boldsymbol{\xi}^{VRE}) \, \mathrm{d}\boldsymbol{\xi}^{eL} \tag{6-7}$$

以某区域规划的极高比例系统为例，计算得到不同备用不足（电力电量不平衡）概率分布曲线，结果如图 6.8 所示。由图 6.8 可见，在相同的备用容量下，备用不足概率差异大，且最高达到 0.3，因此有必要在电力电量平衡分析中引入概率特性分析。另外，对于同一时刻，可以看出置信概率越高，备用需求越大，优化问题的可行域越小。

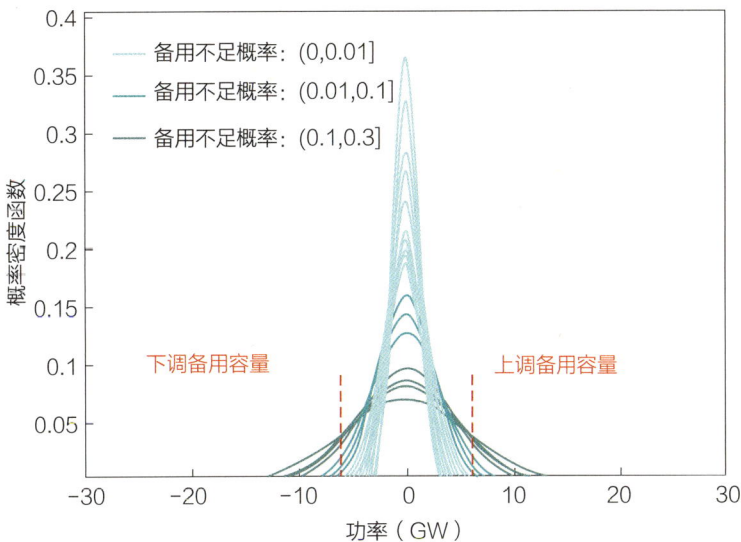

图 6.8 各小时净负荷预测误差分布及备用不足概率

### 3. 模拟计算模型

时序－概率电力电量平衡的模拟计算可抽象为式（6-8）和式（6-9）两个子模型的求解，其中式（6-8）以不平衡量最大场景作为最坏场景（记为 $\boldsymbol{\xi}^*$），然后采用式（6-9）对最坏场景的生产计划进行优化。式（6-8）的目标函数值用以指示置信水平取 $1-\alpha$ 是否会导致不平衡，若为 0，则可以考虑增大置信水平，否则减小置信水平，然后重新模拟，以找到平衡域的估计结果。则

$$\min_{\boldsymbol{p}} \max_{\xi \in C^a} \| \boldsymbol{p} - \boldsymbol{\xi} \|_2$$
$$\begin{cases} \text{s.t. } \boldsymbol{p}^{(i)} \in \Omega_p^{(i)} \\ \boldsymbol{p} = \sum_{i=1}^{n_p} \boldsymbol{p}^{(i)} \end{cases} \qquad (6-8)$$

$$\min_{\boldsymbol{p}^{(i)}} \sum_{i=1}^{n_p} c^{(i)}(\boldsymbol{p}^{(i)}) + c^{\text{loss}} \boldsymbol{p}_s^{\text{loss}} + c^a \boldsymbol{p}_s^a$$
$$\begin{cases} \text{s.t. } \boldsymbol{p}^{(i)} \in \Omega_p^{(i)} \\ \boldsymbol{\xi}^* = \sum_{i=1}^{n_p} \boldsymbol{p}^{(i)} + \boldsymbol{p}^{\text{loss}} - \boldsymbol{p}^{\alpha} \\ \boldsymbol{p}^{\text{loss}} \geqslant 0, \boldsymbol{p}^a \geqslant 0 \end{cases} \qquad (6-9)$$

式中：$\Omega_p^{(i)}$ 表示可调资源 $i$ 的可行域；$\boldsymbol{p}^{(i)}$ 表示可调资源 $i$ 的输出功率向量；$n_p$ 为可调资源数量；$\boldsymbol{p}_s^{\text{loss}}$ 和 $\boldsymbol{p}_s^a$ 分别表示场景 $s$ 下的上调不平衡（失负荷，即假设负荷不可调节情况下的功率缺额）功率和下调不平衡（弃电）功率；$c^{\text{loss}}$ 和 $c^a$ 分别为失负荷和弃电成本；$\boldsymbol{\xi}^*$ 为不平衡量最大场景。

### 4. 平衡评价指标

以平衡概率和不平衡风险作为时序－概率电力电量平衡分析的评价指标。

**平衡概率，**定义平衡概率（balance probability，BP）为调节需求能被平衡域覆盖的概率，计算公式如式（6-10）所示

$$BP = \int_{\xi \in \Omega_p} f^{\xi}(\xi) \, \mathrm{d}\xi \qquad (6-10)$$

式中：$\xi$ 表示不平衡场景；$\Omega_p$ 表示全系统可调资源的可行域。

**不平衡风险，**定义不平衡风险（unbalanced risk，UR）为所有不能平衡时序场景下不平衡量的期望，如式（6-11）所示

$$UR = \int_{\xi \in \Omega^U} \Delta p_{\xi}^U f^{\text{sum}}(\boldsymbol{\xi}) \, \mathrm{d}\boldsymbol{\xi} \qquad (6-11)$$

式中：$\Delta p^U_\xi$ 表示不平衡场景 $\xi$ 下的不平衡量；$\Omega^U$ 表示 $n$ 维欧式空间中平衡域的补空间，即不平衡域。

基于上调不足不平衡量 $\Delta p^U_+$ 和下调不足不平衡量 $\Delta p^U_-$ 可定义上调不足平衡风险和下调不足平衡风险，分别记为 $UR^+$ 和 $UR^-$，计算式如式（6-12）和式（6-13）所示，物理上分别对应了失负荷和弃电后果的风险程度，即

$$UR^+ = \int_{\xi \in \Omega^U} \Delta p^U_{+\xi} f^\xi(\xi)\,\mathrm{d}\xi \qquad (6-12)$$

$$UR^- = \int_{\xi \in \Omega^U} \Delta p^U_{-\xi} f^\xi(\xi)\,\mathrm{d}\xi \qquad (6-13)$$

式中：$\Delta p^U_{+\xi}$ 和 $\Delta p^U_{-\xi}$ 分别表示在不平衡场景下上调和下调不足的不平衡量。

### 5. 多时间尺度优化

**不同时间尺度平衡的耦合关系及处理思路。** 分时间尺度优化发电计划是电力系统分析的基本做法，这种做法的优点是能够适应不同时间尺度计划的预测输入条件，突出不同尺度问题的关键矛盾。以极高比例系统为例，从调节需求方面，风、光资源波动引起的分钟到日的短时电力平衡紧张和跨越数月的季节性电量平衡问题是突出矛盾；从可调资源方面，考虑到不同类型储能的作用时长往往以日为界，如锂离子、液流电池等电化学储能、重力储能、压缩空气储能和抽水蓄能多是用于日内调节，季节性调峰可考虑大型梯级水电站群和大型氢储能或启动用于灾备的火电机组，从而分日-多日的短时间尺度和月-年的中长时间尺度进行分析。

不同时间尺度的发电计划存在耦合，需要处理好不同时间尺度发电计划的相互关系。对传统电力系统，主要是中长期检修计划将约束短期计划的可用机组，短期计划校验中长期计划的合理性。而对极高比例系统，多尺度"储能"资源的介入是不同时间尺度计划产生耦合关系的新元素。这里的"储能"不仅包括电池、抽水蓄能等真正的储能设备，也包括对外表征出类似储能作用的弹性负荷、有库容水电等。对"储能"资源，均可以写出状态上下限的约束，其中的状态可以指电池储能的存储电量、水库蓄水量、温控类负荷的温度等。

定义各类"储能"资源的存储时长参数 $\Delta_s$ 为最大允许状态波动量与额定容量的比值。将存储时长小于 1 天的"储能"称为短期"储能"，更长存储时长的"储能"称为长周期"储能"。分别涉及短时间尺度计划中的长周期"储能"的处理方法和长时间尺度计划中的短

存储时长"储能"的处理方式。在短时间尺度计划中，拥有长存储时长"储能"的状态量变化很小。对短时间尺度计划，长周期"储能"的初始状态通过长时间尺度计划给定。

计划时长远大于"储能"存储时长参数时，考虑短期"储能"受光伏和负荷日周期变化影响，状态量变化往往也会呈现日周期性。考虑到长时间尺度计划的基本调度周期也是日的整数倍，在中长时间尺度的分析步长内，短期"储能"的首末时间断面的状态量几乎不变，无须在中长时间尺度计划中平衡。

综上分析，极高比例系统背景下，不同时间尺度发电计划的处理方法如图6.9所示。

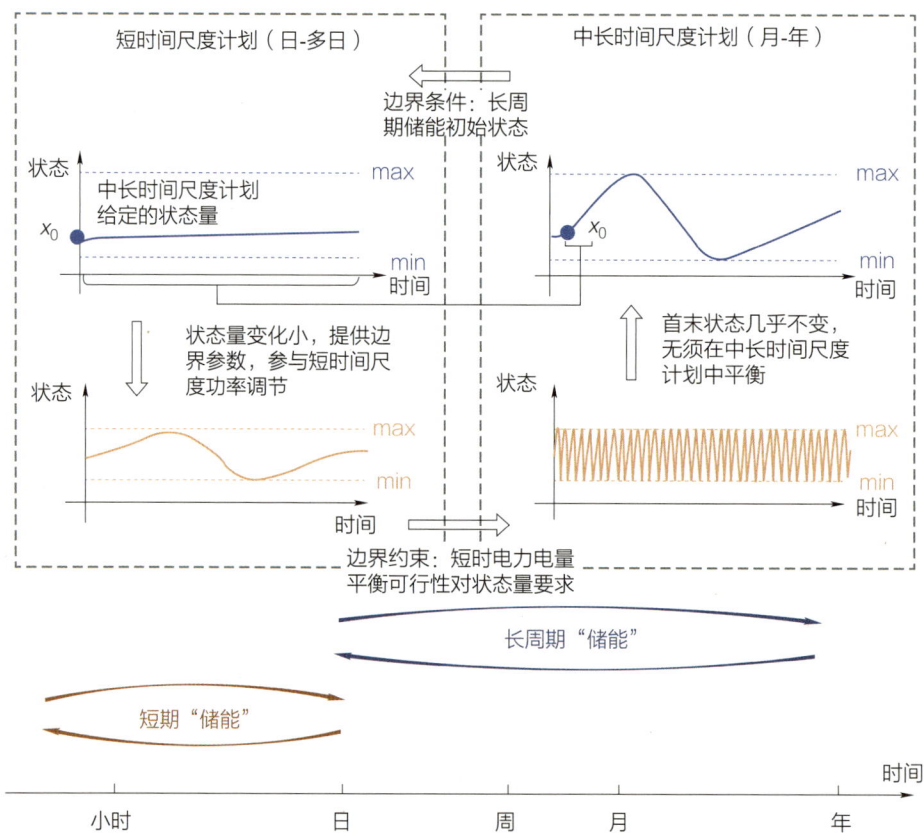

图6.9　考虑多尺度"储能"的不同时间尺度发电计划关系处理方法

多时间尺度计划优化框架采用"带短期电力电量平衡约束的中长期计划优化+带中长期电力电量平衡边界输入的短期计划优化"模式，总体上先进行中长期尺度计划再优化短时间尺度计划，如图6.10所示。中长期计划优化以长周期储能和常规计划变量为优化变量做优化，而短时间尺度计划面向短期储能和常规机组进行优化。

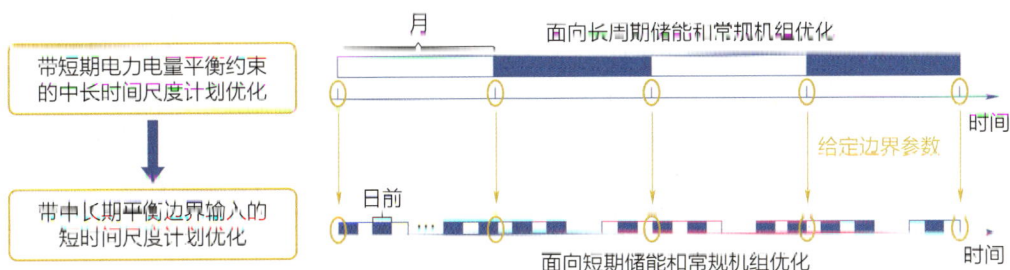

图 6.10　多时间尺度计划优化框架

在传统确定性平衡、概率性平衡的脉络下，可以将电力电量平衡推广到时序－概率平衡，在数学上对应代数约束到机会约束再到联合机会约束的转变，为电力电量平衡分析评估与电力系统计划优化提供了理论基础。

### 6.2.2.3　典型算例

#### 1. 时序－概率电力电量平衡指标结果

对某地区全年 365 天，每 24h 的时序－概率平衡指标进行了计算。时序平衡概率指标结果与时序不平衡风险指标结果如图 6.11 所示。其中，上面红色曲线为 24h 时序的时序平衡概率，下面绿色曲线为对时序平衡概率开 24 次方所得结果，称为断面平衡概率。

时序－概率平衡指标结果均展示出明显的季节性差异。在 6—9 月以及 12 月—次年 1 月，时序/断面平衡概率维持在较高水平，不平衡风险值较低，而在其他月份指标结果的波动较为剧烈。

另外，时序平衡概率以及最大可平衡的净负荷波动结果在不同时间差别很大，全年最大的日时序平衡概率可达 0.9999 以上，而最小的日时序平衡概率低于 $1 \times 10^{-6}$；全年最大的日时序不平衡风险为 164.3GWh，最小为 $5.1 \times 10^{-5}$GWh，接近为 0。

按时序平衡概率划分为超出 0.999、小于 0.001 以及介于 0.001 和 0.999 之间的三个范围，并对每个范围内的净负荷曲线进行可视化，如图 6.12 所示。对不同时序平衡概率范围下的场景，净负荷曲线在谷值段差异明显，时序平衡概率越小场景的净负荷极小值往往越小，而在峰值段无明显差异。对时序平衡概率低于 0.999 的绝大多数场景，净负荷最小值为负。这说明对极高比例新能源电力系统，负净负荷时段成为电力电量平衡需要特别关注的关键时段，这是相对于中低比例甚至高比例新能源电力系统的一个重要区别。此外，个别时序平衡概率低于 0.999 的场景净负荷一直处于较高水平，对应无风无光的极端天气场景。

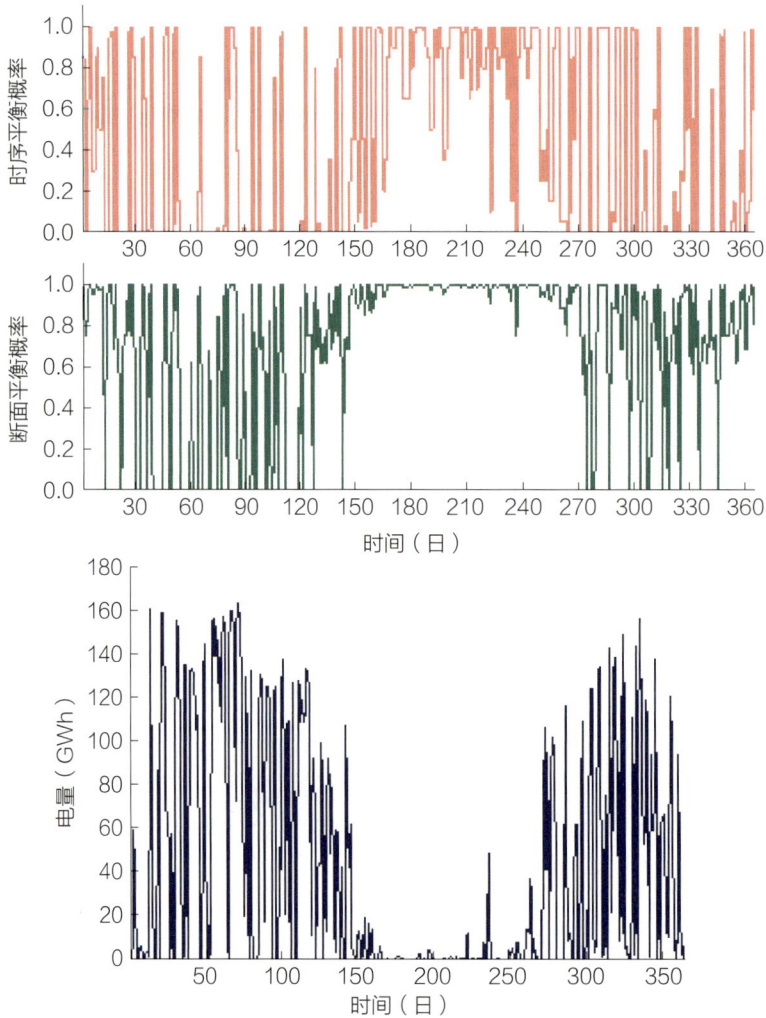

图 6.11    时序平衡概率指标结果与时序不平衡风险指标结果

### 2. 不同可调资源对平衡指标的影响分析

量化分析不同可调资源对时序 – 概率电力电量平衡指标的影响，主要考虑火电、储能、电动汽车、温控类弹性负荷等可调资源。根据上述分析可知，负净负荷小或全天缺风少光的场景，电力电量平衡难度较大。为此，选取日净负荷极小值为全年最小值的一日和日净负荷极小值为全年最大值的一日作为本节的分析场景，对应净负荷曲线和置信区间如图 6.13 所示。

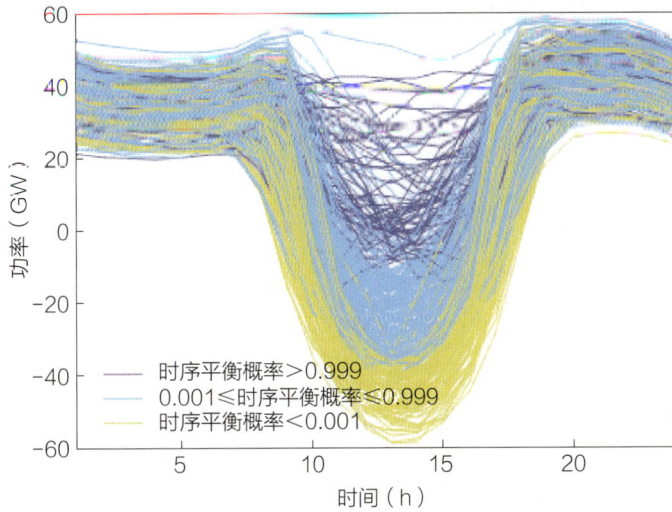

图 6.12　不同时序平衡概率指标对应的净负荷曲线

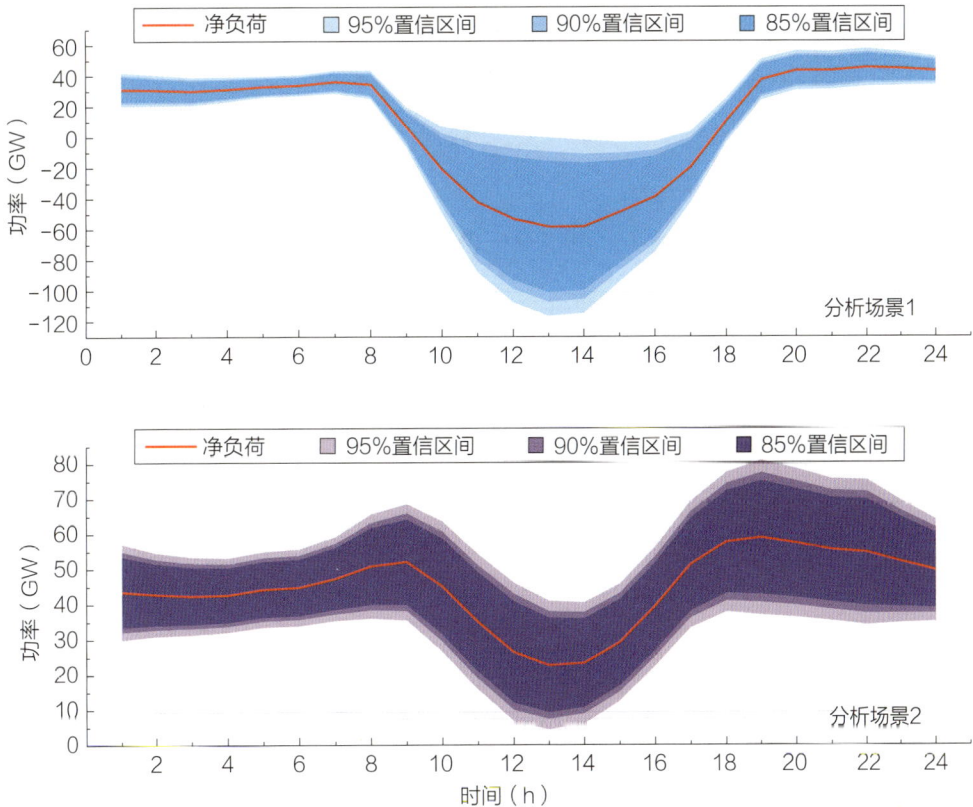

图 6.13　两个分析场景的净负荷曲线及置信区间

对分析场景 1，将各类可调资源的总容量从 0 以 15GW 为步长调整至 150GW，对分析场景 2，将各类可调资源的总容量从 0 以 5GW 为步长调整至 50GW，分别评估时序 – 概率电力电量平衡指标，结果如图 6.14 所示。

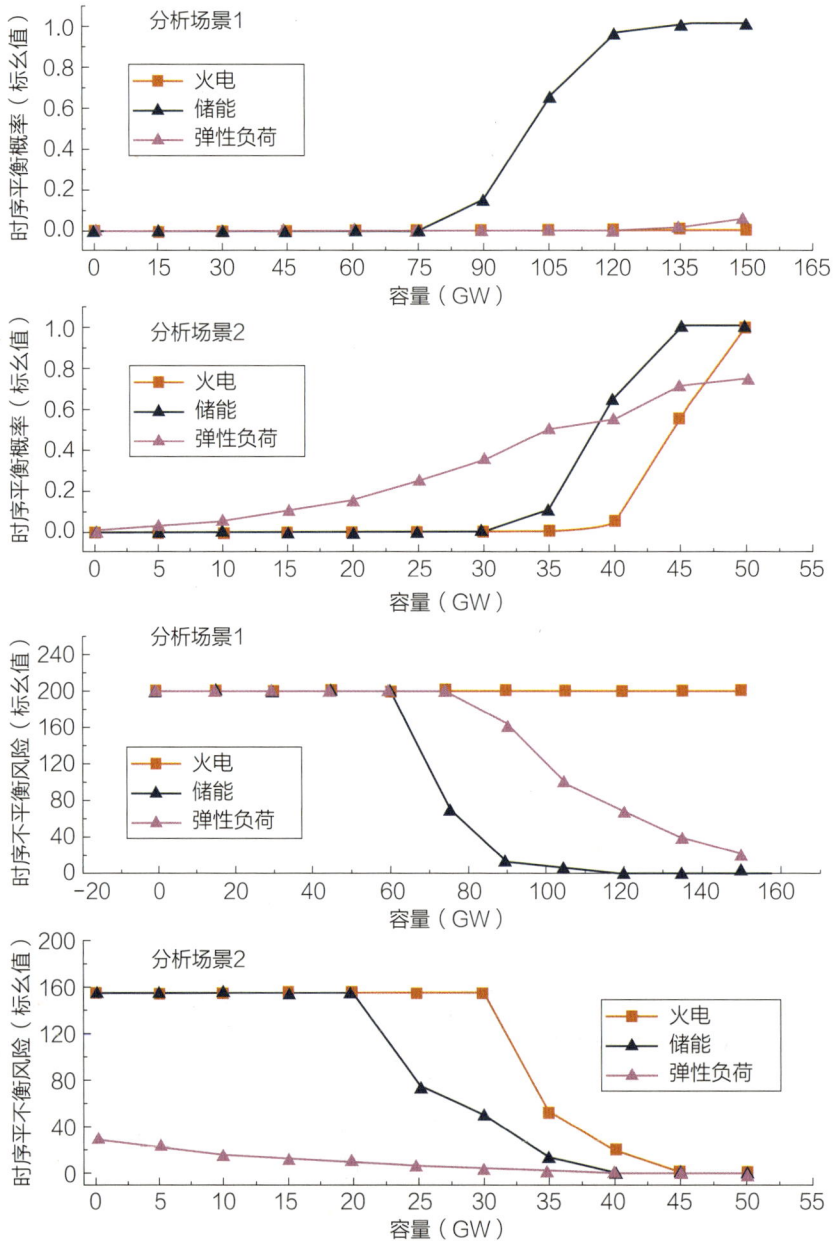

图 6.14　不同可调资源容量的时序平衡概率与时序不平衡风险结果

从图 6.14 中可以看出，对导致极高比例新能源电力电量平衡困难的两类场景，调整不同类型可调资源对时序－概率电力电量平衡指标的影响呈现较大差异。对负净负荷极大的场景（如分析场景 1 所示），增加储能是改善电力电量平衡性能的最有效途径。对缺风少光的场景（如分析场景 2 所示），在容量较少时，该算例对应小于 40GW，增加同等容量的弹性负荷，电力电量平衡性能的改善幅度最大，而在容量大于等于 40GW 时，增加同等容量的储能和火电对时序－概率电力电量平衡指标的改善效果超过弹性负荷。

### 3. 时序－概率平衡在规划与运行中的应用思路

规划阶段，时序－概率平衡可用于指导灵活性资源的规划，具体做法是将时序－概率平衡与时序生产模拟技术相结合，形成概率化时序生产模拟模型。进一步给定预设的允许不平衡概率，将其作为约束条件纳入灵活性资源规划模型，形成上层为灵活性资源投资决策、下层为概率化生产模拟的双层优化模型。具体可采用迭代方法进行求解，即上层按照某一方向新增灵活性资源配置数量，下层根据上层的灵活性资源配置方案开展概率化生产模拟计算，得到该方案下规划年的不平衡概率，如果该概率不满足要求，则继续返回上述迭代过程中；如果该概率满足要求，规划停止输出最优解，即得到了满足平衡概率要求的最优灵活性资源规划方案。

运行阶段，时序－概率平衡可应用于多时间尺度发电计划与备用优化决策。对短时间尺度计划优化问题，是要决策各类型设备时序输出/输入功率以及备用功率，以实现总运行成本的最小化。其中，需根据时序－概率电力电量平衡判据建立新约束以代替传统的电力电量平衡式。对中长时间尺度计划优化问题，是要决策各机组的发电量以及长周期"储能"（长时"储能"+季节性"储能"）的充/放电量。传统的源（常规电源和新能源调节）、网（联络线功率调节）、荷（需求响应）、储（多类型储能）各侧的调节手段均可应用到时序－概率平衡模型中，数学上由代数约束转变为机会约束形式。

# 6.3  潮 流 分 析 技 术

本节针对新型电力系统的潮流分析问题，分别介绍了数据驱动的电力系统典型运行方式提取方法及概率潮流分析方法。首先，为了明确典型区域线路潮流分布，在更小时间尺度下基于电力电量平衡分析结果讨论典型运行方式提取方法。随后，为了分析系统的静态安全性，基于所提取的典型运行方式，研究了考虑系统不确定性的概率潮流分析方法，以准确评估系统功率、电压、电流越限等安全问题。

## 6.3.1　数据驱动的新型电力系统典型运行方式提取

电网运行方式由电力调度部门编制完成，其内容涵盖电力系统生产运行的各个环节，是系统稳定运行的总体技术方案。电网运行方式的基本内容包含技术支持和运行管理两个方面。其中技术支持的主要内容包括指定设备的检修计划、运行分析、新设备启动管理、无功电网管理、稳控管理以及电网损耗管理等；运行管理内容主要是通过运行方式计算来管理系统中机组、线路、变电站等设备的启用投运，不仅包括网内设备如线路、变压器投运的协调安排，也包括厂网之间的协调安排等。

随着电力系统中新能源占比及电力电子设备渗透率的逐年提高，电力系统的运行形态发生深刻变化，基于经验选择的电力系统运行方式分析法愈发难以应对电力系统运行、规划、保护和稳定分析要求。为此，可基于电力系统精细化运行模拟数据，采用数据驱动的新型电力系统运行方式智能提取方法获取系统的典型运行方式❶。

### 1. 方法框架

数据驱动的运行方式提取包括下述环节：

（1）确定边界条件。需要考虑多种要素，例如在研究高比例新能源时，需确定新能源机组的容量、出力概率分布、时空相关性、季节和日周期性特征，以及线路和负荷参数等。

（2）电力系统精细化运行模拟。需要大量数据支持，但实际电力系统的实验成本较高，某些研究场景在当前实际系统中并不存在，例如极高比例新能源电力系统。因此，需要通过电力系统精细化运行模拟产生大量运行方式数据，以解决实际电力系统中历史运行方式数据不足的问题。

（3）数据驱动的运行模式提取及可视化。电力系统运行方式数据呈现海量高维且非线性相关的特征。基于电力系统精细化运行模拟结果，首先对高维运行方式数据进行预

❶ 侯庆春，杜尔顺，田旭，等. 数据驱动的电力系统运行方式分析[J]. 中国电机工程学报，2021，41（01）：1-12+393.

处理，清除不合理的运行状态和冗余维度，以提高后续算法的效率，然后，利用紧密度指标和聚类算法分析数据，识别考虑高比例可再生能源、储能等因素的电力系统典型运行方式及其数量，最后，运用降维算法解耦高维向量的相关性，提取主要特征并进行可视化呈现。

（4）运行方式特性定量分析。结合运行方式的可视化认知，对其呈现特性进行数学指标建模和定量描述，进而利用所得结论辅助电力系统运行规划。

（5）反馈。若达到预期目的，则结束分析并得出结论。若不符合预期，则重新确定边界条件，返回步骤（2）进行进一步分析。

图 6.15 给出了数据驱动的电力系统运行方式分析框架。

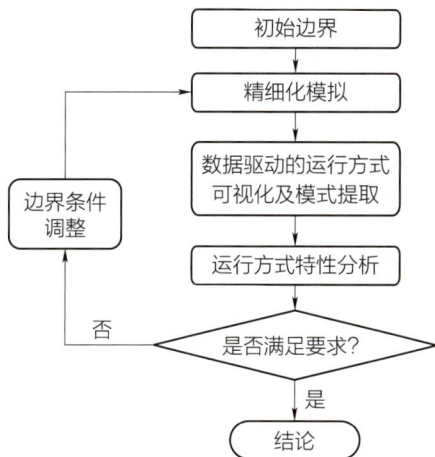

图 6.15　数据驱动的电力系统运行方式分析框架

## 2. 数据驱动算法

（1）算法原则。

算法主要流程包括预处理、聚类和降维可视化，如图 6.16 所示。

图 6.16　数据驱动方法流程

对于数据驱动方法，预处理、聚类、可视化降维等流程需要考虑下述原则选取：预处理算法应能够快速处理大规模高维运行方式数据，能够压缩冗余维度并辨识异常运行方式，以提升后续算法的运行效率；聚类算法应能够迅速处理大规模样本，具有较高的鲁棒性，并能够通过合适的指标确定电力系统运行方式数量；降维可视化算法应能解耦高维非线性相关数据，并在低维空间中展现数据在高维空间的分布，确保高维空间中同类运行方式在低维空间保持相邻关系。

（2）预处理。

电力系统实际和仿真数据中可能存在坏数据或冗余维度问题，需要对其进行预处理，常用的预处理方法是降维压缩。该方法可以滤除电力系统实际和仿真数据中的冗余维度，从而有效提升聚类及可视化算法的效率。在常用的降维预处理算法中，主成分分析（PCA）效率较高且易于控制压缩程度，其能够在保留样本点中方差最大特征的前提下，通过数据线性变换实现降维。

（3）聚类及典型运行方式提取。

新型电力系统的运行方式具有海量和多变的特征，需要对其进行聚类提取典型运行模式。已有聚类方法包括原型聚类（k-Means）、密度聚类（density-based spatial clustering of applications with noise，DBSCAN）、分层聚类等。以原型聚类中k-Means++算法为例，其具有快速收敛和较强鲁棒性的特点。然而，对于高比例新能源等场景，较难准确选择合适的聚类数目。为此，可利用电力系统运行方式的紧密度指标确定聚类数目。电力系统运行方式紧密度 CP 定义为每一类中各运行方式点到聚类中心的平均距离，具体如下

$$CP = \frac{1}{L} \sum_{i=1}^{L} \left( \frac{1}{|\Omega_i|} \sum_{\boldsymbol{p}_j' \in \Omega_i} \left\| \boldsymbol{p}_j' - \overline{\boldsymbol{p}}_i \right\| \right) \qquad (6-14)$$

式中：$L$ 表示聚类数目；$\Omega_i$ 表示第 $i$ 类运行方式的集合；$\overline{\boldsymbol{p}}_i$ 表示第 $i$ 类运行方式的聚类中心；$\boldsymbol{p}_j'$ 表示经预处理的电力系统运行方式向量。

紧密度用于描述在特定分类条件下运行方式的分布情况，通常随着聚类数目的增加，紧密度会逐渐下降。当增加单位聚类数目使紧密度变化小于 $\delta$ 时，紧密度达到饱和。饱和点对应的聚类数 $L$ 可被视为系统最优的聚类数目，如图 6.17 所示。

在确定最优聚类数后，利用 k-means++ 算法对预处理后电力系统运行方式数据 $P'$ 进行模式提取，其核心思想为使初始运行方式聚类中心间的距离尽可能远。

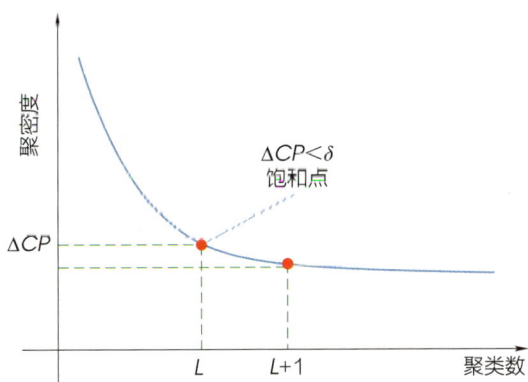

图 6.17 选取最优聚类数原理图

通过上述分析，可实现在低维空间中呈现运行方式的高维分布和聚类信息，有助于更好地理解电力系统运行方式的特点，并支撑选取合适的极端运行方式。为了选取极端运行方式，可考虑以下两种方式：

1）**直接采用数据驱动算法选取极端运行方式**。一些极端运行方式可能具有离群值或处于运行方式空间分布图的边缘，可通过运行模拟仿真数据识别这些离散点以选取极端运行方式。

2）**数据驱动算法辅助提取极端运行方式**。考虑到电力系统运行方式的海量多变性，可通过聚类方式缩小极端运行方式的搜索空间，然后根据传统原则在聚类结果中提取极端运行方式。为此，需要首先增加典型运行方式数量并进行日典型运行方式聚类。随后，通过传统准则，在日聚类中筛选出符合以下条件的小时级极端运行方式：① 关键线路或断面潮流可能越界的运行方式，例如关键线路或断面潮流达到 90%极限；② 具有最大弃风、弃光、弃水情况的运行方式；③ 切负荷的运行方式；④ 具有备用率最小或可靠性指标最小等特征的运行方式。

（4）**降维可视化方法**。

由于电力系统运行方式数据呈高维且非线性相关的特点，难以直观理解其变化模式。为了解决这一问题，可利用降维可视化算法提取电力系统运行方式的主要特征，并将高维数据映射到二维空间，从而实现电力系统高维非线性运行方式的可视化。

**3. 运行方式特征指标**

通过数据驱动的方法对电力系统运行方式进行聚类、降维、可视化分析，可直观理解电力系统运行方式空间分布特性。为了量化描述电力系统运行方式的特征，这里引入三个指标分别描述电力系统运行方式的分散性、季节一致性以及时序多变性。

（1）分散性。

通过方差计算，可获取运行方式向量各维度数据的分散程度。定义电力系统运行方式向量各维度方差的平均值为高维方差指标（higher-dimensional variance，HV），该指标旨在描述电力系统运行方式整体的分散性，其表达式为

$$HV = \frac{1}{N} \text{Trace}(P'P'^{\text{T}}) \qquad (6-15)$$

式中：$N$ 为日运行方式向量的维数；$P'$ 为预处理后电力系统运行方式数据。分析可知，高维方差越小，表明运行方式整体的分散性越低。

（2）季节一致性。

为了表征系统运行方式与季节的一致性，定义季节一致性指标（seasonal consistency，SC）为各季节主导运行模式的样本数与总体样本数之比，其表达式为

$$SC = \sum_{i=1}^{4} m_i / M \qquad (6-16)$$

式中：$m_i$ 为第 $i$ 个季节中主导运行模式的样本数；$M$ 为日运行方式向量组成矩阵中所含的向量个数。分析可知，季节一致性指标越大，电力系统在不同季节下的运行方式更为一致或相似。

（3）时序多变性。

为描述聚类后日运行方式变化的频率，定义时序多变性（chronological fickleness，CF）为日运行方式发生变化的样本数与总体样本数的比值，其表达式为

$$\begin{cases} CF = \sum_{i=1}^{M} I(\boldsymbol{p}_i) / M \\ I(\boldsymbol{p}_i) = \begin{cases} 1, & \boldsymbol{p}_i \in \Omega \text{ 且 } \boldsymbol{p}_{i+1} \notin \Omega \\ 0, & \boldsymbol{p}_i \in \Omega \text{ 且 } \boldsymbol{p}_{i+1} \in \Omega \end{cases} \end{cases} \qquad (6-17)$$

式中：$\Omega$ 为样本 $\boldsymbol{p}_i$ 所属类别；$I(\boldsymbol{p}_i)$ 为日运行方式发生变化的样本。分析可知，时序多变性指标的增大表明系统日运行方式的变化频率增加。

上述方法的主要优势在于能够同时对电力系统运行方式进行定性理解和定量分析，从而有效提取其中的运行模式与规律。数据驱动方法通常需要大量数据支撑，但电力系统实验成本较高且部分研究场景在实际系统中尚不存在。上述方法基于精细化运行模拟

数据产生海量运行方式数据，能够有效应对新型电力系统中历史运行方式数据不足的挑战。上述方法采用紧密度指标饱和点和聚类等数据驱动算法，能够准确分析电力系统运行方式数据，辨识高比例可再生（新）能源、储能等新因素引入后的电力系统典型运行方式及其数量，克服了经验式典型运行方式选取方法在比选大量运行场景时的不足。

## 6.3.2  概率潮流分析技术

受气象不确定性和控制策略的影响，新能源发电系统注入电网潮流具有较强的波动性和间歇性。新型电力系统中高比例新能源发电单元出力的随机性，使得电网潮流的不确定性随之增强。这些不确定性因素极大地影响电力系统运行的稳定性、安全性和经济性。在确定性潮流的基础上，考虑多维随机因素，计算电压和支路潮流的概率统计特性，即为不确定性潮流。

不确定性潮流计算是在考虑到实际电力系统中存在大量不确定因素的基础上发展而来的潮流算法，主要可解决传统确定性潮流算法在高比例新能源系统接入场景下无法满足分析需求的问题。现有的概率潮流方法大致分为两类：一类是非解析式方法，即蒙特卡洛法；一类是基于级数展开的解析式方法。本节重点介绍第二类方法，以基于高斯混合模型（gaussian mixture module，GMM）的概率潮流计算方法为例，其流程如图 6.18 所示。具体算法见附录 G。

基于级数展开的解析式方法需要进行两方面的工作[1]。① 建立节点注入功率的概率模型，尤其是对类似新能源功率的非高斯、非独立的随机变量进行建模。② 依据概率运算法则计算线路传输

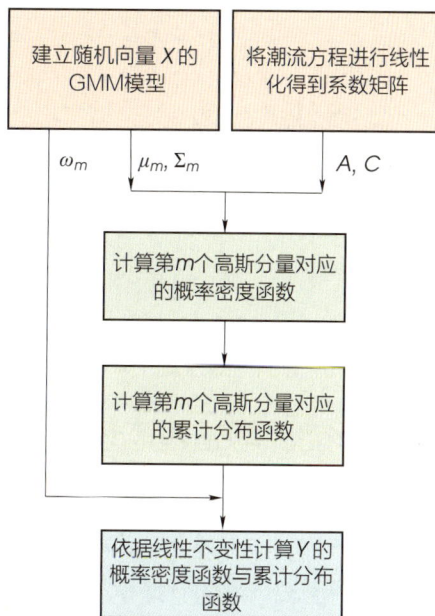

图 6.18  基于 GMM 的解析概率潮流计算算法流程图

---

[1] Z. Wang, C. Shen, F. Liu, et al. Analytical Expressions for Joint Distributions in Probabilistic Load Flow [J]. IEEE Transactions on Power Systems, 2017, 32(3): 2473 – 2474.

功率的概率密度函数。联合概率分布可精确地量化多条线路同时越限的概率，这是边缘分布函数所无法胜任的。计算联合概率分布的蒙特卡洛仿真法存在耗时较长的不足，为了快速准确地进行概率潮流计算（尤其是计算多条线路功率的联合概率分布），可采用解析式的概率潮流方法。上述解析概率潮流方法具有如下优势：

（1）由于 GMM 的线性不变性并不要求 $X$ 中各个元素是独立的，因此所提方法能够处理新能源功率的相关性。

（2）解析概率潮流方法在计算 $Y$ 的概率分布时没有进行任何近似，因此得到的 $Y$ 的概率分布没有误差，在概率密度函数与累计分布函数的头部和尾部是精确的。

（3）解析概率潮流方法不要求 $Y$ 为维度为 1，可以用于计算 $Y$ 的联合概率。

（4）解析概率潮流方法在计算概率密度函数时是完全解析的，因此计算效率高。需要指出的是，该方法在计算累计分布函数时需进行多重积分，此步不是解析的。

# 6.4  稳 定 分 析 技 术

在构建详细模型的基础上，为了提升计算效率，需要对模型进行合理的等值化简，并对系统的仿真分析方法进行改进。针对新型电力系统的暂态仿真需求，本节在建模及仿真方面分别介绍了新能源场站暂态等值模型、负荷暂态聚合等值模型及多时间尺度下系统暂态仿真技术，为分析新型电力系统典型潮流断面故障状态下暂态稳定性提供仿真层面的理论依据和参考。

## 6.4.1  新能源场站暂态模型

建立新能源场站暂态模型是分析新能源电力系统各种故障特性及开展后续研究的重要基础。新能源场站的暂态模型包含聚合等值模型和非聚合等值模型。对于新能源场站等值模型，不同的仿真分析需求下模型等值前后的特性存在差异。针对不同暂态过程，现有新能源场站暂态模型分为：适用于电力系统暂态稳定性分析的新能源场站机电暂态等值模型和适用于宽频振荡等稳定分析的新能源场站电磁暂态等值模型。对于新能源场站非聚合等值模型，为实现在大规模新能源并网系统的应用，需要研究其加速计算方法。

## 6.4.1.1 机电暂态聚合等值模型

新能源场站的动态特性受功率分布和电压分布等因素的影响，因而在进行机电仿真时需要针对新能源场站的独特拓扑结构等特点构建其数学模型。在构建新能源场站等值模型时，需结合实际场站数据及工程计算误差要求，并综合考虑场站内部阻抗、新能源机组类型、内部馈线数以及地理位置分布等信息。

综合考虑功率和电压分布的影响，可建立新能源场站机电暂态聚合等值模型。根据当前实际场站建模中的容量、内部阻抗、地理位置分布等信息，基于电压和功率分布的分群原则得到新能源场站机电暂态等值模型如图 6.19 所示[1]。图 6.19 给出了新能源场站等值结构包含等值的新能源机组、无功补偿设备和场站协调控制，图中，$N$ 为等值机组的数量，可根据实际场站情况进行相应的分群等值；$W_N$ 为第 $N$ 台新能源场站等值的机组；$T_N$ 为第 $N$ 台等值机组的箱式变压器；$Z_N$ 为第 $N$ 台等值机组集电线路的等值阻抗；

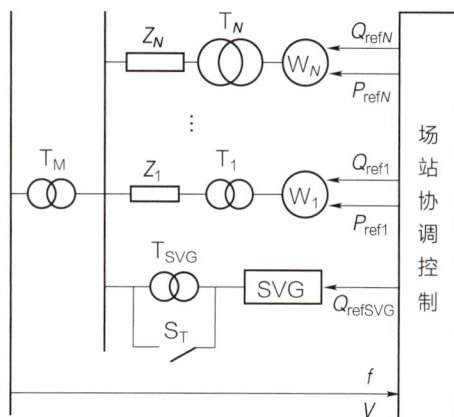

图 6.19 新能源场站机电暂态等值模型

$T_M$ 为新能源场站的并网主变压器；SVG 为新能源场站的无功补偿设备；$T_{SVG}$ 为无功补偿设备的变压器；$S_T$ 为无功补偿装置的旁路开关。其中，无功补偿设备的等值根据场站实际装设情况确定。

## 6.4.1.2 电磁暂态聚合等值模型

在进行电磁暂态仿真分析时，对涉及新能源接入的电力系统，需要综合考虑大扰动和小扰动场景构建新能源场站等值模型。在构建新能源场站的等值模型时，需要满足多

[1] 孙华东，李作豪，李文锋，等. 大规模电力系统仿真用新能源场站模型结构及建模方法研究（二）：机电暂态模型 [J]. 中国电机工程学报，2023，43（06）：2190−2202.

频段稳定问题需求，明确汇流线路阻抗和机组扩容对等值模型精度的影响。本节将介绍兼顾大扰动和小扰动场景的新能源场站等值建模方法[1]。

为了保证仿真效率并兼顾等值模型的规模限制，在电磁暂态仿真中，新能源场站可采用多机的等值模型结构。针对每台机组，可采用参数折算后的单台机组进行模拟，或采用原始拓扑结构并接入单台机组及多组受控电流源进行模拟。同时，需要根据实际情况，建立集中式动态无功补偿装置的详细模型和场站级控制器。关于等值机组台数的确定，采用基于功率等效原则的等值方法时，稳态潮流及频域响应的误差较少受等值机台数变化的影响，但为了限制暂态过程误差，应根据误差要求在一定范围内选取。

### 6.4.1.3　新能源场站的非聚合电磁暂态模型

在场站级问题或机组与电网交互问题的研究中，新能源的非聚合电磁暂态模型同样具有重要作用。为此，研究提高大规模新能源机组的电磁暂态仿真速度有重要意义。现有新能源非聚合电磁暂态模型加速计算方法可分为两类，一类在算法层面通过改进计算方法提高仿真速度，另一类通过优化硬件提高仿真速度。

**1. 新能源机组的快速计算模型**

新能源机组的快速仿真模型有平均化模型、参数恒导纳模型、半隐式延迟解耦加速模型等。考虑到新能源机组变流器内部特征的准确模拟，下文主要介绍半隐式延迟解耦加速计算方法。

将电磁暂态半隐式延迟解耦并行仿真方法应用于换流器交直流侧解耦与并行，可显著提升新能源机组的计算速度[2]。在系统状态方程对应的差分方程中，对其部分变量应用隐式积分格式，对其余变量应用显式积分格式，可构建半隐式差分方程。此时，可得到一种数值特性相对稳定且能够并行计算的仿真算法。例如，对系统状态方程中的 $x_i$ 采用隐式梯形法，$x_j$ 和 $u$ 采用中矩形法，此时 $x_i$ 与 $x_j$、$u$ 存在半个步长的时延，在求取 $n+1$ 时刻的 $x_i$ 时，则无需联立方程组求解，可以直接计算。基于该特性，通过合理分组状态变量，使系统能够解耦并支持并行计算。不失一般性，假设系统分裂为两组，即 $x_1$ 和

❶ 周佩朋，孙华东，项祖涛，等. 大规模电力系统仿真用新能源场站模型结构及建模方法研究（三）：电磁暂态模型 [J]. 中国电机工程学报，2023，43（08）：2990−3000.

❷ 姚蜀军，刘刚，曾子文，等. 直驱风力发电单元的电磁暂态半隐式延迟解耦与仿真方法 [J]. 中国电机工程学报，2022，42(16): 6053−6063+6179.

$x_2$ 系统，则系统状态空间方程的差分方程可记为

$$\begin{bmatrix} x_1^{n+1} \\ x_2^{n+1/2} \end{bmatrix} = \begin{bmatrix} \alpha_1 x_1^n \\ \alpha_2 x_2^{n-1/2} \end{bmatrix} + \begin{bmatrix} \beta_1 f_1(x_2^{n+1/2}, u_1^{n+1/2}) \\ \beta_2 f_2(x_1^n, u_2^n) \end{bmatrix} \qquad (6-18)$$

式中：$\alpha_1$、$\alpha_2$、$\beta_1$ 和 $\beta_2$ 为系数矩阵。$x_1$ 和 $x_2$ 间的变量求解可按图 6.20 所示交替进行，并且互差半个时步，而 $x_1$ 和 $x_2$ 两个分组内的各子系统可根据半隐式延迟解耦加速计算方法的时延特性解耦后并行求解。

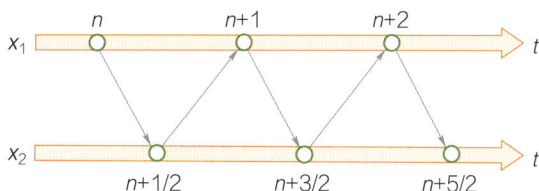

图 6.20    半隐式延迟解耦计算示意图

### 2. 非聚合新能源机组模型的并行加速计算方法

除了模型的算法实现方面，还可以从并行计算方面加速非聚合新能源机组模型的计算。在电力系统加速计算研究领域，已有利用多核 CPU 和 PC 集群实现电磁暂态计算的任务级并行加速方法。传统 CPU 计算能力受到频率墙和功耗墙的限制，较难进一步提升。近年来，基于 GPU 或 FPGA 的并行计算方法在各行业广泛应用，该方法也逐渐应用于非聚合新能源机组模型的细粒度并行加速。下文分别对基于 GPU 和基于 FPGA 的新能源机组细粒度并行计算技术进行介绍。

（1）面向 GPU 的新能源机组细粒度并行加速计算方法。

对比 CPU，GPU 具有更多的计算单元数量，但其控制和缓存单元所占比例较小。这一特点使得 GPU 能够同时执行大量运算，但无法有效进行分支精准预测及局部数据重用。在硬件结构方面，CPU 与 GPU 的差异如图 6.21 所示。对于计算密集、并行度高、逻辑简单的应用场景，GPU 的适用性更强。

（2）面向 FPGA 的新能源机组细粒度并行加速计算方法。

FPGA 相较于 CPU 具有天然的硬件并行性，在电力电子网络的并行仿真中已得到广

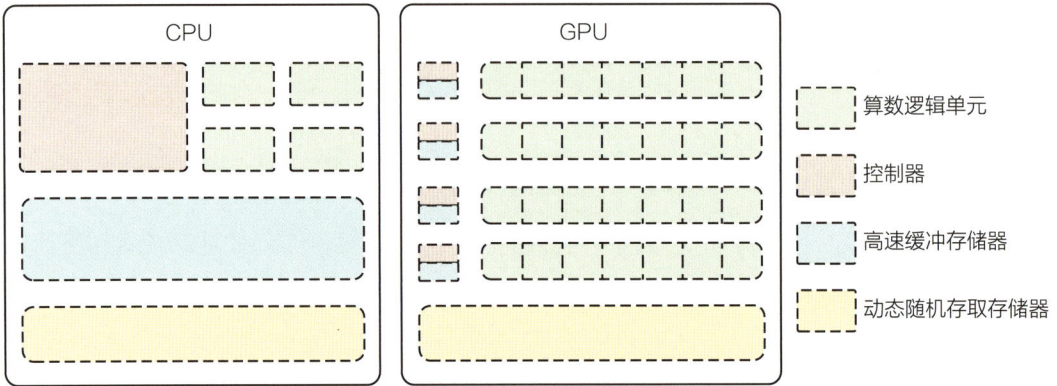

图 6.21　CPU 与 GPU 的硬件构架示意图

泛应用。为此，可构建基于 CPU+FPGA 的并行加速计算平台❶。将电磁暂态仿真模型划分到不同的计算单元中，利用 FPGA 处理电气状态的小步长求解，同时使用 CPU 处理更大规模、更复杂逻辑的大步长仿真计算。通过 PCIe 总线实现差异化步长仿真间的数据交互，从而完成基于 FPGA 的硬件加速实时仿真。基于 FPGA 的硬件加速计算示意如图 6.22 所示。在该硬件平台的基础上，可设计如图 6.23 所示的 FPGA 加速计算流程。

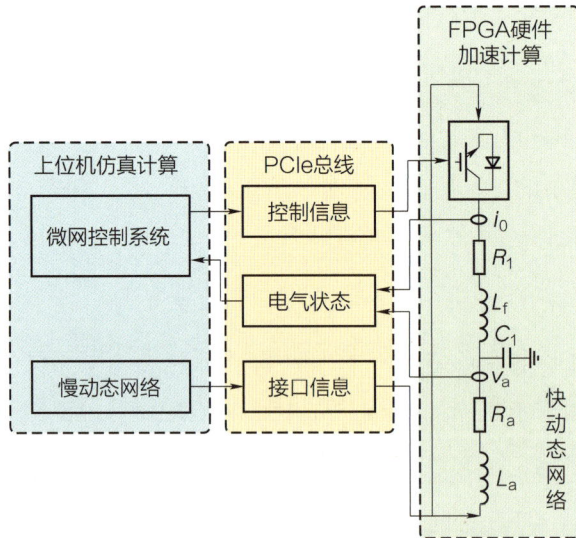

图 6.22　基于 FPGA 的硬件加速计算示意图

❶ 李珂，顾伟，柳伟，等. 基于 FPGA 的变流器并行多速率电磁暂态实时仿真方法［J］. 电力系统自动化，2022，46（13）：151−158.

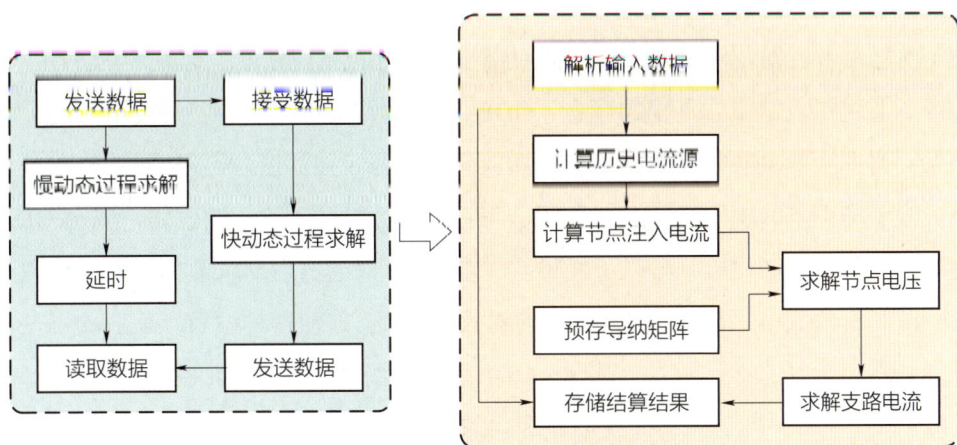

图 6.23　FPGA 加速计算流程示意图

## 6.4.2　负荷暂态聚合等值建模技术

合理的负荷模型结构和准确的模型参数，是电力系统仿真准确性和可靠性的前提和难点，直接影响电力部门规划与运行的决策方案。新型电力系统下，负荷构成日益复杂，传统的负荷模型结构和"典型参数"与实际电网的适应性问题也日益突出。

新型电力系统下分布式电源、智能园区、负荷运营商、虚拟电厂等聚合体的引入，使得负荷侧能源消费形式逐步多样化，用户多元化特征导致负荷的随机性与复杂度日益增加。为提升系统暂态运行的动态安全稳定分析水平，需发展能够精确反映负荷动态特性的建模等值方法。数据驱动的负荷动态等值建模方法是一种针对缺少先验知识，且难以推导和精确建立电气和控制仿真模型状况下的等效模型构建方法。该方法可在参数、模型难以获取的前提下获得较为准确的模型。电力系统暂态过程中，负荷模型动态特性本质上由一组高阶非线性微分代数方程组所确定，且阶数与负荷成分复杂度呈现正相关关系，因而需要研究如何在可承受的计算代价下获得相对准确的负荷动态特性。

近年来，微分神经网络成为一种新兴的神经网络结构，该结构是一种用于拟合微分方程求解的神经网络模型[1]。微分神经网络（Neural ordinary differential equation，Neural ODE）在已在各种领域中得到了广泛的应用，包括时间序列预测、动态系统建模、物理模拟等。通过引入常微分方程的概念，ODE 神经网络提供了一种更加灵活和强大的建模框架，有助于解决时间相关性和动态性较强的问题。在深度学习领域，ODE 神经网络被视为一种重要的模型结构，为负荷动态特性建模提供了可行的思路。应用 ODE 神经网络实现负荷特性建模具有以下优势。首先，其可以通过自动求解微分方程处理不同长度的时间序列数据，而无需固定长度的输入和输出。这使得模型可以适应动态变化的数据，并具有更好的泛化能力。其次，ODE 神经网络可以减少网络层数，从而降低了参数数量，避免了梯度消失或梯度爆炸等问题，提高了模型的训练效率和稳定性。此外，ODE 神经网络还可通过其连续的特性进行更精确的梯度计算，提供更好的梯度传播和优化性能。下面对基于微分神经网络的负荷建模技术进行详细介绍。

在实际运行的电力系统中，负荷的端口信息节点电压和注入电流是可知的，而负荷内部变量和动态通常是不可观察的。因此，将 ODE 神经网络模型应用于负荷建模可量测信息可概括为集合 $\varsigma$，即

$$\varsigma = \{I, V\} \tag{6-19}$$

式中：$I$ 和 $V$ 表示节点注入电流与电压。基于量测信息集合，可构建基于 ODE 神经网络的负荷动态建模框架如图 6.24 所示。

神经网络常微分方程的动机来自深度残差网络（ResNet）。基于深度残差网络拟合的离散与连续场景下的向量场分布如图 6.25 所示。

ODE 网络前向传播输入状态为 $h(0)$，表示初始时间步，神经网络用于表达导函数，其通常由少数前馈神经网络构成，即动作状态表示为

$$\frac{\mathrm{d}h(t)}{\mathrm{d}t} = f_\theta[h(t), t] \tag{6-20}$$

式中：$f_\theta$ 为神经网络拟合的系统微分方程；$h(t)$ 为微分方程的中间变量的状态。

神经网络的输出表示为在时间上积分状态函数，即

$$h(T) = h(0) + \int_0^T f_\theta[h(t), t]\mathrm{d}t \tag{6-21}$$

---

[1] R. T. Q. Chen, Y. Rubanova, J. Bettencourt, et al. Neural Ordinary Differential Equations [J]. Advances in Neural Information Processing Systems, 2018, 31: 6571-6583.

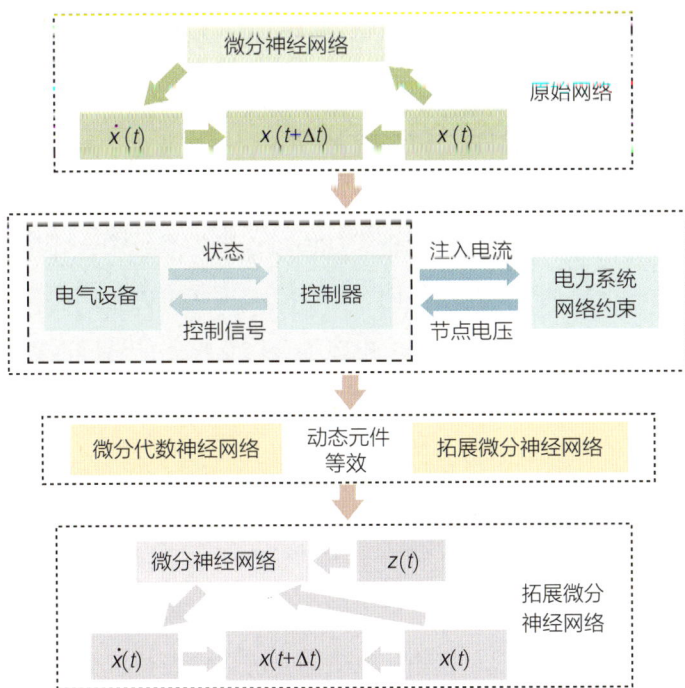

图 6.24 基于 ODE 神经网络的负荷动态建模框架[1]

以初始状态 $h(0)$、动态函数 $f_\theta$、动态参数 $\theta$、初始时间、终止时间 $T$ 和步长 $\nabla_t$ 作为输入，将 ODE 网络参数化，可表达为

$$h(T) = \text{ODEsolver}\{h(0), f_\theta, [0,T], \nabla_t, \theta\} \quad (6-22)$$

其反向传播采用梯度反传法，可避免使用反向传播训练导数函数时所遇到的可扩展性问题。这种方法涉及使用普通微分方程（ODE）求解器进行前向传播，然后使用联合灵敏度方法进行反向传播，从而可再次使用 ODE 求解器进行反向传播。为了更新导数函数的参数，需要使用联合灵敏度方法获取损失函数相对于动态函数参数的梯度。经过多轮训练过后，ODE 网

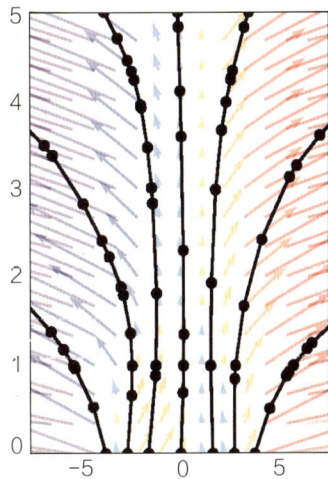

图 6.25 基于 ResNet 拟合向量场分布

[1] Xiao T, Chen Y, Huang S, et al. Feasibility Study of Neural ODE and DAE Modules for Power System Dynamic Component Modeling [J]. IEEE Transactions on Power Systems, 2023, 38(3), 2666−2678.

络可准确模拟负荷动态特性，并支撑在线调度、稳定分析等电网运行需求。

## 6.4.3　机电－电磁暂态混合仿真技术

随着大量高阶、非线性电力电子设备大规模接入电力系统中，新型电力系统的稳定性和动态特性分析日趋复杂。传统的机电暂态仿真程序和电磁暂态仿真程序在分析复杂系统特性时，均有各自的局限性。机电－电磁混合仿真技术能够同时兼顾仿真规模、仿真速度和仿真精度，是解决该局限性问题的有效手段之一。机电－电磁混合仿真技术通过恰当的接口将机电暂态与电磁暂态仿真衔接起来，结合两种仿真过程各自的优点，对于常规交流网络采用机电暂态仿真，对于小规模的电力电子装备采用电磁暂态仿真进行分析，从而弥补了各自仿真的不足，解决了仿真规模、仿真精度与仿真速度间的限制约束，拓宽了电力系统仿真技术的时间尺度范围，为研究大规模新能源接入的电力系统稳定性与动态特性提供了有效手段。机电－电磁混合仿真接口技术关键在于接口模型、接口位置选择、数据交换方法三个方面，下面进行重点介绍。

### 6.4.3.1　接口方法

如何提高接口交互的准确性，除保证接口算法精确性以外，更在于每次仿真交互时刻各侧所提供的数据能否满足对侧仿真计算的边界条件。

#### 1. 接口模型[1]
（1）机电侧等值。

电磁暂态仿真通常采用戴维南或诺顿等值形式构建机电暂态网络。戴维南等值主要有基于基频的多端口戴维南或诺顿等值电路、基于基频的单端口戴维南等值、基于机电侧系统宽频特性的频率相关网络等值（frequency dependent network equivalent，FDNE）三种方式。

在建模时，多端口和单端口戴维南等值使用外部系统基频等值信息建立，但其对于基频外的频率响应会产生一定程度的失真。因此，上述两种等值方法既无法精确表征机

---

❶ 朱旭凯，周孝信，田芳，等. 基于电力系统全数字实时仿真装置的大电网机电暂态－电磁暂态混合仿真［J］. 电网技术，2011，35（03）：26－31.

电暂态侧的高频响应，也无法模拟接口处的波形失真对电磁暂态侧直流输电系统产生的影响。相比之下，FDNE 方法通过在不同频率下多次计算多端口戴维南等值电路，并使用矢量拟合进行多频率参数拟合，实现在特定频率范围内反映系统的宽频特性。

（2）电磁侧等值。

机电暂态仿真通常采用单相准稳态模型，计算过程是以相量形式进行的，因而电磁子系统大多采用基波等值作为主要形式，通常包括功率源（负荷）、注入电流源或诺顿等值电路三种形式。

电流源等值的基本思路是将测量所得接口处各序基波电流相量直接传递给机电侧，该方法简化了接口信息提取和转换流程。电流源将机电网络与电磁网络完全分离，将上个交互步长得到的电流传给机电侧进行计算。然而，该方法未考虑电磁网络的特性和时延问题，导致其误差不可避免。在多端口情况下，可将电磁侧系统在单个机电仿真步长内分为多个子系统。在每个交互步长内，机电侧系统特性影响着电磁侧输入功率的波动情况。对于含有直流系统的电磁子系统，由于端口功率输入及输出间存在强耦合作用，端口功率不完全取决于机电系统。因此，在多端口情况下，电流源等值的适用性增强，并且随端口数目的增加进一步增强。

诺顿等值是线性网络中的一种等值形式，可将外部与电磁侧系统连成一个整体系统，能够模拟整体系统的阻尼与动态特性。由于电磁侧通常包含复杂的非线性元件和参数（如 FACTS 元件或 HVDC 系统），甚至可能是无源系统，获取其等值电路的参数较难。因此，在电磁侧使用诺顿等值电路形式时，只能近似模拟，特别在暂态过程中可能存在较大的仿真误差。

### 2. 接口位置选择

接口位置的选择决定了混合仿真性能的好坏，仿真实现的复杂程度和仿真的准确性是接口位置选择的重要考虑因素。在选择接口位置时，应考虑在二者间寻找一个边界，在保证仿真精度的前提下，使接口模型的实现更简单。现有混合仿真中，接口位置有两类分网方案如图 6.26 所示。

第一类为交-直分网方式，其网络划分位置选在高压直流、电力电子装备等换流变压器的交流母线处。该方式接口数量较少，系统结构简单，易于获得等值接口模型信息，接口相位精度要求相对较低，混合仿真稳定性较高。目前，较多机电-电磁暂态混合仿真方法均采用这种分网方式，基于该方式的混合仿真方法已初步应用于交直流大电网特性研究、控制保护策略研究和设备测试等场合。然而，该方案无法精准模拟换流母线附近的谐波问题。如果在接口分网点附近发生故障，则接口交互误差的累积将影响混合仿真的准确度。

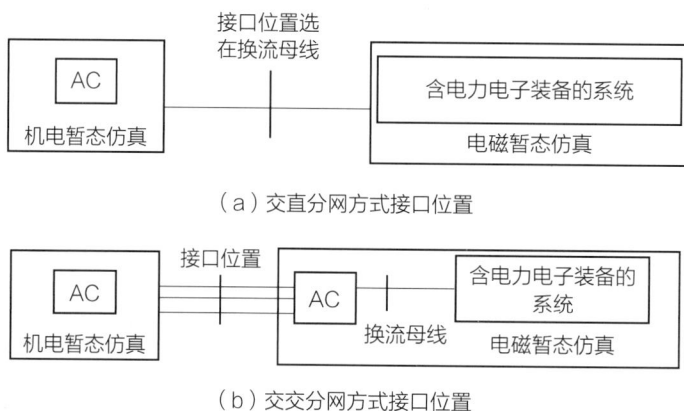

（a）交直分网方式接口位置

（b）交交分网方式接口位置

图 6.26　混合仿真接口位置选择方案

第二类为交 – 交分网方式，其网络划分位置选在交流系统内部，因而在其分网处无谐波电流。当划分到电磁侧系统的交流系统规模较大时，若将故障点设置在电磁暂态侧的交流系统中，由于故障和扰动离接口位置较远，因此该方式的接口交互误差较小。

## 6.4.3.2　数据交换方法

机电暂态仿真系统通常以毫秒级别作为仿真步长，而电磁暂态仿真系统则采用微秒级别的仿真步长。针对两种不同数量级的仿真步长，需要设计合理的数据交互时间序列，以确保混合仿真系统能够稳定运行。通常选取机电暂态仿真步长作为两类仿真数据交互的周期❶。图 6.27 给出了并行混合仿真数据交换时序，在计算过程中，机电侧与电磁侧系统均无需等待，各侧系统可同时进行仿真计算。在规定的交互时刻，两侧系统进行交换数据并能够为对侧系统提供边界条件。这种并行数据交换方式可满足混合实时仿真需求，因而现有混合仿真的接口交互时序均选用并行交互时序方式。

---

❶ 张能. 宽频带机电–电磁暂态混合仿真接口模型研究［D］. 武汉大学，2019.

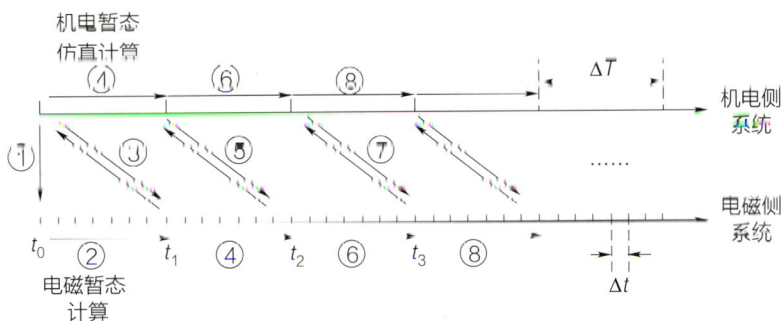

图 6.27　并行混合仿真数据交换时序方式

并行混合仿真数据交换时序方式具体步骤如下：

（1）在仿真初始化阶段，机电暂态仿真程序将机电暂态网络 $t_0$ 时刻的等值电路信息送至电磁暂态仿真程序，并读取电磁暂态网络在 $t_0$ 时刻的等值电路信息。

（2）电磁暂态仿真程序获得机电暂态网络 $t_0$ 时刻的等值电路信息后，开始从 $t_0$ 时刻仿真运行到（$t_1 - \Delta t$）时刻。

（3）令当前时刻 $t = (t_1 - \Delta t) + \Delta t$，在规定的交互时刻 $t_1$ 开始数据交互。电磁暂态仿真程序将电磁暂态网络在（$t_1 - \Delta t$）时刻的等值电路信息送至机电暂态仿真程序。同时，机电暂态仿真程序将机电暂态网络 $t_0$ 时刻的等值电路信息送至电磁暂态仿真程序。

（4）电磁暂态仿真程序在获取机电暂态网络 $t_0$ 时刻的等值电路信息后，开始 $t_1$ 时刻的仿真，逐步仿真到（$t_2 - \Delta t$）时刻。同时，机电暂态仿真程序在得到电磁暂态网络（$t_1 - \Delta t$）时刻的等值电路信息后，从 $t_0$ 时刻开始仿真到 $t_1$ 时刻。

（5）重复执行步骤（3）、（4），直到完成整个仿真过程。

## 6.4.4　大规模电网全电磁暂态仿真技术

大规模电网的全电磁暂态仿真需要攻克以下三个方面的难题：一是电网的电磁暂态仿真模型的快速建模及计算困难；二是对交流电网大步长仿真的准确性不足；三是大规模电网电磁暂态仿真分析通常针对特定的稳态工作点（运行断面）展开，而通过传统平启动方式获取大规模交直流电网稳态运行断面的方法，其计算过程效率较低，失败率较高，故初始化难题成为困扰电磁暂态仿真应用的又一障碍。

针对上述大规模交直流电网全电磁暂态仿真难点，本节详细介绍了提高交直流电网复杂电磁暂态过程仿真精度与效率的全电磁暂态仿真技术。首先，介绍了大规模交直流电网电磁暂态仿真的高效建模及计算方法。其次，建立了交流电网的大步长电磁暂态仿真模型。最后，针对交直流电网多时间尺度模型，设计准确、高效的全局一体化大规模交直流电网电磁暂态仿真的初始化方法。

## 6.4.4.1　高效建模与计算

目前，大规模交直流电网的电磁暂态仿真的工作模式效率低，原因有两个方面，一是大规模交直流电网的电磁暂态仿真算例难以构建，二是仿真计算量大。

### 1. 仿真模型的自动构建

通常，在电磁暂态仿真软件中建立大型系统算例耗时多且易出错。同时，一些不合理的参数也会导致整个电磁暂态仿真算例计算结果数值发散。为解决上述问题，考虑到当前电网一般已有传统机电暂态仿真项目文件，可以研究传统机电暂态仿真程序的项目文件向电磁暂态仿真算例的转换方法，用以快速自动构建电磁暂态仿真算例[1]。本节基于电气元件电磁暂态仿真模型数值收敛的必要条件，给出了电气元件的参数转换及校验基本方法。

在机电暂态仿真程序中，负荷模型包括静态负荷和动态负荷两种。动态负荷的参数转换方法较为复杂[2]，静态负荷模型参数在机电暂态和电磁暂态两种仿真程序中的参数是一致的，可直接进行模型的转换。

另外，机电暂态仿真软件中的模型参数被转换为电磁暂态仿真模型参数时，可能会导致整个仿真计算数值发散。因此，有必要在设计模型参数转换前，对模型参数进行校验。

通常，基于节点分析方法的电磁暂态仿真模型具有下面形式

$$I(t) = G_{eq}U(t) + I_h(t) = G_{eq}U(t) + AI(t-\Delta t) + BU(t-\Delta t) \qquad (6-23)$$

式中：$I_h(t)$ 为注入历史电流项；$G_{eq}$ 为电磁暂态模型的等效导纳矩阵；$A$，$B$ 为参数矩阵，通常为常数矩阵。其数值收敛的必要条件是其零输入响应收敛，即当 $U(t) = 0$ 时收敛。

[1] Tan Z, Song Y, Gao S, et al. Automatic Generation and Parameter Verification of Large-scale EMT Simulation Models Based on TSP Projects [C]. 2021 Power System and Green Energy Conference (PSGEC). IEEE, 2021: 107-111.

[2] 谭镇东. 适用于大规模电力系统的移频电磁暂态仿真方法 [D]. 北京：清华大学，2021.

此时，参数矩阵 $A$ 应使得式（6–24）成立

$$\begin{aligned}&[\lambda_{ii}]-\mathrm{eig}\{A\}\\&[\lambda_{ii}]\leq 1\end{aligned}\qquad(6-24)$$

式中：$\lambda_{ii}$ 为参数矩阵 $A$ 的特征根，$\mathrm{eig}\{A\}$ 表示求 $A$ 的特征根运算。式（6–24）是电磁暂态仿真参数校验的基本判别式。

### 2. 仿真模型的高效计算

数值计算效率是影响电力仿真分析工具实用性的关键指标。相比传统机电暂态仿真，电磁暂态仿真步长显著减小、仿真模型复杂度和系统规模大幅提升，导致仿真计算量大、计算效率低。为了提升新型电力系统电磁暂态仿真效率，达到实时或超实时水平，并满足闭环测试和在线安全分析需求，需要从以下两个层面寻求技术突破。首先是研究面向异构计算芯片的细粒度并行仿真，即突破传统 x86 架构的约束，采用 GPU、FPGA、ARM 等异构计算芯片，建立电力仿真流水线式计算图模型，实现高性能的细粒度并行仿真；其次是面向超算的海量场景并行仿真，即针对云端超算环境，通过设计批量仿真并行处理方法，优化调度计算和数据资源，实现海量复杂场景的高效分析。下面对基于 GPU 的细粒度并行电磁暂态仿真和适配超算的并行仿真方法进行介绍。

（1）基于 GPU 的细粒度并行电磁暂态仿真。

计算能力的提升已逐步转移到提升并行计算能力上来。自 2008 年，著名图形处理器制造商 NVIDIA 公司提出统一计算设备架构（compute unified device architecture，CUDA）并行计算架构以来，通用 GPU 便开始被应用于各类科学计算领域。

在电力系统电磁暂态计算领域，已有不少学者进行了探索。早期工作中，GPU 仅被视为大规模线性方程组求解器使用，而其余计算仍在 CPU 中完成。在这种加速模式下，CPU 与 GPU 间需要进行频繁的通信，影响了效率的提升。研究人员开始着手开发完全基于 GPU 的电磁暂态计算程序。如一种典型的基于 GPU 的电磁暂态仿真计算框架[1]，提出了电气设备计算模型均质化变换算法，设计了基于分层有向无环图的控制系统并发求解方法，如图 6.28 所示[2]。基于该方法，可以实现完全由异构众核处理器加速的高性

[1] 陈颖，高仕林，宋炎侃，等. 面向新型电力系统的高性能电磁暂态云仿真技术 [J]. 中国电机工程学报，2022，42（08）：2854–2864.

[2] Song Y, Chen Y, Huang S, et al. Fully GPU-based Electromagnetic Transient Simulation Considering Large-scale control Systems for System-Level Studies [J]. IET Generation Transmission Distribution, 2017, 11(11): 2840–2851.

能电磁暂态仿真。

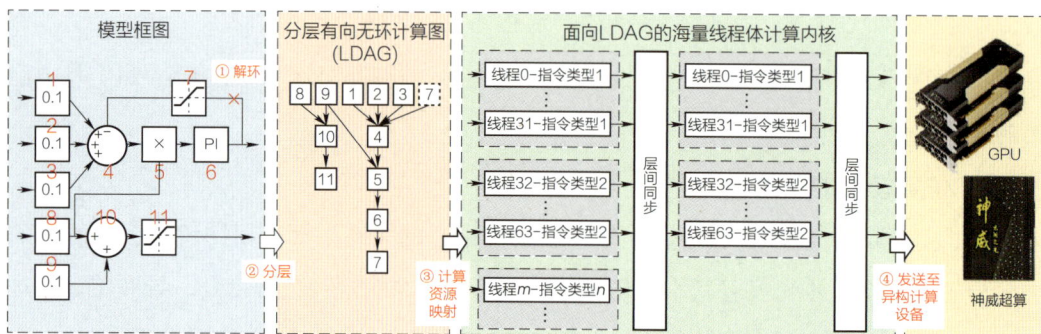

图 6.28    基于分层有向无环图模型的细粒度并行仿真

除了单场景系统的加速，还需研究多场景并行加速，以解决新型电力系统中的海量场景仿真问题。为此，可以采用一种电磁暂态仿真流程的多层计算图建模方法[1]，采用网络方程批量化细粒度并行求解算法和海量线程体计算资源优化配置方法，形成针对异构众核处理器的内核态并行仿真程序，如图 6.29 所示。

**（2）基于超算的电磁暂态仿真加速平台。**

在电磁暂态仿真平台建设方面，现有仿真软件体系架构较为陈旧，与云计算主导的数字化基础设施架构相距甚远，难以适应不断增长和快速演化的仿真应用需求。现有电磁暂态仿真软件大多起步于20世纪90年代，主要面向个人用户，在通用个人计算机（PC）或特定的计算服务器上运行，以假想案例研究为主要形式。然而，当今世界的主流软件，大多已迁移到云计算基础设施，按照原生云架构设计，提供多形态数字化服务形式，满足海量、多样的用户需求。为了将高性能仿真模型、算法和软件转化为对新型电力系统的分析决策能力，需要面向云计算架构，设计和研发超算云仿真平台。典型的开放式高性能超算云仿真平台实现和应用支撑架构如图 6.30 所示[2]。为了支撑超大规模电磁暂态仿真，还需设计兼容 MPI、光纤通道（fibre channel，FC）协议的多核心、多节点并行通信架构，提供针对多类型并行策略的电磁暂态并行加速计算内核。

❶ 宋炎侃，陈颖，于智同，等. 基于同构有向图的电网多场景仿真 GPU 批量并行加速方法［J］. 电工电能新技术，2020，39（03）：17−23.

❷ 沈沉，陈颖，黄少伟，等，如何对超大规模新型电力系统进行精细仿真［J］. 科技纵览，2023.

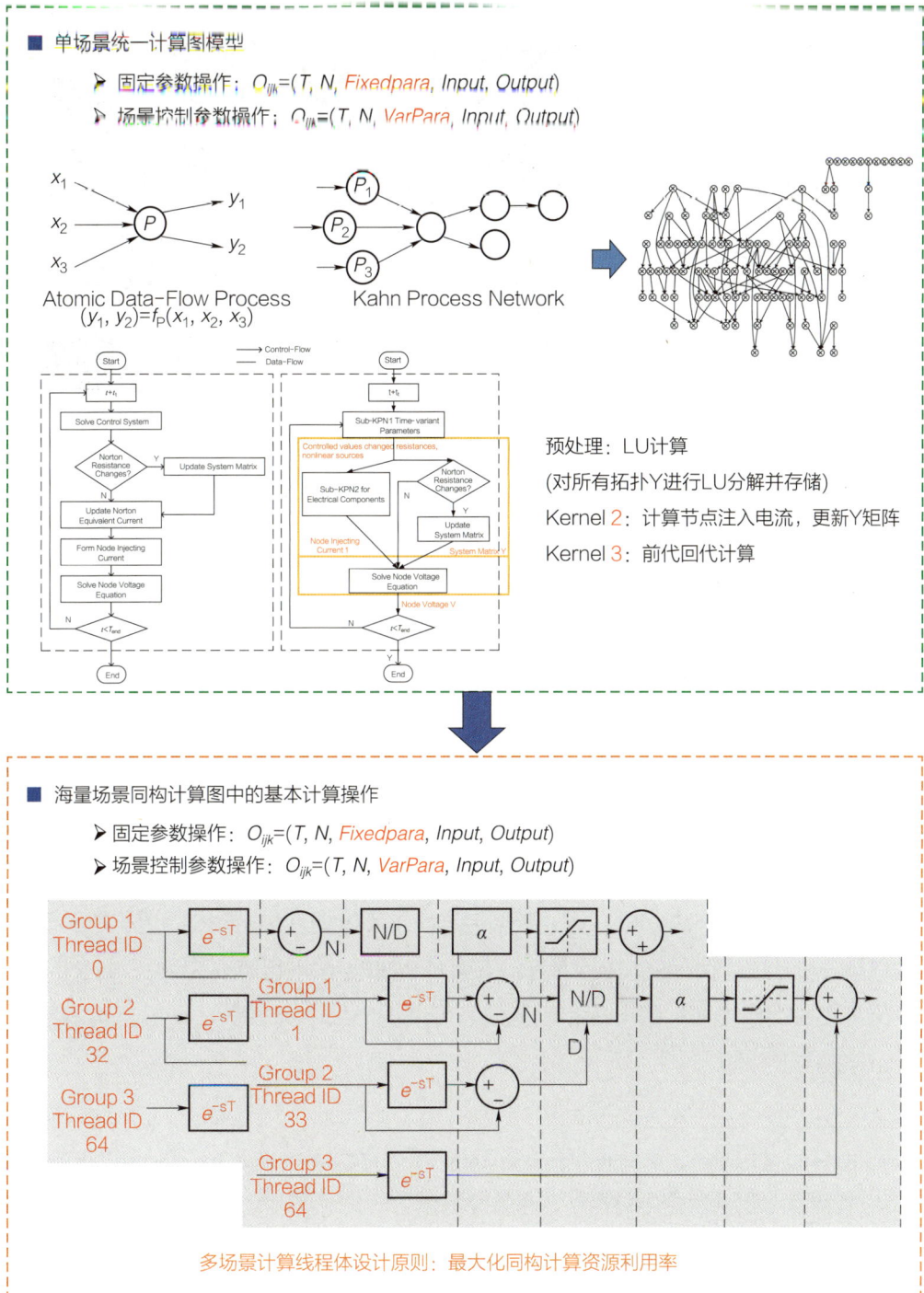

■ 单场景统一计算图模型

➤ 固定参数操作：$O_{ijk}=(T, N, Fixedpara, Input, Output)$

➤ 场景控制参数操作：$O_{ijk}=(T, N, VarPara, Input, Output)$

Atomic Data-Flow Process
$(y_1, y_2)=f_P(x_1, x_2, x_3)$

Kahn Process Network

预处理：LU计算

（对所有拓扑Y进行LU分解并存储）

Kernel 2：计算节点注入电流，更新Y矩阵

Kernel 3：前代回代计算

■ 海量场景同构计算图中的基本计算操作

➤ 固定参数操作：$O_{ijk}=(T, N, Fixedpara, Input, Output)$

➤ 场景控制参数操作：$O_{ijk}=(T, N, VarPara, Input, Output)$

Group 1 Thread ID 0

Group 2 Thread ID 32

Group 1 Thread ID 1

Group 3 Thread ID 64

Group 2 Thread ID 33

Group 3 Thread ID 64

多场景计算线程体设计原则：最大化同构计算资源利用率

图 6.29　海量场景电磁暂态仿真的细粒度并行加速

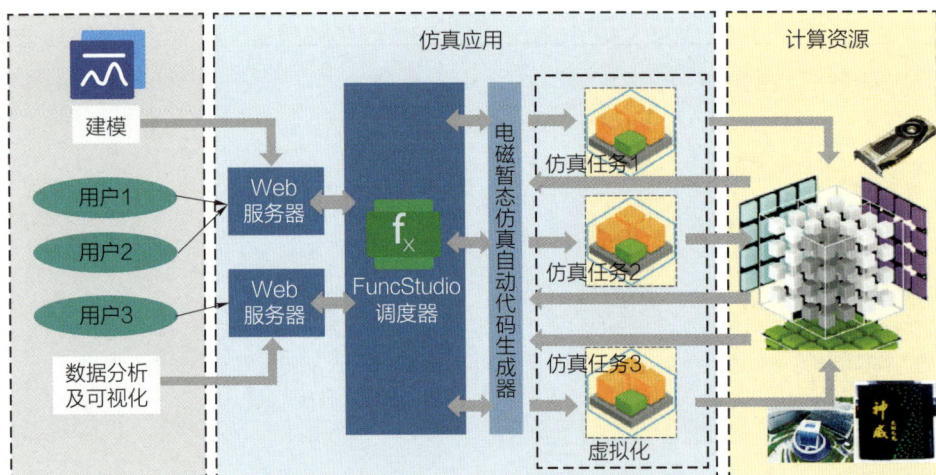

图 6.30    高性能超算云仿真平台架构

## 6.4.4.2    大步长电磁暂态仿真技术

电力系统暂态模型本质上是一组高阶非线性微分代数方程组。根据所关注的系统暂态过程的不同时间尺度，可对系统的暂态模型进行不同程度的等效和简化，从而衍生出一系列暂态分析建模方法。为解决交流网络电磁暂态计算积分步长小、计算规模庞大的问题，国内外学者开始探索面向交流系统的多时间尺度建模理论，即采用统一模型，通过改变仿真步长实现对宽频域不同时间尺度动态过程的准确建模和快速仿真。相关的方法包括移频分析建模方法（SFA）[1]、频率自适应暂态仿真方法（FAST）[2]和基于相序变换的移频分析建模方法（SCSFA）[3]等，下面对 SCSFA 法进行简要介绍。

传统正弦交流电网中的电压和电流信号可以用一段中心频率为 $\omega_s$ 的三角函数组合信号 $u(t)$ 来表示，即

[1] Zhang P, Marti J R, Dommel H W. Shifted-frequency Analysis for EMTP Simulation of Power System Dynamics [J]. IEEE Transactions on Circuits and Systems I: Regular Papers, 2010, 57(9): 2564–2574.

[2] Strunz K, Shintaku R, Gao F. Frequency-adaptive Network Modeling for Integrative Simulation of Natural and Envelope Waveforms in Power Systems and Circuits [J]. IEEE Transactions on Circuits and Systems I: Regular Papers, 2006, 53(12): 2788–2803.

[3] Gao S, Song Y, Chen Y, et al. Shifted Frequency - based Electromagnetic Transient Simulation for AC Power Systems in Symmetrical Component Domain [J]. IET Renewable Power Generation, 2023, 17(1): 83–94.

$$u(t) = U_1(t)\cos\omega_s t - U_Q(t)\sin\omega_s t \tag{6-25}$$

式中，$\omega_s = 2\pi f_s$，工作频率 $f_s = 50\text{Hz}$（或 60Hz），$U_1(t)$ 和 $U_Q(t)$ 是缓慢变化的幅值信号。结合 Hilbert 变换 $\mathcal{H}(\bullet)$，进一步可定义 $u(t)$ 的解析信号 $\hat{U}(t)$ 如下

$$\hat{U}(t) = u(t) + j\mathcal{H}[u(t)] \tag{6-26}$$

利用式（6-26）替换式（6-25）中的 $u(t)$，解析信号的 $\hat{U}(t)$ 可进一步表达为

$$\hat{U}(t) = [U_1(t) + jU_Q(t)]e^{j\omega_s t} \tag{6-27}$$

对解析信号 $\hat{U}(t)$ 的频谱整体向左平移 $\omega_s$，可得原始信号的解析包络信号 $U(t)$

$$U(t) = \hat{U}(t)e^{-j\omega_s t} = U_1(t) + jU_Q(t) \tag{6-28}$$

一般地，对于一个含有 $m$ 条支路的耦合阻感元件（RL 支路），其动态方程可以表示为

$$v(t) = Ri(t) + Lpi(t) \tag{6-29}$$

式中：$p$ 代表微分算子 $p = \mathrm{d}/\mathrm{d}t$；$R$ 和 $L$ 是元件的支路电阻和电感矩阵；$v,i$ 是元件的支路电压和电流向量。利用式（6-28）替换式（6-29）中的 $v$ 和 $i$，并对式 $\{v(t) + j\mathcal{H}[v(t)]\}e^{-j\omega_s t}$ 进行化简，可得该电气元件的移频模型

$$V(t) = RI(t) + j\omega_s LI(t) + LpI(t) \tag{6-30}$$

式中：$V,I$ 为解析包络信号形式下的支路电压和电流向量。对式（6-30）使用梯形积分进行离散化，可得其在节点分析框架下的诺顿等值

$$\begin{aligned} I(t) &= YV(t) + I_{\text{hist}}(t) \\ I_{\text{hist}}(t) &= YV(t-\Delta t) - YPI(t-\Delta t) \\ Y &= (R\Delta t + j\omega_s L\Delta t + 2L)^{-1}\Delta t \\ P &= (R\Delta t + j\omega_s L\Delta t - 2L)\Delta t^{-1} \end{aligned} \tag{6-31}$$

式中：$\Delta t$ 为仿真步长。式（6-31）的求解流程与传统电磁暂态类仿真算法相似，区别仅在于变量和线性方程组求解器的数域从实数域扩展到复数域。随着移频分析和频率自适应暂态仿真建模理论的不断完善，各类电机模型、变压器模型、负荷模型、传输线及变流器的动态向量模型等传统交流电网中的电气元件均可在节点分析框架下进行移频分析建模。

移频分析建模常用对称分量分析法，该方法利用复线性变换简化三相交流系统模型的相量分析方法。定义一含有 $m$ 个三相端口的耦合阻感元件 RL 如式（6-32）所示

$$V_{abc}(t) = (R_{abc} + j\omega_s L_{abc})I_{abc}(t) + L_{abc} p I_{abc}(t) \tag{6-32}$$

为方便序分量移频模型的推导，多相电压、电流组成的端口向量 $F_{ai}, F_{bi}, F_{ci} \in C$（$i=1,\cdots,m$）分别表示 A 相、B 相和 C 相的 $i$ 端口向量。$F_{0,i}, F_{1,j}, F_{2j}$ 表示复线性变换后的序分量按照零序、正序、负序的顺序组成端口向量。定义 $S$ 变换如式（6-33）所示。其中，$F_{abc,m}$ 可通过相序转换矩阵 $S$ 变换为 $F_{012,m}$

$$
\begin{aligned}
F_{012,m} &= S^{-1} F_{abc,m} \\
S &= \mathrm{diag}(T_1, \cdots, T_m) \\
T &= \begin{bmatrix} 1 & 1 & 1 \\ 1 & a^2 & a \\ 1 & a & a^2 \end{bmatrix}.
\end{aligned} \tag{6-33}
$$

式中：$a = e^{j120°}$；$T$ 为针对三相电路的基本相序转换矩阵。对相分量建模的元件 SFA 方程式进行转换，可得其在序分量形式下的 SFA 方程，如式（6-34）所示

$$
\begin{aligned}
V_{012}(t) &= Z_{012} I_{012}(t) + L_{012} p I_{012}(t) \\
Z_{012} &= S^{-1}(R_{abc} + j\omega_s L_{abc})S \\
L_{012} &= S^{-1} L_{abc} S
\end{aligned} \tag{6-34}
$$

若式（6-31）中的电阻矩阵 $R_{abc}$ 和电感矩阵 $L_{abc}$ 具备如完全对称（$e=f$）或旋转对称的特性，则序分量建模下的阻抗矩阵 $Z_{012}$ 和电感矩阵 $L_{012}$ 可简化为分块对角矩阵，如式（6-35）所示

$$
\begin{aligned}
Z_{abc} &= \begin{bmatrix} d & e & f \\ f & d & e \\ e & f & d \end{bmatrix} \\
Z_{012} &= S^{-1} Z_{abc} S = \mathrm{diag}(m_0, m_1, m_2) \\
m_0 &= \frac{1}{3}(d + e + f) \\
m_1 &= \frac{1}{3}(d + a^2 e + af) \\
m_2 &= \frac{1}{3}(d + ae + a^2 f)
\end{aligned} \tag{6-35}
$$

因此，经移频变换和序分量变换后，满足式（6-45）条件时，式（6-42）中的正序、负序和零序方程可完全解耦，即

$$V_s = Z_s I_s(t) + L_s p I_s(t), s = 0,1,2 \tag{6-36}$$

式（6-36）即为三相交流系统元件的 SCSFA 模型。

### 6.4.4.3 电磁暂态仿真的初始化方法

电磁暂态仿真的初始化是对系统进行进一步动态分析及研究的基础。对于含多种复杂元件的交直流系统而言，电磁暂态初始化受元件特性及启动算法的影响。如何对大规模复杂系统（如交直流混联系统）进行快速初始化是亟待解决的问题。现有电磁暂态仿真初始化方法主要有平启动和潮流启动。前者利用理想电压源、同步机等电磁暂态模型来进行整个系统的启动。然而，在含有多台同步机的交直流混联系统中，由于直流系统的快动态特性，该方法所需启动时间过长，甚至无法收敛至稳态运行。对于后者，在面对含直流系统的交直流混联系统时，由于直流系统的控制特性，常规的潮流断面快速启动难适用，无法实现直流系统从稳态的直接启动。

针对大规模交直流电网的电磁暂态模型初始化，本节将介绍基于分解协调的交直流电网混合潮流算法[1]和仿真初始化断面生成方法。

#### 1. 基于分解协调的混合潮流算法

混合潮流算法主要基于分解协调思想，本节主要考虑交流主系统与黑箱模型间的分解协调。全系统的分解过程如图 6.31 所示，其中交流主系统与黑箱模型通过边界节点相连接。黑箱模型表示为 $N_B = \{1, 2, \cdots, n\}$，该集合同时也可以表示边界节点。

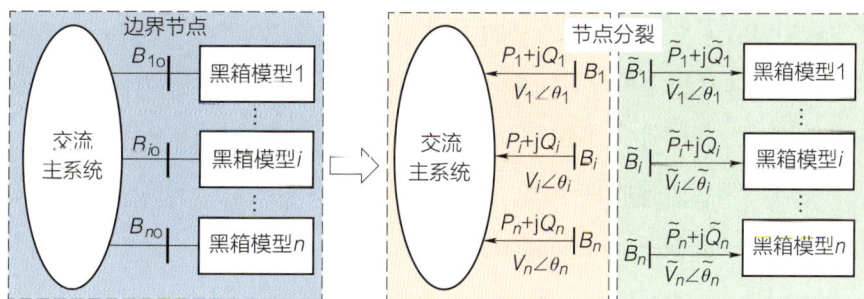

图 6.31 全系统的分解过程示意图

[1] Liu Y, Song Y, Zhao L, et al. A General Initialization Scheme for Electromagnetic Transient Simulation: Towards Large-Scale Hybrid AC-DC Grids [C]. 2020 IEEE Power & Energy Society General Meeting (PESGM). IEEE, 2020: 1-5.

分解过程由节点撕裂法实现。对于$i \in N_B$，边界节点$B_{io}$可以分裂为黑箱模型的节点$\tilde{B}_i$以及交流主系统的节点$B_i$，且两侧子系统相对应的注入功率与电压可以表示为$(\tilde{P}_i + j\tilde{Q}_i, \tilde{V}_i \angle \tilde{\theta}_i)$以及$(P_i + jQ_i, V_i \angle \theta_i)$，$P$、$Q$、$V$分别表示子系统注入的有功功率、无功功率和电压幅值。假设提供两侧的边界电压为$\tilde{V}_i \angle \tilde{\theta}_i$和$V_i \angle \theta_i$，对于交流主系统，可通过设置边界节点为平衡节点求解潮流。对于黑箱模型，通过时域仿真（数字仿真或实际物理模型仿真）方法可得到稳态的注入功率$\tilde{P}_i + j\tilde{Q}_i$，进而可通过以下方法判断时域仿真中$\tilde{P}_i(t)$和$\tilde{Q}_i(t)$是否到达其稳态值。若存在时刻$t_0$，对于$\forall t \geq t_0$以及很小的偏差$\varepsilon$和固定的时间间隔$\Delta T$，均有

$$\frac{\left\| \tilde{P}_i(t) - \tilde{P}_i(t - \Delta T) \right\|_2}{\left\| \tilde{P}_i(t) \right\|_2} \leq \varepsilon$$
$$\frac{\left\| \tilde{Q}_i(t) - \tilde{Q}_i(t - \Delta T) \right\|_2}{\left\| \tilde{Q}_i(t) \right\|_2} \leq \varepsilon \qquad (6-37)$$

那么，$\tilde{P}_i(t)$和$\tilde{Q}_i(t)$到达其稳态值$\tilde{P}_i(t_0)$和$\tilde{Q}_i(t_0)$。

为得到全系统的潮流结果，系统变量需要满足如式（6-38）所示的边界收敛条件

$$\begin{aligned} V &= \tilde{V} \\ \theta &= \tilde{\theta} \\ P + \tilde{P} &= 0 \\ Q + \tilde{Q} &= 0 \end{aligned} \qquad (6-38)$$

其中，$V = \text{col}(V_i)$，$\tilde{V} = \text{col}(\tilde{V}_i)$，$\theta = \text{col}(\theta_i)$，$\tilde{\theta} = \text{col}(\tilde{\theta}_i)$，$P = \text{col}(P_i)$，$\tilde{P} = \text{col}(\tilde{P}_i)$，$Q = \text{col}(Q_i)$，$\tilde{Q} = \text{col}(\tilde{Q}_i)$，$\mathbf{0}$是零向量，$\text{col}(\cdot)$表示列向量。当式（6-38）满足时，说明系统潮流计算收敛，即计算得到了系统潮流结果。

若系统变量不满足边界收敛条件，在给定满足边界电压条件的前提下，有如下所示的边界协调方程（boundary coordination equation，BCE）

$$\boldsymbol{\Phi}(V^T, \boldsymbol{\theta}^T) = \begin{bmatrix} \Delta P \\ \Delta Q \end{bmatrix} = \begin{bmatrix} P + \tilde{P} \\ Q + \tilde{Q} \end{bmatrix} = \mathbf{0} \qquad (6-39)$$

式中：$\boldsymbol{\Phi}(V^T, \boldsymbol{\theta}^T)$表示不平衡量。因此，全系统的潮流求解可等效为边界协调方程的求解，其流程如图6.32所示。

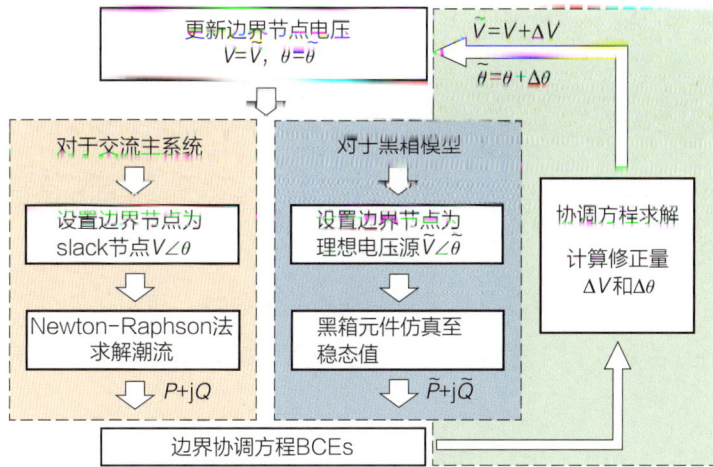

图 6.32　计算流程

在考虑黑箱模型时,全系统的 Jacobian 矩阵难以获得,因此难以通过 Newton-Raphson 方法进行协调侧的计算。为解决上述问题,采用 Jacobian-Free Newton-GMRES（m）［JFNG（m）］算法来求解边界协调方程。JFNG（m）算法是一种无需显式形成 Jacobian 矩阵的非线性方程组求解方法。

**2. 仿真初始化断面的生成**

在本节中,每个子系统根据边界协调方程的求解结果生成其初始化断面,这里分以下两部分介绍初始化断面生成过程。

交流主系统是由三相元件（如同步机、三相变压器）组成的。考虑系统三相对称运行的情况,则电气量可以表示为相量形式。因此,在给定稳态潮流结果的情况下,可通过相量图计算方法初始化元件的内部变量。

假设元件 $g$ 的潮流结果为 $V_g^{pf}, \theta_g^{pf}, P_g^{pf}$ 和 $Q_g^{pf}$,其可进一步表示为端口电压 $\dot{V}_g^{pf} = V_g^{pf} \angle \theta_g^{pf}$ 和端口功率 $\dot{S}_g^{pf} = P_g^{pf} + jQ_g^{pf}$。则电流相量为 $\dot{I}_g^{pf} = (\dot{S}_g^{pf} / \dot{V}_g^{pf})$,且元件的其他内部状态变量（如同步机的暂态电势）可通过相量图计算的方法得到。进一步,可计算状态变量在时刻 $t$ 的瞬时值以构成初始化断面。以电流为例,元件 $g$ 的瞬时电流 $i_g(t)$ 可以被差分并表示为以下形式

$$i_g(t) = Gv_g(t) + Hv_g(t-\Delta t) + Ji_g(t-\Delta t) \qquad (6-40)$$

式中:$v_g(t)$ 是瞬时电压;$G, H$ 和 $J$ 是取决于 $\Delta t$ 和元件参数的等效参数;$v_g(t-\Delta t)$ 和

$i_g(t - \Delta t)$ 是 $\Delta t$ 之前的瞬时电压和电流，其可以表示为以下形式

$$i_g(t - \Delta t) = \text{Re}[\dot{I}_g^{\text{pf}} e^{jw(t-\Delta t)}]$$
$$v_g(t - \Delta t) = \text{Re}[\dot{V}_g^{\text{pf}} e^{jw(t-\Delta t)}] \tag{6-41}$$

然后，在计算所有的状态变量瞬时值后，可得到交流主系统的初始化断面，其可以从初始化断面直接启动。

如前所述，对于黑箱模型以及包含复杂动态的子系统，初始化的内部变量无法直接从潮流结果得到。为解决以上问题，应用理想源激励的爬坡方法实现黑箱模型的初始化断面生成。

对于黑箱模型子系统 $i$，为了模拟子系统与主系统相连的特性，可选用其他系统部分的戴维南等效源来爬坡启动子系统 $i$。在仿真环境中，戴维南等效源可以通过潮流结果与边界处三相短路故障仿真得到，如图 6.33 所示。

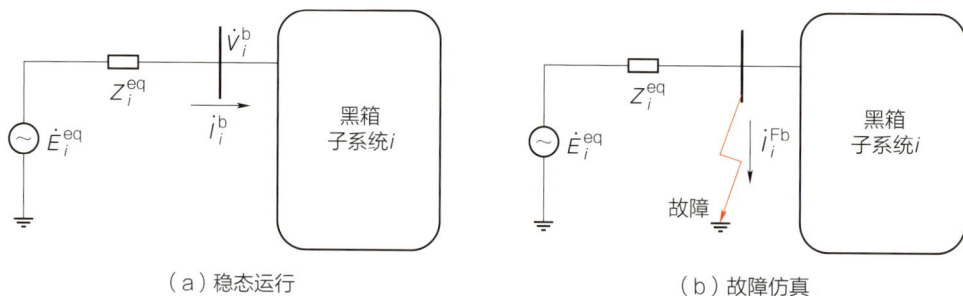

（a）稳态运行          （b）故障仿真

图 6.33　戴维南等效电路计算

由图 6.33（a）（b）分别得到式（6-42）

$$\dot{E}_i^{\text{eq}} = \dot{I}_i^{\text{b}} Z_i^{\text{eq}} + \dot{V}_i^{\text{b}}$$
$$\dot{E}_i^{\text{eq}} = \dot{I}_i^{\text{Fb}} Z_i^{\text{eq}} \tag{6-42}$$

式中：$\dot{E}_i^{\text{eq}}$ 表示戴维南等效电动势；$Z_i^{\text{eq}}$ 表示戴维南等效阻抗；$\dot{V}_i^{\text{b}}$ 和 $\dot{I}_i^{\text{b}}$ 表示边界电压和稳态运行电流；$\dot{I}_i^{\text{Fb}}$ 表示对地故障电流。结合式（6-42），有

$$Z_i^{\text{eq}} = \frac{\dot{V}_i^{\text{b}}}{\dot{I}_i^{\text{b}} - \dot{I}_i^{\text{Fb}}} \tag{6-43}$$

随后，$\dot{E}_i^{\text{eq}}$ 可通过式（6-43）得到。经过戴维南等效电压源的爬坡启动过程，黑箱模型子系统可到达其初始化断面。

## 6.4.5 典型算例

电力系统的功角、电压、频率、振荡等安全稳定问题是制约新能源占比逐步提升的新型电力系统安全高效运行的关键因素。为此，本节构建了多个适用于研究高比例新能源特高压交直流系统多形态稳定特性的典型算例，为未来我国新型电力系统特性认知、规划、运行提供研究基础。本节主要针对大规模新能源外送系统、大容量直流馈入受端负荷中心、高比例新能源受端系统等典型场景，构建了能够反映新型电力系统不同安全稳定问题的算例，并验证了算例反映新能源、直流响应特征以及模拟系统稳定特性的有效性和准确性。

### 6.4.5.1　场景一：大规模新能源外送系统

#### 1. 风火打捆经交直流并联送出系统的动态功角失稳分析

在新能源功角稳定方面，选取新能源与主网联系相对薄弱的风火打捆经交直流并联送出场景开展仿真分析。该场景系统承受功率冲击的能力较弱，易发生功角失稳。

（1）系统基本情况。

该系统为新能源、火电通过长链式交流通道送往受端电网的 50 节点级算例。系统 500kV 主网架拓扑结构如图 6.34 所示。具体装机情况为新能源装机容量 4800MW，常规机组装机容量 6000MW；电源出力情况为新能源出力 2400MW（风电 1600MW，光伏 800MW），常规机组出力 3070MW（送端出力 2170MW，受端电网 900MW）。系统内 1 回 ±500kV 直流输电，额定功率 3000MW，直流实际外送功率 1000MW；新能源外送系统交流通道外送功率为 3400MW。

（2）扰动设置。

$t=5$s 时，系统中长链式交流通道节点 1～节点 2 之间一回线路发生三永故障，$t=5.1$s 时故障线路被切除。

（3）仿真结果。

故障清除后，此时系统中送端电网机组相对受端电网机组发生动态功角振荡失稳，如图 6.35～图 6.38 所示。

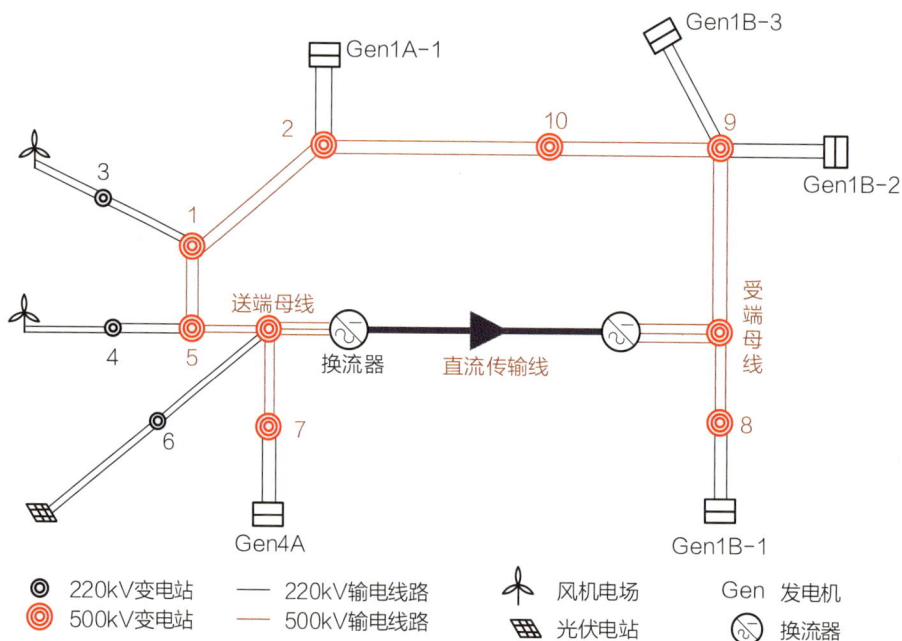

图 6.34　算例 500kV 主网架

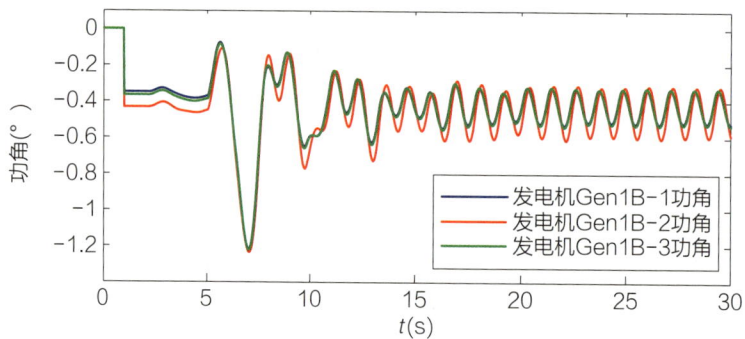

图 6.35　Gen1B－1 发电机的功角曲线

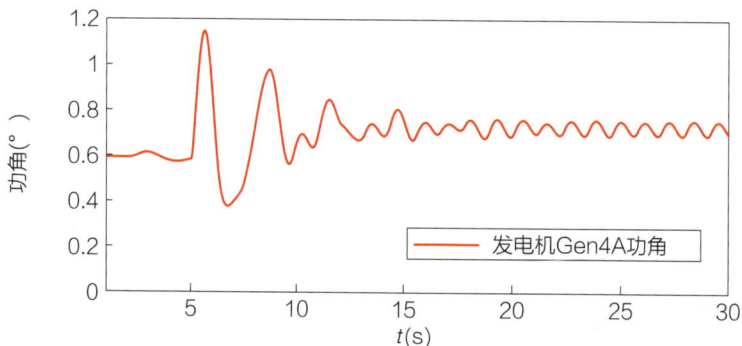

图 6.36　Gen4A－1 发电机的功角曲线

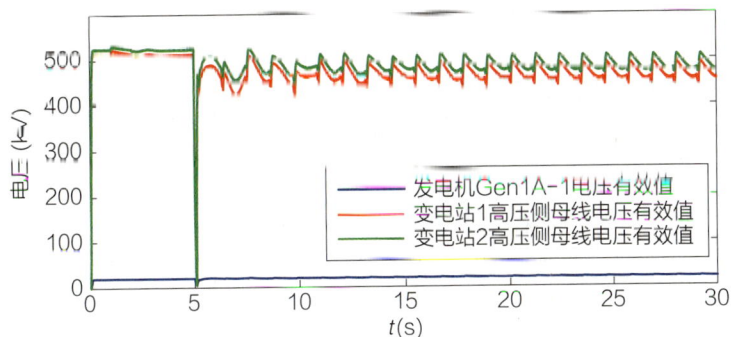

图 6.37　不同母线电压曲线

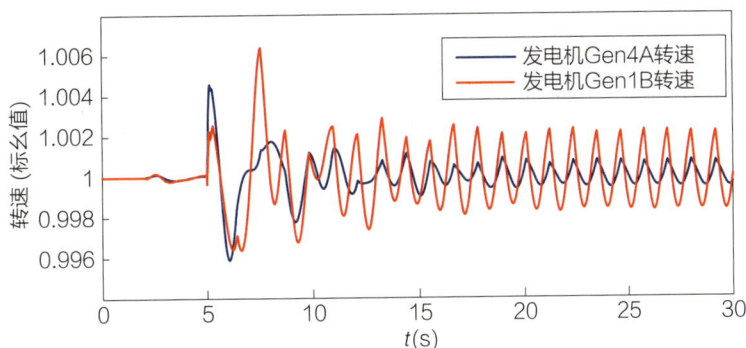

图 6.38　不同发电机的转速曲线

（4）结果分析。

由拓扑结构可以看出，系统的常规电源及新能源集群均位于系统末端，通过长链式通道接入系统，与主网联系相对薄弱。长链式通道电气距离较大，承受功率冲击能力较差。故障后，系统发生动态功角失稳，出现弱阻尼功角振荡。

### 2. 大规模新能源孤岛经柔性直流电网外送系统分析

柔直电网可以采用构网型控制，为送端提供电源支撑。同时，柔性直流电网在隔离受端交流侧故障对送端电网的影响方面起到一定作用。

（1）系统基本情况。

结合我国某地区 ±500kV 柔性直流电网示范工程，构建了如图 6.39 所示的四端柔性直流电网。柔性直流电网中，送端 KB 和 ZB 换流站采用了构网型控制（电压–频率控制），送端新能源电力系统的频率由换流站给定。

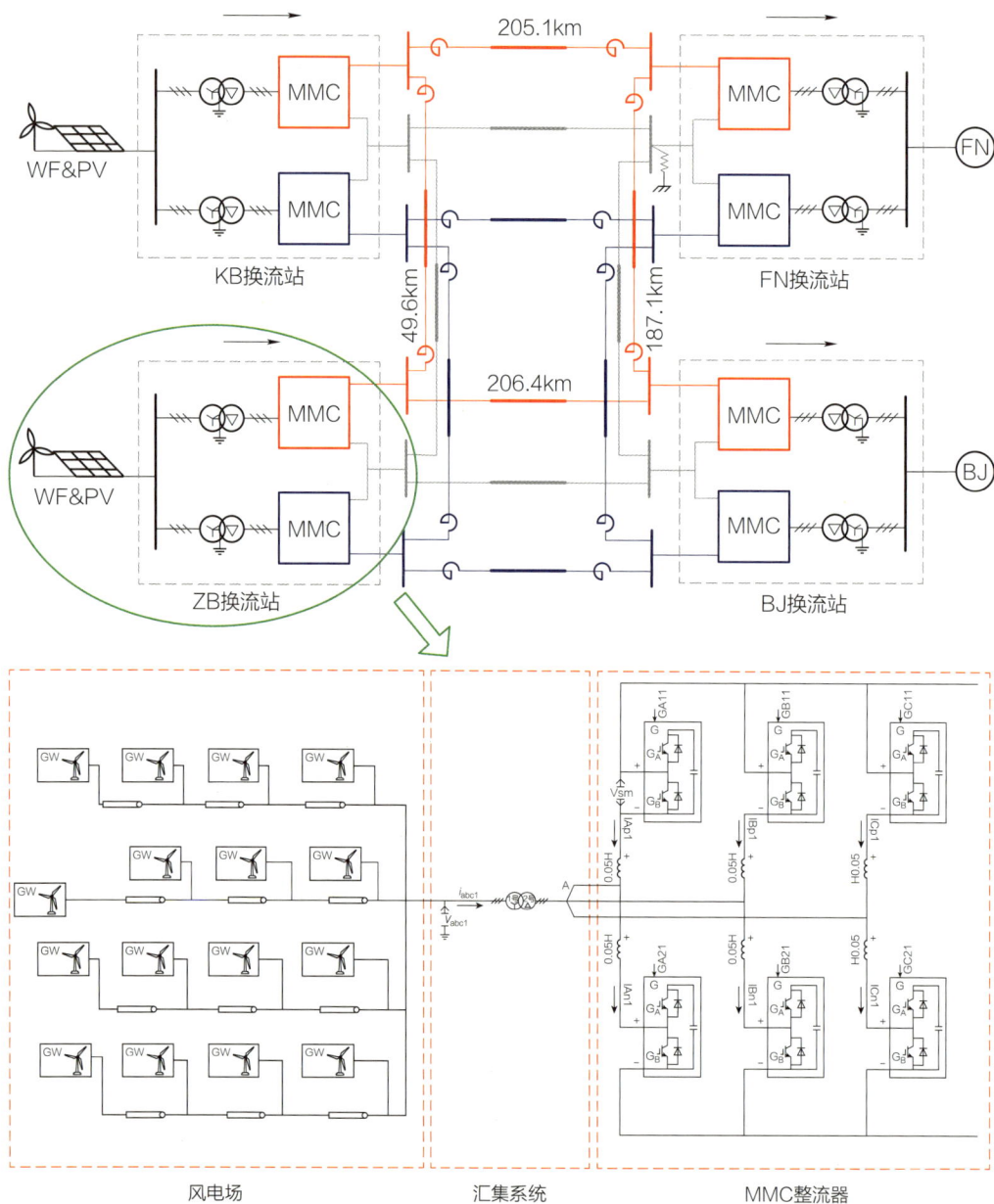

图 6.39  四端柔性直流电网拓扑结构

（2）扰动设置。

$t=2s$ 时，柔直电网 BJ 站交流侧发生三相短路接地故障，$t=2.1s$ 时故障清除。

（3）仿真结果。

故障清除后，交直流混联电网能够保持稳定运行。图 6.40 给出了直流电网的电压变化。由图可知，受端换流站交流侧短路时，由于直流电网的功率无法送出，直流电网中接收的功率大于送出的功率，进而引起直流电压上升，电压的峰值将达到525kV。

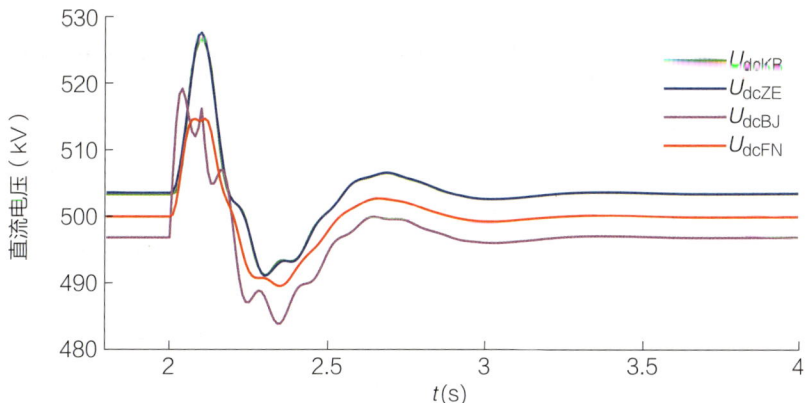

图 6.40　BJ 站 500kV 母线三相短路，ZB 直流电网的直流电压

图 6.41 给出了换流站的功率变化，$P_{s3}$、$P_{s4}$ 分别代表 BJ、FN 换流站的有功功率，$Q_{s3}$、$Q_{s4}$ 分别代表其无功功率。BJ 变电站三相短路时，BJ 换流站送给交流电网的功率会下降，直流电网过剩的功率会转移到 FN 换流站下送交流电网。

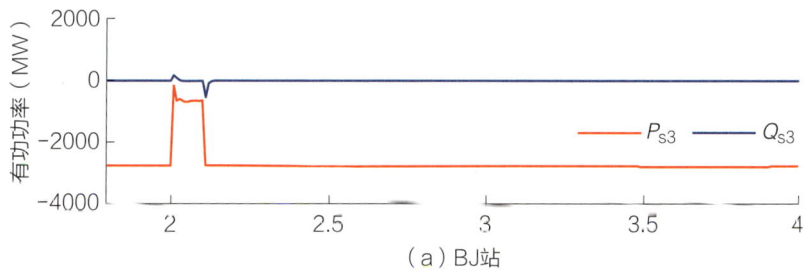

（a）BJ站

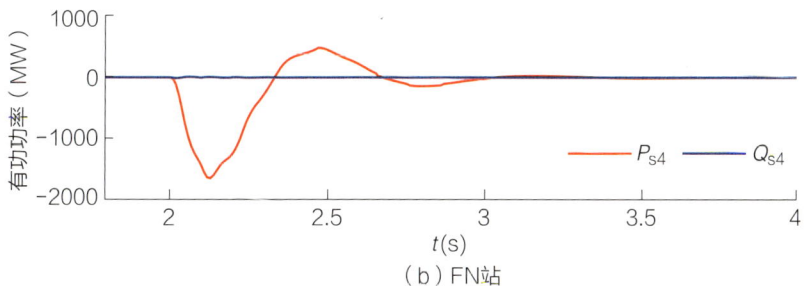

（b）FN站

图 6.41　BJ 站 500kV 母线三相短路时，各换流站的有功功率

图 6.42 给出了 BJ 变电站三相短路后，交流侧电压响应。观察可知，送端交流电压几乎不变，这表明其不受影响。

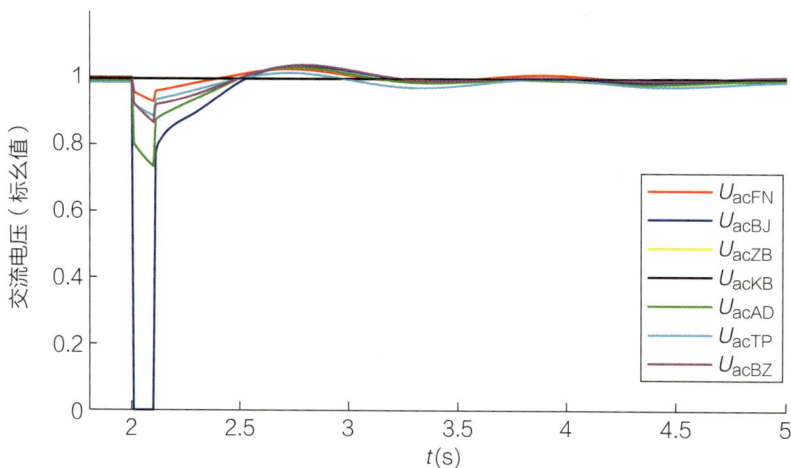

图 6.42　BJ 站 500kV 母线三相故障时，交流电压的变化

（4）结果分析。

直流电网可以有效隔离受端交流侧故障对送端电网的影响，受端交流电网故障的影响几乎不会传递到送端孤岛新能源电网。除了用于系统的稳定性分析，柔性直流电网的短路电流计算与分析也需要用到电磁暂态仿真[1]，这里不再赘述。

**3. 大规模新能源直流外送系统的次同步振荡分析**

在新能源电力系统次同步振荡方面，为了研究系统振荡形式及振荡影响因素，选取局部多风电场汇集经长距离线路接入交流系统的大规模新能源开发直流外送场景开展仿真分析。

（1）系统基本情况。

算例系统结合我国西北地区大规模新能源开发直流外送的场景构建，如图 6.43 所示。算例系统包含 4 个等值直驱风电场，总容量为 4000MW，2 个火电厂，总装机 6 台 660MW，特高压 ±800kV 直流输电系统和送端 750kV 主网架。各直驱风电场经 220kV 汇集后升压接入 750kV 主网架。等值系统 $S_A$、$S_B$、$S_C$ 分别模拟接入 750kV 主网架的其他区域电网。

---

[1] 何莉萍，高仕林，叶华. 不对称双极多端柔性直流电网短路电流特性分析［J］. 电力系统自动化，2020，44（12）：101−107.

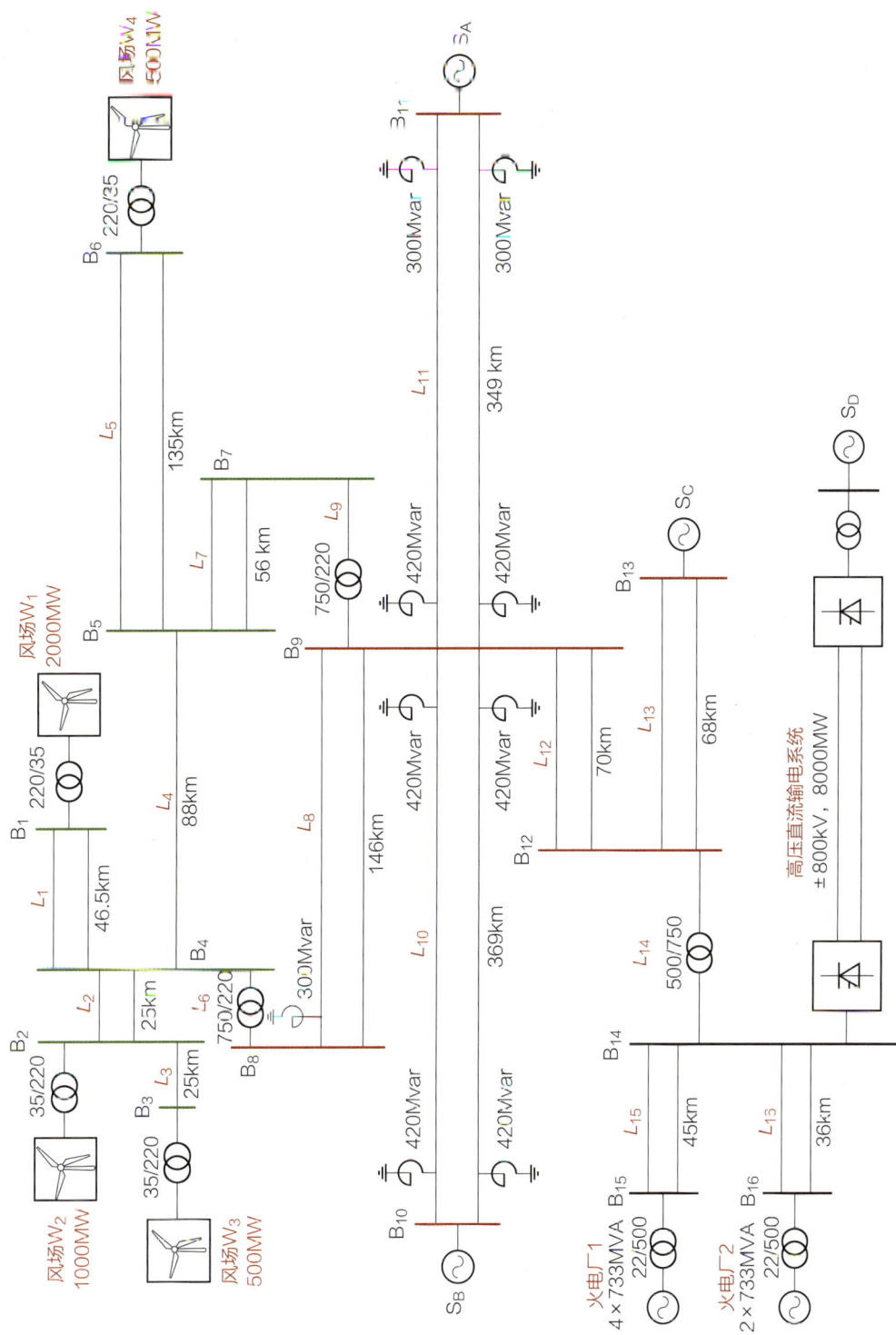

图 6.43　大规模新能源外送系统拓扑图

设置系统初始运行工况如下：等值系统 $S_A$、$S_B$、$S_C$ 短路电流水平为 40kA，四个风电场按额定功率的 20%出力，火电厂出力分别为额定容量的 0.68（标幺值）和 0.88（标幺值），机组轴系采用多质量块弹簧模型，参考相同容量火电机组选取，具有三个扭振模态，频率分别为 15.50Hz、25.98Hz 和 29.93Hz。对应系统初始运行工况，$W_1$ 风电场出口短路比为 1.77，属于典型的弱电网连接方式。

（2）扰动设置。

基于上述算例系统初始稳态运行场景，分别修改风电网侧变流器电流内环控制比例系数 $K_{pc1} \sim K_{pc4}$。

扰动 1：修改 $W_1$ 的控制参数 $K_{pc1}$（1.5→0.9）；

扰动 2：修改 $W_1$ 和 $W_4$ 参数 $K_{pc1}$（1.5→0.9）、$K_{pc4}$（1.5→0.75）；

扰动 3：修改 $W_1$ 的控制参数 $K_{pc1}$（1.5→0.9→0.6）。

（3）仿真结果。

上述三组扰动作用下，分别观察风电场输出功率和火电轴系扭振模态转速，结果分别如图 6.44（a）（b）（c）（d）所示。

（4）结果分析。

由图 6.44（a）的仿真结果可知，改变 $W_1$ 风电网侧变流器电流控制参数，系统发生次同步振荡（43.48Hz），由低短路比并网的风电场 $W_1$ 主导，各风电场输出功率振荡同频同相位，表现为区域风电场对主网的振荡模式。

图 6.44（c）（d）的仿真波形和频谱分析表明，同时改变风电场 $W_1$ 和 $W_4$ 的控制参数，$W_1$ 和 $W_4$ 输出功率振荡包含两个模态。对 $W_1$ 和 $W_4$ 输出电流振荡 dq 分量相位进行分析，如图 6.45 所示。观察可知，模态 1（46.77Hz）电流分量同相位，模态 2（49.03Hz）电流分量反相，表明此时系统内同时存在多风电场相对主网的振荡模式，以及风电场间的相互振荡模式。前者反映了多风电场控制与交流电网间的相互作用，后者则反映了多风电场间的控制相互作用。

$W_1$ 风电网侧电流内环控制参数 $K_{pc1}$ 为 0.9 时，由风电 $W_1$ 主导的功率振荡向交流主网传播，振荡分量进入火电机组定子侧，振荡频率为 43.48Hz，此时火电机组轴系扭振模态转速较小。当进一步减小 $K_{pc1}$ 到 0.6 时，功率振荡频率约为 29.3Hz，接近火电轴系扭振模态 3 固有频率，在此模态上呈现较大幅度的持续扭振，最大振荡幅值接近 0.5rad/s，扭振未发散，说明扭振为受迫振荡，模态仍为正阻尼状态。对上述扰动工况进行全系统

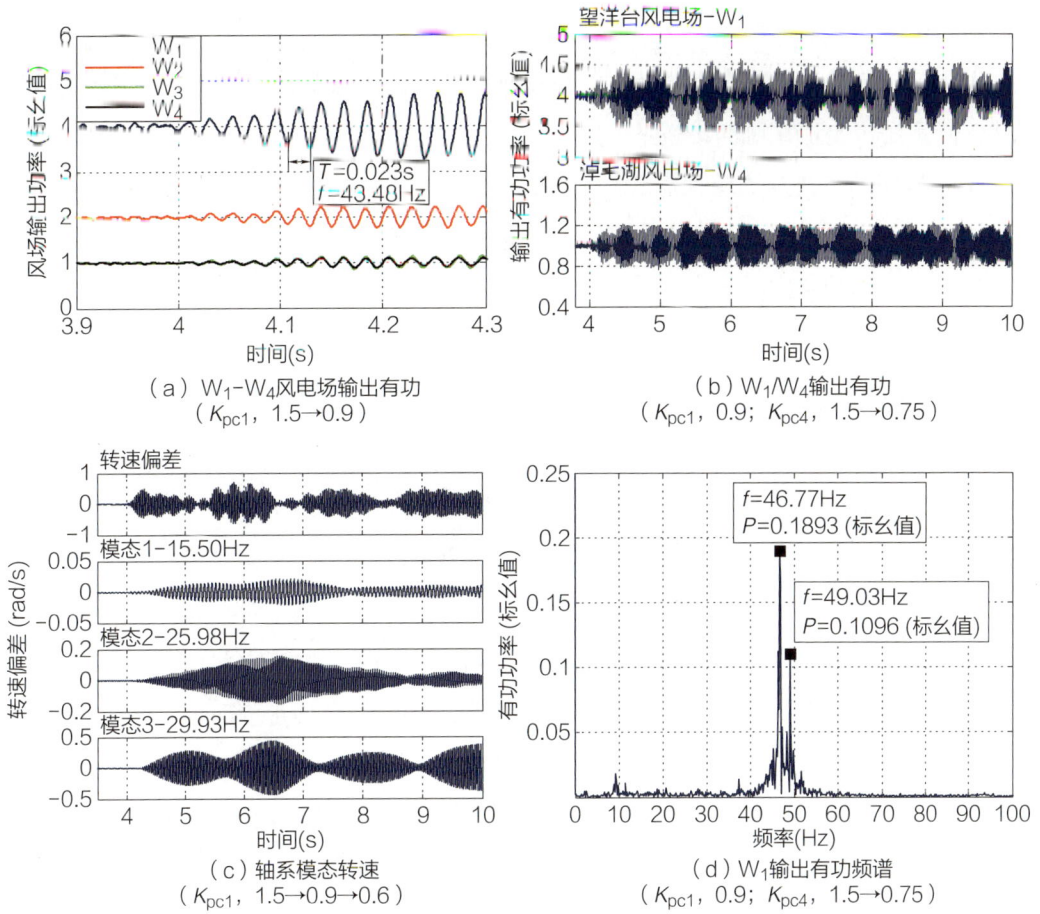

（a）$W_1$-$W_4$风电场输出有功
（$K_{pc1}$，1.5→0.9）

（b）$W_1$/$W_4$输出有功
（$K_{pc1}$，0.9；$K_{pc4}$，1.5→0.75）

（c）轴系模态转速
（$K_{pc1}$，1.5→0.9→0.6）

（d）$W_1$输出有功频谱
（$K_{pc1}$，0.9；$K_{pc4}$，1.5→0.75）

图 6.44　扰动仿真波形

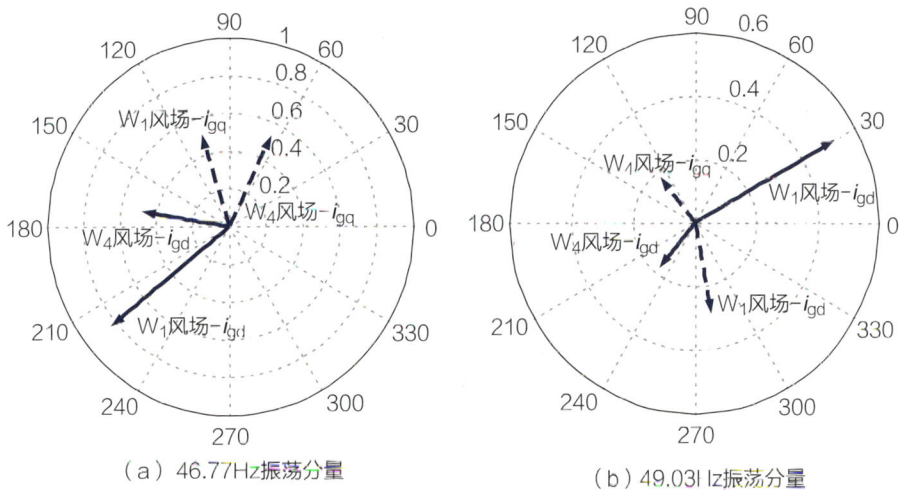

（a）46.77Hz振荡分量

（b）49.03Hz振荡分量

图 6.45　风电场输出电流振荡分量分析

特征值分析，结果表明系统存在与时域仿真对应的次同步振荡失稳模式。

以上分析表明，对于大规模新能源经特高压直流送出系统，在局部多风电场汇集经远电气距离接入交流系统的场景下，风电场控制参数不合理或者系统运行方式变化可能引发次同步振荡，表现为两种形式：① 多风电场共同相对主网的振荡，振荡向系统侧传播，系统内火电机组也会参与；② 风电场之间控制相互作用引起的次同步振荡，振荡分量在风电场间传播。

### 6.4.5.2　场景二：多直流馈入受端系统

对于多直流馈入受端系统，为了研究系统振荡模态及区域内外振荡交互影响作用，选取包含多区域的多直流馈入受端系统场景开展仿真分析。

（1）系统基本情况。

算例系统结合多直流馈入的受端电网构建，系统共分五个区域，各区域间通过 500kV 环形主网以及 VSC－HVDC 互联，每个区域包括等值同步发电机、等值风电场、等值光伏电站以及外接 LCC－HVDC 馈入等，系统结构图如图 6.46 所示。

考虑如表 6.1 所示运行工况，系统中电源总装机容量为 82400MW，非同步机电源（风电、光伏和直流）容量占比为 64%，非同步机电源出力占负荷比例 72%，负荷采用恒阻抗模型。

表 6.1　　　　　　　　系统内各类电源装机及出力数据　　　　　　　单位：MW

| 区域 | 新能源容量 | 新能源出力 | 馈入直流容量 | 有功负荷 | 同步机出力 | 同步机容量 |
|------|-----------|-----------|-------------|---------|-----------|-----------|
| 区域 1 | 7000 | 2770 | 5000 | 7000 | 2500 | 5000 |
| 区域 2 | 9000 | 4680 | 9400 | 14000 | 2500 | 5000 |
| 区域 3 | 2000 | 1540 | 13000 | 13000 | 3000 | 6000 |
| 区域 4 | 4000 | 1580 | 5000 | 14000 | 3000 | 6000 |
| 区域 5 | 0 | 0 | 0 | 9000 | 5000 | 8000 |
| 合计 | 22000 | 10570 | 32400 | 57000 | 16000 | 30000 |

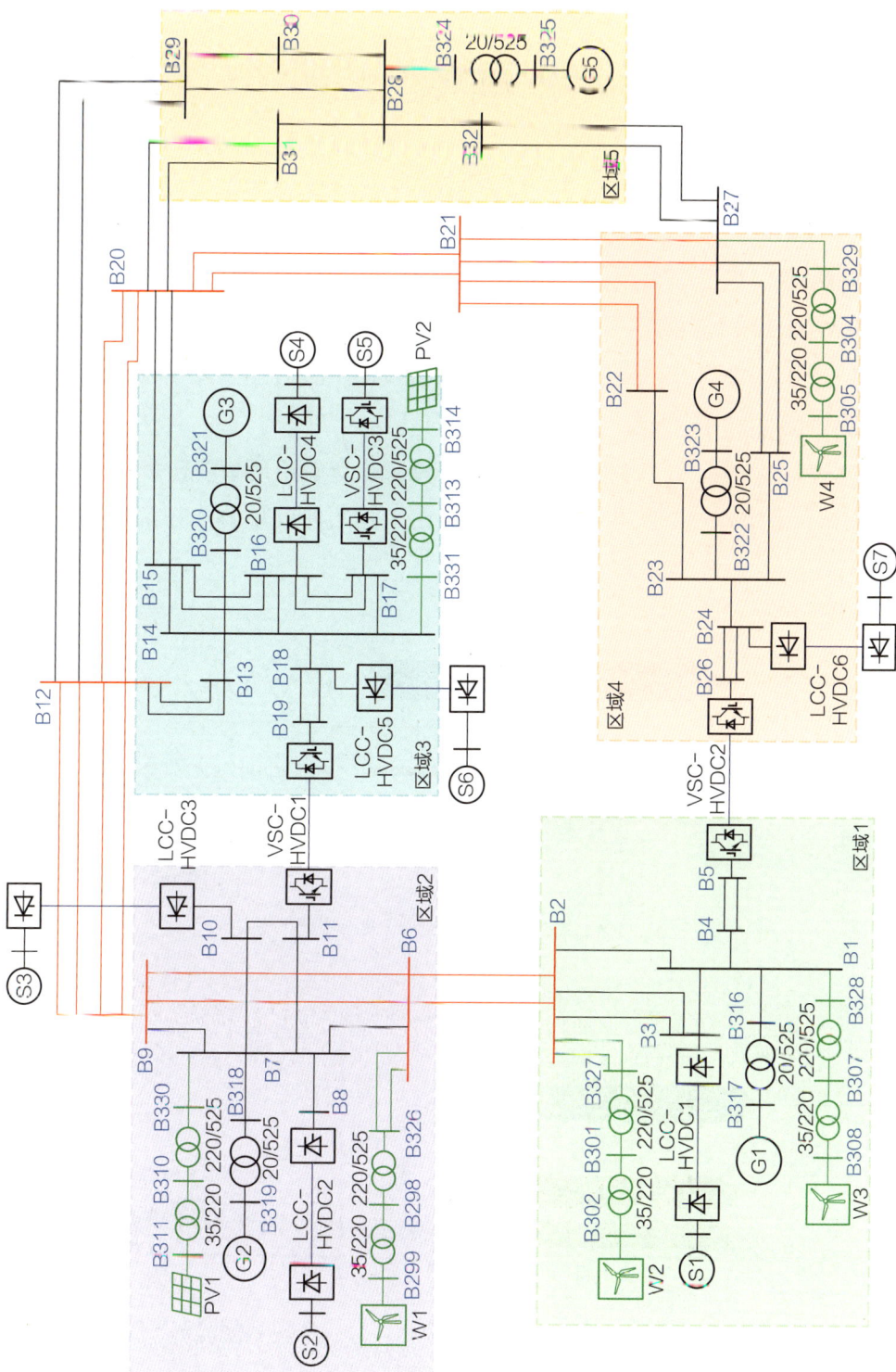

图 6.46 受端系统结构拓扑图

（2）扰动设置。

为研究系统中电力电子元件之间的控制相互作用，设置如下扰动：

风电场 $W_1$ 出线开断一回（$N-1$）；

风电场 $W_1$ 和 $W_2$ 出线各开断一回（$N-2$）；

修改区域 3 两回馈入柔直的控制回路延时（500μs→750μs）。

（3）仿真结果。

风电场 $W_1$ 出线一回线路开断后，通过仿真结果可以观察到 $W_1/W_2/W_3$ 三个风电场输出功率出现次同步振荡，表现为位于区域 1 风电场 $W_1$ 相对位于区域 2 风电场 $W_2/W_3$ 的振荡，频率约为 34.5Hz，如图 6.47 所示。

同时开断风电场 $W_1$ 和 $W_2$ 的一回出线，三个风电场输出功率呈现多模态振荡，如图 6.48 所示，频谱分析表明功率振荡包含 32.2Hz、33.8Hz 以及 34.9Hz 的频率分量。

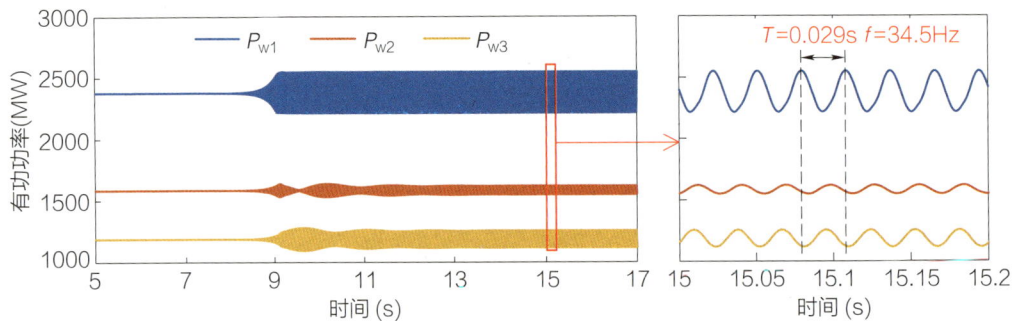

图 6.47　风电场 $W_1$ 出线一回开断时风电输出功率振荡波形

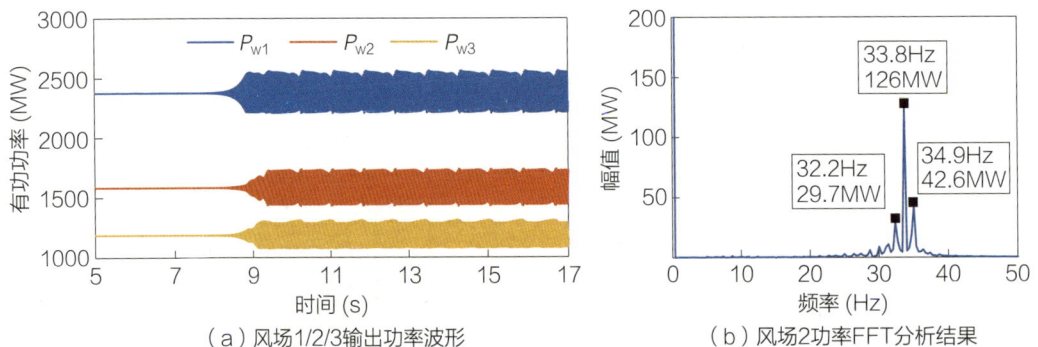

（a）风场1/2/3输出功率波形　　　　　（b）风场2功率FFT分析结果

图 6.48　风电场 $W_1/W_2$ 出线各有一回开断时风电输出功率振荡波形

修改柔直1和柔直3控制回路延时（500μs→750μs），柔直输出功率出现频率为79.7Hz的超同步振荡模态，仿真波形和频谱分析结果如图 6.49 所示。

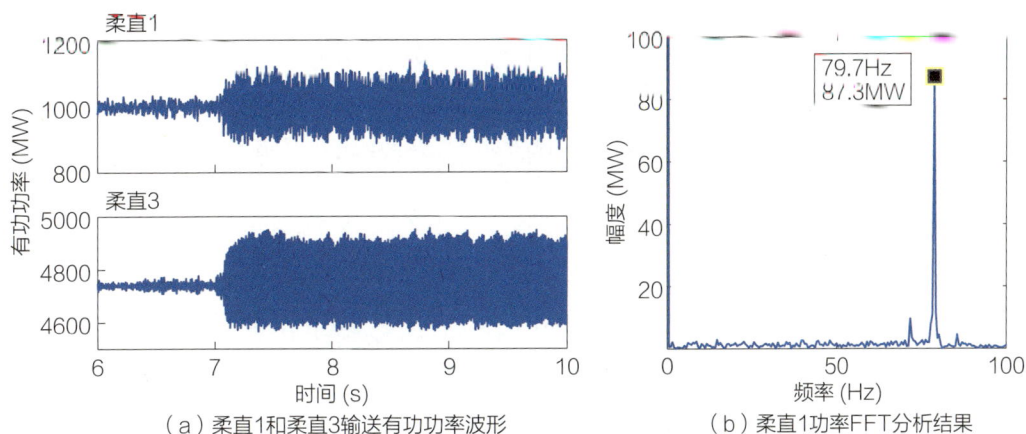

（a）柔直1和柔直3输送有功功率波形　　（b）柔直1功率FFT分析结果

图 6.49　柔直输出功率振荡波形及频谱

（4）结果分析。

仿真结果说明，相邻区域的风电场间存在控制相互作用决定的模式，一定条件下相互作用的特征模式会失去稳定。风电场 $W_1$ 双回出线开断一回，引发了相邻区域新能源间的相互振荡，系统特征模式分析也表明存在该不稳定的振荡模式。

另外，同一区域内的风电场间也存在控制相互作用导致的失稳模式。风电场 $W_1$ 和 $W_2$ 出线同时开断一回，激发了三个模态的功率振荡。利用 FFT 提取三个风电场输出功率的模态振荡分量，比较其幅值相位，结果如图 6.50 所示。

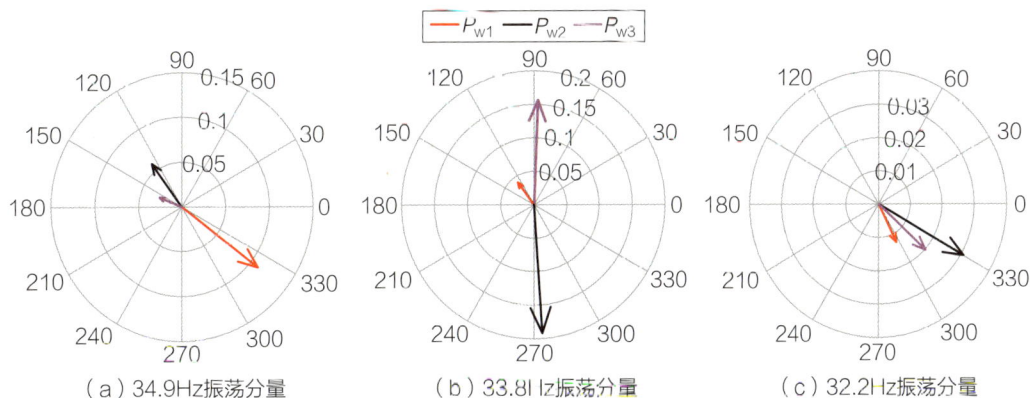

（a）34.9Hz振荡分量　　（b）33.8Hz振荡分量　　（c）32.2Hz振荡分量

图 6.50　风电场输出功率振荡模态分量罗盘图

可以发现，三个模态分别对应为 $W_1$ 相对 $W_2/W_3$ 的振荡模式（34.9Hz）、同一区域内 $W_2$ 与 $W_3$ 之间的相互振荡模式（33.8Hz）以及 $W_1/W_2/W_3$ 共同对外部系统的振荡模式（32.2Hz）。

柔直控制延时对系统稳定性具有重要影响，对算例仿真得到的柔直功率振荡分量进行分析可知，仿真出现的振荡现象表现为两回柔直间相互作用引起的振荡。对算例系统进行特征值分析可知，与时域仿真对应的主导振荡模式，失稳条件与时域仿真场景一致。

## 6.4.5.3  场景三：含高比例新能源的交直流（受端）电网

### 1. 含高比例新能源的受端电网电压失稳分析

在新能源受端电网电压稳定方面，为了研究故障状态下新能源系统电压支撑能力及失稳形态，选取含高比例新能源的受端电网开展仿真分析。

（1）系统基本情况。

该系统为含高比例新能源的 100 节点级受端电网，其中，新能源（2400MW）与常规能源（6300MW）装机比例为 1:2.62；基本运行方式为新能源发电 1800MW（风电 1200MW、光伏 600MW），常规机组发电 3860MW；系统内一回直流，直流受入功率为 800MW。系统 500kV 主网架拓扑接线如图 6.51 所示，图中，Gen、bus 分别表示发电机、母线。

（2）扰动设置。

$t$=6s 时，系统中交流线路 bus17～bus21 发生双回路三相永久性短路故障，$t$=6.1s 时，切除两条故障线路。

（3）仿真结果。

交流线路 bus17～bus21 发生三永 $N-2$ 故障后，系统电压跌落，最终发生系统电压崩溃，如图 6.52 和图 6.53 所示。电压崩溃也导致了直流系统的换相失败，如图 6.54 所示。

（4）结果分析。

由于系统电压跌落，换流站和负荷从交流系统吸收大量无功功率，而新能源无功支撑能力不足，系统电压稳定性被恶化，造成电压持续下降无法恢复，系统电压失稳。

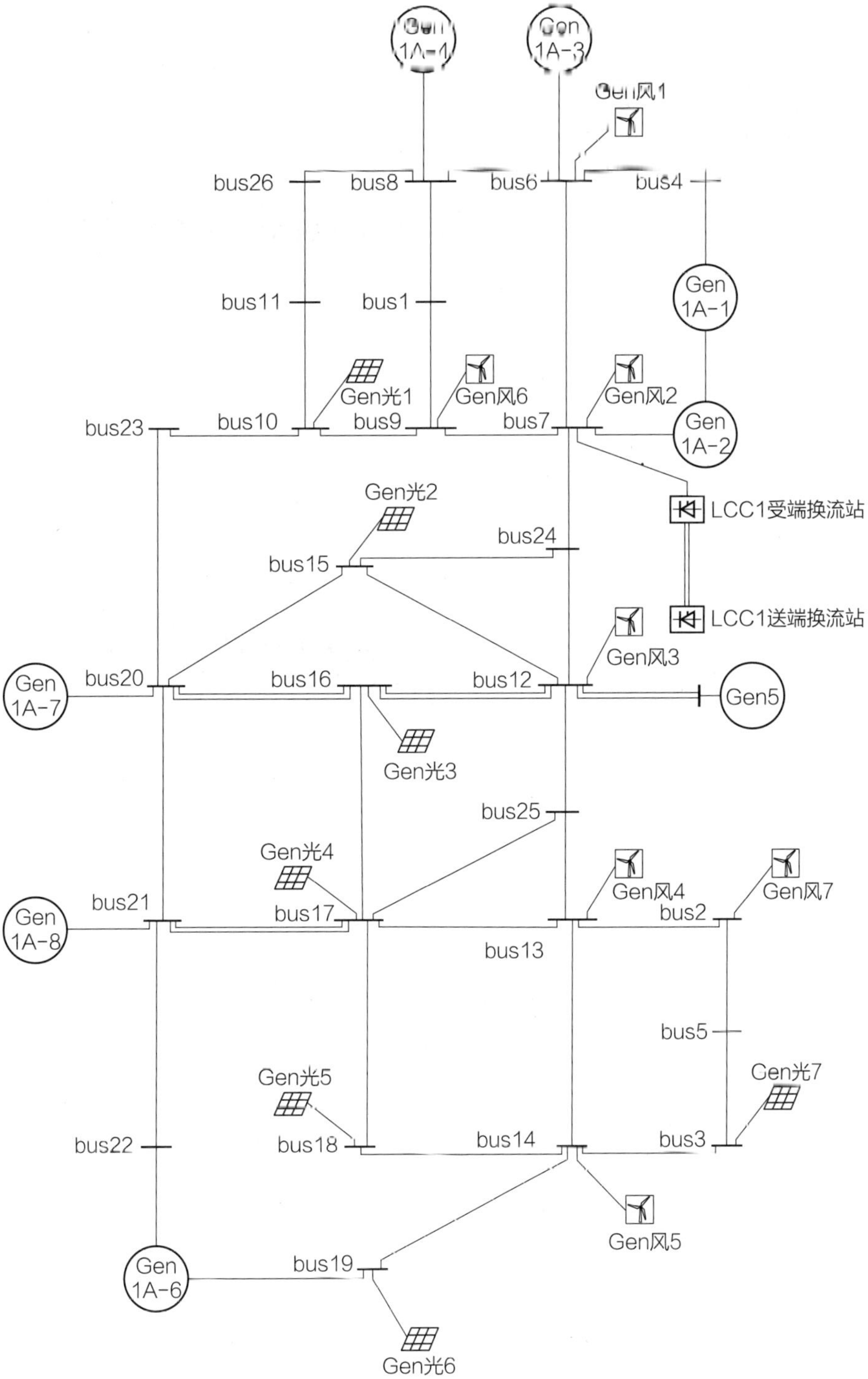

图 6.51 含高比例新能源受端系统接线图

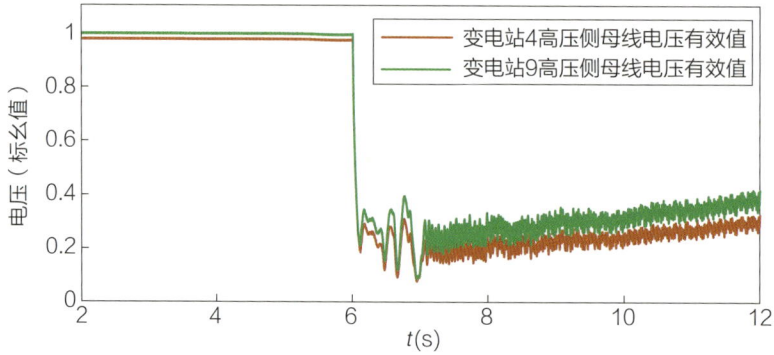

图 6.52    交流系统 500kV 母线电压

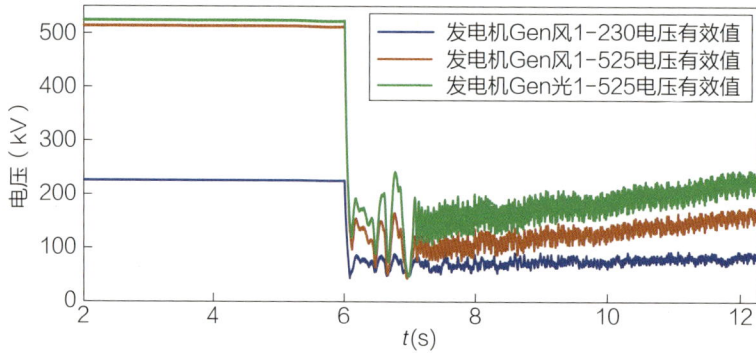

图 6.53    新能源场站母线电压

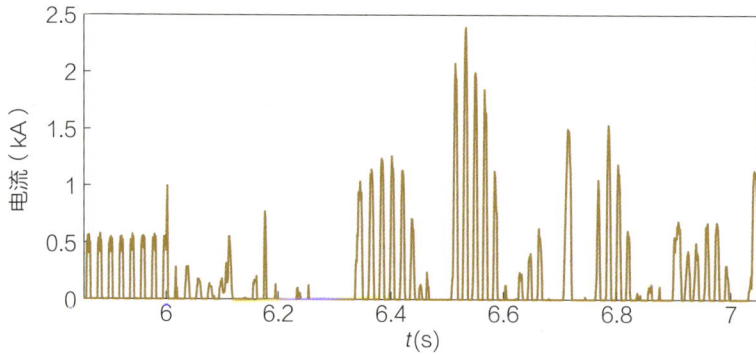

图 6.54    直流输电系统逆变侧晶闸管电流

## 2. 含新能源的 10 机 39 节点系统的频率稳定分析

在电网频率稳定方面，为了研究新能源占比及控制方式对频率稳定的影响规律，选取含新能源的 10 机 39 节点系统场景开展仿真分析。

（1）系统基本情况。

算例系统基于 IEEE 10 机 39 节点系统，通过新能源发电部分替代同步电源的方式构建，用于评估新能源发电高占比的电力系统暂态稳定和频率稳定特性，系统接线如图 6.55 所示。

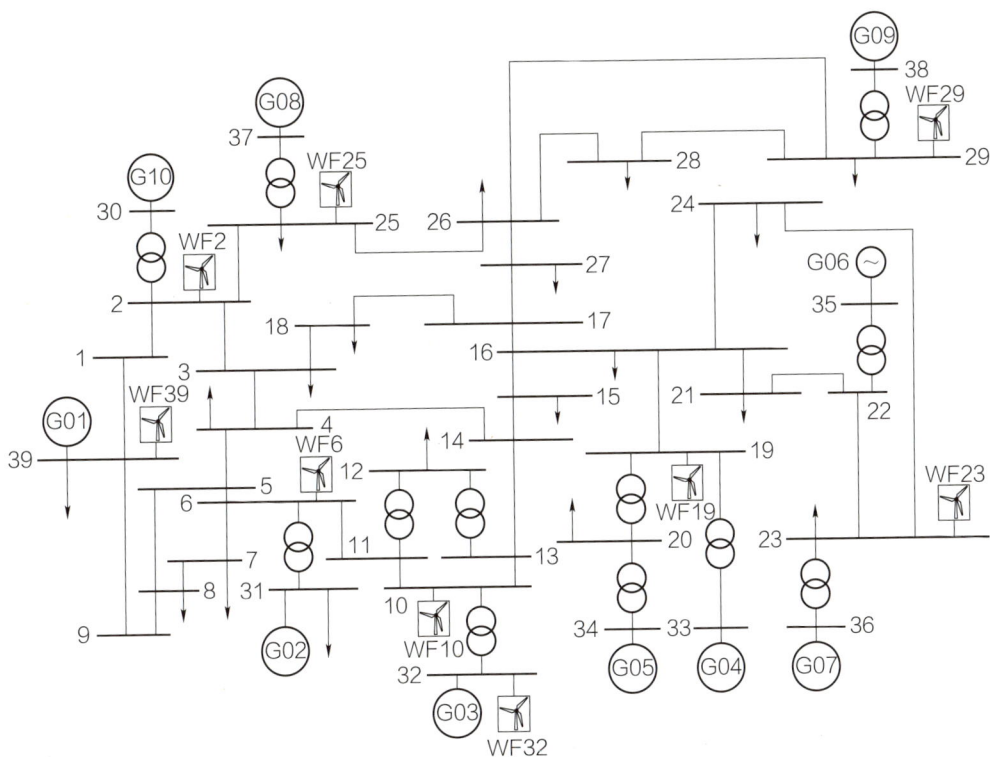

图 6.55　10 机 39 节点系统接线图

原系统同步电源装机容量 7563MW，负荷 6405.9MW，以负荷容量为基准，全系统等效惯性时间常数为 18s。新能源发电采用直驱型风电，故障暂态穿越控制根据并网规范要求建模。

（2）扰动设置。

系统增加 10%负荷，对比无新能源和新能源占比 70%时系统频率响应，分别考虑新能源无辅助调频、采用虚拟惯量和一次调频以及构网型控制。

（3）仿真结果。

系统突增 10%负荷，系统无新能源发电和新能源占比 70%得仿真结果如图 6.56（a）（b）所示，新能源采用跟网型控制且具备虚拟惯量与一次调频控制，以及基于虚拟转子运动的构网型控制，70%新能源占比的系统频率响应如图 6.56（c）（d）所示，新能源调频、构网型控制以及同步机的输出功率响应如图 6.57（a）（b）所示。图 6.56 中同时给出了系统频率响应（SFR）模型以及基于电磁暂态仿真模型的频率仿真结果作为对比。

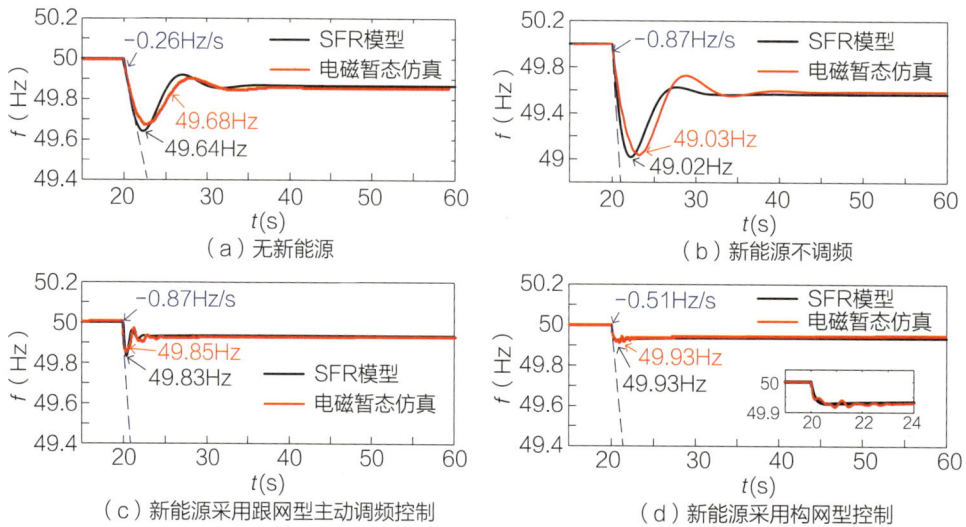

图 6.56　负荷突增 10%的系统频率响应波形

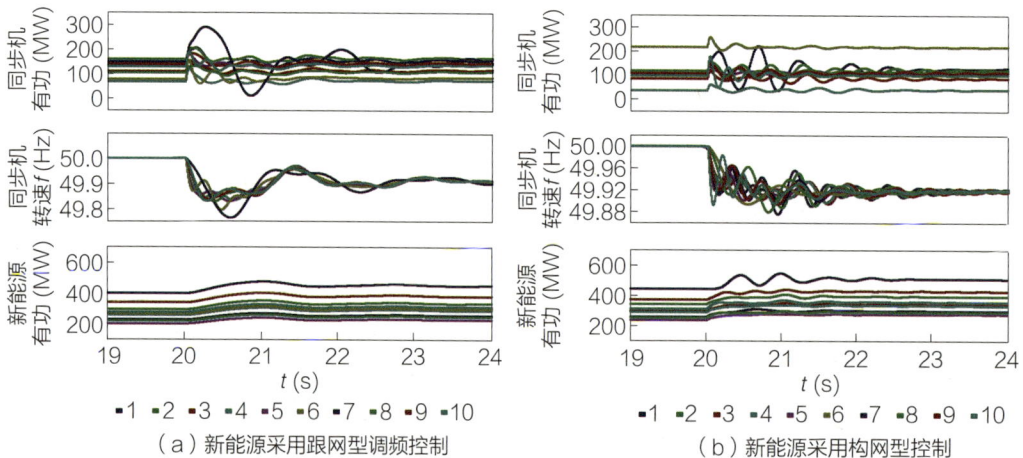

图 6.57　系统负荷突增 10%的同步机及风电输出功率

（4）结果分析。

分析上述仿真结果可知，随着风电机组不断接入，同步发电机不断退出，系统惯量和无功容量也会随之减小。短路故障发生后，各机组输出功率和功角差的振荡幅度随新能源占比增大而减小，说明某些条件下在一定范围内新能源占比提高有利于系统维持暂态稳定性。

对比图 6.56（a）（b）可知，新能源占比提高后，系统惯量下降，新能源 70%占比时算例系统惯性时间常数约为无新能源时的 1/3，相同功率扰动下频率变化率和频率跌落幅度都明显增大，频率变化率和频率跌落幅度到一定程度均可能引起系统内其他元件动作，引发联锁反应，影响系统频率稳定性。

对比图 6.56（c）（d）可知，现有的跟网型新能源调频控制由于频率检测延时，无法抑制扰动起始的频率变化率，但是其快速功率控制可以有效抑制频率跌落。基于虚拟转子运动的构网型控制风电具有自动响应系统功率失衡的能力，能够有效改善系统频率变化率并抑制频率跌落。

功率扰动下的系统同步机及新能源出力表明，相比跟网型控制辅助调频，风电采用构网型控制时，同步发电机摇摆幅度明显减小，但是构网型控制的新能源出力呈现功率摇摆特性，这是虚拟转子运动控制方法的特性。

# 6.5　小　　结

本章详细阐述了新型电力系统仿真分析体系的发展现状及关键技术，从大时间尺度到小时间尺度仿真研究逐步深入，分别讨论了电力电量平衡分析、潮流计算、稳定分析三个时间尺度仿真问题，分析了新型电力系统仿真技术面临的挑战，并提出以下发展趋势。

（1）时序生产模拟向多场景精细化方式转变，电力电量平衡机理由"确定性"演化为"概率性"。新型电力系统中，一方面新能源出力的波动特性导致电力系统运行场景复杂化、平衡要素扩大化，传统典型场景下的电力电量平衡分析模式无法精准进行生产模拟，需要采用精细化时序生产模拟方法实现全场景覆盖，形成考虑源网荷储多类型灵活资源协同参与的生产模拟技术。另一方面，源侧新能源及负荷出力序列为随机过程，各时刻出力呈现概率分布，平衡机理由"确定性"向"概率性"转化，需要考虑新能源出力特性，构建概率化电力电量平衡分析及优化模式。

（2）**电力系统运行方式提取向数据驱动的智能方法发展，潮流分析向概率化方法发展**。在运行方式提取方面，新能源出力的随机性和负荷特性的多样化使得基于经验选取的典型运行方式代表性减弱，难以满足新型电力系统运行、规划、保护和稳定分析要求，需要由经验式典型运行方式提取方法向数据驱动的新型电力系统智能提取方法发展。在潮流分析方面，以往潮流分析基于确定性假设开展，难以准确反映含高比例新能源接入的强不确定性系统引入的安全风险，需要考虑多种随机因素通过概率潮流计算，明确支路潮流的概率统计特性，使得潮流分析结果由安全点向安全域拓展，并能够得出对电网运营更有指导意义的各运行点失稳概率。

（3）**电力系统暂态稳定仿真模型和计算方法向精细高效方向发展**。在仿真模型方面，对于新能源场站，其非聚合模型计算效率低，而聚合模型无法准确刻画实际场站运行特性，需要发展反映场站内不同机群特性的多机聚合等值方法和兼顾仿真效率与精度的非聚合电磁暂态仿真模型；对于新型负荷，已有综合负荷模型结构和典型参数难以精准反映实际特性，需要基于端口响应数据学习系统的动态特征，利用数据驱动和人工智能等方法辨识系统参数及结构，构建能够反映新型负荷实际特性的等值模型。在仿真计算方法方面，传统机电和电磁暂态仿真方法较难兼顾电力电子设备微秒级控制过程刻画精度及大规模系统仿真效率，需要发展精细化和高效化的电磁暂态仿真及机电－电磁暂态混合仿真方法，突破频率相关网络等值接口、并行计算、潮流初始化方法等关键问题。

# 附 录 A　名 词 解 释

安全性目标（security target）：系统需要具有承受并成功穿越预想事故的能力，在正常情况和潜在故障情况等各种工况下保持稳定运行，或在承受一定扰动后能够快速恢复到稳定状态。

充裕性目标（adequacy target）：考虑部分设备停运或出力不足等因素后电力系统发电、输电和供电能力仍能满足用户需求的性能。

低碳化目标（low-carbon target）：系统在电力系统的设计、建设和运行过程中尽可能减少碳排放以降低对环境和气候的影响的目标。

电网规划（grid planning）：电力系统规划的一部分，涉及电力输送和分布网络的规划和优化，以确保电力能够有效地传输到各个负载中心。

电源规划（power generation planning）：电力系统规划的一部分，涉及发电设备的规划、建设和管理，以满足电力需求。

多能流协同容量优化配置（multi-energy flow coordinated capacity optimization configuration）：在多能网络中对各种能源流量进行协同优化，以确定适当的能源设备容量配置，以满足需求并提高能源系统的性能。

多能流协同网络扩展规划（multi-cnergy flow coordinated network expansion planning）：一种旨在协同考虑多种能源流量，以确定网络扩展和发展的战略、满足未来的多能源需求的规划方法。

多能网络协同规划（multi-energy network integrated planning）：一种旨在协同考虑电力、热能、天然气、氢气等多种能源类型的网络，以提高能源系统的效率、可靠性和可持续性的综合规划方法。

多系统综合协同规划（multi-energy system comprehensive planning）：以系统未来预测数据、能源供用设备参数、能源价格等数据为输入，在系统投资经济性、碳排放指标、综合能效等不同目标下，考虑区域内源、网、荷、储不同环节的相互影响及多种异质能源网络的相互影响，计算系统设备及网络的最优配置方案的规划方法。

**交直流混联**（AC/DC hybrid）：电力系统中同时使用交流和直流电的技术，用于提高输电效率和系统灵活性。

**经济性目标**（economic target）：在满足系统的充裕性和安全性目标前提下，通过科学的规划和设计，优化电力系统的配置和运行方式，实现电力系统的建设和运行成本最小化、提高系统整体效益的电力系统目标。

**跨区输电通道规划**（interregional transmission corridor planning）：规划新的输电通道，用于连接不同区域的电力系统，以满足电力需求和提高电力系统的经济性。

**跨省跨区电力传输**（interprovincial and interregional power transmission）：不同省份和地区之间的电力输送，用于实现电力供需的平衡。

**能源集线器**（energy hub）：一个综合的能源系统，用于集成、管理和分配多种能源形式，如电力、热能、氢气等，以满足不同的能源需求。

**能源资源配置优化**（optimization of energy resource allocation）：通过合理的规划和分配，优化不同地区的能源资源，以提高能源利用效率和降低供电成本。

**区域骨干网架规划**（regional backbone grid planning）：电力系统中的骨干网格或主干输电网络的规划，通常用于跨越大范围地区，将电力从发电厂输送到不同的负载中心。

**网源协同规划**（grid-source coordination planning）：在电力系统规划中，将电力网络（电网）和电源的规划过程紧密协调和整合，以实现电力系统的高效性、可靠性和可持续性。

**远距离跨地区输送**（long-distance interregional transmission）：涉及将电力从一个地区输送到另一个地区的跨区域输电，通常需要跨越较长的距离。

**源网荷储协同规划**（comprehensive planning of source-network-load-storage）：构建多场景下的灵活快速、集中协调、分布自治的友好互动模式，以灵活大电网为桥梁，在一定规模的同步区域电网内开展协同规划，通过电源侧快速调控和海量负荷多尺度群控，实现广域分布的源网荷储实时动态匹配、高效稳定运行。

**电力系统运行与控制**（power system operation and control）：指在调度统一指挥下，控制调整源–网–荷–储各类设备状态，保障系统有功功率和无功功率的实时平衡，维持频率、潮流、电压等各项参数在安全范围内，实现系统安全、经济、高效运行的过程。

其体系化特性认知体系划定的安全边界内运作，以故障防御体系构筑的防线为安全保障，是电网日常运行中的核心环节。

**多时空尺度**（multiple space-time scales）：指电力系统分析、规划或运行中所关注的空间或时间范围，空间尺度一般可按照机－场－网或国－分－省－地－县等不同维度划分，时间尺度一般包括年度、季度、月底、周、日、小时、分钟及秒等。

**电力系统运行方式**（power system operation mode）：根据电力系统实际情况，合理安排化石、水力、核能、风力、太阳能等发电设备出力计划，使整个系统运行在安全、低碳、经济综合最优的水平。

**电力系统调度计划**（power system scheduling plan）：根据电力系统运行的实际情况和电力需求的变化，合理安排电力的调度和分配，目的是保证电力系统的安全稳定运行，同时优化电力资源的利用。

**新能源功率预测**（new energy power forecasting）：新能源发电功率预测是依据未来数值天气预报信息，以及风力和光伏电站历史预测数据的误差规律，从而预计或判断未来发电功率的变化趋势。

**负荷预测**（load forecasting）：负荷预测是根据系统的运行特性、增容决策、自然条件与社会影响等诸多因素，在满足一定精度要求的条件下，确定未来某特定时刻的负荷数据，其中负荷是指电力需求量（功率）或用电量；负荷预测是电力系统经济调度中的一项重要内容，是能量治理系统（ems）的一个重要模块。

**净负荷曲线**（net load curve）：净负荷曲线是指电力系统中原始负荷需求与新能源出力之差。它反映了一段时间内电网所需常规电源平衡的总功率，可以帮助电力公司合理安排发电和供电计划，以确保电力系统的安全可靠运行。

**负荷聚合**（load polymerization）：根据外界环境或运行目的，通过一定的数学技术手段将大量需求侧资源整合成一个可调容量大、控制简单的聚合体，按照是否具有负荷遴选属性分为被动式负荷聚合和主动式负荷聚合。

**有功控制**（active power control）：指电力系统通过平衡发电机发电功率与负荷有功需求，保证系统频率在一定范围内的控制技术。

**无功控制**（reactive power control）：指电力系统中通过各类型无功补偿装置实现无功功率平衡，保持系统电压在一定范围内的控制技术。

**机－场－网协同控制**（generator－field－grid cooperative control）：从发电机组、场站

和电网系统三个层面，提升其有功、无功、阻尼、故障穿越等全方面的协同控制能力。

**主动支撑技术**（active support technology）：通过控制策略改进或附加设备的方式，提升新能源在惯量、频率、电压以及故障穿越等方面对电力系统的支撑能力，以解决新型电力系统低惯量、弱支撑、抵抗扰的问题。

**安全稳定控制**（security and stability control）：指电力系统中对于保持功角稳定、频率稳定及电压稳定等与电网安全运行的控制策略的总称。

**功角稳定**（power angle stability）：同步互联电力系统中的同步发电机受到扰动后保持同步运行的能力。

**频率稳定**（frequency stability）：系统在受到致使发电和负荷功率严重不平衡的大扰动后，维持系统平稳频率的能力。

**电压稳定**（voltage stability）：电力系统受到小的或大的扰动后，系统电压能够保持或恢复到允许的范围之内，不发生电压崩溃的能力。

**虚拟电厂**（virtual power plant，VPP）：基于先进信息通信技术和软件系统，实现对分布式发电、储能系统、可控负荷、电动汽车等子系统的聚合与协调优化，可作为一种特殊电厂参与电力市场和电网运行的电源协调管理。

**虚拟惯量控制**（virtual inertia control）：通过使用电力电子设备和智能控制方法模拟并提供转动惯量的控制方法，其能够辅助维持电力系统的频率与电压稳定，常见的虚拟惯量控制包括虚拟同步机、直流储能等。

**构网型技术**（grid-forming technology）：变流器控制模式可分为跟网型和构网型，构网型变流器是基于功率定向的电压源，采用与同步发电机类似的功率同步策略，不需要借助锁相环便可实现同步，可提高变流器的电压、频率支撑能力，增强电力系统稳定性。

**调相机**（synchronous condenser）：是一种特殊运行状态下的同步电机，当应用于电力系统时，能根据系统的需要，自动地在电网电压下降时增加无功输出，在电网电压上升时吸收无功功率，以维持电压，提高电力系统的稳定性，改善系统供电质量。

**受控消能装置**（controlled energy dissipation device）：是一种能够有效解决电力新能源大规模入网造成的电网扰动问题的新型装置，主要由避雷器、触发开关、供能变压器、光学电流互感器和控制保护系统等多个部分组成。

**新能源故障穿越**（new energy fault crossing）：新能源机组的故障穿越包括低（零）

电压穿越、高电压穿越及频率穿越。低电压穿越能力是指在电网运行中，当系统出现扰动或远端（近端）故障时，可引起局部电压的瞬间跌落，期间电源维持并网运行的能力。零电压穿越能力是以低电压穿越概念为基础，指由于电网故障或扰动，引起机组并网点的电压跌落至零时，机组能够不间断并网运行的能力。高电压穿越能力是指当电网故障或扰动引起并网点电压升高时，在一定的电压升高范围和时间间隔内，机组保证不脱网连续运行的能力。频率穿越值由于突发的大功率缺额导致频率平衡破坏，机组保证不脱网连续运行的能力。

**在线动态安全评估分析**（online dynamic security assessment）：在电力系统运行过程中，各种扰动和故障可能导致系统的失稳，如频率偏离、电压崩溃等。在线动态安全评估分析指通过实时监测数据对系统的稳定性进行快速的分析和预测，及时发现潜在的问题并采取相应的措施来保证电力系统的安全稳定运行。

**数据驱动**（data-driven）：一种问题求解方法。从初始的数据或观测值出发，运用启发式规则，寻找和建立内部特征之间的关系，从而发现一些定理或定律。通常也指基于大规模统计数据的自然语言处理方法。

**电力电量平衡分析**（electric power and energy balance analysis）：电力系统电力和电量的供需平衡。又称电力系统运行模拟，用于研究各类电站在电力系统中优化运行方式及分系统间功率的优化交换，从而核定各方案的容量和电量效益。它是制定电力规划、设计和运行计划的重要组成部分。

**时序生产模拟**（sequential production simulation）：时序生产模拟是在一定的电力负荷下，模拟电力系统全年 8760h 的运行情况，它以每小时为步长逐步优化每个发电机组的出力情况。其能够根据负荷曲线制定各类电源机组的开机计划和运行计划，为电力系统调度、发电生产计划、电力平衡和新能源消纳提供依据和参考。

**概率化电力电量平衡**（probabilistic power and energy balance）：新能源出力与负荷需求采用概率化形式表征的电力电量平衡分析方法，其中传统电源、储能、可控负荷、电网传输功率等平衡要素为可控变量，其出力满足一定可行域，新能源出力、负荷需求等平衡要素为概率分布，概率化电力电量平衡即反映系统可控资源可行域对不可控净负荷概率分布的覆盖程度。

**机电暂态仿真**（electromechanical transient simulation）：是一种用于模拟和分析电力系统发电机和电动机电磁转矩变化引起电机转子机械运动变化过程的仿真计算方法，旨在刻画电力系统受到扰动后的暂态稳定性能，其仿真时间跨度通常为毫秒到秒。

**电磁暂态仿真**（electromagnetic transient simulation）：一种用于模拟和分析电力系统电场、磁场以及相应的电压电流变化过程的仿真计算方法，旨在刻画电力系统在微秒级时间尺度内的暂态行为，其仿真时间跨度通常为微秒到毫秒。

**机电－电磁暂态混合仿真**（hybrid electromechanica-electromagnetic transient simulation）：通过设计专用接口衔接机电与电磁暂态仿真，结合二者各自优点，对常规交流网络和小规模电力电子装备分别采用机电和电磁暂态仿真进行分析，是一种能够同时兼顾仿真规模、仿真速度和仿真精度的仿真方法。

**仿真接口**（simulation interface）：是指混合仿真中用于模拟不同电路或子系统间交互作用和数据传递的接口，其规定了仿真模型间数据交互方式、仿真步长、传输速度等，以维持仿真过程中各系统求解计算的一致性和协调性。

**宽频振荡**（wideband oscillation）：电力电子设备主导的电力系统电磁暂态振荡过渡过程，由新能源机组/交直流变换器及其控制与电网间的多时间尺度动态耦合交互作用产生，其振荡频段范围覆盖数赫兹至千赫兹的各个频段。

**电力系统运行方式**（operation mode of power system）：电力系统运行调度部门制定的涵盖系统生产运行各环节的整体技术方案，其编制从负荷预测和有功功率、无功功率平衡开始，涉及短路容量、潮流分布、经济调度、稳定性分析等多维度的计算。

**并行仿真计算**（parallel simulation computation）：一次可同时执行多个指令并调用多个计算资源的仿真计算方法，可有效提高仿真计算速度和数据处理能力。

**降维算法**（dimensionality reduction algorithm）：将高维数据或计算映射到低维空间的算法，通过用低维概念类比高维概念，提高计算效率，避免大规模系统的维数灾问题。

**蒙特卡洛仿真法**（monte carlo simulation method）：用于不确定性评估的模拟仿真技术，其通过生成大量随机样本模拟系统行为，基于系统模拟结果的概率分布和统计特性可支撑不确定性分析。

**高斯混合模型**（gaussian mixture model）：用高斯概率密度函数（正态分布曲线）精确量化事物的模型，通过将事物分解为若干个高斯概率密度函数（正态分布曲线）可形成高斯混合模型。

**半隐式延迟解耦加速计算方法**（semi-implicit latency decoupling accelerated computing method）：一种电磁暂态仿真计算方法，其思路为对系统状态方程对应差分方程中的部分变量应用隐式积分格式，对其余变量应用显式积分格式，建立半隐式差分方程，得到一种数值稳定又可并行计算的仿真算法，将其用于换流器充直流侧解耦与并行，可显著提升系统的计算速度。

**图形处理单元**（graphic processing unit）：专门设计用于处理图形和并行计算任务的硬件组件，其具有较强的并行计算和数据处理能力，被广泛应用于高性能计算领域。

**现场可编程阵列逻辑**（field programmable gate array）：专用集成电路中的一种半定制电路，具有布线资源丰富、可重复编程和集成度高的特点，能够解决原有的器件门电路数较少的问题。

**电磁暂态程序**（electro-magnetic transient program）：用于电力系统电磁暂态分析的仿真工具，包含变压器、传输线、各类电机、二极管、晶闸管和控制器等模型，是电力系统中高压电力网络和电力电子仿真应用中广泛使用的仿真程序。

**超算云仿真**（high-performance computing cloud simulation）：是一种融合超算架构和云仿真的全新仿真模式，其仿真软件统一部署在超算云服务器上，可实现按需调配各种仿真资源并整合系统运行效率，用户可通过网络获得平台提供的服务。

**移频分析建模方法**（shifted-frequency analysis-based modeling）：是基于移频变换的一种采用大积分步长的仿真分析建模方法，能够在保证仿真精度前提下显著提升仿真效率，其实现包含构造复数信号、移频变换、离散化三个主要步骤。

**次同步振荡**（sub-synchronous oscillation）：由于电力系统中机械设备和电气设备动态过程的相互耦合作用，而引发的一种特殊的电力系统动态行为，结果会在机械系统和电气系统的相关变量中产生持续的甚至增幅的振荡，其振荡频率低于同步频率。

**短路比**（short circuit ratio）：是衡量设备所连系统强弱程度的指标，其计算方式为系统短路容量除以设备容量。高短路比对应强系统，低短路比对应弱系统。

# 附录 B　水风光基地协同规划数学模型

## B.1　目标函数

构建的水风光协同规划数学模型以系统投资与运行成本最小化为目标，并考虑运行阶段内对弃风弃光和预期出力不足的惩罚项，旨在给出在梯级水电开发方案已确定的情况下的区域风电与光伏装机规划方案，其目标函数的数学表达式如下

$$
\min F = (v^{\mathrm{w}} + m^{\mathrm{w}})\sum_{i\in I} Q_i^{\mathrm{w}} + (v^{\mathrm{s}} + m^{\mathrm{s}})\sum_{j\in J} Q_i^{\mathrm{s}}
$$
$$
+ \sum_{t\in T}\left( \alpha^{\mathrm{w}}\sum_{i\in I} P_{i,t}^{\mathrm{wl}} + \alpha^{\mathrm{s}}\sum_{j\in J} P_{j,t}^{\mathrm{sl}} + \alpha^{\mathrm{l}} P_t^{\mathrm{ll}} \right) \tag{B-1}
$$

式中：$v^{\mathrm{w}}$ 与 $m^{\mathrm{w}}$ 分别为单位容量风力发电机组的投资成本与运维成本；$v^{\mathrm{s}}$ 与 $m^{\mathrm{s}}$ 分别为单位容量光伏发电机组的投资成本与运维成本；$I$、$J$ 与 $T$ 分别为待开发的风电场站、光伏场站与规划期内时段的集合；$Q_i^{\mathrm{w}}$ 与 $Q_i^{\mathrm{s}}$ 分别为风电场站 $i$ 与光伏场站 $j$ 规划装机容量；$\alpha^{\mathrm{w}}$、$\alpha^{\mathrm{s}}$ 与 $\alpha^{\mathrm{l}}$ 分别为风电、光伏的弃电与负荷缺额惩罚系数；$P_{i,t}^{\mathrm{wl}}$ 与 $P_{i,t}^{\mathrm{sl}}$ 分别为 $t$ 时段内风电场站 $i$ 弃风值与光伏场站 $j$ 弃光值；$P_t^{\mathrm{ll}}$ 为 $t$ 时段内预期供电不足值。

## B.2　约束条件

约束条件主要包括梯级水电运行约束、风光出力特性约束、联络线约束、电力平衡约束四类。

### 1. 梯级水电运行约束

梯级水电站在运行过程中，在时间维度，相邻时刻的水库水位变化受入库流量和出库流量影响，需要满足水量平衡方程；在空间维度，上游水库出库流量影响下游水库入库流量，且具有电气联系的梯级水库需满足联络线约束。因此，水电运行过程是一个具

有时空耦合特征的复杂物理过程。除水量平衡方程、电站出力约束外，水电运行约束还有水库库容约束、出库流量约束、上水位 – 库容曲线约束、尾水位 – 下泄流量曲线约束等。

### 2. 风光出力特性约束

以风电和光伏为代表的新能源在某时刻的出力水平主要受自然环境因素的影响，并近似与其装机容量成正比。

### 3. 联络线约束

将清洁能源基地内的多类型场站视为整体，其外送电能受到联络线的输电容量限制。

### 4. 电力平衡约束

系统运行过程中需满足电力平衡约束，清洁能源基地所送出电能需要满足设定的外送需求，其中外送需求也可以作为参变量参与规划研究。

## B.3　算例

我国南方某区域拟根据地区发展目标，在原有的流域梯级水电基础上完善建设水风光清洁能源基地，供该区域实现新能源与水电打捆送出消纳，其主要概况如表 B.1 所示。

表 B.1　　　　　南方某区域水电建设情况及风光能源开发潜力

| 水电装机总容量<br>（GW） | 季调节电站装机占比<br>（%） | 年调节电站装机占比<br>（%） | 多年调节电站装机占比<br>（%） |
|---|---|---|---|
| 97.43 | 53.01 | 17.77 | 29.22 |
| 风电可开发量<br>（MW） | 风电平均利用小时数<br>（h） | 光伏可开发量<br>（MW） | 光伏平均利用小时数<br>（h） |
| 120880 | 2167 | 5496790 | 1492 |

当前该区域水电基地的已有送出通道规模为 95GW，考虑在不新增外送通道和新增送出通道容量 15GW、35GW、85GW 的 4 种场景下，可利用水风光互补规划模型计算出目标年限内的清洁能源规划方案如表 B.2 所示。在新增通道容量 85GW 的水平下，风光装机占比可占该基地的 75.18%。

表 B.2                    各场景下的清洁能源基地规划结果

| 场景 | 新增风电装机容量<br>（GW） | 新增光伏装机/容量<br>（GW） | 风光装机占比<br>（%） |
|---|---|---|---|
| 无新增 | 28.94 | 64.13 | 49.64 |
| 新增 15GW | 37.49 | 132.07 | 64.23 |
| 新增 35GW | 47.14 | 157.34 | 68.41 |
| 新增 85GW | 66.19 | 219.88 | 75.18 |

# 附录 C  分布式电源规划模型

## C.1  上层模型

从减小网络损耗的角度出发，分布式电源一般会设置在用电负荷中心，起到"就地消纳"的作用，并同时支撑配电网局部电压水平。但就电力网架结构确定的配电网而言，分布式电源并网接入后可视为在对应节点上另叠加一个"负的负荷"，其中单个节点的负荷变化将对系统网损产生较大影响，而多个节点的负荷同时变化对网损的影响程度也将因节点位置、负荷变化量、线路参数等不同而异。同时，对不同类型的分布式电源，其接入配电网的站点选择与工程造价之间也存在明显的关联。故结合配电网拓扑结构和线路参数合理确定分布式电源的安装位置将对减少网络损耗、提高系统经济效益起到重要作用，以还原分布式电源在并网运行中节能降损的积极属性。

本节构建的分布式电源上层选址模型以有功网损灵敏度为选址依据，用于表征分布式电源在某节点接入后对配电网有功网损的改善程度，有功网损灵敏度越大表示在该节点接入分布式电源后降低有功损耗的程度越高，表示为：

$$S_i^{\mathrm{R}} = \left| \begin{array}{l} [(P_i^{\mathrm{L}})^2 + (Q_i^{\mathrm{L}})^2)] \sum\limits_{\substack{j \in I \\ j \neq i}} R_{i,j}^2 + 2P_i^{\mathrm{L}} \sum\limits_{\substack{j \in I \\ j \neq i}} R_{i,j} (P_i^{\mathrm{L}} \sum\limits_{\substack{j \in I \\ j \neq i}} R_{i,j} \\ + Q_i^{\mathrm{L}} \sum\limits_{\substack{j \in I \\ j \neq i}} X_{i,j}) - (P_i^{\mathrm{L}} \sum\limits_{\substack{j \in I \\ j \neq i}} R_{i,j} + Q_i^{\mathrm{L}} \sum\limits_{\substack{j \in I \\ j \neq i}} X_{i,j})^2 \end{array} \right|, \forall i \in I \qquad (\mathrm{C}-1)$$

式中：$S_i^{\mathrm{R}}$ 为节点 $i$ 的有功网损灵敏度值；$I$ 为配电网节点集合；$P_i^{\mathrm{L}}$ 和 $Q_i^{\mathrm{L}}$ 分别为配电网节点 $i$ 处的有功负荷和无功负荷；$R_{i,j}$ 和 $X_{i,j}$ 分别为节点 $i$ 与节点 $j$ 间的线路支路电阻和支路电抗。

在已知配电网拓扑结构及负荷与线路参数后，可依次计算各节点的有功网损灵敏度，以此排序作为分布式电源接入配电网的优先级顺序。

## C.2    下层模型

分布式电源并网接入选址确定后，需要结合投资主体与电网企业的实际需求，合理配置各节点的电源容量。由于分布式电源的容量配置既关系到投资主体的运营利润，也关系到电网安全稳定的运行要求，故本节将分布式电源规划的下层模型表述为多目标规划模型，综合考虑投资主体获利、网络损耗和电压偏移因素确定配电网络中各节点的分布式电源新建容量。

### 1. 目标函数

$$\min F = (f_1, f_2, f_3) \tag{C-2}$$

式中：$f_1$、$f_2$ 与 $f_3$ 分别表示投资主体获取的利润、配电网络损耗、各节点电压偏移率之和。目标函数中各项可进一步表示为

$$
\begin{cases}
f_1 = -\sum\limits_{i\in I}\left[\sum\limits_{t\in T} c_{i,t}(P_{i,t}^{\mathrm{W}} + P_{i,t}^{\mathrm{S}}) - \rho_i^{\mathrm{W}} V_i^{\mathrm{W}} C_i^{\mathrm{Winv}} - \rho_i^{\mathrm{S}} V_i^{\mathrm{S}} C_i^{\mathrm{Sinv}} - V_i^{\mathrm{W}} C_i^{\mathrm{Wop}} - V_i^{\mathrm{S}} C_i^{\mathrm{Sop}}\right] \\
f_2 = \sum\limits_{t\in T}\sum\limits_{m\in M}\sum\limits_{i\in I}[U_{i,t}^2 Y_{i,m}\cos\delta_{i,m} - U_{i,t}U_{m,t}Y_{i,m}\cos(\delta_{i,m} + \theta_{i,m,t})] \\
f_3 = \sum\limits_{t\in T}\sum\limits_{i\in I}\left|U_{i,t} - U_{i,t}^{\mathrm{N}}\right| / U_{i,t}^{\mathrm{N}} \\
\rho_i^{\mathrm{W}} = \dfrac{\gamma(1+\gamma)^{N_i^{\mathrm{W}}/\Delta T}}{(1+\gamma)^{N_i^{\mathrm{W}}/\Delta T} - 1}, \rho_i^{\mathrm{S}} = \dfrac{\gamma(1+\gamma)^{N_i^{\mathrm{S}}/\Delta T}}{(1+\gamma)^{N_i^{\mathrm{S}}/\Delta T} - 1}, \forall i \in I
\end{cases}
\tag{C-3}
$$

式中：$T$ 和 $M$ 分别为时间段和配电网中负荷节点的集合；$c_{i,t}$ 为时段 $t$ 内节点 $i$ 处的电价；$P_{i,t}^{\mathrm{W}}$ 和 $P_{i,t}^{\mathrm{S}}$ 分别为时段 $t$ 内节点 $i$ 处的分布式风电和光伏有功出力；$\rho_i^{\mathrm{W}}$ 和 $\rho_i^{\mathrm{S}}$ 分别为节点 $i$ 处分布式风电和光伏的投资费用折合系数；$V_i^{\mathrm{W}}$ 和 $V_i^{\mathrm{S}}$ 分别为节点 $i$ 处分布式风电和光伏装机容量；$C_i^{\mathrm{Winv}}$ 和 $C_i^{\mathrm{Sinv}}$ 分别为节点 $i$ 处单位容量分布式风电和光伏投资成本；$C_i^{\mathrm{Wop}}$ 和 $C_i^{\mathrm{Sop}}$ 分别为节点 $i$ 处单位容量分布式风电和光伏在一个运行周期内的运维成本；$U_{i,t}$ 和 $U_{m,t}$ 分别为时段 $t$ 内节点 $i$ 和节点 $m$ 的电压幅值；$Y_{i,m}$ 为节点 $i$ 与节点 $m$ 之间的互导纳；$\delta_{i,m}$ 为节点 $i$ 和节点 $m$ 间的支路阻抗角；$\theta_{i,m,t}$ 为时段 $t$ 内节点 $i$ 和节点 $m$ 的电压相角差；$U_{i,t}^{\mathrm{N}}$ 为时段 $t$ 内节点 $i$ 额定电压；$\gamma$ 为投资资本金利率；$N_i^{\mathrm{W}}$ 和 $N_i^{\mathrm{S}}$ 分别为节点 $i$ 处的分布式风电和光伏运营期时长；$\Delta T$ 为运行周期时长。

## 2. 约束条件

与大型清洁能源基地的规划相比，分布式电源规划的约束条件除考虑风光出力特性外，还应考虑配电网络潮流约束、节点电压约束、支路传输约束等。

（1）风光出力特性约束。以风电和光伏为代表的新能源在某时刻的出力水平主要受自然环境因素的影响，并近似与其装机容量成正比。

（2）配电网潮流约束。配电网络中的各节点电压与功率需满足节点功率方程。

（3）节点电压约束。基于机会约束理论，允许配电网络在一定置信水平条件下满足节点电压限制。

（4）支路传输约束。与节点电压类似，同样允许配电网络的各支路传输的功率在一定置信水平条件下不发生越限。

# C.3 算例分析

下面以两个案例分别进一步阐述大型清洁能源基地和分布式电源的规划方法。

选用图 C.1 所示的西北地区某地 43 节点的配电网为仿真算例开展分布式电源的选址和容量配置分析，待选对象包括分布式风电和光伏，设定其功率因数均保持恒定为 0.85，节点电压和支路传输的机会约束置信水平取 0.9，约定分布式电源的最大接入比例为系统负荷的 45%。

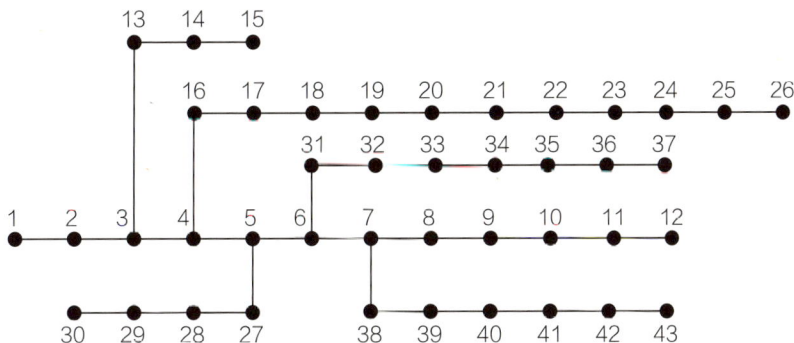

图 C.1 西北地区某 43 节点配电网网络拓扑

通过有功网损灵敏度值计算，选取节点 33、42、29、19、8 为分布式电源的安装节点。求解分布式电源容量配置的多目标规划模型，其中 4 种代表性配置方案的结果如表 C.1 所示。可见，方案 1 造成的网络损耗和电压偏移率最小，但为投资主体带来的回报收益较小；方案 3 虽在利润回报上较为优渥，但相应的供电质量较差；方案 4 更能兼顾三项目标的要求，属于待选方案中较好的配置选项。

表 C.1　　　　　　　各场景下的清洁能源基地规划结果

| 配置方案 | 风电配置（kW） | 光伏配置（kW） | 年利润（元） | 网络损耗（kW） | 平均电压偏移率（%） |
|---|---|---|---|---|---|
| 方案 1 | 237 | 174 | 4031 | 46.39 | 2.39 |
| 方案 2 | 255 | 195 | 5648 | 73.45 | 8.19 |
| 方案 3 | 218 | 165 | 6479 | 84.90 | 7.47 |
| 方案 4 | 253 | 202 | 5423 | 67.46 | 3.32 |

# 附录 D 区域及跨区输电网规划模型

## D.1 交直流混联网源协同规划模型

在本书中建立的网源协同规划模型能够考虑多种待优选的电源类型，包括煤电、气电、核电、联合循环、水电、储能以及风电和太阳能等可再生能源，以充分考虑各类电源的技术经济特性。现对一些下标符号进行解释：下标 c、h、n、w、v 和 s 分别代表火电机组、水电机组、核电机组、可再生能源电站、光热机组和储能电站；下标 k 代表线路；下标 G 与 T 分别代表电源侧和电网侧；下标 $y$、$m$、$i$ 和 $t$ 分别代表年、月、日和小时；下标 z 和 j 分别代表分区和电站；下标 A 代表弃电；下标 M 代表机组检修。

### 1. 目标函数

相较于传统的网源协调规划模型，考虑到高比例可再生能源的并网和交直流混联，本章提出的网源协同规划模型以最小化电力系统的投资和运行费用之和为优化目标，并充分利用可再生能源的容量替代效益。为了实现多目标问题的联合协调优化，目标函数表示如下

$$\min\left[\sum_{y=1}^{Y}(C_{\mathrm{G,I},y}+C_{\mathrm{T,I},y}+C_{\mathrm{O},y}+C_{\mathrm{A},y}+C_{\mathrm{r},y})(1+i)^{-y}\right] \quad (\mathrm{D}-1)$$

其中，

$$
\begin{cases}
C_{\mathrm{G,I},y}=\displaystyle\sum_{j=1}^{N_{\mathrm{G+}}}\alpha_{\mathrm{CRF},j}x_{\mathrm{G},y,j}c_{\mathrm{G,I},j}N_{y,j} \\[2mm]
C_{\mathrm{T,I},y}=\displaystyle\sum_{k=1}^{N_{\mathrm{L+}}}\alpha_{\mathrm{CRF},k}x_{\mathrm{T},y,k}c_{\mathrm{T,I},k}l_{k} \\[2mm]
C_{\mathrm{O},y}=\displaystyle\sum_{j=1}^{N_{\mathrm{G+}}}\beta_{\mathrm{G},j}x_{\mathrm{G},y,j}C_{\mathrm{G,I},j}+\sum_{k=1}^{N_{\mathrm{L+}}}\beta_{\mathrm{T},k}x_{\mathrm{T},y,k}C_{\mathrm{T,I},k}+\sum_{j=1}^{N_{\mathrm{G}}}c_{j}W_{y,j}
\end{cases}
$$

$$
\begin{cases}
C_{A,y} = c_{A1}P_{A,y,\max} + c_{A2}W_{A,y} \\
C_{r,y} = c_{r1}P_{r,y,\max} + c_{r2}W_{r,y} \\
\alpha_{CRF,j} = \dfrac{(1+i)^{n_j}}{(1+i)^{n_j}-1} \\
\alpha_{CRF,k} = \dfrac{(1+i)^{n_k}}{(1+i)^{n_k}-1}
\end{cases}
\tag{D-2}
$$

式中：$Y$ 为规划周期，年；$C_{G,I,y}$ 为电站投资等年值费用；$C_{T,I,y}$ 为电网投资等年值费用；$C_{O,y}$ 为第 $y$ 年的运行费用；$C_{A,y}$ 为第 $y$ 年的可再生能源弃电费用；$C_{r,y}$ 为第 $y$ 年的负荷缺额惩罚费用；$i$ 为贴现率；$N_{G+}$ 与 $N_{L+}$ 分别为待优选电站和待优选线路的数目；$N_G$ 为系统中电站总数目；$\alpha_{CRF,j}$ 与 $\alpha_{CRF,k}$ 分别为待优选电站 $j$ 与待优选线路 $k$ 的资金回收系数；$x_{Gy,j}$ 为待优选电站 $j$ 的投资决策变量，为 $0\sim1$ 变量，当 $x_{Gy,j}=1$ 时为待优选电站 $j$ 第 $y$ 年投建/扩建，当 $x_{Gy,j}=0$ 时为待优选电站 $j$ 第 $y$ 年不投建；$x_{Ty,k}$ 为线路 $k$ 的投资决策变量；$c_{GI,j}$ 与 $c_{TI,k}$ 分别为待优选电站 $j$ 与待优选线路 $k$ 的单位投资成本；$N_{y,j}$ 为电站 $j$ 在第 $y$ 年的建设容量；$l_k$ 为线路 $k$ 的长度；$\beta_{G,j}$ 与 $\beta_{T,k}$ 分别为电站 $j$ 与线路 $k$ 的年固定运行维护费率；$W_{y,j}$ 与 $c_j$ 分别为电站 $j$ 第 $y$ 年的发电量与单位发电成本；$c_{A1}$ 与 $c_{r1}$ 分别为单位弃电功率费用与单位负荷缺额费用；$P_{A,y,\max}$ 与 $P_{r,y,\max}$ 分别为系统在第 $y$ 年的最大弃电功率与最大负荷缺额功率；$c_{A2}$ 与 $c_{r2}$ 分别为单位弃电电量费用与单位负荷缺额电量费用；$W_{A,y}$ 与 $W_{r,y}$ 分别为系统在第 $y$ 年的弃电电量与负荷缺额电量；$n_j$ 与 $n_k$ 分别为待优选电站 $j$ 与待优选线路 $k$ 的工程寿命。

**2. 约束条件**

在考虑高比例可再生能源的并网和交直流混联的网源协同规划模型中，约束条件包括网侧约束条件和源侧约束条件。网侧约束条件包括线路投运约束、输电走廊约束、电网功率平衡约束和电网潮流约束等。源侧约束条件包括电站装机约束、连续性装机约束和电站运行约束等。与传统的电力系统规划仅考虑全年最大负荷不同，本节研究考虑了电力系统全年 8760h 的负荷状况，从而大大提高了规划的精确性。同时，还考虑了可再生能源的渗透率和弃电率约束，以最大化可再生能源的容量替代效益。

（1）网侧约束条件。

1）**投资决策约束**：包括输电走廊约束、投运年限约束。

输电走廊约束的作用是限制线路回数不超过输电走廊允许的最大回数。投运年限约束作用足限制线路的投产时间符合实际施工进程以及国家与地方发展等因素决定的线路的最早与最晚投产时间。

2）**运行优化约束**：包括电力平衡约束、直流潮流约束、电量平衡约束、交流线路最大输电容量约束、直流线路最大输电容量约束。

电力电量平衡约束的作用是保证各分区的电力电量平衡，考虑了联络线及输电线的送入送出。交流线路最大输电容量约束的作用是限制交流线路的正向、反向最大输电容量，考虑了热备用与冷备用容量。直流线路最大输电容量约束的作用是限制直流线路正向最小输电量与最大输电量，考虑了热备用与冷备用容量。

（2）源侧约束条件。

1）**投资决策约束**：包括最大装机容量约束、年最大装机容量约束、可再生能源装机下限约束。此外，还可考虑连续性装机约束、分期装机约束、建设顺序约束、厂址互斥约束。

连续装机约束的含义是：一旦待建电站的首台机组投入运营，后续机组必须按计划连续安装并投入运营，以确保装机进度的连续性。

分期装机约束的含义是：对于需要分期建设的待建电站，在前一期工程被优选并投产后，后一期工程才能被优选建设。该约束条件用于优化待建电站的装机规模，并确保按阶段进行建设。

建设顺序约束的含义是：根据国家和地方的发展需求以及待建电站的前期工作条件等，确定了部分待优选电站的建设顺序。该约束条件确保按照确定的顺序进行电站建设。

厂址互斥约束的含义是：当同一厂址适宜建设两种或多种类型的机组时，根据电源规划方案的要求，在同一方案中只能选择一种类型的机组进行优选投产。该约束条件用于优化选择电源类型和单机容量，以确保在特定厂址上建设合适的机组类型。

2）**运行优化约束**：包括负荷及事故备用约束、调峰平衡约束、电站发电出力上下限约束、电站承担备用容量上限约束、电站检修场地约束、储能电站电量平衡约束、火电站日开机台数约束、火电站启停调峰运行时最短开机、停机时间约束、火电站年发电能耗上下限约束、保安开机约束、火电旋转备用容量下限约束、系统及分区火电机组检修能力约束、电站爬坡约束。

电站检修场地约束的作用是限制电站同时安排检修机组台数上限。保安开机约束的作用是限制火电机组与核电机组为保证系统安全运行的最小开机容量。

3）**可靠性约束**：包括年电力不足小时期望值约束、年电力不足期望值约束、年电量不足期望值约束。可靠性指标均需满足某一上限值。

网源协调规划模型具有高维数、非线性的特点，若在求解过程中考虑可靠性约束可能导致维数灾问题，模型很难求解，因此本章采用后校验的方式对模型的可靠性进行校验，选取上述年电力不足小时期望值、年电力不足期望值、年电量不足期望值作为可靠性检验的指标。

### 3. 算例

本节对区域及跨区输电网规划模型开展了分析应用，研究对象为 HRP－38 电力规划测试系统[1]。该测试系统是由清华大学电机系、能源系统集成研究会（ESIG）和美国国家可再生能源实验室（NREL）的研究人员合作提出的，旨在模拟高比例可再生能源标准的电力系统。该测试系统是基于中国西北电力系统的实际数据进行修改的，并已进入 **IEEEDataPort** 数据库，可供公开下载。HRP－38 系统的电源配置具有高比例可再生能源的特点，非水可再生能源的电量渗透率高达 30%。该系统提供了现有的网架和待选线路，其中待选线路同时包括交流和直流线路，以考虑未来电网可能采用的多种形式。HRP－38 系统的拓扑结构如图 D.1 所示。

算例中的一些参数设置如下：为了推动可再生能源的有效消纳，设定了可再生能源的弃电率上限为 5%。年度电力不足小时数的上限设定为 0.5h，火电检修容量占总装机容量的比例上限设定为 70%。负荷备用比例设定为 3%，而事故旋转备用和事故停机备用比例均设定为 5%。

系统的电源规划结果如表 D.1 所示，电源建设总装机容量为 267930MW，新增装机中非水可再生能源占比达 59.2%，新增电源后系统可再生能源渗透率达 49.87%，符合未来新型电力系统结构形态。系统的电网规划结果如表 D.2 所示，括号内数字表示线路回路数，共新建 54 回线路，其中 12 回线路为分区域之间的联络线。通过两回线路接入电网，原本孤立的 B1 和 B22 节点的可再生能源消纳空间得到有效提升。从表 D.1 和表 D.2 可以得知，系统的电源和电网规划相互协调。D1、D2 和 D3 区域新增了大量电源容量，同时在这些区域新建了 46 回线路，以加强区域内部网架结构和区域间的输电通道，有效提高了本地能源消纳水平和外送能力。

[1] Zhuo Z, Zhang N, Yang J, et al. Transmission expansion planning test system for AC/DC hybrid grid with high variable renewable energy penetration [J]. IEEE Transactions on Power Systems, 2019, 35(4): 2597－2608.

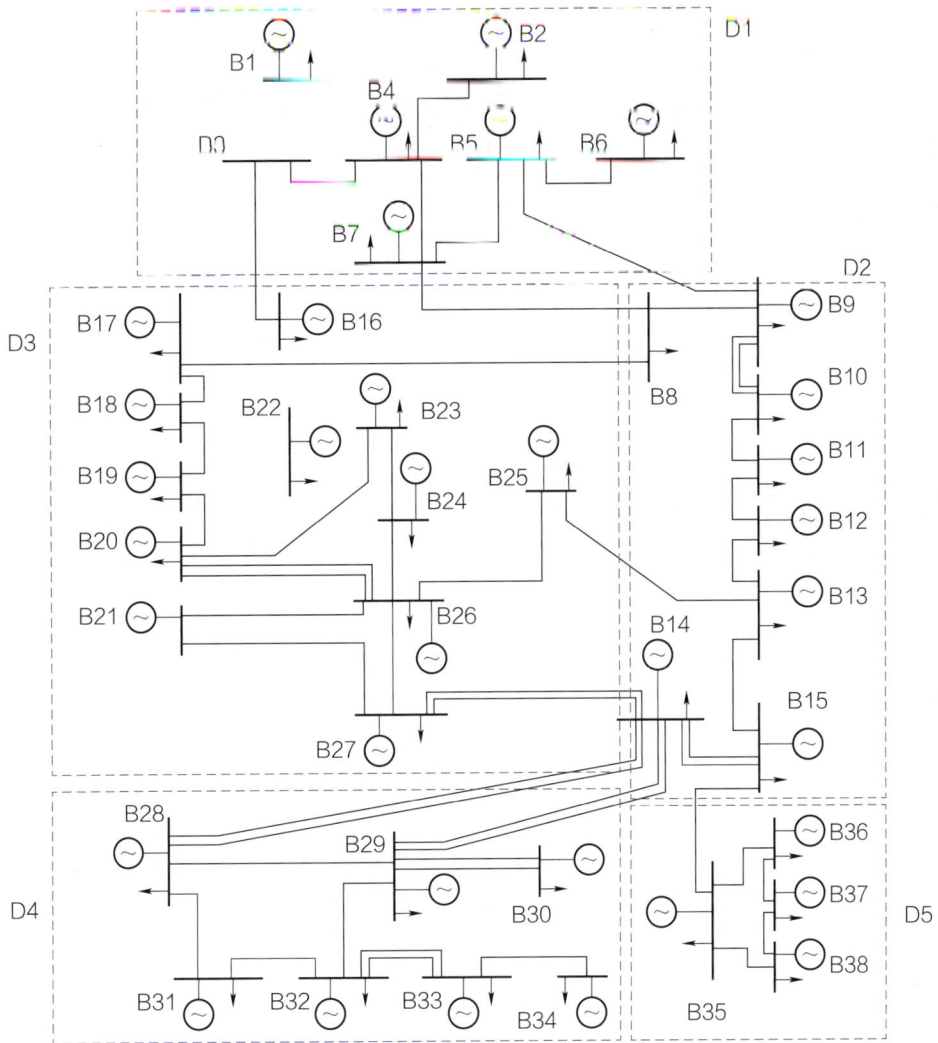

图 D.1 HRP-38 系统拓扑结构图

表 D.1 各类型电源建设情况统计 单位：MW

| 电站类型 | 地区 | | | | | |
|---|---|---|---|---|---|---|
| | D1 | D2 | D3 | D4 | D5 | 合计 |
| 火电站 | 48600 | 7200 | 3600 | 14400 | 14400 | 88200 |
| 水电站 | 0 | 0 | 9000 | 0 | 0 | 9000 |
| 风电机组 | 22950 | 22500 | 2700 | 5400 | 0 | 54000 |

续表

| 电站类型 | 地区 | | | | | |
|---|---|---|---|---|---|---|
| | D1 | D2 | D3 | D4 | D5 | 合计 |
| 光伏电站 | 33750 | 22050 | 22500 | 10900 | 12150 | 102600 |
| 光热电站 | 0 | 3600 | 9000 | 0 | 0 | 10800 |
| 储能电站 | 2160 | 0 | 540 | 630 | 0 | 3330 |

**表 D.2　　　　　　　　　线 路 建 设 情 况 统 计**

| 线路首端所在区域 | 线路末端所在区域 | 建设线路 |
|---|---|---|
| D1 | D1 | 1−2（2），2−4（2），2−6（2），4−7（2），5−6（2），5−7（2） |
| D1 | D2 | 5−9（2） |
| D2 | D2 | 9−10（2），10−11（2），11−12（2），12−13（2），13−15（2） |
| D2 | D3 | 8−17（2），13−25（2），14−27（2） |
| D2 | D5 | 15−35（2） |
| D3 | D3 | 17−18（2），18−19（2），17−22（2），20−23（2），20−26（2），25−26（2），26−27（2） |
| D4 | D4 | 29−32（2） |
| D4 | D5 | 30−38（2） |
| D5 | D5 | 35−36（2），35−38（2） |

　　系统的费用情况如表 D.3 所示，系统的总费用包括电源投资费用、电网投资费用、可再生能源弃电费用以及负荷缺额惩罚费用。在投资费用中，可再生能源电站的投资费用占总费用的比例接近 75%。可再生能源的弃电费用和负荷缺额惩罚费用相对较低，从而实现了可再生能源的最大容量替代效益。

表 D.3 系统费用统计 单位：亿元

| 电源投资费用 | 电网投资费用 | 运行费用 | 可再生能源弃电费用 | 负荷缺额惩罚费用 |
|---|---|---|---|---|
| 16496 | 259 | 2250 | 59 | 32 |

各类型电站和线路的年利用小时数如表 D.4 和表 D.5 所示。观察数据可知，风电的年利用小时数均超过 1900h，其中 D1 区域的年利用小时数将近 2500h；光伏的年利用小时数超过 1500h，充分展现了非水可再生能源的容量替代效益。线路的年利用小时数均超过 1000h，其中年利用小时数在 2001～3000h 范围内的线路占比过半。这说明网源协调规划能够确保电源机组建设与电网线路建设之间的协调匹配，从整体上制定最优方案。

表 D.4 各类型电站年利用小时数统计 单位：h

| 电站类型 | 地区 | | | | |
|---|---|---|---|---|---|
| | D1 | D2 | D3 | D4 | D5 |
| 火电站 | 4822 | 4369 | 3310 | 5320 | 5450 |
| 水电站 | 4020 | 3711 | 3667 | 3213 | 0 |
| 风电机组 | 2470 | 2183 | 2065 | 2168 | 1972 |
| 光伏电站 | 1530 | 1656 | 1644 | 1619 | 1632 |
| 光热电站 | 0 | 3600 | 3600 | 0 | 0 |
| 储能电站 | 1496 | 0 | 1585 | 1478 | 0 |

表 D.5 线路年利用小时数统计

| 年利用小时数（h） | 1000～2000 | 2000～3000 | 3000～4000 | 4000～5000 | 5000～6000 | 6000～7000 |
|---|---|---|---|---|---|---|
| 线路占比（%） | 8.29 | 52.20 | 16.98 | 8.81 | 12.51 | 1.21 |

各分区域非水可再生能源出力情况如表 D.6 所示。观察数据可知，各区域的弃电率均在 5% 以内。具体而言，D1 区域的非水可再生能源弃电率相对较高，为 4.89%；而 D2、D4 和 D5 区域的弃电率分别仅为 1.07%、0.52% 和 1.04%；D3 区域的弃电率为 2.35%；总体弃电率为 2.49%。这表明可再生能源得到了有效利用，并在各区域中实现了较低的

弃电率。

表 D.6    各区域非水可再生能源年发电量汇总

| 电站类型 | 地区 | | | | | |
|---|---|---|---|---|---|---|
| | D1 | D2 | D3 | D4 | D5 | 合计 |
| 发电量（GWh） | 152507.4 | 135438.3 | 92748.5 | 49914.9 | 41199.3 | 471808.9 |
| 弃电量（GWh） | 7450.9 | 1451.3 | 2175.6 | 259.5 | 426.7 | 11764.4 |
| 弃电率（%） | 4.89 | 1.07 | 2.35 | 0.52 | 1.04 | 2.49 |

算例分析表明区域及跨区输电网规划模型能实现网源建设成本和系统运行总成本的最小化，提高投资效率。同时，该模型能合理地确定可再生能源的开发规模，保证能源得到优化利用。

## D.2  跨区输电通道新增容量规划模型

### 1. 目标函数

在进行跨区输电通道规划时，为了提升输电通道的运行效率和电网建设的经济性，需要合理规划新增输电通道的容量。新增输电通道的容量应根据各区域间输送电力需求的最大值来确定。因此，根据多个区域电网的互联关系和已有输电通道的容量，建立目标函数，以实现输电通道规划新增容量规模最小化为优化目标

$$\min \sum_{0 < i \neq j \leqslant n} [\max(P_{ij,t}) - P_{ij0}] \qquad (D-3)$$

式中：$P_{ij,t}$ 表示 $t$ 时刻区域 $D_i$ 向 $D_j$ 送电的功率最大值；$P_{ij0}$ 表示区域 $D_i$ 向 $D_j$ 送电的已有通道容量。

具体地，有

$$\begin{cases} S_{ij} = \max(P_{ij,t}) - P_{ij0} \\ P_{ijn,t} = P_{ij,t} - P_{ij0} \end{cases} \qquad (D-4)$$

式中：$S_{ij}$ 为区域 $D_i$ 向 $D_j$ 送电通道的新增容量；$P_{ijn,t}$ 为 $t$ 时刻通过新增通道交换的功率。由于 $S_{ij}$ 代表区域间新增电力传输的最大值，因此引入松弛变量 $S_n$，使得 $S_{ij} \leqslant S_n$。

## 2. 约束条件

跨区输电通道新增容量规划模型的约束条件包括：

（1）**电力平衡**。电力系统内发电功率和负荷功率需要实时平衡，区域电网的发电功率由两部分组成，即区内发电和区外净送入电力。

（2）**常规机组**。火电、火屯和核电机组为常规机组，运行约束包括出力上下限约束、爬坡约束。

（3）**储能**。储能和需求响应技术均能起到削峰填谷的作用，促进对可再生能源的消纳。储能主要起到对部分负荷进行平移的作用。目前大规模应用前景较好的是抽水蓄能和电池储能设备，均满足能量存储上下限约束，充放电功率上限约束，平衡约束。

（4）**需求响应**。电力系统的负荷可以分为可转移负荷、可中断负荷和可平移负荷，利用需求响应技术对负荷资源进行管理，可以直接改变负荷曲线，减少区外电力需求。激励型需求响应通过经济补贴对用户进行激励，包括直接负荷控制、可中断负荷和紧急需求响应。需要考虑调节上下限约束、平移型需求响应的平衡约束。

## 3. 算例分析

我国西北地区风电、太阳能等清洁能源资源丰富，是重要的清洁能源开发基地和主要的电力送端。随着西北进一步承接东部工业转移，本地负荷也将保持快速增长。2022年西北新能源发电装机规模已超过火电，装机占比达到 45%。未来为保障本地电力稳定供应和大型清洁能源基地电力稳定外送，西北高比例新能源电力系统的灵活性调节资源需求显著增加。

西北地域广袤，各类灵活调节电源与调节性需求的分布不均衡。水电、抽水蓄能主要分布于青海、甘肃和新疆，而负荷集中于新疆和陕西。目前西北 750kV 交流主网架的省间互联总规模仅 2300 万 kW，通过电网互联实现调节性资源的大范围优化配置的优势尚未得到发挥。本节应用区域输电网规划方法，综合考虑未来西北本地电力需求增长、清洁能源基地开发外送、本地电源建设及跨省输电通道现状开展源网荷储协同规划，提出实现西北灵活调节电源优化配置和高效运行的跨省输电通道扩展规划方案。西北各省2050 年调节性电源与负荷占比对比见表 D.7。

表 D.7　　　　　西北各省 2050 年调节性电源与负荷占比对比

| 省份 | 最大负荷占比 | 水电装机占比 | 抽水蓄能装机占比 |
|---|---|---|---|
| 陕西 | 23.6% | 10.3% | 12.6% |
| 甘肃 | 12.9% | 20.9% | 16.8% |
| 宁夏 | 12.5% | 0.9% | 4.9% |
| 青海 | 6.3% | 39.8% | 31.5% |
| 新疆 | 49.6% | 28.1% | 34.2% |

依据西北五省未来用电量和最大负荷预测、各省电源装机和新能源资源特性，以及各省各类储能规划，搭建西北五省源网荷储协同规划生产模拟模型，以目前西北省间电网互联规模（2300 万 kW）为基础方案（低方案），设置将省间电网互联规模扩展至 5200 万 kW（中方案）和 8200 万 kW（高方案）两种比较情景，比较跨省通道扩展后各省各类灵活性调节资源优化配置和运行情况，详见图 D.2。

图 D.2　西北省间电网互联规模方案（从左至右分别为低、中、高方案）

协同规划生产模拟模型优化运行结果显示，加强西北省间电网互联规模可大幅减少系统储能装机、提高调节性电源利用率。高方案与中方案和低方案相比，省间电力交换能力分别增大了约 3000 万 kW 和 6000 万 kW，储能装机容量分别减少了 1800 万 kW 和 1.1 亿 kW，抽水蓄能发电利用小时数分别提高了 10% 和 85%。新疆系统典型日运行模拟情况显示，夜间青海向新疆送电、午间新疆向青海送电，青海—新疆省（区）间互联线路显著促进了青海调节电源发挥大范围调节作用。各方案下西北优化配置储能规模及调节电源发电利用小时数如图 D.3 所示。新疆典型日运行模拟情况（高方案）如图 D.4 所示。

根据协同规划模型优化运行结果，可进一步提出未来西北跨省通道扩展规划。若采用跨省通道扩展规划中方案，陕甘、甘宁、甘新省间断面现有双回 750kV 通道均扩建至 3 回，青新省间新建 1 个双回 750kV 通道或 1 回 1000kV 特高压通道。若采用跨省通道扩展规划高方案，陕甘、甘宁、甘青、甘新省间断面各新建 1 个双回 750kV 通道，甘青省间断面再新建 2 个双回 750kV 通道或 1 个双回 1000kV 特高压通道，青新断面新建 8 个双回 750kV 通道或 4 个双回 1000kV 特高压通道。

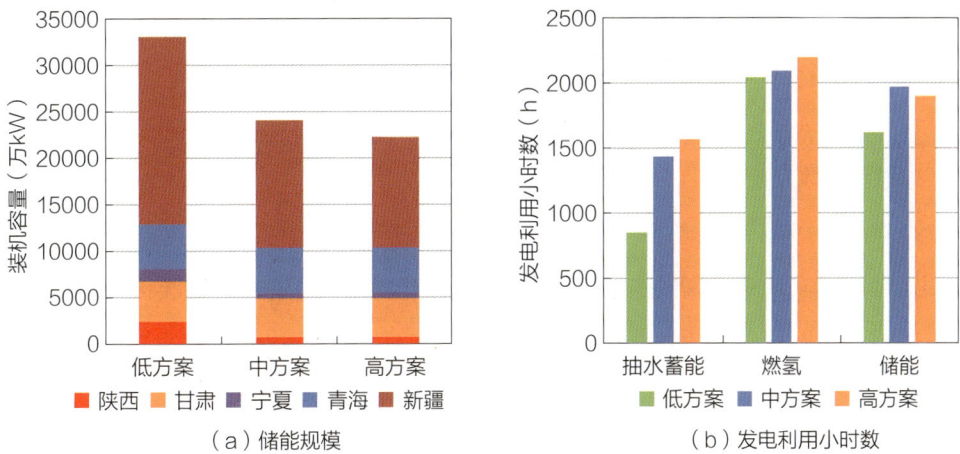

（a）储能规模　　　　　　　　　　　　　（b）发电利用小时数

图 D.3　各方案下西北优化配置储能规模及调节电源发电利用小时数

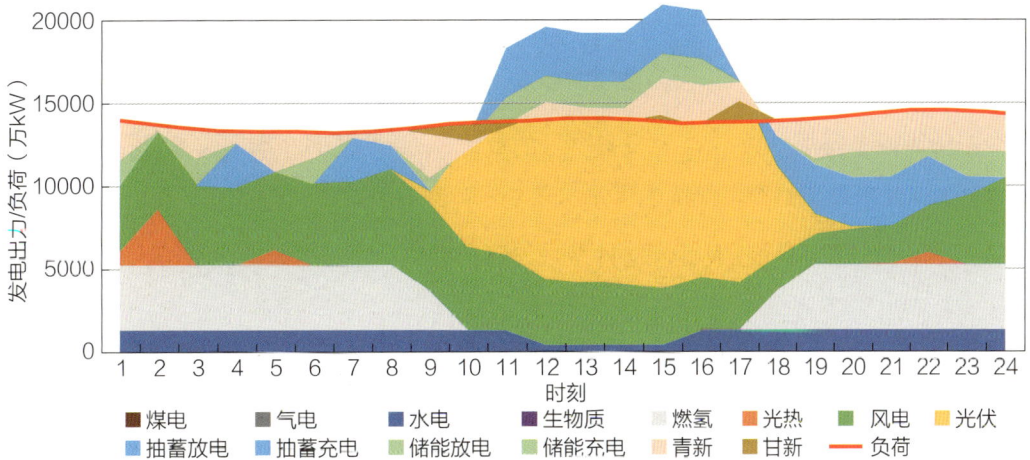

图 D.4　新疆典型日运行模拟情况（高方案）

# 附录 E　多能流协同容量优化配置与网络扩展规划模型

## E.1　多能流协同容量优化配置模型

### 1. 目标函数

本章构建的多能流协同容量优化配置模型以经济性最优为目标，考虑各类能源耦合设备的运行约束、功率平衡约束以及各个网络的安全运行约束，对各类设备的型号、容量进行决策，其目标函数表达式如下

$$\min C = C_{\mathrm{inv}} + C_{\mathrm{op}} \tag{E-1}$$

式中：$C_{\mathrm{inv}}$ 为系统总投资成本；$C_{\mathrm{op}}$ 为系统总运行成本。

总投资成本的表达式为

$$C_{\mathrm{inv}} = \sum_{k=1}^{N_k}\sum_{j=1}^{N_{\mathrm{et}}} \frac{r(1+r)^{L_k^j}}{(1+r)^{L_k^j}-1} c_k^j W_k^j N_j \tau_k^j \tag{E-2}$$

式中：$N_k$ 为设备类型总数；$N_{\mathrm{et}}$ 为设备型号的数目；$r$ 为贴现率，本文取 6.7%；$L_k^j$ 为第 $k$ 类设备第 $j$ 种型号的寿命；$c_k^j$ 为第 $k$ 类设备第 $j$ 种型号的单位投资成本；$W_k^j$ 为第 $k$ 类设备第 $j$ 种型号的额定容量；$N_j$ 为第 $j$ 种型号设备的台数；$\tau_k^j$ 为第 $k$ 类设备第 $j$ 种型号的安装状态，为二元变量。

总运行成本包括各类设备的运行维护成本和能源购买成本，具体表达式为

$$C_{\mathrm{op}} = C_{\mathrm{op}}^{\mathrm{eq}} + C_{\mathrm{pur}} \tag{E-3}$$

$$C_{\mathrm{op}}^{\mathrm{eq}} = \sum_{\xi} D_\xi \Pi_\xi \left( \sum_{k=1}^{N_k}\sum_{j=1}^{N_j} \lambda_{k,t}^{\xi,j} P_{k,t}^{\xi,j} \right) \tag{E-4}$$

$$C_{pur} = \sum_{\xi} D_{\xi}\Pi_{\xi} \left[ \begin{array}{c} \sum\limits_{ne}\sum\limits_{t=1}^{T} \rho_e^{\xi,t} P_{ne}^{\xi,t} + \sum\limits_{nh}\sum\limits_{t=1}^{T} \rho_h^{\xi,t} H_{nh}^{\xi,t} \\ + \sum\limits_{ng}\sum\limits_{t=1}^{j} \rho_g^{\xi,t} G_{ng}^{\xi,t} + \sum\limits_{nq}\sum\limits_{t=1}^{T} \rho_q^{\xi,t} G_{nq}^{\xi,t} \end{array} \right] \tag{E-5}$$

式中：$C_{op}^{eq}$ 和 $C_{pur}$ 分别为设备运行成本和能耗成本；$D_{\xi}$ 为典型日 $\xi$ 所对应的天数；$\Pi_{\xi}$ 为第 $\xi$ 个典型日的概率；$\rho_e^{\xi,t}$、$\rho_h^{\xi,t}$、$\rho_g^{\xi,t}$、$\rho_q^{\xi,t}$ 为第 $\xi$ 个典型日 $t$ 时刻的电价、热价、气价和氢价 $P_{ne}^{\xi,t}$、$H_{nh}^{\xi,t}$、$G_{ng}^{\xi,t}$ 和 $G_{nq}^{\xi,t}$ 为第 $\xi$ 个典型日 $t$ 时刻购电量、购热量、购气量和购氢量，ne、nh、ng 和 nq 为电网、热网、气网和氢网同上级供能网的联络节点。

### 2. 约束条件

（1）设备选型约束

$$W_k = \sum_{j=1}^{N_k^{et}} v_k^j W_k^j \tag{E-6}$$

$$\sum_{j=1}^{N_k^{et}} v_k^j = 1 \tag{E-7}$$

式中：$N_k^{et}$ 为第 $k$ 类设备型号安装的数量；$v_k^j$ 表示第 $k$ 类设备第 $j$ 种型号的安装状态，为二元变量。

（2）购能约束

$$P_{ne}^{min} \leqslant P_{ne}^{\xi,t} \leqslant P_{ne}^{max} \tag{E-8}$$

$$H_{nh}^{min} \leqslant H_{nh}^{\xi,t} \leqslant H_{nh}^{max} \tag{E-9}$$

$$G_{ng}^{min} \leqslant G_{ng}^{\xi,t} \leqslant G_{ng}^{max} \tag{E-10}$$

$$G_{nq}^{min} \leqslant G_{nq}^{\xi,t} \leqslant G_{nq}^{max} \tag{E-11}$$

式中：$P_{ne}^{max}$、$P_{ne}^{min}$、$H_{nh}^{max}$、$H_{nh}^{min}$、$G_{ng}^{max}$、$G_{ng}^{min}$、$G_{nq}^{max}$、$G_{nq}^{min}$ 分别为购电量、购热量、购气量和购氢量上限与下限。

（3）其他约束。

除了上述设备选型约束和购能约束外，还应该包括电网、热网、气网、氢网和能源集线器的模型约束，以保证多能流协同容量优化配置的结果满足各类设备和能源网络的运行约束。

### 3. 算例分析

本节选取 33 节点电网、6 节点热网、11 节点气网以及 6 节点氢网进行仿真，对区域综合能源系统内的设备容量进行优化配置。电–热 气–氢耦合系统拓扑结构如图 E.1

所示，热电联产机组连接电网节点 2、热网节点 1 和气网节点 4；电锅炉连接电网节点 25 和热网节点 1；电解水制氢装置连接电网节点 16 和氢网节点 6；电储能装置安装于电网节点 9；热储能装置安装于热网节点 6。各类设备的型号由厂家直接生产，不同型号的设备容量各不相同，因此考虑设备的选型、定容在优化配置问题中更符合实际工程应用。相应转换和储能设备可选型号参数如表 E.1 所示，热电联产机组和电锅炉机组均有三种类型可选，其容量分别为 2MW、1.5MW 和 0.8MW；电解水制氢装置有两种类型可选，其容量分别为 2MW 和 1.5MW；电储能装置有两种类型可选，其容量分别为 1.5MW 和 0.8MW；热储能装置有两种类型可选，其容量分别为 1.2MW 和 0.5MW。

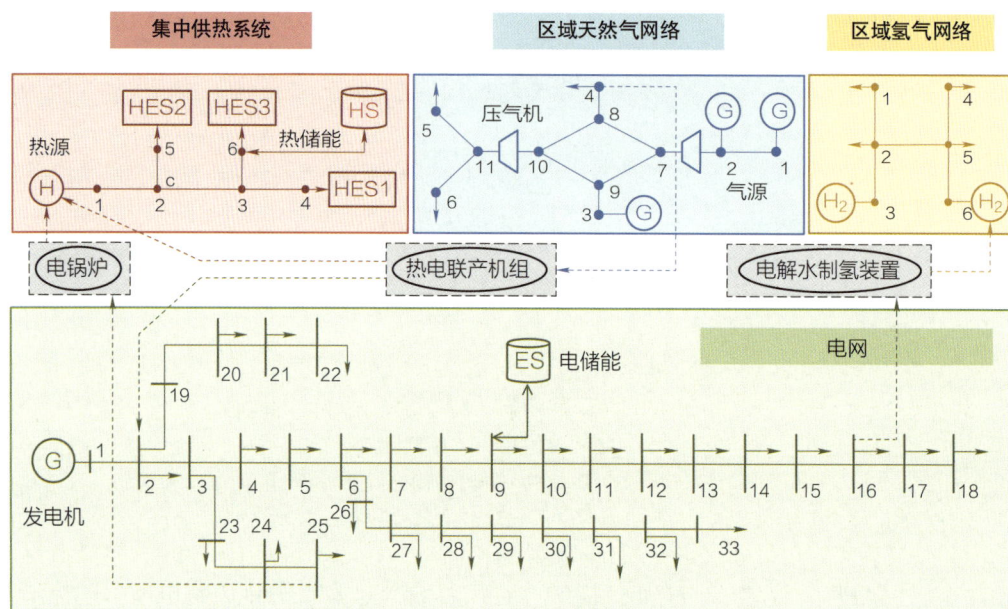

图 E.1　电–热–气–氢耦合系统拓扑

表 E.1　　　　　　　　　　　转换和储能设备可选型号参数

| 设备名称 | 类型 | 容量（MW） | 设备名称 | 类型 | 容量（MW） |
|---|---|---|---|---|---|
| 热电联产机组 | I | 2 | 电解水制氢机组 | I | 2 |
| | II | 1.5 | | II | 1.5 |
| | 0.8 | 热储能 | 热储能 | I | 1.2 |
| 电锅炉机组 | I | 2 | | II | 0.5 |
| | II | 1.5 | 电储能 | I | 1.5 |
| | III | 0.8 | | II | 0.8 |

　　为了凸显考虑网络耦合的多能流协同容量优化配置的优势，本节设置了两个情景进行对比分析：

　　（1）情景 1：考虑多能网络耦合的多能流协同容量优化配置；

　　（2）情景 2：多能网络相互独立的容量优化配置。

　　两种情景下的转换和储能设备的容量配置结果如表 E.2 所示，表中括号内的数字为该类型设备的数量。在情景 1 中，热电联产、电锅炉和电解水制氢的最优规划容量分别为 6.1MW、6.8MW 和 5.5MW，是多能流协同的主力军。同时，情景 1 中的电储能和热储能最优规划容量分别为 1.5MW 和 0.5MW，相对于情景 2 中的 3.8MW 和 1.7MW 有所降低，体现了电-热-气-氢耦合系统中各能流的互补互济，并且表明多能流协同可有效减轻多能网络相互独立时的规划压力。两种情景下经济性对比结果如表 E.3 所示，情景 1 由于多能耦合设备的规划，设备投资成本和运行维护成本均高于情景 2，但是情景 1 多能协同互补可有效降低能源购买成本。总的来说，情景 1 中多能流协同容量优化配置的总成本 68.62 万元相对于情景 2 中多能网络独立容量优化配置的总成本 80.35 万元减少约 14%，表明多能协同容量优化配置经济效益更高。

表 E.2　　转换和储能设备的容量配置结果

| 情景 | 设备名称 | 设备类型组合 | 容量（MW） |
|---|---|---|---|
| 情景 1 | 热电联产 | Ⅱ（3）+Ⅲ（2） | 6.1 |
| | 电锅炉 | Ⅰ（3）+Ⅲ（1） | 6.8 |
| | 电解水制氢 | Ⅰ（2）+Ⅱ（1） | 5.5 |
| | 电储能 | Ⅰ（1） | 1.5 |
| | 热储能 | Ⅱ（1） | 0.5 |
| 情景 2 | 电储能 | Ⅰ（2）+Ⅱ（1） | 3.8 |
| | 热储能 | Ⅰ（1）+Ⅱ（1） | 1.7 |

表 E.3　　两种情景下经济性对比结果　　单位：万元

| 情景 | 设备投资成本 | 运行维护成本 | 购能成本 | 总成本 |
|---|---|---|---|---|
| 情景 1 | 4.85 | 5.87 | 57.9 | 68.62 |
| 情景 2 | 1.11 | 2.04 | 77.2 | 80.35 |

## E.2　多能流协同网络扩展规划模型

### 1. 目标函数

本章构建的多能流协同网络扩展规划模型同样以经济性最优为目标，即总规划成本最小，总规划成本由投资成本和运行成本两部分组成。目标函数表达式如下

$$\min C = \sum_{y=1}^{Y} \kappa_y (C_{\mathrm{inv}}^{y} + C_{\mathrm{op}}^{y}) \qquad (\mathrm{E}-12)$$

$$\kappa_y = r(1+r)^y / [(1+r)^y - 1] \qquad (\mathrm{E}-13)$$

式中：$C_{\mathrm{inv}}^{y}$ 为系统第 $y$ 年投资成本；$C_{\mathrm{op}}^{y}$ 为系统第 $y$ 年运行成本；$\kappa_y$ 为第 $y$ 年的现值系数；$Y$ 为规划周期，即规划的总年限。

第 $y$ 年投资成本的表达式如下所示

$$C_{\mathrm{inv}}^{y} = C_{\mathrm{inv}}^{y,\mathrm{e}} + C_{\mathrm{inv}}^{y,\mathrm{h}} + C_{\mathrm{inv}}^{y,\mathrm{g}} + C_{\mathrm{inv}}^{y,\mathrm{q}} \qquad (\mathrm{E}-14)$$

$$C_{\mathrm{inv}}^{y,\mathrm{e}} = \sum_{i,j \in \Omega^{\mathrm{e}}} C_{\mathrm{W}}^{\mathrm{e}} L_{ij}^{\mathrm{e}} (X_{ij}^{y,\mathrm{e}} - X_{ij}^{y-1,\mathrm{e}}) \qquad (\mathrm{E}-15)$$

$$C_{\mathrm{inv}}^{y,\mathrm{h}} = \sum_{i,j \in \Omega^{\mathrm{h}}} C_{\mathrm{W}}^{\mathrm{h}} L_{ij}^{\mathrm{h}} (X_{ij}^{y,\mathrm{h}} - X_{ij}^{y-1,\mathrm{h}}) \qquad (\mathrm{E}-16)$$

$$C_{\mathrm{inv}}^{y,\mathrm{g}} = \sum_{i,j \in \Omega^{\mathrm{g}}} C_{\mathrm{W}}^{\mathrm{g}} L_{ij}^{\mathrm{g}} (X_{ij}^{y,\mathrm{g}} - X_{ij}^{y-1,\mathrm{g}}) \qquad (\mathrm{E}-17)$$

$$C_{\mathrm{inv}}^{y,\mathrm{q}} = \sum_{i,j \in \Omega^{\mathrm{q}}} C_{\mathrm{W}}^{\mathrm{q}} L_{ij}^{\mathrm{q}} (X_{ij}^{y,\mathrm{q}} - X_{ij}^{y-1,\mathrm{q}}) \qquad (\mathrm{E}-18)$$

式中：$C_{\mathrm{inv}}^{y,\mathrm{e}}$、$C_{\mathrm{inv}}^{y,\mathrm{h}}$、$C_{\mathrm{inv}}^{y,\mathrm{g}}$、$C_{\mathrm{inv}}^{y,\mathrm{q}}$ 为电网、热网、气网、氢网第 $y$ 年投资成本；$C_{\mathrm{W}}^{\mathrm{e}}$、$C_{\mathrm{W}}^{\mathrm{h}}$、$C_{\mathrm{W}}^{\mathrm{g}}$、$C_{\mathrm{W}}^{\mathrm{q}}$ 为电网、热网、气网、氢网单位长度投资成本；$L_{ij}^{\mathrm{e}}$、$L_{ij}^{\mathrm{h}}$、$L_{ij}^{\mathrm{g}}$、$L_{ij}^{\mathrm{q}}$ 为电网、热网、气网、氢网中支路 $ij$ 的长度；$X_{ij}^{y,\mathrm{e}}$、$X_{ij}^{y,\mathrm{h}}$、$X_{ij}^{y,\mathrm{g}}$、$X_{ij}^{y,\mathrm{q}}$ 为第 $y$ 年电网、热网、气网、氢网中支路 $ij$ 的已建回路数。

第 $y$ 年运行成本包括各类设备的运行维护成本和能源购买成本，具体表达式与多能流协同容量优化配置模型中的运行成本一致。

### 2. 约束条件

（1）投建时间约束。

式（E-19）～式（E-22）分别为电网、配网、气网中各支路的投建时间约束

$$X_{ij}^{0,\mathrm{e}} \leqslant X_{ij}^{y-1,\mathrm{e}} \leqslant X_{ij}^{y,\mathrm{e}} \leqslant X_{ij,\max}^{y,\mathrm{e}} \qquad (\mathrm{E}-19)$$

$$X_{ij}^{0,\mathrm{h}} \leqslant X_{ij}^{y-1,\mathrm{h}} \leqslant X_{ij}^{y,\mathrm{h}} \leqslant X_{ij,\mathrm{max}}^{y,\mathrm{h}} \qquad (\text{E}-20)$$

$$X_{ij}^{0,\mathrm{g}} \leqslant X_{ij}^{y-1,\mathrm{g}} \leqslant X_{ij}^{y,\mathrm{g}} \leqslant X_{ij,\mathrm{max}}^{y,\mathrm{g}} \qquad (\text{E}-21)$$

$$X_{ij}^{0,\mathrm{q}} \leqslant X_{ij}^{y-1,\mathrm{q}} \leqslant X_{ij}^{y,\mathrm{q}} \leqslant X_{ij,\mathrm{max}}^{y,\mathrm{q}} \qquad (\text{E}-22)$$

式中：$X_{ij}^{0,\mathrm{e}}/X_{ij,\mathrm{max}}^{y,\mathrm{e}}$、$X_{ij}^{0,\mathrm{h}}/X_{ij,\mathrm{max}}^{y,\mathrm{h}}$、$X_{ij}^{0,\mathrm{g}}/X_{ij,\mathrm{max}}^{y,\mathrm{g}}$、$X_{ij}^{0,\mathrm{q}}/X_{ij,\mathrm{max}}^{y,\mathrm{q}}$ 分别表示电网、热网、气网、氢网中支路 $ij$ 初始/最大建造支路数。

（2）支路容量约束。

随着网络的扩展，电网、热网、气网、氢网中各支路所能传输的最大容量也在随之变化，应对支路容量约束进行更新，如式（E-23）~式（E-26）所示。

$$-X_{ij}^{y,\mathrm{e}} S_{ij,\mathrm{max}} \leqslant S_{ij,t} \leqslant X_{ij}^{y,\mathrm{e}} S_{ij,\mathrm{max}} \qquad (\text{E}-23)$$

$$-X_{ij}^{y,\mathrm{h}} m_{ij,\mathrm{max}} \leqslant m_{ij,t} \leqslant X_{ij}^{y,\mathrm{h}} m_{ij,\mathrm{max}} \qquad (\text{E}-24)$$

$$-X_{ij}^{y,\mathrm{g}} f_{ij,\mathrm{max}}^{\mathrm{g}} \leqslant f_{ij,t} \leqslant X_{ij}^{y,\mathrm{g}} f_{ij,\mathrm{max}}^{\mathrm{g}} \qquad (\text{E}-25)$$

$$-X_{ij}^{y,\mathrm{q}} f_{ij,\mathrm{max}}^{\mathrm{q}} \leqslant f_{ij,t} \leqslant X_{ij}^{y,\mathrm{q}} f_{ij,\mathrm{max}}^{\mathrm{q}} \qquad (\text{E}-26)$$

式中：$S_{ij,\mathrm{max}}$ 为电网支路 $ij$ 单回线所能传输的最大视在功率；$m_{ij,\mathrm{max}}$ 为热网支路 $ij$ 单根管道所能传输的最大质量流率；$f_{ij,\mathrm{max}}^{\mathrm{g}}$ 为气网支路 $ij$ 单根管道所能传输的最大天然气流量；$f_{ij,\mathrm{max}}^{\mathrm{q}}$ 为氢网支路 $ij$ 单根管道所能传输的最大氢气流量。

（3）其他约束。

除了上述投建时间约束和支路容量约束外，还应该包括电网、热网、气网、氢网和能源集线器的模型约束，以及能源购买约束，从而保证多能流协同网络扩展规划的结果满足各类设备和能源网络的运行约束。

### 3. 算例分析

本节以中国东部某一实际综合能源系统为例进行多能流协同网络扩展规划仿真，该系统包含 15 个节点，其结构如图 E.2 所示。除根节点外，其余节点均有电、热、气、氢负荷，包括已有和新增两部分。此外，在节点 3、7、10 和 12 上配置有能源集线器，其中包含热电联产机组、电锅炉机组、电解水制氢装置、电储能和热储能装置。电网候选线路包括线路 5-15、线路 12-14、线路 13-14 和线路 14-15；热网候选管道包括管道 2-9、管道 3-6、管道 3-9 和管道 8-9；气网候选管道包括管道 2-9、管道 4-5、管道 5-10 和管道 8-9；氢网候选管道包括管道 4-5、管道 5-12、管道 6-7 和管道 6-11。

为了凸显考虑网络耦合的多能流协同网络扩展规划的优势，本节设置两个情景进行对比分析：

（1）情景1：考虑多能网络耦合的多能流协同网络扩展规划。

（2）情景2：多能网络相互独立的网络扩展规划。

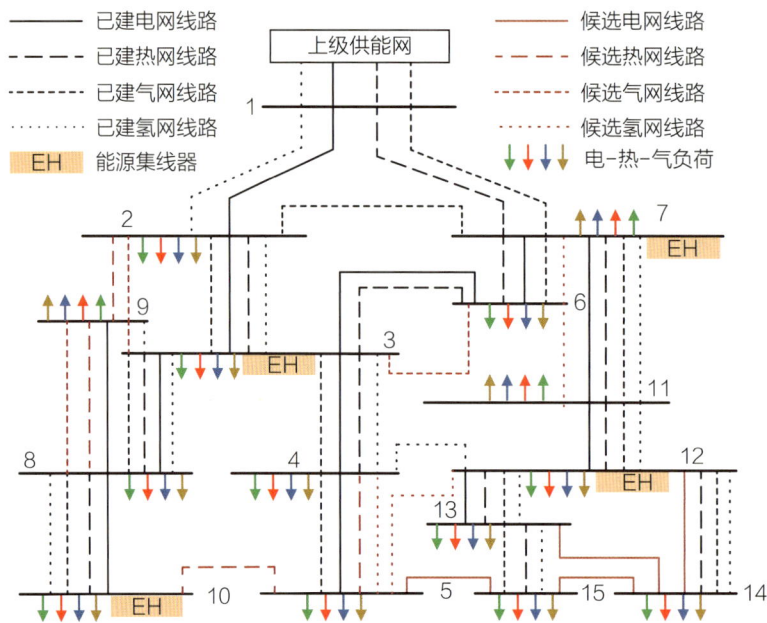

图 E.2　电-热-气耦合系统拓扑

　　两种情景下扩建方案对比结果如表 E.4 所示，情景 1 中电网规划线路 5-15 和 12-14；热网规划管道 3-6 和 3-9；气网规划管道 2-9 和 2-10；氢网规划管道 5-12 和管道 6-7。情景 2 中电网规划线路 5-15 和 14-15；热网规划管道 3-6 和 2-9；气网规划管道 2-9 和 4-5；氢网规划管道 4-5 和管道 6-7。显然，情景 1 多能流协同网络扩展规划相对于情景 2 多能流独立网络扩展规划，规划线路或管道更趋向于从能源集线器所在节点向外扩展，这是因为能源集线器的多能协同互补作用使得能源的利用更经济高效。两种情景下经济性对比如表 E.5 所示，就网络投资成本而言，情景 1 相比情景 2 略高，但相差不大；就运行维护成本而言，由于情景 1 下的运行设备更多，故成本更高；就购能成本而言，情景 1 多能流协同可有效降低购能成本。总而言之，情景 1 多能流协同网络扩展规划的总成本 92.59 万元相对于情景 2 多能流独立网络扩展规划的总成本 104.51 万元减少约 11%，表明多能协同网络扩展规划经济效益更高。

表 E.4　　　　　　　　　　　两种情景下扩建方案对比

| 规划网络 | 情景 1 | 情景 2 |
|---|---|---|
| 电网 | 线路 5－15 | 线路 5－15 |
| | 线路 12－14 | 线路 14－15 |
| 热网 | 管道 3－6 | 管道 3－6 |
| | 管道 3－9 | 管道 2－9 |
| 气网 | 管道 2－9 | 管道 2－9 |
| | 管道 5－10 | 管道 4－5 |
| 氢网 | 管道 5－12 | 管道 4－5 |
| | 管道 6－7 | 管道 6－7 |

表 E.5　　　　　　　　　两种情景下经济性对比　　　　　　　单位：万元

| 情景 | 网络投资成本 | 运行维护成本 | 购能成本 | 总成本 |
|---|---|---|---|---|
| 情景 1 | 4.90 | 8.89 | 78.80 | 92.59 |
| 情景 2 | 4.21 | 2.65 | 97.65 | 104.51 |

# 附录 F    规划方案综合评价方法

电网规划方案综合评价需要确定评价指标的权重，目前指标赋权方法有主观赋权法和客观赋权法。主观赋权法根据经验对指标重要性进行赋权，具有很强的主观性，代表性方法包括层次分析法、G–1法等；客观赋权法基于数学运算推导出指标的重要性，结果不受主观性影响，但是需要大量样本数据进行复杂计算，同时忽略了人的知识与经验[1]。本节首先介绍常见主观赋权法和客观赋权法的基本原理，然后提出用于新型电力系统规划方案综合评价的综合赋权评价法。

## F.1    主观赋权评价法

### 1. 层次分析法

层次分析法将问题转化为层次结构，通过对不同层级的因素进行比较和权重分配，最终得出最佳的决策结果，具体步骤如下。

（1）**构建层次结构模型**：确定决策问题的目标，将其分解为若干个准则或因素。每个准则可以进一步分解为子准则，形成层次结构，最后形成一个由目标组成的最高层，紧跟着是准则层和方案层。

（2）**构建判断矩阵**：在层次分析法中需进行两两比较，计算各准则或因素之间的相对重要性。根据专家主观判断或实际数据，根据 1~9 之间的比较尺度，将相对于目标的重要度进行排列，形成判断矩阵。

（3）**一致性检验**：为了验证判断矩阵的可靠性和合理性，需要进行一致性检验，通过计算一致性指标和一致性比例，检验判断矩阵中的数据是否一致，是否存在矛盾。

---

[1] 虞晓芬，傅玳. 多指标综合评价方法综述［J］. 统计与决策，2004（11）：119–121.

（4）**计算目标权重**：将准则层和子准则层的权重进行逐层乘积，得到最终的目标权重。目标权重表示每个因素对整体目标的重要性。

### 2．G-1 法

层次分析法的难点在于构造判断矩阵，在评价指标数量较多时，判断矩阵的计算量也会成倍增长。G-1 法通过在指标间建立序关系，并在序关系基础上找出了指标间的重要性大小关系的内在联系，保证得到的判断矩阵是完全一致的，从而无需构建判断矩阵，也无需进行一致性检验，大大减少了计算量。G-1 法的具体步骤如下：

（1）**构建层次结构模型**：需要将决策问题进行层次化的分解，确定目标层、准则层和方案层。

（2）**确定指标重要性排序表**：采用集值迭代法求得评价指标集的序关系，从而得到指标重要性排序表 $\{x_1, x_2, \cdots, x_n\}$。

（3）**计算指标间相对重要性比值**：针对相邻评价指标 $x_{k-1}$ 与 $x_k$，计算相对重要性比值。

## F.2　客观赋权评价法

熵权法是一类重要的客观赋权评价法，它根据各项指标观测值所提供的信息量大小来确定指标权重的方法，熵权法的具体步骤如下：

（1）**指标同度量化**：将各指标同度量化，计算第 $j$ 项指标下第 $i$ 个电网规划方案指标值的特征比重 $\lambda_{ij} = x_{ij} \big/ \sum_{i=1}^{n} x_{ij}$；

（2）**计算指标熵值**：计算第 $j$ 项指标的熵值 $e_j = -k \sum_{i=1}^{n} \lambda_{ij} \ln \lambda_{ij}$；

（3）**计算指标差异性系数**：计算指标的差异性系数 $g_j = 1 - e_j$；

（4）**计算指标权重**：计算指标的权重系数 $w_j = g_j \big/ \sum_{i=1}^{n} g_j$。

## F.3　综合赋权评价法

综合赋权法的思路是分别利用主观赋权法和客观赋权法对指标进行赋权，然后将两种方法得到的各指标权重进行加权平均，得到最终的各指标综合权重。本章采用最小二

乘线性融合法进行多权重融合。假定使用 $m$ 种方法对 $n$ 个属性进行赋权，得到如下权重矩阵

$$W = \begin{bmatrix} w_{11} & \cdots & w_{1n} \\ \vdots & & \vdots \\ w_{m1} & \cdots & w_{mn} \end{bmatrix} = \begin{bmatrix} \tilde{\boldsymbol{w}}_1 \\ \vdots \\ \tilde{\boldsymbol{w}}_m \end{bmatrix} \qquad (\text{F}-1)$$

基于权重矩阵，进一步选择出一个最满意的权重 $\tilde{\boldsymbol{w}}^*$，从而得到结 $m$ 个线性组合系数的优化问题，优化目标为最小化 $\tilde{\boldsymbol{w}}^*$ 和 $\tilde{\boldsymbol{w}}_i$ 的离差。求解如下一阶最优性条件对应的线性方程组，即可求解得到 $\tilde{\boldsymbol{w}}^*$

$$\begin{bmatrix} w_{11}\boldsymbol{w}_{11}^{\mathrm{T}} & \cdots & w_{1n}\boldsymbol{w}_{1n}^{\mathrm{T}} \\ \vdots & & \vdots \\ w_{m1}\boldsymbol{w}_{m1}^{\mathrm{T}} & \cdots & w_{mn}\boldsymbol{w}_{mn}^{\mathrm{T}} \end{bmatrix} \begin{bmatrix} a_1 \\ \vdots \\ a_m \end{bmatrix} = \begin{bmatrix} w_{11}\boldsymbol{w}_{11}^{\mathrm{T}} \\ \vdots \\ w_{mn}\boldsymbol{w}_{mn}^{\mathrm{T}} \end{bmatrix} \qquad (\text{F}-2)$$

## F.4　算例分析

以中国南方某实际电力系统为对象，对规划方案进行综合评价。该实际算例系统中电力系统节点总数为 272 个，已有发电机 25 台，已有输电线路 404 回，负荷节点 69 个，系统的简化拓扑图如图 F.1 所示。本章针对 4 个可行的待选电网规划方案进行综合评价，具体规划方案如表 F.1 所示。

表 F.1　　待选的 4 个电网规划方案

| 方案 | 第 1 规划水平年 | 第 2 规划水平年 | 第 3 规划水平年 |
|---|---|---|---|
| 1 | 机组 1、7；线路 36−9、37−30、36−3、20−13、37−33、40−15、24−39、42−12、18−43、18−19、43−41、28−33 | 机组 3、4、6、9；线路 37−38、30−29、38−32 | 机组 2、8；线路 37−38、42−12、37−33、32−30、39−24 |
| 2 | 机组 1、7；线路 36−9、20−13、37−33、37−38、40−15、24−39、42−12、18−43、18−19、37−30、43−41、28−33 | 机组 3、4、6、9；线路 37−30、37−33、37−38、30−29、38−32 | 机组 2、8；线路 42−12、37−33、37−38、32−30、39−24 |
| 3 | 机组 1、7；线路 36−9、37−30、24−39、37−38、42−12、18−19、40−15、28−33 | 机组 3、4、6；线路 20−13、37−33、37−38、38−33、30−29、38−32、39−24 | 机组 2、8、9；线路 18−43、43−41、39−24 |

续表

| 方案 | 第 1 规划水平年 | 第 2 规划水平年 | 第 3 规划水平年 |
|---|---|---|---|
| 4 | 机组 1、2；线路 36-9、37-30、36-3、18-19、40-15、24-39、18-43、43-41、38-32 | 机组 3、4、5、7；线路 37-33、37-38、42-12、30-29 | 机组 6、8；线路 20-13、37-33、37-38、42-12、28-33 |

　　为了分析与展示方便，本章从充裕性指标、安全性指标、可靠性指标、经济性指标、环保性指标中各选取两个指标，总共形成 10 个指标进行分析和计算。通过电力系统运行模拟计算和可靠性分析计算上述指标，并对指标数值进行无量纲化与归一化处理，得到各电网规划方案的归一化评价指标结果如图 F.2 所示。

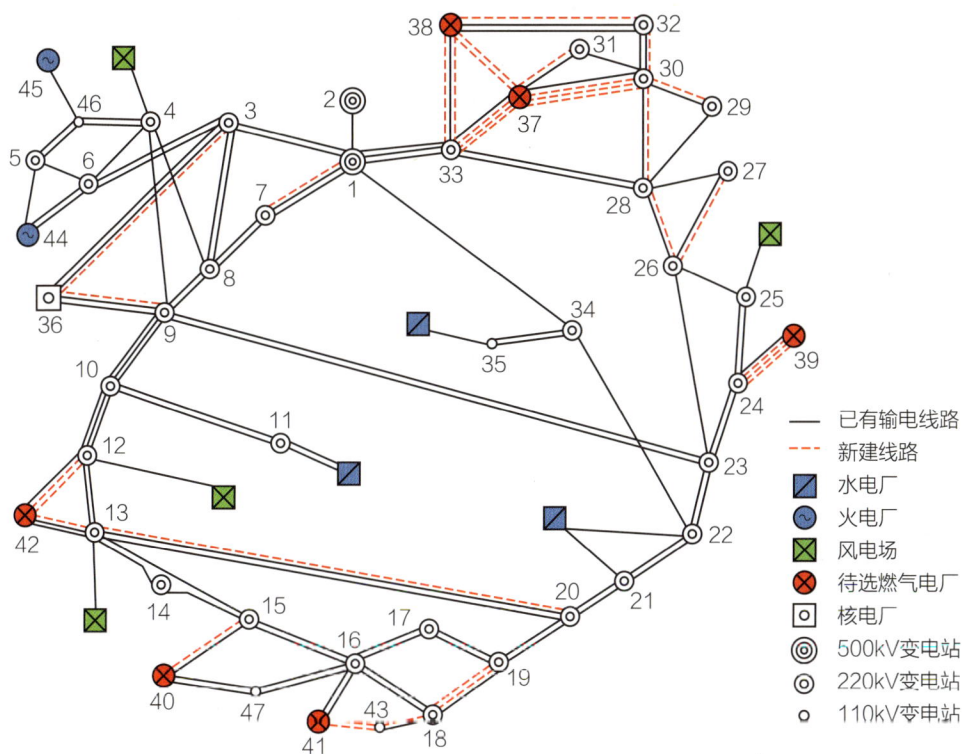

图 F.1　含有待选线路的中国南方某实际电网电气接线示意图

　　根据图 F.2 可以直观看出，给定四个电网规划方案中，方案 1 的经济性指标最好；方案 2 的环保性最好，其余各项指标也比较均衡；方案 3 的费用等年值指标最好，其他指标表现较差；而方案 4 的安全性和可靠性指标最好，但经济性指标和环保性指标表现较差。

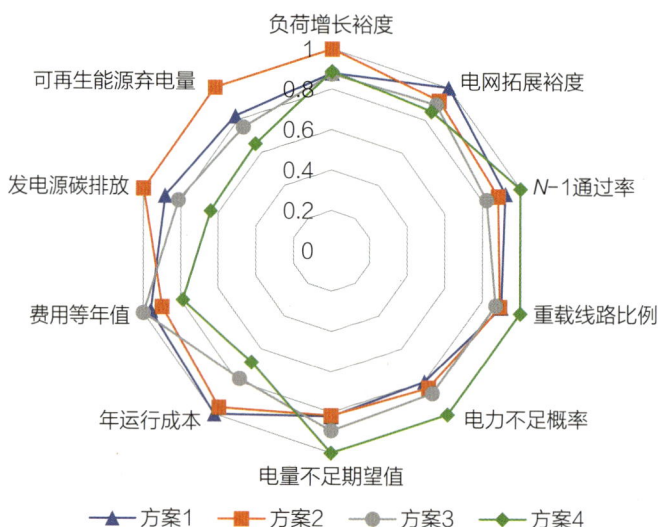

图 F.2　各电网规划方案的归一化评价指标结果

采用所提综合评价方法及计算得到的各项指标值，对表 F.1 中的 4 个电网规划方案进行量化综合评价。分别采用 G–1 法和熵权法对各项指标进行主观赋权评价和客观赋权评价，然后基于主观权重与客观权重加权得到各指标的综合权重系数，如表 F.2 所示。

表 F.2　　　　　　　　　电网规划方案评价指标权重系数

| 指标大类 | 指标 | 主观权重 | 客观权重 | 综合权重 |
|---|---|---|---|---|
| 充裕性 | 负荷增长裕度 | 0.0896 | 0.0825 | 0.0871 |
| | 电网拓展裕度 | 0.0905 | 0.0896 | 0.0902 |
| 安全性 | $N-1$通过率 | 0.0894 | 0.0934 | 0.0908 |
| | 重载线路比例 | 0.0826 | 0.0795 | 0.0815 |
| 可靠性 | 电力不足概率 | 0.0924 | 0.1009 | 0.0954 |
| | 电量不足期望值 | 0.0992 | 0.1232 | 0.1076 |
| 经济性 | 年运行成本 | 0.1305 | 0.1259 | 0.1289 |
| | 费用等年值 | 0.0818 | 0.0921 | 0.0854 |

续表

| 指标大类 | 指标 | 主观权重 | 客观权重 | 综合权重 |
|---|---|---|---|---|
| 环保性 | 发电源碳排放 | 0.1275 | 0.1101 | 0.1214 |
| | 可再生能源弃电量 | 0.1165 | 0.1028 | 0.1117 |

根据图 F.2 所示归一化评价指标结果和表 F.2 所示评价指标权重系数,得到 4 个电网规划方案的综合评价值如图 F.3 所示。

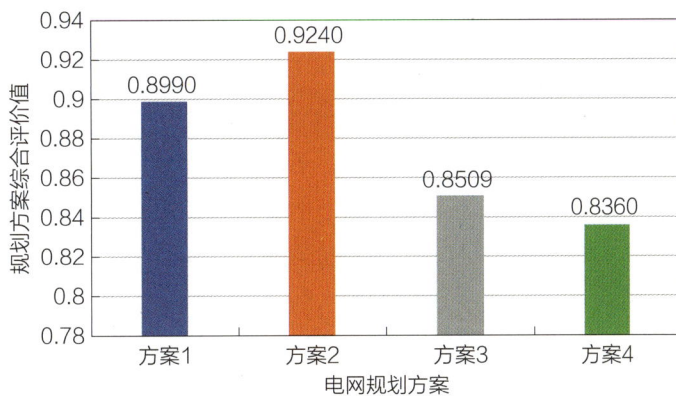

图 F.3　不同电网规划方案的综合评价值

根据图 F.3 可知，四个方案按照综合评价值从优到差排序为：方案 2＞方案 1＞方案 3＞方案 4。方案 1 虽然经济性指标（如年运行成本、费用等年值）均优于方案 2，但环保性指标（如发电源碳排放、可再生能源弃电量）不如方案 2，从而导致其综合评价值低于方案 2。方案 3 虽然整体指标表现均不突出。方案 4 虽然安全性和可靠性指标最好，但牺牲了经济性和环保性。因此，新型电力系统与规划是一个系统工程，需要综合考虑不同层次和多个方面的需求，建立全面科学的评价指标，采用合理的综合评价方法进行优化决策。

# 附录 G　基于高斯混合模型的概率潮流计算方法

## G.1　模型算法

基于高斯混合模型的概率潮流计算方法采用如下一般化的方程描述概率潮流中线路有功与节点注入功率之间的函数关系：

$$Y = C + AX \tag{G-1}$$

式中，$X$ 表示节点注入功率，是一个 $W$ 维的随机向量；$Y$ 表示线路的有功，是一个 $K$ 维的随机变量；$C$ 与 $A$ 分别表示维度合适的常系数向量与矩阵。

解析式潮流计算的目标是计算 $X$ 的线性变换 $Y$ 的概率分布，$Y$ 的维度大于等于 1。下面给出基于高斯混合模型（Gaussian mixture model，GMM）的概率潮流计算方法。以风电为例，如果采用 GMM 来描述风功率实际值与预测值的联合概率分布，那么可以证明新能源功率实际值在任意给定的预测值条件下的分布仍然是 GMM，且该 GMM 的参数集是预测值的函数。由于新能源功率实际值的条件概率分布仍然是 GMM，为了便于描述，将该 GMM 简记为如下形式

$$f_X(\boldsymbol{x}) = \sum_{m=1}^{M} \omega_m N_m(\boldsymbol{x}; \boldsymbol{\mu}_m, \boldsymbol{\sigma}_m) \tag{G-2}$$

式中：$f_X(\boldsymbol{x})$ 为 $X$ 的联合概率密度函数；$m=1,\cdots,M$，表示高斯分量的个数；$N_m(\cdot)$ 为多维正态分布；$\omega_m$ 为第 $m$ 个高斯分量的权重系数；$\boldsymbol{\mu}_m$ 和 $\boldsymbol{\sigma}_m$ 分别为第 $m$ 个高斯分量的均值和协方差矩阵。尽管式（G-2）中不显含预测值，但参数 $\omega_m$，$\mu_m$，$\sigma_m$ 应当被理解为预测值的函数。由 GMM 的"线性不变性"特性可知，$Y$ 的概率密度函数 $f_Y(\boldsymbol{y})$ 计算如下

$$f_Y(\boldsymbol{y}) = \sum_{m=1}^{M} \omega_m N_m(\boldsymbol{y}) \tag{G-3}$$

$$N_m(\boldsymbol{y}) = \frac{e^{-\frac{1}{2}(\boldsymbol{y} - A\mu_m - C)^{\mathrm{T}}(A\Sigma_m A^{\mathrm{T}})^{-1}(\boldsymbol{y} - A\mu_m - C)}}{(2\pi)^{K/2} \det(A\Sigma_m A^{\mathrm{T}})^{1/2}} \tag{G-4}$$

相应地，$\boldsymbol{Y}$ 的累计分布函数为

$$F_Y(\boldsymbol{y}) = \sum_{m=1}^{M} \omega_m \Phi_Y^m(\boldsymbol{y}) \tag{G-5}$$

$$\Phi_Y^m(\boldsymbol{y}) = \int \cdots \int_{Y \leqslant y} N_m(\boldsymbol{y}) \mathrm{d}y_1 \cdots \mathrm{d}y_K \tag{G-6}$$

式中：$\Phi_Y^m$ 为多重积分。

需要指出的是，式（G-5）成立的前提是 $\det(A\Sigma_m A^{\mathrm{T}}) \neq 0$，即要求矩阵 $A\Sigma_m A^{\mathrm{T}}$ 满秩，其中 $\det(\cdot)$ 表示矩阵的行列式。事实上，$A\Sigma_m A^{\mathrm{T}}$ 并不总是满秩的：比如当 $K>W$ 时，$A\Sigma_m A^{\mathrm{T}}$ 不满秩，此时 $\det(A\Sigma_m A^{\mathrm{T}})=0$，式（G-5）中分母为零，不再成立，这种情况称为"退化情景"。此时，需要对式（G-5）进行如下修正：

假设矩阵 $A\Sigma_m A^{\mathrm{T}}$ 有 $r$ 个非零根和 $K-r$ 个零根（$r<K$）。此时，随机变量 $\boldsymbol{Y}$ 的概率密度函数为

$$N_m(\boldsymbol{y}) = \frac{\mathrm{e}^{-\frac{1}{2}\tilde{\boldsymbol{y}}^{\mathrm{T}} \boldsymbol{R}^+ \tilde{\boldsymbol{y}}}}{(2\pi)^{r/2}} \left(\prod_{i=1}^{r} \lambda_i\right)^{-\frac{1}{2}} \prod_{i=\gamma+1}^{K} \delta(\tilde{\boldsymbol{y}}^{\mathrm{T}} \boldsymbol{U}_i) \tag{G-7}$$

$$\tilde{\boldsymbol{y}} = \boldsymbol{y} - A\boldsymbol{\mu}_m - \boldsymbol{C}, \quad \boldsymbol{R}^+ = \sum_{i=1}^{r} \lambda_i^{-1} \boldsymbol{U}_i \boldsymbol{U}_i^{\mathrm{T}} \tag{G-8}$$

式中：$\lambda_1, \cdots, \lambda_r$ 是矩阵 $A\Sigma_m A^{\mathrm{T}}$ 的 $r$ 个非零根；$\boldsymbol{U}_1, \cdots, \boldsymbol{U}_K$ 是矩阵 $A\Sigma_m A^{\mathrm{T}}$ 的 $K$ 个特征向量；$\boldsymbol{R}^+$ 是 $A\Sigma_m A^{\mathrm{T}}$ 的 Moore-Penrose 伪逆；$\delta(\cdot)$ 是狄拉克函数。

狄拉克函数由式（G-9）与式（G-10）定义

$$\delta(\tilde{\boldsymbol{y}}^{\mathrm{T}} \boldsymbol{U}_i) = \begin{cases} +\infty & \tilde{\boldsymbol{y}}^{\mathrm{T}} \boldsymbol{U}_i = 0 \\ 0 & \tilde{\boldsymbol{y}}^{\mathrm{T}} \boldsymbol{U}_i \neq 0 \end{cases} \tag{G-9}$$

$$\int_{-\infty}^{+\infty} \delta(\tilde{\boldsymbol{y}}^{\mathrm{T}} \boldsymbol{U}_i) = 1 \tag{G-10}$$

## G.2　典型算例

### 1. GMM 概率潮流算法准确性测试

在经改造的 IEEE 39 节点系统中对上述概率潮流计算方法进行测试。系统中有两座风电场，分别位于节点 1 与节点 25。经过改造的 IEEE-39 节点测试系统以及 $\boldsymbol{X}$ 的历史数据如图 G.1 所示。

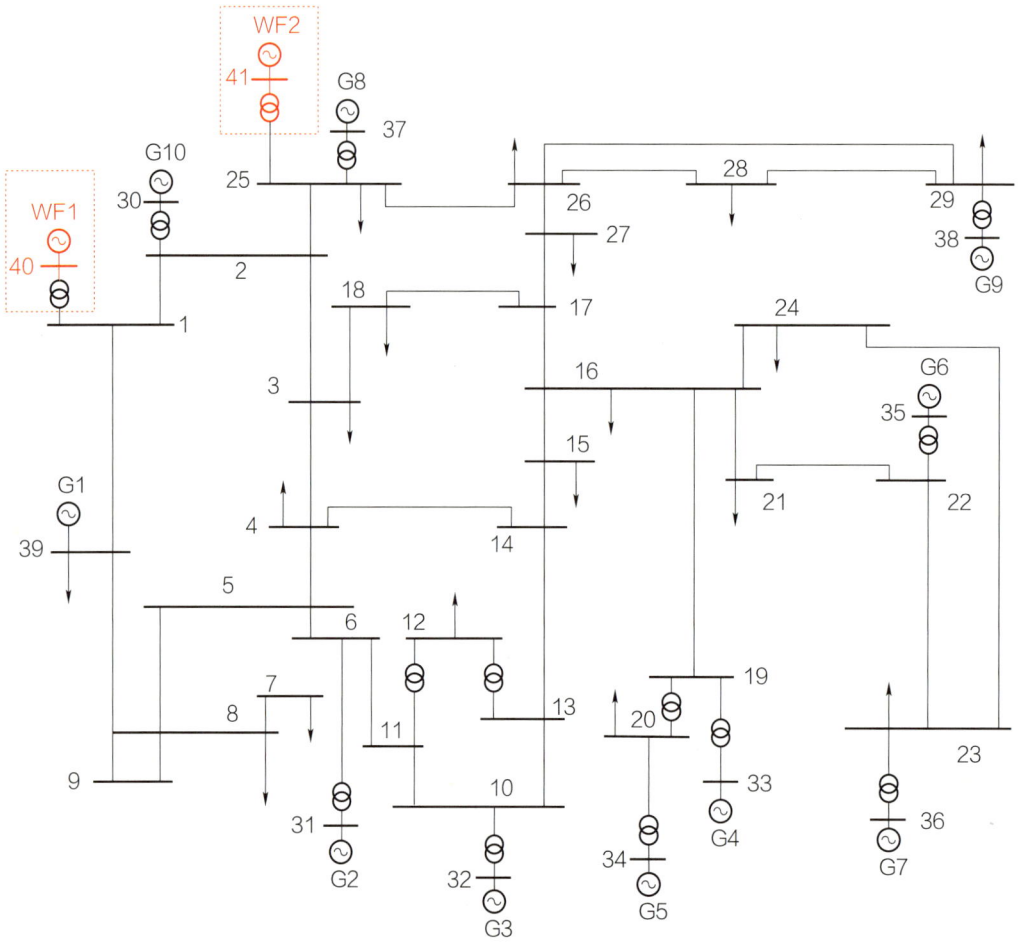

（a）IEEE-39节点测试系统

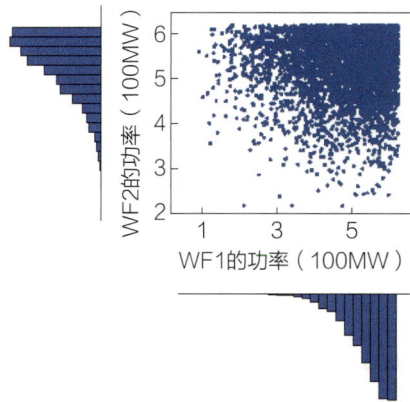

（b）X的历史数据

图 G.1　经过改造的 IEEE－39 节点测试系统以及 X 的历史数据

　　在 GMM 概率潮流算法性能测试中,将与蒙特卡洛方法、Gram-Charlier 级数展开方法、Cornish-Fisher 级数展开方法对比。蒙特卡洛方法所得结果将被用作基准,检验其余二种方法的准确性。不失一般性,将线路 4—5 号、6—11 号、5—41 号上的有功功率依次选作随机变量 $Y$。选择误差均根值(root-mean-square error,RMSE)来定量评估不同方法得到的概率密度函数、累计分布函数结果与蒙特卡洛方法结果的偏差。表 G.1 列出了所提方法得到的 RMSE 相对于 Gram-Charlier 级数展开方法、Cornish-Fisher 级数展开方法得到的 RMSE 的下降率。对比可知,GMM 方法能够显著降低 RMSE。

表 G.1　　　　　　　　　　　　GMM 方法 RMSE 的下降率

| 线路编号 | 相对于 GC 方法,GMM 方法的 RMSE 下降率 | 相对于 CF 方法,GMM 方法的 RMSE 下降率 |
|---|---|---|
| 4—5 号 | 44% | 41% |
| 6—11 号 | 26% | 32% |
| 5—41 号 | 32% | 43% |

　　同时,GMM 概率潮流算法性能测试表明所提方法比 Gram-Charlier 和 Cornish-Fisher 级数展开法更为精确。这是因为 Gram-Charlier 和 Cornish-Fisher 级数展开法截掉了高阶半不变量,存在截断误差;而所提方法是严格精确的。图 G.2 给了出线路 4—5 号的有功功率的概率密度函数与累计分布函数,从图中可看出,在概率密度函数与累计分布函数的头部与尾部,Gram-Charlier 与 Cornish-Fisher 级数展开方法均存在不同程度的误差,而本方法所得结果则不存在此类问题。

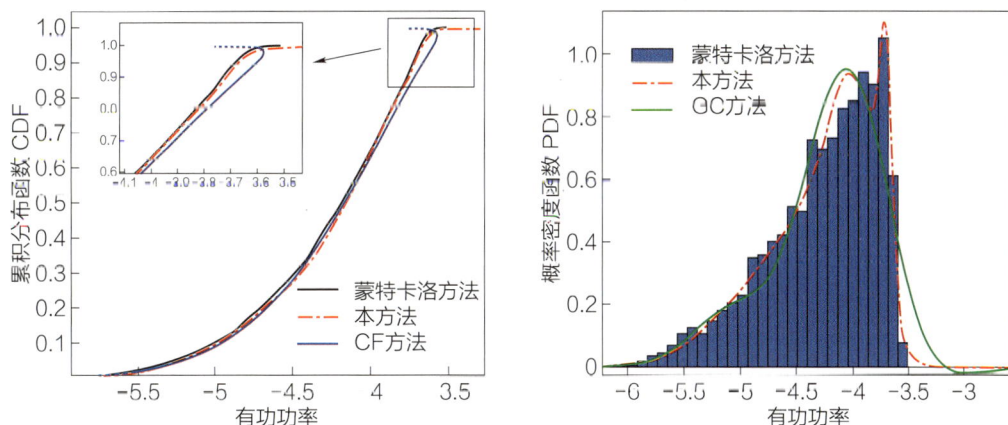

图 G.2　线路 4—5 号上有功功率的概率密度函数与累计分布函数

### 2. 某地区海上风电接入受端电网的概率潮流分析

以某省级规模电网开展概率潮流仿真分析。该电网包含 220kV 及以上电压等级母线 2215 条，系统总装机容量 61400MW。仿真中，将三个额定容量为 300MW 的海上风电场分别接入三条 220kV 母线，对系统进行概率潮流分析。

在给定运行方式下进行概率潮流计算，接入位置的母线电压概率分布情况和潮流概率计算结果如图 G.3 和图 G.4 所示，从三个风电场接入位置的母线电压概率分布可以看出，三个风电接入点母线电压标幺值均值分别为 1.016、1.014、1.043（见图 G.3）。经计算，风电接入后各节点电压均无越限风险（系统最高允许电压 1.1）。但是，个别输电通道潮流越限风险较大。例如，风电场接入后，某线路存在越限风险，以输电线路载流能力校核，该线路越限概率为 52.7%。

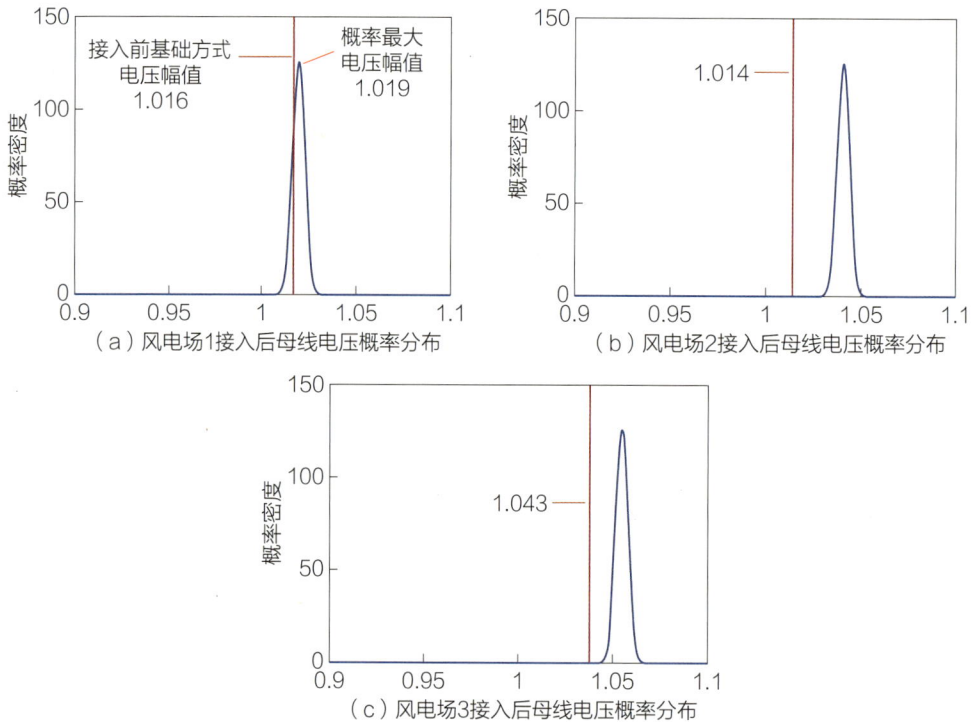

图 G.3 电压概率计算结果

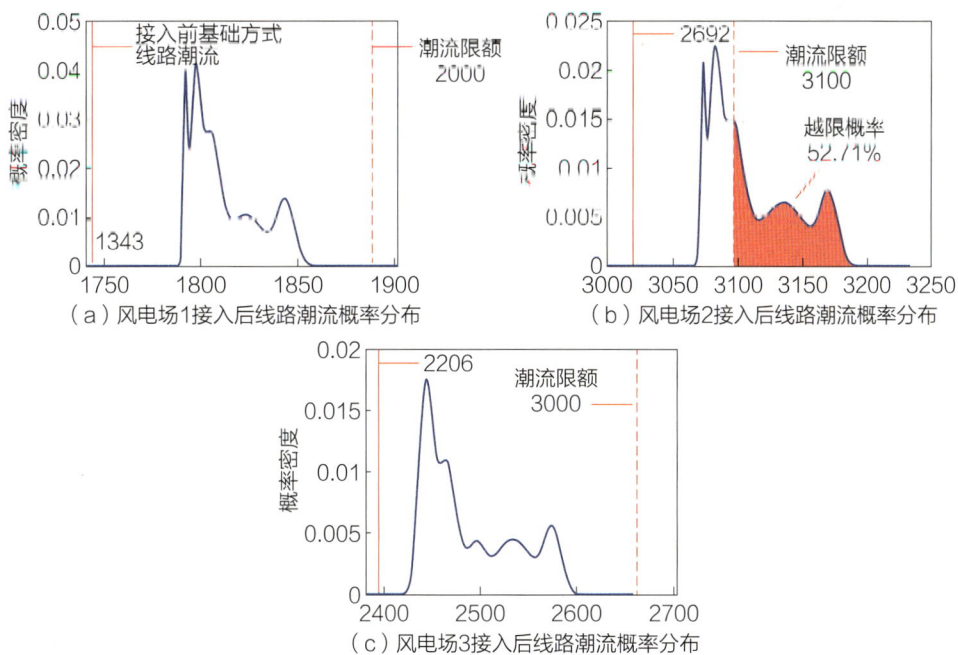

（a）风电场1接入后线路潮流概率分布

（b）风电场2接入后线路潮流概率分布

（c）风电场3接入后线路潮流概率分布

图 G.4　潮流概率计算结果